U0608521

中国科学院中国动物志编辑委员会主编

中国动物志

无脊椎动物　第五十一卷
线虫纲
杆形目
圆线亚目（二）

张路平　孔繁瑶　著

国家自然科学基金重大项目
中国科学院知识创新工程重大项目
(国家自然科学基金委员会　中国科学院　国家科技部　资助)

科学出版社
北京

内 容 简 介

本卷动物志为圆线亚目线虫的第二卷，记述了我国已报道的圆形科和夏柏特科的种类。圆形科包括 2 亚科 24 属 62 种，含 1 新种；夏柏特科包括 2 亚科 6 属 25 种。本卷分为总论和各论两大部分。总论部分对圆形科和夏柏特科的研究简史、形态结构、分类系统、区系特征、发育、生态学和经济意义进行了介绍。各论部分记述了每个种的形态结构、宿主和地理分布，对一些种的分类地位进行了简要的讨论，并对部分种的发育进行了描述。全书附有绘制的形态特征图 97 幅和扫描电镜图谱 19 版。

本卷动物志可供动物学、医学和兽医专业的教师、学生、科研人员及动物检疫人员参考。

图书在版编目(CIP)数据

中国动物志. 无脊椎动物. 第 51 卷，线虫纲. 杆形目. 圆线亚目. 2/张路平，孔繁瑶著. —北京：科学出版社，2014. 6

ISBN 978-7-03-040865-5

Ⅰ. ①中… Ⅱ. ①张… ②孔… Ⅲ. ①动物志-中国 ② 无脊椎动物-动物志-中国 ③线虫动物-动物志-中国 Ⅳ. ①Q958. 52

中国版本图书馆 CIP 数据核字 (2014) 第 118169 号

责任编辑：矫天扬 /责任校对：陈玉凤

责任印制：钱玉芬 /封面设计：槐寿明

科 学 出 版 社 出版

北京东黄城根北街 16 号

邮政编码：100717

http://www.sciencep.com

中国科学院印刷厂 印刷

科学出版社发行 各地新华书店经销

*

2014 年 6 月第 一 版 开本：787 × 1092 1/16

2014 年 6 月第一次印刷 印张：20 3/4 插页：10

字数：490 000

定价：118.00 元

Editorial Committee of Fauna Sinica, Chinese Academy of Sciences

FAUNA SINICA

INVERTEBRATA Vol. 51

Nematoda

Rhabditida

Strongylata (II)

By

Zhang Luping and Kong Fanyao

A Major Project of the National Natural Science Foundation of China
A Major Project of the Knowledge Innovation Program
of the Chinese Academy of Sciences
(Supported by the National Natural Science Foundation of China,
the Chinese Academy of Sciences, and the Ministry of Science and Technology of China)

Science Press

Beijing, China

EDITORIAL COMMITTEE OF FAUNA SINICA, CHINESE ACADEMY OF SCIENCES

前　言

本卷动物志为线虫纲圆线亚目第二卷。在第一卷中，描述了圆线亚目的大部分科，仅剩下圆形科和毛线科未描述。近年来，这 2 个科的分类系统有很大的变化。由于盅口属已得到全世界绝大多数学者的承认，因此毛线属已经成为盅口属的同物异名，毛线科也就成为 1 个无效的科。盅口类线虫作为 1 个亚科（盅口亚科）并入圆形科，而毛线科中的食道口亚科并入夏柏特科，因此本卷以 Lichtenfels (1980) 等分类系统为基础，结合近年来的研究进展，记述了我国已报道的圆形科和夏柏特科的种类。

本卷记述了圆形科 2 亚科 24 属 62 种（包括 1 新种），夏柏特科 2 亚科 6 属 25 种，共 87 种。此外，对 19 种圆形科的线虫进行了扫描电镜观察，为这类线虫的分类鉴定提供了新的依据。牛夏柏特线虫 *Chabertia bovis*、佐治亚食道口线虫 *Oesophagostomum georgianum*、似辐首杯环线虫 *Cylicocyclus gyalocephaloides*、蒙古副杯口线虫 *Parapoteriostomum mongolica*、卡拉干斯齿线虫 *Skrjabinodentus caragandicus* 和长尾柱咽线虫 *Cylindropharynx longicauda* 在我国均有报道，但没有描述也没有查到标本，作者的调查也没有采集到这些线虫的标本，这些种是否在我国有分布还有待今后的研究，因此以上几种未收录到本卷中。

作者在本卷的编写过程中，得到了国内外众多学者的支持和帮助。美国农业部农业研究中心动物寄生虫病研究室的 J. Ralph Lichtenfels 教授惠赠宝贵的资料，并对有些种的有效性进行了讨论。乌克兰科学院动物研究所的 Vitaliy A. Kharchenko 教授，中国农业科学院上海兽医研究所的沈杰研究员，广西大学动物科技学院的张毅强教授惠赠有关的资料。向中国科学院动物研究所标本馆的陈军研究员和内蒙古农业大学的杨晓野教授借阅部分标本。在此一并表示衷心的感谢！

张路平

2014 年 3 月 28 日于石家庄

目　　录

总　　论

一、研 究 简 史

对圆形科和夏柏特科线虫的分类报道可追溯到 18 世纪。Mueller (1780) 为马大肠的寄生线虫建立了 1 个新属圆形属 *Strongylus*，并对马圆形线虫 *Strongylus equinus* 进行了简单的描述。1782 年，Goetze 对该种线虫进行了更为详尽的描述。Fabricius (1788) 首次在绵羊体内发现 1 种圆线虫，命名为绵羊圆线虫 *Strongylus ovinus* (也就是现在的绵羊夏柏特线虫 *Chabertia ovina*) (见 Popova, 1955)。1802 年，Rudolphi 在马的体内发现 1 种线虫，命名为 *Strongylus armatus*，但 1809 年 Rudolphi 又建立了 1 新属 *Sclerostoma*，把 *Strongylus armatus* 从圆形属转移到该属。此后，一直到 19 世纪末，许多学者把大量的种类都归属于 *Strongylus* 和 *Sclerostoma*。在现代分类学中，这些种类隶属于许多不同的属。1819 年，Rudolphi 在绵羊体内发现了 Fabricius 描述的线虫 *Strongylus ovinus*，然而他却给了这种线虫一个新的名字 *Strongylus hypostomus*。

1831 年，Mehlis 首次从马的体内发现了盅口类线虫，命名为 *Strongylus tetracanthus*。Molin (1861) 对圆线虫进行了大量的研究，建立了几个新属，大部分属目前仍是有效的。特别需要指出的是，Molin 为 *Strongylus tetracanthus* 建立了 1 个新属，盅口属 *Cyathostomum*。然而，由于 Blanchard (1849) 为鸟类寄生线虫建立了 1 个属 *Cyathostoma*，有些学者认为盅口属是 1 个无效的属。因此，Cobbold (1874) 又建立了 1 个新属 *Trichonema*，把 *Strongylus tetracanthus* 归属于该属。1886 年，Cobbold 对 *Trichonema tetracanthum* 进行了进一步的研究，提供了更为详尽的形态学描述。

19 世纪末和 20 世纪初，对圆形科和夏柏特科线虫的研究取得了巨大的进展。Looss (1900) 对马属动物的圆线虫进行了详细的研究。在 19 世纪的 100 年中，所有的马属动物寄生线虫都被认为是 *Sclerostoma armatus* 或 *Strongylus tetracanthus* 这 2 个种。Looss 研究发现这些线虫代表着许多不同的类群。他不仅证明了 *Sclerostoma armatus* 就是 Mueller (1780)描述的马圆形线虫 *Strongylus equinus*，而且发现了该属的另外 2 个新种，命名为 *Sclerostoma vulgare* 和 *Sclerostoma edentatum*，并建立了 2 个新属 *Gyalocephalus* 和 *Triodentophorus*。在对盅口类线虫的研究中，除了模式种四刺盅口线虫 *Cyathostomum tetracanthum* 外，Looss (1900) 又描述了 12 个新种。但他在 1901 年又建立 1 个新属 *Cylichnostomum*，将所有盅口属线虫移到该属。1902 年，Looss 在 *The Sclerostomidae of Horses and Donkeys in Egypt* 一书中，记载了马属动物的圆线虫 17 种，并给予了精细的绘图。1902-1919 年，Railliet、Henry 和 Bauche 对圆形科和夏柏特科的分类系统作出了很大的贡献，他们单独或合作建立了几个新属：*Agriostomum* Railliet, 1902，*Oesophagodentus* Railliet *et* Henry, 1902，*Chabertia* Railliet *et* Henry, 1909，*Ternidens* Railliet *et* Henry, 1909，*Codiostomum* Railliet *et* Henry, 1911，*Choniangium* Railliet, Henry *et* Bache, 1914，*Bourgelatia* Railliet, Henry *et* Bauche, 1919。Railliet 建立了圆形亚科 Strongylinae Railliet, 1893，食道口亚科 Oesophagostomatinae Railliet, 1915 和毛线亚科 Trichonematinae Railliet, 1916。在 1919 年的分类系统中，Railliet 和 Henry 将圆形科分为圆形亚科 Strongylinae Railliet, 1893，灯首亚科 Deletrocephalinae Railliet *et* Henry, 1912，食道口亚科 Oesophagostomatinae Railliet, 1915，肾线亚科 Stephanurinae Railliet, Henry *et* Bauche, 1919 和毛线亚科 Trichonematinae Railliet, 1916 五个亚科。1911 年，Leiper 建立了柱咽属 *Cylindropharynx*。1914 年，Lane 对亚洲象的寄生圆线虫进行了研究，建立了 *Decrusia*, *Equinurbia*, *Quilonia*, *Murshidia*, *Amira* 5 个属。1916 年，Hall 描述了 1 个新属 *Ransomus*。Boulenger (1916-1921) 对马圆形线虫进行了大量的研究，报道了寄生于马属动物的寄生线虫 1 新属和 9 个新种。Yorke 和 Macfie (1918-1920) 也报道了马属动物寄生线虫 5 个新种。

Ihle (1922) 首次对盅口属的分类系统进行了修订，将盅口属分为 7 个群，把其中 5 个大的群提到亚属的地位。Cram (1924，1925) 将盅口属分为 7 个属，也就是将 Ihle 的 7 个群提升到属的地位。Witenberg (1925) 把毛线亚科提到科的阶元，包括毛线亚科 Trichonematinae Railliet, 1916 和缪西德亚科 Murshidinae Witenberg, 1925。但 Witenberg 的分类系统并未得到大多数学者的认同，Yorke 和 Maplestone (1926), Travassos 和 Vogelsang (1932)及 Neveu-Lemaire (1936)的分类系统均将圆形科和夏柏特科的线虫置于圆形科之下。而 Erschow (1943) 的分类系统则将这类线虫分为圆形科和毛线科。这些学者所提出的分类系统的共同特点就是不承认盅口属的有效性，而用毛线属代替盅口属，将盅口类线虫置于毛线亚科之下。

McIntosh (1951) 恢复了盅口属的有效性，并对广义盅口属线虫进行了分类修订。他的观点逐步被许多学者接受，然而以 Skrjabin 为代表的苏联学者仍然坚持盅口属为无效的属，而用毛线属代之。但他们对圆形科和毛线科的研究却取得了很大的进展，特别是 Popova 分别在 1955 年和 1958 年出版的《线虫学基础》第 5 卷和第 7 卷两本专著，系统记述了圆形科和毛线科的种类，至今仍然是研究这类线虫的重要参考依据。Tshoijo (1957) (见 Popova, 1958) 对毛线族 Trichonematea Popova, 1952 线虫进行了修订，建立了 *Bidentostomum*, *Tridentoinfundibulum*, *Skrjabinodentus*, *Erschowinema* 4 个新属。Yamaguti (1961a) 在《系统蠕虫学》第 3 卷中，不仅承认盅口属的有效性，而且为盅口类线虫建立了一个新科，盅口科 Cyathostomidae 以取代毛线科。1975 年，Lichtenfels 研究了马属动物的寄生线虫，并为北美洲的种类提供了检索表和光镜照片，承认了盅口属的有效性，将毛线属作为盅口属的同物异名，并将盅口类线虫置于圆形科之下。1980 年，Lichtenfels

编写出版了圆线总科的分类检索表，将 Popova (1955，1958) 的圆形科和毛线科的种类重新划分为圆形科和夏柏特科。这一分类系统已被大多数学者认同。

我国圆形科和夏柏特科线虫的研究起步较晚，Maxwell (1921) 对福建南部的动物寄生虫进行了研究，报道了猪体内寄生的有齿食道口线虫 *Oesophagostomum* (*Oesophagostomum*) *dentatum* (Rudolphi, 1803) 和山羊体内的微管食道口线虫 *Oesophagostomum* (*Hysteracrum*) *venulosum* (Rudolphi, 1809)。Faust (1921) 报道了北京猪体内的有齿食道口线虫。Schwartz (1926) 报道了北京地区的无齿圆形线虫 *Strongylus endentatus* (Looss, 1900)，普通圆形线虫 *Strongylus vulgaris* (Looss, 1900) 和尖形食道口线虫 *Oesophagostomum* (*Conveberia*) *aculeatum* (Linstow，1879)，以及湖北省的有齿食道口线虫。我国学者对圆形科和夏柏特科线虫的研究始于 1934 年，伍献文对南京亚洲象寄生线虫进行了报道，共描述了 11 种线虫，其中 8 种是圆形科线虫，包括 1 新种，象缪西德线虫 *Murshidia elephasi*。其后，伍献文和胡祥壁 (1935)，金大雄 (1936)，陈心陶 (1936-1937)，熊大仕和许世瑮 (1940)，金德祥 (1940)，吴光和陈超常 (1940-1941) 等先后对我国不同地区的家畜寄生食道口线虫进行了研究报道。1949 年，熊大仕和赵辉元报道了马大肠内的寄生线虫 1 新属新种，长伞中华圆线虫 *Sinostrongylus longibursatus*。后来该种线虫被列为长囊马线虫的同物异名。

从 1955 年开始，我国圆形科和夏柏特科线虫的研究进入一个快速发展的时期，1955 年，熊大仕、孔繁瑶对我国家畜寄生食道口线虫进行了调查，描述了我国食道口属线虫 7 种，包括 1 新种，甘肃食道口线虫 *Oesophagostomum kansuensis*。这是首次对我国食道口线虫进行的系统调查和描述。1956 年，他们又报道了夏柏特属 1 新种，叶氏夏柏特线虫 *Chabertia erschowi*。1958 年，孔繁瑶报道了驴的寄生线虫 1 新种，熊氏三齿线虫 *Triodontophorus hsiungi*。从此，孔繁瑶等开始对我国马属动物的寄生圆线虫进行了系统的研究报道。孔繁瑶等 (1959) 报道了北京地区驴的寄生圆线虫 11 种；孔繁瑶和杨年合 (1963a, 1964a) 又继续报道了北京地区驴的寄生圆线虫 9 种，包括 1 新种，北京杯环线虫 *Cylicocyclus pekingensis* K'ung *et* Yang, 1964，并建立了 1 个新亚属，熊氏亚属 *Hsiungia* K'ung *et* Yang, 1964，隶属于杯环属。该亚属被乌克兰学者 Dvojnos 和 Kharchenko (1988) 提升到属的阶元。孔繁瑶和杨年合 (1963b, 1964b) 同时对我国几个省份的马属动物圆线虫进行了调查研究，报道并描述了马属动物圆线虫 13 种和 1 新亚种。杨年合和孔繁瑶 (1965) 系统总结了马属动物圆线虫的研究结果，记录了我国 10 个省、自治区分布的马属动物寄生圆线虫 40 种，5 亚种，占全世界已报道种类的 70%，基本上反映了我国圆线虫的分布状况。结合对马属动物圆线虫的分类研究，孔繁瑶 (1964) 对广义盅口属的分类系统进行了修订，将广义盅口属分为 7 个属。该项工作得到了国际上的好评，美国著名寄生虫学家 Lichtenfels 在他的著作中称赞孔繁瑶是在马属动物圆线虫的分类系统研究中作出突出贡献的 4 个专家之一 (Lichtenfels, 1975)。在同一时期，中国科学院动物研究所的沈守训、吴淑卿等也开展了对我国家畜寄生蠕虫的调查工作。沈守训 (1960) 报道了新疆南部主要家畜寄生蠕虫的调查结果；吴淑卿等 (1965) 发表了对华东区 (上海、杭州、南京、扬州、蚌埠、合肥、济南、青岛) 马、驴、牛、羊、猪寄生蠕虫的调查结果，共报道线虫 67 种，其中圆形科和夏柏特科线虫共 29 种；沈守训等 (1965) 报道了我国中南地区 6 个城市的家畜寄生蠕虫的调查结果；吴淑卿等 (1965) 报道了西南地区家畜寄生蠕虫的调查结果。1979 年，中国科学院动物研究所等单位主编了《家畜家禽的寄生线虫》，描述了我国圆形科和夏柏特科线虫 45 种。新疆畜牧科学院兽医研究所的齐普生等 (1984) 编辑出版了《中国草食家畜常见寄生蠕虫图鉴》，收录了我国圆形科和夏柏特科线虫 54 种。李学文等 (1988) 对宁夏回族自治区中卫县的家畜寄生蠕虫进行了全面的调查，描述了圆形科和夏柏特科线虫 45 种。张路平等 (1991) 对河北省石家庄市动物园亚洲象寄生虫进行了调查，报道圆形科线虫 8 种，包括 1 新种和 1 新纪录种，以及 2 个未定种；1995 年，张路平等完成了对河北省家畜寄生蠕虫的调查，记载了圆形科和夏柏特科线虫 14 种；他们还对部分食道口线虫和夏柏特属线虫进行了扫描电镜观察 (张路平等，1994, 1995a, 1998, 1999)。2002 年，张路平和孔繁瑶对盅口族线虫的分类系统进行了评述，并提出了他们自己的分类观点；同年，他们出版了《马属动物的寄生线虫》专著，对我国马属动物的圆线虫进行了系统的总结。1980 年以后，我国学者除了进行线虫的区系调查外，还陆续发表了圆形科和夏柏特科的一些新属和新种，如蒋金书、张顺祥、孔繁瑶报道了湖北绵羊寄生线虫 1 新种，湖北食道口线虫 *Oesophagostomum hupensis* Jiang, Zhang *et* K'ung, 1980；张宝祥和李贵 (1981) 报道了马、驴寄生线虫 1 新种，志丹杯环线虫 *Cylicocyclus zhidanensis* Zhang *et* Li, 1981；张继亮 (1985) 描述了牛的寄生夏柏特属 1 新种，陕西夏柏特线虫 *Chabertia shaanxiensis* Zhang, 1985；殷佩云等描述了犀牛寄生线虫 1 新属新种，奇异副圆线虫 *Parastrongylus paradoxus* Yin, Jiang *et* K'ung, 1986；简世才 (1989) 报道了麂的食道口线虫 1 新种，*Oesophagostomum* (*Hysteracrum*) *muntiacum* Jian, 1989；张顺祥和张毅强 (1991) 报道了广西马、骡的寄生线虫 1 新种，南宁杯环线虫 *Cylicocyclus nanningensis* Zhang *et* Zhang, 1991；张路平和谢庆平 (1992) 报道了亚洲象无齿奎隆线虫 1 新种 *Quilonia edentata* Zhang *et* Xie, 1992；沙国润等 (1995) 描述了林麝寄生食道口线虫属 1 新种；张林等 (1998) 记述了羊夏柏特线虫 1 新种，高寒夏柏特线虫 *Chabertia gaohanensis* Zhang, Lu *et* Jin, 1998；康明等 (2004) 报道了高原鼢鼠线虫 1 新种，青海兰塞姆线虫 *Ransomus qinghaiensis* Kang, Luo *et* Chen, 2004。以上研究成果为本卷动物志的编写提供了宝贵的资料。

二、形 态 结 构

1. 角皮

角皮 (cuticle) 是指线虫体表所覆盖的一层角质结构。角皮除了覆盖体表外，还内褶入口腔、排泄孔、直肠、泄殖腔、阴道等内壁，当虫体蜕皮时这些内壁中的角质层也要脱去。除了体表的角质横纹外，圆形科和夏柏特科线虫体表常具有下列形态结构。

(1) 侧翼 (lateral ala)：一些食道口线虫虫体的侧面角皮膨大形成翼膜称为侧翼。有的种类侧翼膜延伸至雄虫交合伞前和雌虫的阴门，如甘肃食道口线虫 *Oesophagostomum* (*Hysteracrum*) *kansuensis* 和新疆食道口线虫 *Oesophagostomum* (*Hysteracrum*) *sinkiangensis*；有的种类则侧翼延伸至虫体中部，如麂食道口线虫 *Oesophagostomum* (*Hysteracrum*) *muntiacum* (图 1：A, B)。

(2) 口领 (mouth collar)：口领呈倒置的梯形，但随虫种不同，口领的形状也有变化。有些种的头端是扁的，或侧径偏长，或背腹径偏长，使口领的顶面观呈椭圆形 (口孔和

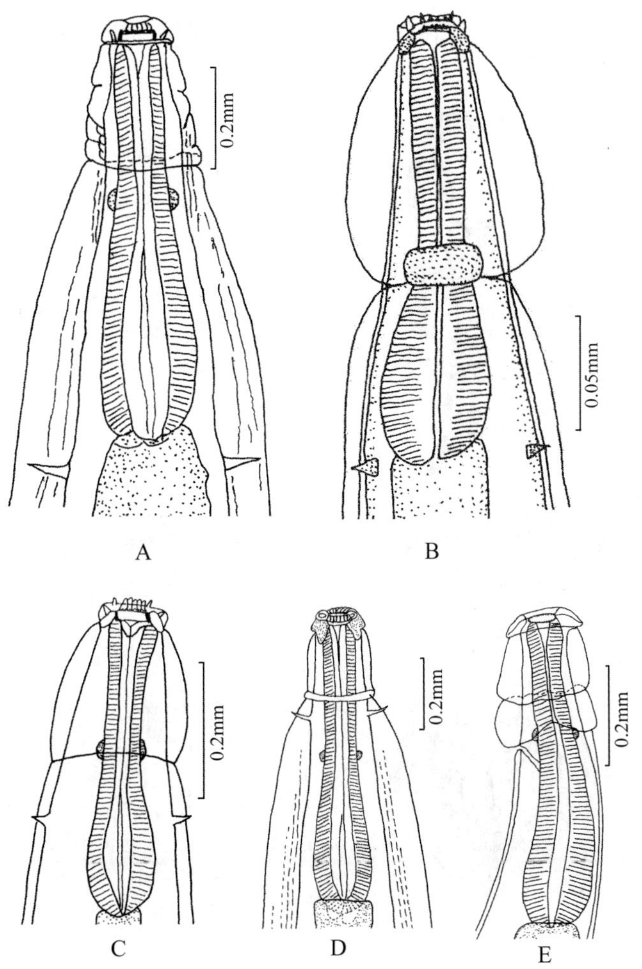

图 1　虫体前部，示头泡和侧翼 (anterior end of body, showing the cephalic vesicle and lateral ala)

A. 甘肃食道口线虫 *Oesophagostomum* (*Hysteracrum*) *kansuensis*；B. 麂食道口线虫 *Oesophagostomum* (*Hysteracrum*) *muntiacum*；C. 有齿食道口线虫 *Oesophagostomum* (*Oesophagostomum*) *dentatum*；D. 哥伦比亚食道口线虫 *Oesophagostomum* (*Proteracrum*) *colunbianum*；E. 辐射食道口线虫 *Oesophagostomum* (*Bosicola*) *radiatum*

口囊也都相应地呈椭圆形)。

(3) 头泡 (cephalic vesicle)：有的种类的线虫，头部的角皮呈膜状膨大，称为头泡。例如，有齿食道口线虫 *Oesophagostomum* (*Oesophagostomum*) *dentatum* 头泡发达伸至食道前部；哥伦比亚食道口线虫 *Oesophagostomum* (*Proteracrum*) *colunbianum* 的头泡则比较狭小；辐射食道口线虫 *Oesophagostomum* (*Bosicola*) *radiatum* 在头泡的中部具有 1 横沟将头泡分为前后两部 (图 1)。

2. 头端结构

线虫的头端，一般钝圆形，具有 4 个乳突和左右各 1 个头感器。有些种的头感器所在部位稍隆起，呈小丘形，有的异常凸起，呈短角状。在背面和腹面，也就是头感器之间、背腹 2 个半圆形线上 (外叶冠起始部之背后方) 对称地排列着 4 个亚中乳突 (subcentral

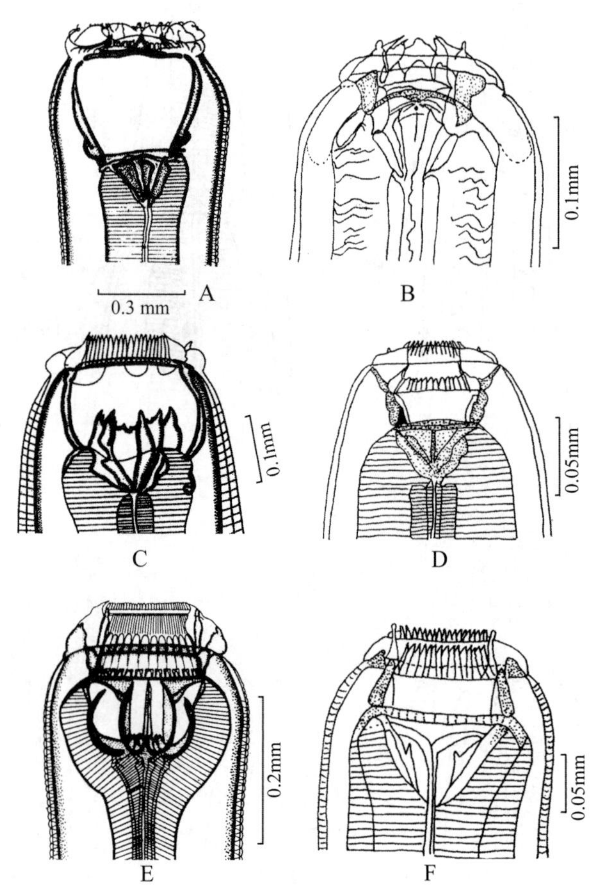

图 2 虫体头部，示头乳突和叶冠 (cephalic end of body, showing the cephalic papillae and leaf-crown)

A. 粗壮食道齿线虫 *Oesophagodontus robustus*；B. 陶氏斯齿线虫 *Skrjabinodentus tshoijoi*；C. 锯齿三齿线虫 *Triodontophorus serratus*；D. 双冠双冠线虫 *Cylicodontophorus bicoronatus*；E. 头似辐首线虫 *Gyalocephalus capitatus*；F. 麦氏副杯口线虫 *Parapoteriostomum mettami* papillae) 或环口乳突 (circum-oral papillae)，其在腹侧的叫亚腹侧乳突 (subventral papillae)，在背侧的叫亚背侧乳突 (subdorsal papillae)。乳突突向口领的前方，轮廓呈乳房状，有的较细，基部呈钟形，乳头部分近似纺锤形；有的较粗，乳头部分呈小圆球形。极少数种的乳突生有小突起，如粗壮食道齿线虫 *Oesophagodontus robustus*，可能仅此 1 例 (图 2：A)。

(1) 叶冠 (leaf-crown)：叶冠是围绕口孔的角质片状结构。自口孔的边缘伸出的为外叶冠 (external leaf-crown)，自口孔内缘伸出的为内叶冠 (internal leaf-crown)。有的种类仅有内叶冠，如辐射食道口线虫，而有的种类则仅有外叶冠，如青海兰塞姆线虫 *Ransomus qinghaiensis*，但大部分种类具有内外叶冠。具有内外叶冠的种类，其叶冠的数目和形态因种类不同而异：内外叶冠的形态大小相似且数目相等，如陶氏斯齿线虫 *Skrjabinodentus tshoijoi*；内外叶冠的形态大小不同而数目相等，如锯齿三齿线虫 *Triodontophorus serratus*，

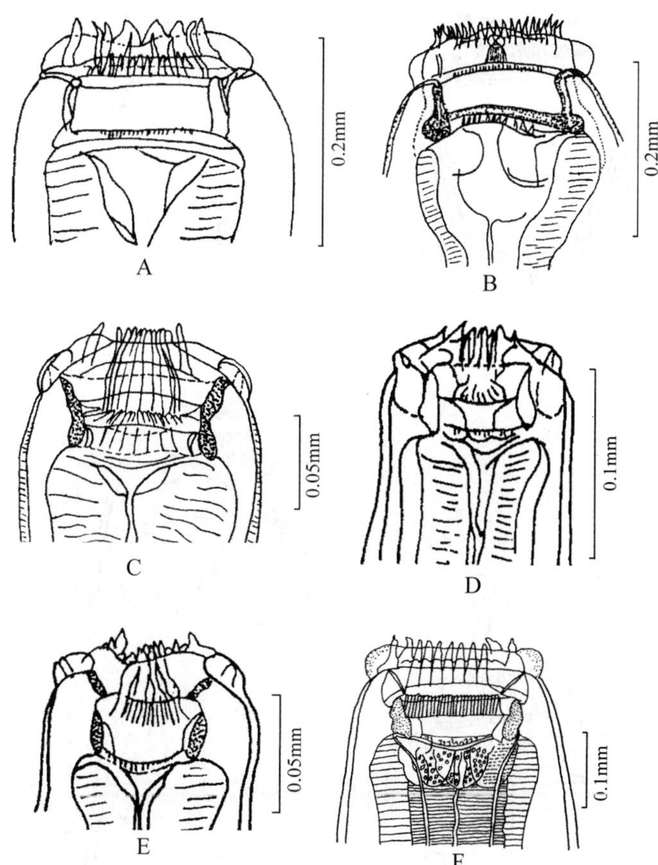

图 3　虫体头部，示叶冠 (cephalic end of body, showing the leaf-crown)

A. 外射杯环线虫 *Cylicocyclus ultrajectinus*；B. 显形杯环线虫 *Cylicocyclus insigne*；C. 四刺盅口线虫 *Cyathostomum tetracanthum*；D. 碗形盅口线虫 *Cyathostomum catinatum*；E. 小唇片冠环线虫 *Coronocyclus labratus*；F. 箭状冠环线虫 *Coronocyclus sagittaus*

双冠双冠线虫 *Cylicodontophorus bicoronatus*；有些种类外叶冠数目多，内叶冠数目少，如头似辐首线虫 *Gyalocephalus capitatus* 外叶冠 90 枚，内叶冠 30-32 枚，麦氏副杯口线虫外叶冠 60 枚，内叶冠 40-46 枚 (图 2：B-F)。大多数种类内叶冠的小叶数通常比外叶冠的多，形状比较细小。有的种类内叶冠小叶大小不一，每隔若干个短的小叶突出 1 个长的，极其规律，如外射杯环线虫 *Cylicocyclus ultrajectinus*；有的种类内叶冠小叶联合在一起，在口囊前缘形成 1 环状结构，如戈氏三齿漏斗线虫 *Tridentoinfundibulum gobi*；有的内叶冠起始于口囊前缘，如杯环属 *Cylicocyclus* 线虫；有的内叶冠起始于口囊内壁前缘之后 1/5-1/3 处，如盅口属 *Cyathostomum* 线虫；有的内叶冠起始于口囊内壁前缘之后 1/3-1/2 处，如冠环属 *Coronocyclus* 线虫 (图 3)。

(2) 口囊 (buccal capsule)：具有厚壁、硬固、轮廓明显、形状各异的口囊是圆线虫的重要特征，也是较低阶元分类上的重要依据。口囊的形状变化很多。一类呈球形或

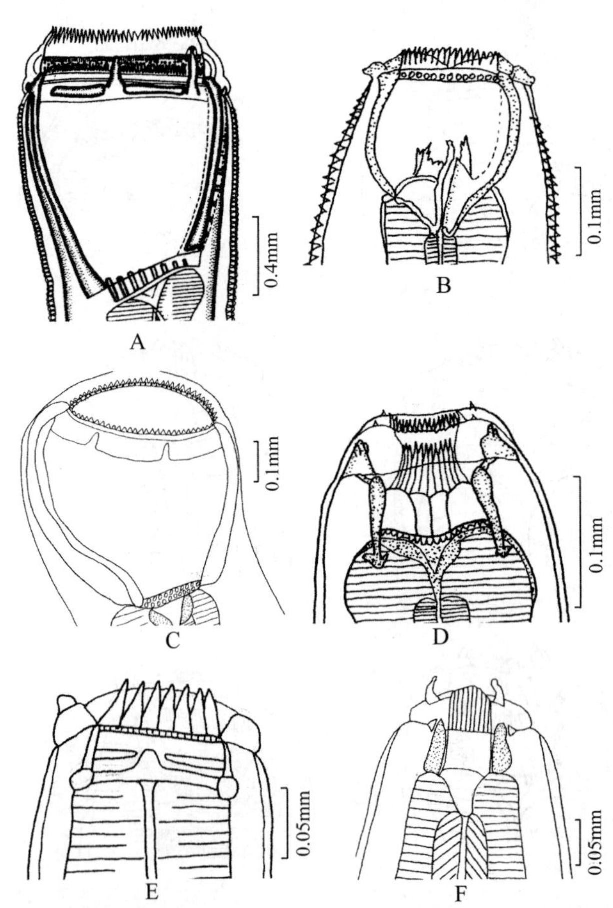

图 4　虫体头部，示口囊 (cephalic end of body, showing the buccal capsule)

A. 无齿圆形线虫 *Strongylus edentatus*；B. 细颈三齿线虫 *Triodontophorus tenuicollis*；C. 绵羊夏柏特线虫 *Chabertia ovina*；D. 真臂副杯口线虫 *Parapoteriostomum euproctus*；E. 鼻状杯环线虫 *Cylicocyclus nassatus*；F. 尼氏缪西德线虫 *Murshidia* (*Murshidia*) *neveu-lemairei*

半球形，口囊较大，壁厚，圆形亚科和夏柏特亚科的线虫属于这种类型。另外一类的口囊较小，为圆柱形或环形，盅口亚科和食道口亚科的线虫属于这一类型。后一类型的口囊壁多较平直，不构成弧形弯曲，口囊壁的纵断面亦呈现不同的形状，有的前厚后薄，呈楔形，有的前薄后厚；有的囊壁薄，而后缘突然加厚，使口囊的后缘似有 1 环箍；也有的中部厚，前后薄，呈梭形，等等。口囊的横断面多为圆形；有的呈椭圆形，或侧径长背腹径短，或背腹径长而侧径短；有的呈多边形，其每一个边均与外叶冠小叶内壁相对应，方位和数目都是一致的。有的种在口囊壁内侧面或前或后的部位形成环形横嵴，将口囊分为前后两个部分，如同一个两层的环形体育场。口囊或有齿或无齿。

(3) 角质支环 (extra-chitinous support)：有些种在口囊壁的前缘至口领外缘之间有 1 上宽 (与口领的宽度接近)、下窄 (与口囊上缘宽度相近) 的，半截 (上半截) 漏斗形的结构，其角质化程度较口囊壁弱。这一构造早在 1902 年为 Looss 所发现。1975 年，Lichtenfels

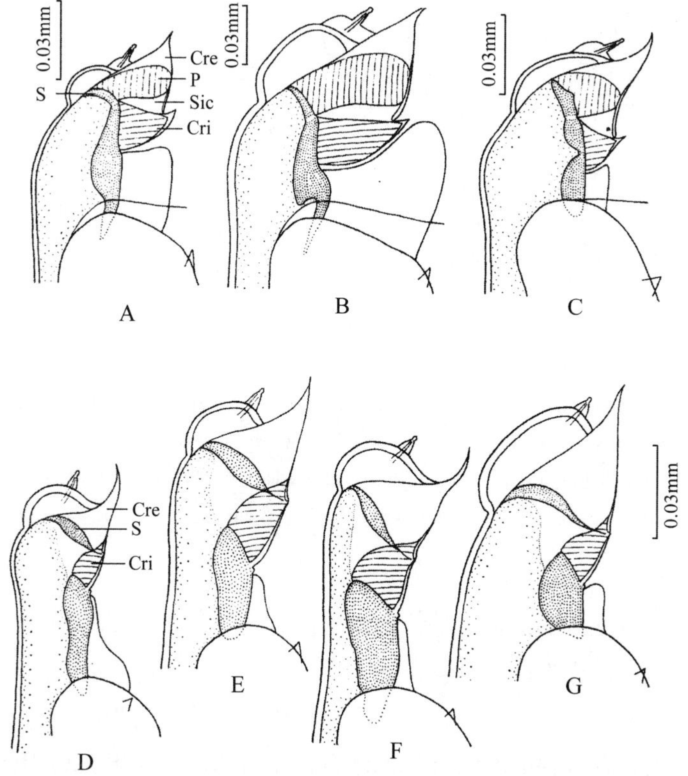

图 5　角质支环的结构 (一) (structure of extra-chitinous support, part I) (仿 Hartwich, 1986)

A. 碗形盅口线虫 *Cyathostomum catinatum*；B. 碟状盅口线虫 *Cyathostomum pateratum*；C. 四刺盅口线虫 *Cyathostomum tetracanthum*；D. 冠状冠环线虫 *Coronocyclus coronatus*；E. 小唇片冠环线虫 *Coronocyclus labratus*；F. 箭状冠环线虫 *Coronocyclus sagittatus*；G. 大唇片冠环线虫 *Coronocyclus labiatus*；Cre. 外叶冠 (Cre indicating corona radiata externa)；Cri. 内叶冠 (Cri indicating corona radiata interna)；P. 外叶冠髓质部 (P indicating pulparer anteil der corona radiata externa)；S. 角质支环 (S indicating the extra-chitinous support)；Sic. 叶冠间隔 (Sic indicating septum intracoronare)

提出以该构造作为划分属别的一个形态学根据，并认为是盅口属 *Cyathostomum* 的主要形态特征。但是 Hartiwich (1986) 对盅口族的研究发现，角质支环在许多属中存在，并提出角质支环特征是区分冠环属 *Coronocyclus* 和盅口属的主要形态特征 (图 5-图 7)。

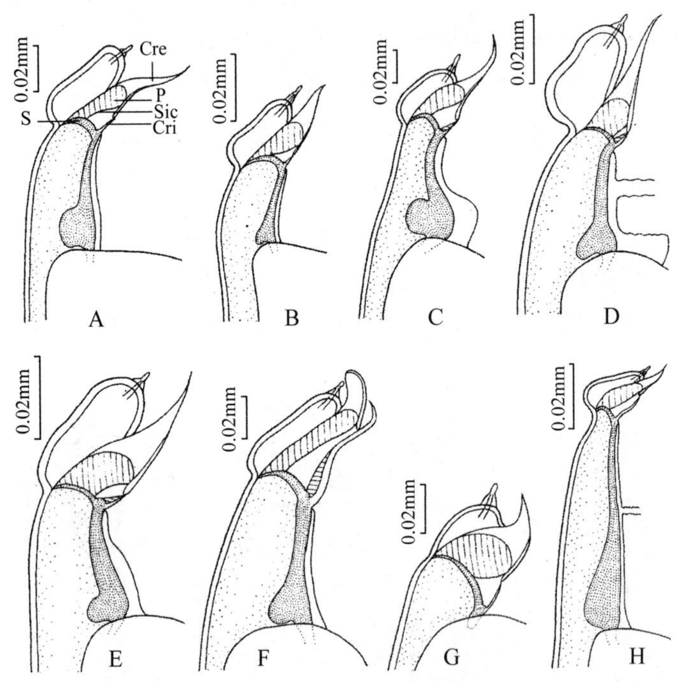

图 6 角质支环的结构 (二) (structure of extra-chitinous support, part II) (仿 Hartwich, 1986)

A. 辐射杯环线虫 *Cylicocyclus radiatus*；B. 细口杯环线虫 *Cylicocyclus leptostomum*；C. 显形杯环线虫 *Cylicocyclus insigne*；D. 鼻状杯环线虫 *Cylicocyclus nassatus*；E. 三支杯环线虫 *Cylicocyclus triramosus*；F. 外射杯环线虫 *Cylicocyclus ultrajectinus*；G. 短口囊杯环线虫 *Cylicocyclus brevicapsulatus*；H. 杯状彼德洛夫线虫 *Petrovinema poculatum*；Cre. 外叶冠 (Cre indicating corona radiata externa)；Cri. 内叶冠 (Cri indicating corona radiata interna)；P. 外叶冠髓质部 (P indicating pulparer anteil der corona radiata externa)；S. 角质支环 (S indicating the extra-chitinous support)；Sic. 叶冠间隔 (Sic indicating septum intracoronare)

(4) 背沟 (dorsal gutter)：背沟是背食道腺的开口部位，典型的构造是口囊背壁正中形成 1 条狭长的纵嵴，嵴的正中凹陷为 1 纵沟。背沟起始于食道前端内腔 (或食道漏斗) 的背扇形区，前端或终止于前缘，或终止于口囊内或前或后的地方。背沟的有无或长短是分类的重要依据。有些种的背沟的基部结合，生有齿，也是背食道腺的开口部位。有的背沟极短，仅略高出于食道前端。有的食道前端内腔的背扇形区略向前凸，呈 1 扁平的“人”字形，其上有背食道腺的开口。

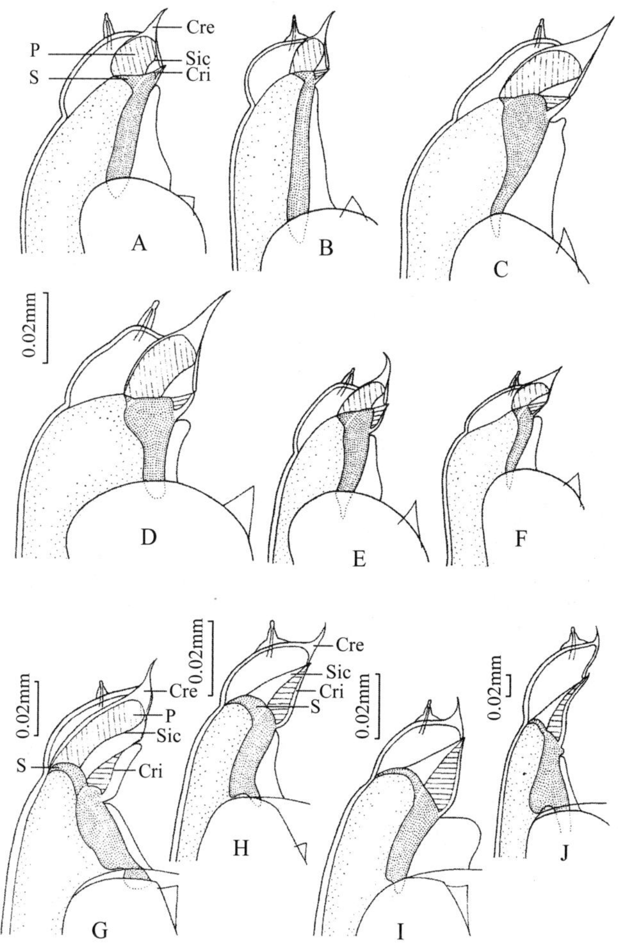

图 7　角质支环的结构（三）(structure of extra-chitinous support, part III) (仿 Hartwich, 1986)

A. 间生杯冠线虫 *Cylicostephanus hybridus*；B. 小杯杯冠线虫 *Cylicostephanus calicatus*；C. 偏位杯冠线虫 *Cylicostephanus asymetricus*；D. 双齿杯冠线虫 *Cylicostephanus bidentatus*；E. 高氏杯冠线虫 *Cylicostephanus goldi*；F. 长伞杯冠线虫 *Cylicostephanus longibursatus*；G. 双冠双冠线虫 *Cylicodontophorus bicoronatus*；H. 麦氏副杯口线虫 *Parapoteriostomum mettami*；I. 真臂副杯口线虫 *Parapoteriostomum euproctus*；J. 拉氏杯口线虫 *Poteriostomum ratzii*；Cre. 外叶冠 (Cre indicating corona radiata externa)；Cri. 内叶冠 (Cri indicating corona radiata interna)；P. 外叶冠髓质部 (P indicating pulparer anteil der corona radiata externa)；S. 角质支环 (S indicating the extra-chitinous support)；Sic. 叶冠间隔 (Sic indicating septum intracoronare)

3. 生殖器官

线虫为雌雄异体的动物，雄虫的生殖器官包括精巢、输精管、射精管、泄殖腔。圆形科和夏柏特科的线虫均具有交合伞、生殖锥、交合刺、引带等附属的结构。雌虫的生殖器官包括卵巢、输卵管、子宫、排卵器、阴道、阴门等构造。Lichtenfels (1980) 在详细观察了圆形科和夏柏特科线虫生殖器官的结构后，发现交合伞背肋的形态和排卵器结构在这两个科的分类中具有重要的意义。因此，本卷主要介绍这两个特征。

(1) 背肋 (dorsal ray)：背肋有两种类型。I 型背肋的特点是背肋分为 2 支，每支再分为 3 个小支。圆形科线虫(除属 *Decrusia* 线虫外)均为 I 型背肋 (图 8)。II 型背肋的特点是背肋分为 2 支，每支再分为 2 个小支。夏柏特科线虫均为 II 型背肋 (图 9)。

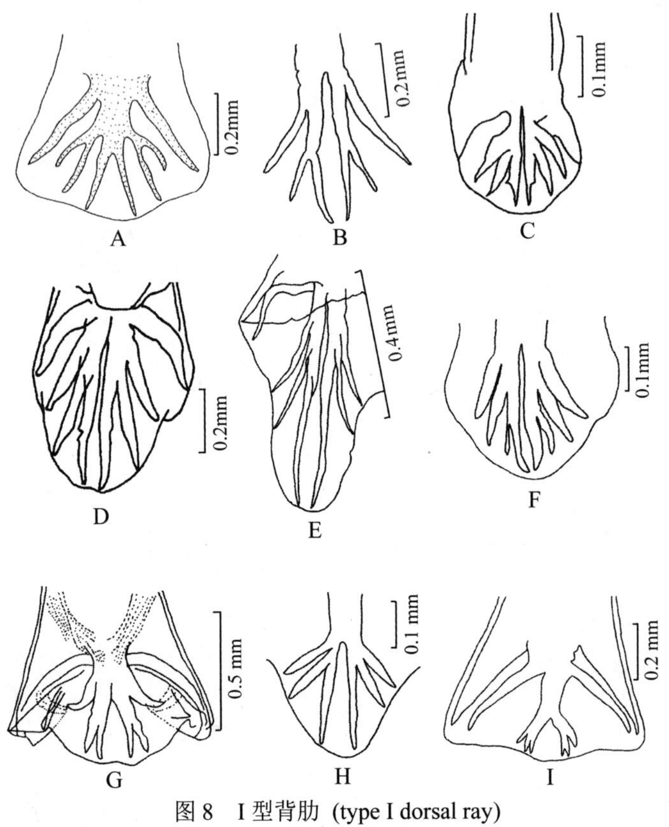

图 8 I 型背肋 (type I dorsal ray)

A. 上口管囊线虫 *Choniangium epistomum*；B. 细颈三齿线虫 *Triodontophorus tenuicollis*；C. 微小杯冠线虫 *Cylicostephanus minutus*；D. 四刺盅口线虫 *Cyathostomum tetracanthum*；E. 冠状冠环线虫 *Coronocyclus coronatus*；F. 阿氏杯环线虫 *Cylicocylus ashworthi*；G. 北京熊氏线虫 *Hsiungia pekingensis*；H. 尼氏缪西德线虫 *Murshidia* (*Murshidia*) *neveu-lemairei*；I. 瑞氏奎隆线虫 *Quilonia renniei*

(2) 排卵器 (ovejector)：排卵器由 3 部分组成。第一部分是具有厚壁的前庭部，前庭一端连接阴道，另一端与第二部分括约肌部相连；第二部分括约肌部也具有厚壁；第三部分是具有薄壁的漏斗部，该部分一端连接括约肌部，另一端连接子宫。

排卵器可分为两种类型，I 型排卵器也称为“Y”形排卵器 (图 10：A)；II 型排卵器也称为“J”形排卵器 (图 10：B)。I 型和 II 型排卵器的主要区别：① I 型排卵器的前庭部小而圆，略呈“Y”形；而 II 型排卵器的前庭部大，呈现肾形。② I 型排卵器的括约肌部比前庭部稍大；而 II 型排卵器的括约肌部比前庭部小。③ I 型排卵器的漏斗部大小与括约肌部相似，壁比括约肌部稍薄；但 II 型排卵器的漏斗部比括约肌部要小得多。两种类型的排卵器很容易通过它们延伸的方向区别开来，然而有时会出现一些变异的情况。例如，

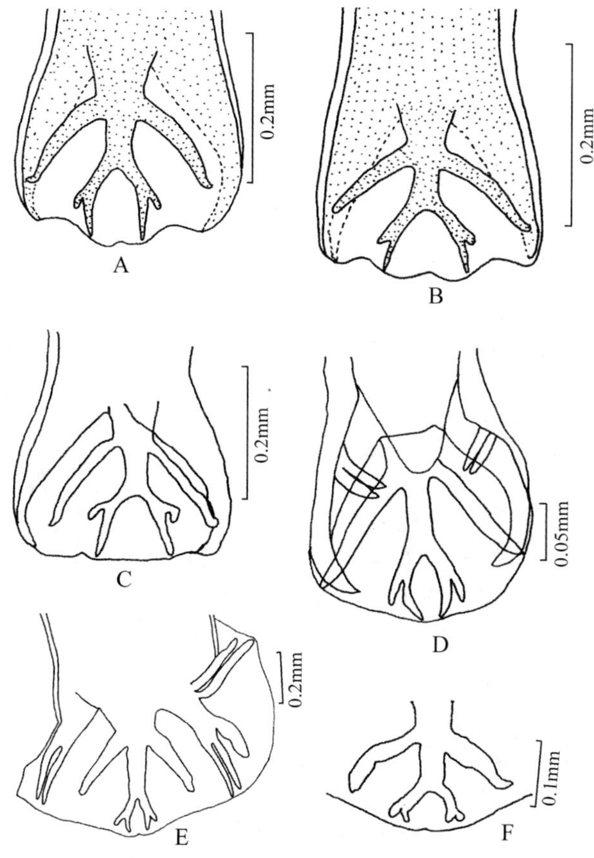

图 9　II 型背肋 (type II dorsal ray)

A. 有齿食道口线虫 *Oesophagostomum* (*Oesophagostomum*) *dentatum*；B. 四刺食道口线虫 *Oesophagostomum* (*Oesophagostomum*) *quadrispinulatum*；C. 双叉食道口线虫 *Oesophagostomum* (*Conoveberia*) *bifurcum*；D. 梅花鹿食道口线虫 *Oesophagostomum* (*Bosicola*) *sikae*；E. 绵羊夏柏特线虫 *Chabertia ovina*；F. 塞氏库兹圆线虫 *Kuntzistrongylus selfi*

圆形属 *Strongylus* 由于阴门前移，身体较长，从而使其排卵器呈现"T"形；而有些 II 型排卵器却在形态上接近"Y"形 (*Phacochoerostrongylus*, *Rhabditostomum*)。尽管有少数的上述变异出现，两种类型还是可以通过观察排卵器各部分的结构得以辨认，尤其是 II 型排卵器有发达的前庭部和退化的括约肌部和漏斗部。

Lichtenfels 研究发现，除了寄生于澳大利亚有袋类的线虫外，具有 I 型背肋的线虫具有 I 型排卵器，而具有 II 型背肋的线虫具有 II 型排卵器，因此将具有 I 型背肋和 I 型排卵器的种类归入圆形科，将具有 II 型背肋和 II 型排卵器的种类归入夏柏特科。

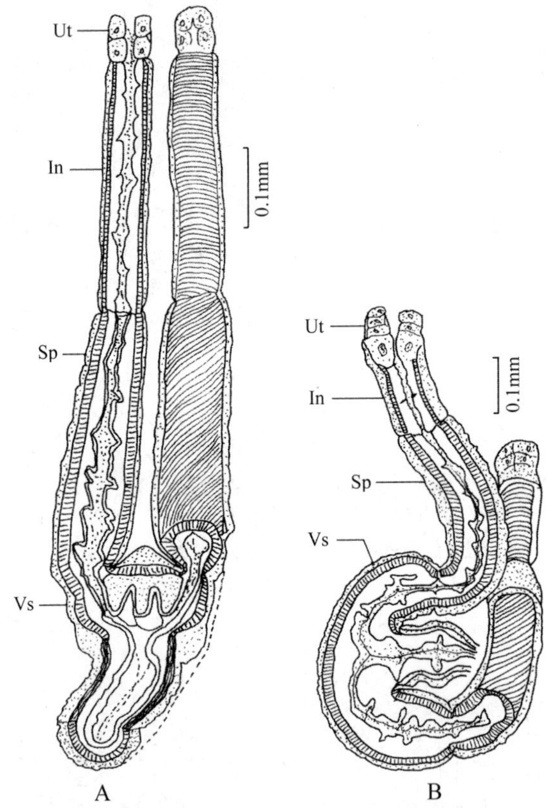

图 10 排卵器 (ovejector) (仿 Lichtenfels, 1980)

A. I 型排卵器或"Y"形排卵器 (type I ovejector or Y-shaped ovejector)；B. II 型排卵器或"J"形排卵器 (type II ovejector or J-shaped ovejector)；Ut. 子宫 (uteri)；In. 漏斗 (infundibula)；Sp. 括约肌 (sphincter)；Vs. 前庭 (vestibula)

三、分 类 系 统

圆形科和夏柏特科的分类系统经历了近百年的发展历程，存在很大的变化。早期的分类系统中，圆形科和夏柏特科的种类全部置于圆形科之下。最早对圆形科的分类系统进行系统研究的是 Railliet 和 Henry，他们在对圆线虫的分类系统进行了大量研究之后，在 1919 年首次将圆形科 Strangylidae 分为 5 个亚科：

圆形亚科 Strongylinae Railliet, 1885

灯首亚科 Deletrocephalinae Railliet *et* Henry, 1912

食道口亚科 Oesophagostomatinae Railliet, 1916

肾线亚科 Stephanurinae Railliet, Henry *et* Bauche, 1919

毛线亚科 Trichonematinae Railliet, 1916

1924 年，Neveu-Lemaire 为埃米属 *Amira* 建立 1 新亚科，埃米亚科 Amirinae。1925 年，Thapar 描述了克鲁鲁姆属 *Kiluluma* 1 新种，并为该属建立 1 新亚科，克鲁鲁姆亚科

Kiluluminae。同年，Witenberg 将毛线亚科提升至科的阶元，成立毛线科 Trichonematidae，包括两个亚科：毛线亚科 Trichonematinae 和缪西德亚科 Murshidiinae。

Yorke 和 Maplestone (1926) 对圆形科的分类系统进行了修订，将圆形科分为 4 个亚科，每个亚科包括如下的属。

圆形亚科 Strongylinae Railliet, 1885

Strongylus Mueller, 1780

Decrusia Lane, 1914

Equinurbia Lane, 1914

Choniangium Railliet, Henry *et* Bauche, 1914

Oesophagodontus Railliet *et* Henry, 1902

Triodontophorus Looss, 1902

Craterostomum Boulenger, 1920

Ransomus Hall, 1916

Codiostomum Railliet *et* Henry, 1911

Castorstrongylus Chapin, 1925

Globocephalus Molin, 1861

Acheilostoma Leiper, 1911

食道口亚科 Oesophagostomatinae Railliet, 1915

Oesophagostomum Molin, 1861

Ternidens Railliet *et* Henry, 1909

Chabertia Railliet *et* Henry, 1909

肾线亚科 Stephanurinae Railliet, Henry *et* Bauche, 1919

Stephanurus Diesing, 1839

毛线亚科 Trichonematinae Railliet, 1916

Trichonema Cobbold, 1874

Cylindropharynx Leiper, 1911

Bourgelatia Railliet, Henry *et* Bauche, 1919

Amira Lane, 1914

Poteriostomum Quiel, 1919

Gyalocephalus Looss, 1900

Trachypharynx Leiper, 1911

Sauricola Chapin, 1924

Pharyngostrongylus Yorke *et* Maplestone, 1926

Labiostrongylus Yorke *et* Maplestone, 1926

Spirostrongylus Yorke *et* Maplestone, 1926

Kiluluma Skrjabin, 1916

Quilonia Lane, 1914

Buissonia Neveu-Lemaire, 1924

Macropostrongylus Yorke *et* Maplestone, 1926

Theileriana Monnig, 1924

Murshidia Lane, 1914

Paraquilonia Neveu-Lemaire, 1924

Eucyathostomum Molin, 1861

Yorke 和 Maplestone (1926) 的分类系统的主要特点是将兰塞姆亚科 Ransominae 归入圆形亚科；将埃米亚科和克鲁鲁姆亚科归入毛线亚科；没有承认灯首亚科和灯首属 *Deletrocephalus*，也没有将灯首属归入任何一个亚科中；没有承认 Witenberg (1925) 建立的毛线科。

1933 年，Travassos 和 Vogelsang 将肾线亚科提升到科的阶元，建立肾线科 Stephanuridae。这一分类系统现已得到普遍的承认。1936 年，Neveu-Lemaire 再次将埃米亚科和肾线亚科归入圆形科中，而且不承认 Witenberg (1925) 建立的毛线科，因而在他的分类系统中，圆形科分为 6 个亚科：

Strongylinae Railliet, 1885

Amirinae Neveu-Lemaire, 1924

Deletrocephalinae Railliet *et* Henry, 1912

Oesophagostominae Railliet, 1915

Stephanurinae Railliet, Henry *et* Bauche, 1919

Trichonematinae Railliet, 1916

1943 年，苏联学者 Erschow 对圆形科的类群进行了仔细的研究，对圆形科的分类系统进行了重新修订。Erschow 将圆形科分为圆形亚科和兰塞姆亚科；承认 Witenberg (1925) 建立的毛线科，并将食道口亚科移入毛线科，形成了下面的分类系统。

圆形科 Strongylidae Baird, 1853

Strongylinae Railliet, 1885

Deletrocephalinae Railliet *et* Henry, 1912

Ransominae Travassos *et* Vogelsang, 1932

毛线科 Trichonematidae Witenberg, 1925

Trichonematinae Railliet, 1916

Oesophagostomatinae Railliet, 1915

Quiloniinae Erschow, 1943

1951 年，McIntosh 重新恢复了盅口属 *Cyathostomum* 的有效性，毛线属成为盅口属的同物异名，从而毛线科和毛线亚科也就成为无效的分类单元。然而，以 Skrjabin 为代表的苏联学者仍然不承认盅口属的有效性，而坚持把毛线属作为有效的属。Skrjabin 等 (1952) 及 Popova (1955，1958) 对圆形科和毛线科的分类系统做了进一步的修订，提出了如下的分类系统。

圆形科 Strongylidae Baird, 1853

圆形亚科 Strongylinae Railliet, 1885

Strongylus Mueller, 1780

Alfortia Railliet, 1923

Colobostrongylus Sandground, 1929

Craterostomum Boulenger, 1920

Decrusia Lane, 1914

Delafondia Railliet, 1923

Equinurbia Lane, 1914

Oesophagodontus Railliet *et* Henry, 1902

Triodontophorus Looss, 1902

夏柏特亚科 Chabertiinae Popova, 1952

Chabertia Railliet *et* Henry, 1909

Castorstrongylus Chapin, 1925

Codiostomum Railliet *et* Henry, 1911

Okapistrongylus Berghe, 1937

灯首亚科 Deletrocephalinae Railliet *et* Henry, 1912

Deletrocephalus Diesing, 1851

Paradeletrocephalus Freitas *et* Lent, 1947

球首亚科 Globocephalinae Travassos *et* Vogelsang, 1932

Globocephalus Molin, 1861

Acheilostoma Leiper, 1911

Globocephaloides Yorke *et* Maplestone, 1926

Raillietostrongylus Lane, 1923

兰塞姆亚科 Ransominae Travassos *et* Vogelsang, 1932

Ransomus Hall, 1916

Choniangium Railliet, Henry *et* Bauche, 1914

毛线科 Trichonematidae Witenberg, 1925

毛线亚科 Trichonematinae Railliet, 1916

毛线族 Trichonematea Popova, 1952

Trichonema Cobbold, 1874

Amira Lane, 1914

Bourgelatia Railliet, Henry *et* Bauche, 1919

Cylicocyclus Ihle, 1922

Cylicodontophorus Ihle, 1922

Khalilia Neveu-Lemaire, 1924

Petrovinema Erschow, 1943

Phacochoerostrongylus Schartz, 1928

Poteriostomum Quiel, 1919

Schulzitrichonema Erschow, 1943

圆柱咽族 Cylindropharyngea Popova, 1952

Cylindropharynx Leiper, 1911

Caballonema Abuladze, 1937

辐首族 Gyalocephalea Popova, 1952

Gyalocephalus Looss, 1900

Trachypharynx Leiper, 1911

缪西德亚科 Murshidiinae Witenberg, 1925

缪西德族 Murshidiinea Popova, 1952

Murshidia Lane, 1914

Buissonia Neveu-Lemaire, 1924

Quilonia Lane, 1914

咽圆族 Pharyngostrongylea Popova, 1952

Pharyngostrongylus Yorke *et* Maplestone, 1926

泰勒族 Theilerianea Popova, 1952

Theileriana Monnig, 1924

Macropostrongylus Yorke *et* Maplestone, 1926

Phascolostrongylus Canavan, 1931

Spirostrongylus Yorke *et* Maplestone, 1926

食道口亚科 Oesophagostomatinae Railliet, 1915

Oesophagostomum Molin, 1861

Bourgelatioides Chandler, 1931

Paraoesophagostomum Scheidegger *et* Kreis, 1934

Schulzinema Krastin, 1937

Ternidens Railliet *et* Henry, 1909

Sauricolinae Popova, 1952

Sauricola Chapin, 1924

Skrjabin 和 Popova 等的分类系统基本延续了 Erschow (1943) 的分类观点，但对分类系统进行了较大的修订。在 Skrjabin 和 Popova 等的分类系统中，圆形科中增加了夏柏特亚科和球首亚科，这样圆形科分为 5 个亚科。毛线科中增加了亚科 Sauricolinae，采用了 Witenberg (1925) 建立的缪西德亚科，没有采用 Erschow (1943) 建立的奎隆亚科 Quiloniinae，并将毛线亚科和缪西德亚科分为不同的族。

Yamaguti (1961a) 在他的分类系统中承认了盅口属的有效性，毛线属成为盅口属的同物异名，并为盅口类线虫建立了一个新科，盅口科 Cyathostomidae，来替代毛线科。Yamaguti 的分类系统与 Skrjabin 和 Popova 等的分类系统有较大的区别：他将圆形科分为圆形亚科和球首亚科；将灯首亚科和兰塞姆亚科并入圆形亚科；没有承认夏柏特亚科，其所属的类群一部分移入圆形亚科，一部分移入食道口亚科。盅口科分为盅口亚科 Cyathostominae，食道口亚科和亚科 Sauricolinae。但 Yamaguti 的盅口科并没有得到大多数学者的认同。

Lichtenfels (1980) 对圆形科线虫进行了大量的形态学研究，尤其对雌虫的排卵器和雄虫交合伞的背肋结构进行了比较研究，发现具有 I 型排卵器的线虫同时也具有 I 型背肋；而具有 II 型排卵器的线虫同时也具有 II 型背肋(寄生于澳大利亚有袋类的几个属的圆线虫除外)。根据上述研究结果，Lichtenfels (1980) 对圆线虫的分类系统进行了重新修订，将具有 I 型排卵器和 I 型背肋的圆线虫划归为圆形科，而为具有 II 型排卵器和 II 型背肋的圆线虫建立了 1 新科，夏柏特科 Chabertiidae。圆形科分为 3 个亚科，夏柏特科也分为 3 个亚科。其分类系统如下所示。

圆形科 Strongylidae Baird, 1853

圆形亚科 Strongylinae Railliet, 1885

Strongylus Mueller, 1780

Bidentostomum Tshoijo, 1957

Choniangium Henry *et* Bauche, 1914

Codiostomum Railliet *et* Henry, 1911

Craterostomum Boulenger, 1920

Decrusia Lane, 1914

Equinurbia Lane, 1914

Hypodontus Monnig, 1929

Macropicola Mawson, 1978

Oesophagodontus Railliet *et* Henry, 1902

Triodontophorus Looss, 1902

袋熊圆形亚科 Phascolostrongylinae Lichtenfels, 1980

Phascolostrongylus Canavan, 1931

Macropostrongyloides Yamaguti, 1961

Oesophagostomoides Schartz, 1928

Paramacropostrongylus Johnson *et* Mawson, 1940

盅口亚科 Cyathostominae Nicoll, 1927

盅口族 Cyathostominea Nicoll, 1927

Cyathostomum Molin, 1861

Caballonema Abuladze, 1937

Cylicocyclus Ihle, 1922

Cylicodontophorus Ihle, 1922

Cylicodropharynx Leiper, 1911

Cylicostephanus Ihle, 1922

Gyathostomum Looss, 1900

Poteriostomum Quiel, 1919

真盅口族 Eucyathostominea Lichtenfels, 1980

Eucyathostomum Molin, 1861

Sauricolinea Lichtenfels, 1980

Sauricola Chapin, 1924

Chapiniella Yamaguti, 1961

克鲁鲁姆族 Kiluluminea Thapar, 1923

Kiluluma Skrjabin, 1916

奎隆族 Quiloniinea Lichtenfels, 1980

Quilonia Lane, 1914

Theileriana Monnig, 1924

缪西德族 Murshidiinea Popova, 1952

Murshidia Lane, 1914

Khalilia Neveu-Lemaire, 1924

Neomurshidia Chabaud, 1957

夏柏特科 Chabertiidae Lichtenfels, 1980

夏柏特亚科 Chabertiinae Popova, 1952

Chabertia Railliet *et* Henry, 1909

Agriostomum Railliet, 1902

Castrorstrongylus Chapin, 1925
Colobostrongylus Sandground, 1929
Corollostrongylus Beveridge, 1978
Cyclodontostomum Adams, 1933
Okapistrongylus Berghe, 1937
Ransomus Hall, 1916
Schulzinema Krastin, 1937
Ternidens Railliet *et* Henry, 1909

孔口亚科 Cloacininae Stossich, 1899
Cloacininea Stossich, 1899
Cloacina Linstow, 1898
Arundelia Mawson, 1977
Macropostrongylinea Lichtenfels, 1980
Macropostrongylus Yorke *et* Maplestone, 1926
Coronostrongylus Johnson *et* Mawson, 1939
Macroponema Mawson, 1978
Papillostrongylus Johnson *et* Mawson, 1939
Popovastrongylus Mawson, 1977
Pharyngostrongylinea Popova, 1952
Pharyngostrongylus Yorke *et* Maplestone, 1926
Cyclostrongylus Johnson *et* Mawson, 1939
Pararugopharynx Magzoub, 1964
Rugopharynx Monnig, 1926
Spirostrongylus Yorke *et* Maplestone, 1926
Woodwardostrongylus Wahid, 1964
Zoniolaiminea Popova, 1952
Zoniolaimus Cobb, 1898
Dorcopsinema Mawson, 1977
Labiostrongylus Yorke *et* Maplestone, 1926
Parazoniolaimus Johnson *et* Mawson, 1939
Potorostrongylus Johnson *et* Mawson, 1940

食道口亚科 Oesophagostominae Railliet, 1916
Oesophagostominea Railliet, 1916
Oesophagostomum Molin, 1861

Daubneyia LeRoux, 1940

Bourgelatiinea Lichtenfels, 1980

Bourgelatia Railliet, Henry *et* Bauche, 1919

Kuntzistrongylus Lichtenfels, 1980

Lemurostrongylus Chabaud, Brygoo *et* Petter, 1961

Phacochoerostrongylus Schartz, 1928

Trachypharynx Leiper, 1911

Bourgelatioididea Lichtenfels, 1980

Bourgelatioides Chandler, 1931

Rhabditostomum Chabaud *et* Krishnasamy, 1976

Lichtenfels 在他的分类系统中，不仅注意到了形态学上的相关性，而且注意到了与宿主的共进化关系。圆形科的线虫寄生于奇蹄类、大象和有袋类动物；而夏柏特科的线虫寄生于偶蹄类、啮齿类、灵长类和有袋类动物。在 Lichtenfels (1980) 的分类系统中，有袋类动物的寄生线虫被置于 2 个科，4 个不同的亚科中。Beveridge (1982) 认为有袋类的寄生圆线虫应为一个单系。1987 年，Beveridge 对澳大利亚有袋类寄生圆线虫进行了系统学分析，恢复了孔口科 Cloacinidae 的有效性，将袋熊圆形亚科 Phascolostrongylinae 及圆形亚科中 *Hypodontus* 和 *Macropicola* 从圆形科中移出，同时也将 *Corollostrongylus* 从夏柏特亚科移出放入孔口科，孔口科包括孔口亚科和袋熊圆形亚科。这样，圆形科包括圆形亚科和盅口亚科；夏柏特科包括夏柏特亚科和食道口亚科。Beveridge 的分类系统不仅应用了排卵器和背肋的特征，而且应用了生殖锥、交合刺囊及第三期幼虫的特征。当然，Beveridge 的分类系统也考虑了线虫与宿主的共进化。圆形科线虫寄生于奇蹄类和大象；夏柏特科线虫寄生于偶蹄类、啮齿类和灵长类；孔口科线虫寄生于澳大利亚有袋类。近年来，分子系统发育的研究也部分支持 Beveridge 的分类学观点，用 ITS-2 序列分析建立的分子系统树支持将有袋类线虫从圆形科中移出，但对孔口科和夏柏特科的划分没有得到分子系统学的有力支持 (Chilton *et al.*, 1997)。

本卷动物志以 Lichtenfels (1980)和 Beveridge (1987)的分类系统为基础，结合近年来的研究进展 (Hartwich, 1986；Lichtenfels *et al.*, 1998a；张路平和孔繁瑶，2002b)，提出我国圆形科和夏柏特科线虫的分类系统，表述如下所示。

圆形科 Strongylidae Baird, 1853

圆形亚科 Strongylinae Railliet, 1885

圆形属 *Strongylus* Mueller, 1780

双齿口属 *Bidentostomum* Tshoijo, 1957

管囊属 *Choniangium* Henry *et* Bauche, 1914

盆口属 *Craterostomum* Boulenger, 1920

戴克拉斯属 *Decrusia* Lane, 1914

艾琨属 *Equinurbia* Lane, 1914

食道齿属 *Oesophagodontus* Railliet *et* Henry, 1902

副圆形属 *Parastrongylus* Yin, Jiang *et* Kung, 1986

三齿属 *Triodontophorus* Looss, 1902

盅口亚科 Cyathostominae Nicoll, 1927

盅口族 Cyathostominea Nicoll, 1927

盅口属 *Cyathostomum* Molin, 1861

冠环属 *Coronocyclus* Hartwich, 1986

杯环属 *Cylicocyclus* Ihle, 1922

双冠属 *Cylicodontophorus* Ihle, 1922

杯冠属 *Cylicostephanus* Ihle, 1922

斯齿属 *Skrjabinodentus* Tsoijo, 1957

彼德洛夫属 *Petrovinema* Erschow, 1943

杯口属 *Poteriostomum* Quiel, 1919

副杯口属 *Parapoteriostomum* Hartwich, 1986

熊氏属 *Hsiungia* K'ung *et* Yang, 1964

柱咽族 Cylindropharyngea Popova, 1952

马线虫属 *Caballonema* Abuladze, 1937

辐首族 Gyalocephalea Popova, 1952

辐首属 *Gyalocephalus* Loss, 1900

缪西德族 Murshidiea Popova, 1952

缪西德属 *Murshidia* Lane, 1914

凯利属 *Khalilia* Neveu-Lemaire, 1924

奎隆属 *Quilonia* Lane, 1914

夏柏特科 Chabertiidae Lichtenfels, 1980

夏柏特亚科 Chabertiinae Popova, 1952

夏柏特属 *Chabertia* Railliet *et* Henry, 1909

旷口属 *Agriostomum* Railliet, 1902

兰色姆属 *Ransomus* Hall, 1916

食道口亚科 Oesophagostomatinae Railliet, 1916

食道口属 *Oesophagostomum* Molin, 1861

鲍管属 *Bourgelatia* Railliet, Henry *et* Bauche, 1919

库兹圆属 *Kuntzistrongylus* Lichtenfels, 1980

四、区 系 分 布

圆形科和夏伯特科线虫根据动物地理区划可分为广布种、古北种、东洋种和中国特有种。

1. 广布种

该类线虫广泛分布于我国南北各地并广布欧亚大陆，有的还广布于美洲和非洲。圆形科和夏伯特科的大部分种类属于该类型。我国有 49 种属于这一类型，占我国已知种的 56%。这些种类的线虫主要寄生于马属动物和牛羊的体内，因为宿主在世界范围内的贸易交流而将线虫带到世界各地，如马圆形线虫 *Strongylus equinus*，锯齿状三齿线虫 *Triodontophorus serratus*，四刺盅口线虫 *Cyathostomum tetracanthum*，有齿食道口线虫 *Oesophagostomum* (*Oesophagostomum*) *dentatum*，绵羊夏柏特线虫 *Chabertia ovina*。

2. 古北种

这类线虫主要分布于北半球北部，国内分布于淮河以北地区，主要见于内蒙古、新疆、甘肃等地。国外分布于苏联、蒙古和日本。这类线虫属于古北界的种类，在我国分布最少，有 8 种归属于该类型，占我国已知种的 9%。它们主要是马属动物的寄生线虫，如北京熊氏线虫 *Hsiungia pekingensis*；斯氏彼得洛夫线虫 *Petrovinema skrjabini*。

3. 东洋种

这类线虫是分布于东洋界的种类，在我国主要分布于云南、广西等地。国外分布于东南亚各地。我国有 15 种线虫属于该类型，占我国已知种的 17%，主要是亚洲象和灵长类的寄生虫。例如，缪氏缪西德线虫 *Murshidia* (*Murshidia*) *murshida*，特拉凡奎隆线虫 *Quilonia travancra*，双叉食道口线虫 *Oesophagostomum* (*Conoveberia*) *bifurcum*。东洋种虽然在河北、北京等地有报道，但都是从动物园的亚洲象和灵长类中发现的，并非本地宿主。

4. 中国特有种

该类线虫只在我国分布，有 16 种线虫属于该类型，占我国已知种的 18%，为我国特有种。其中有些种类仅分布某一地区，如塞氏库兹圆线虫 *Kuntzistrongylus selfi* 仅分布于台湾；青海兰塞姆线虫 *Ransomus qinghaiensis* 仅分布于青海。而有些种类分布于我国许多省区 (市)，如叶氏夏柏特线虫 *Chabertia ercshowi* 在我国的 18 个省区 (市) 有分布。

五、发　育

圆形科和夏柏特科的线虫绝大部分寄生于宿主的大肠和盲肠，少数种类寄生于宿主的小肠。这两个科的线虫都属于直接发育，这类线虫又称为土源性线虫，在发育过程中不需要中间宿主。雌性成虫产卵后，虫卵随粪便排出体外，在适宜的温度 (12-39℃) 和湿度条件下发育为第一期幼虫。据报道，虫卵发育的最低温度为7-8℃ (Ogbourne, 1976)。第一期幼虫取食细菌，经过1次蜕皮发育为第二期幼虫。第二期幼虫对干旱的耐受性大于第一期幼虫，但是有关第一期幼虫和第二期幼虫发育所需的外界环境条件并不是很清楚。第二期幼虫蜕皮后形成第三期幼虫，也就是感染性幼虫。由于感染性幼虫有1个外鞘 (为第二期幼虫的角皮)，因此该幼虫对寒冷、干燥等外界环境的抵抗力比第一、第二期幼虫更强 (Ogbourne, 1976)。干燥的条件可能阻止第三期幼虫离开粪便爬到植物的叶子上。有关第三期幼虫的移行情况，澳大利亚学者对昆士兰 (Queensland) 草地的幼虫进行了研究，结果显示大部分幼虫爬行的高度不超过地面10cm，水平方向不超过15cm(English, 1979)。研究还发现，雨后湿润的条件最有利于第三期幼虫从粪便中爬到草的叶子上 (Craig *et al*., 1983)。当第三期幼虫被宿主吞食后，幼虫进入小肠，退去外鞘并开始寄生相的发育。一般认为，幼虫的脱鞘依赖于宿主肠腔的生理和生化条件的刺激 (Poynter, 1954)。不同种类的线虫其脱鞘的方式亦有不同，例如，圆形属*Strongylus*线虫的幼虫从鞘的前端钻出，而盅口类线虫的幼虫是从食道部位的一个纵的裂缝中钻出。实验结果表明，在38℃条件下，用肠溶液进行刺激，3小时内第三期幼虫可以有效地脱去外鞘。幼虫脱去外鞘后，就开始了在宿主体内的发育过程，不同类群的线虫其发育过程也有明显的差异，在此对圆线虫和夏柏特线虫的4个亚科在宿主体内的发育过程分别给予简单的介绍。

对圆形亚科的线虫来讲，圆形属线虫的幼虫要在宿主体内移行，而其他属的幼虫只是钻入肠壁形成包囊而不进行肠外的移行。关于圆形属线虫的移行途径已经有几位学者进行了研究。Kikuchi 提出普通圆形线虫的幼虫喜欢逆着血流方向在血管中移行，他的观点得到了 Enigk (1951)所做的实验结果的支持。因此，普通圆形线虫的移行方式被称为 Kikuchi-Enigk 模式。Drudge 等 (1966) 和 Duncan (1973) 做了更为详细的实验，证明了如下的移行途径：第三期幼虫脱鞘后，在 1-3 天钻入小肠、盲肠和结肠的肠黏膜和黏膜下层，大约 7 天进行第三次蜕皮形成第四期幼虫。第四期幼虫钻入黏膜下层动脉，逆着血流移行到前肠系膜动脉，在这里充分生长到 21 天。到第 120 天时，大部分第四期幼虫已经蜕皮形成第五期幼虫或成虫，但仍然带有第四期幼虫的鞘。当第五期幼虫顺着血流到达肠系动脉时，幼虫才脱去外鞘。在幼虫到达肠浆膜表面时，围绕幼虫形成豌豆大小的结节。最终结节破裂，未成熟的成虫进入到大肠的肠腔。潜在期 (从第三期幼虫感染到粪便中出现虫卵) 为 5-7 个月。无齿圆形线虫 *Strongylus edentatus*，马圆形线虫 *Strongylus equinus* 和驴圆线虫 *Strongylus asini* 也需要移行，但移行的途径有所不同，这 3 种线虫都移行到肝脏，然后再返回到大肠。圆形亚科其他属的线虫在发育过程中不经过长距离的移行，仅在结肠和盲肠部位进行短距离的移行，对于这些属的发育研究得很少，其确切的发育过程有待今后的研究。

盅口亚科线虫的发育目前还不是特别清楚，到目前为止，还没有一个种的发育过程得到完全的阐释。已有的研究显示，感染期幼虫被终宿主吞食后，幼虫在宿主肠中蜕皮，然后钻入盲肠和结肠的肠壁中，在黏膜和黏膜下层形成结节。大部分幼虫经过 1 次蜕皮形成第四期幼虫，然后返回肠腔；但也有一些幼虫蜕皮 2 次形成第五期幼虫再返回肠腔。幼虫在黏膜和黏膜下层发育的最短时间估计需要 1-2 个月。根据实验感染的结果，盅口类线虫的潜在期为 43-57 天或 38-83 天。但是幼虫有可能在包囊中存活数年 (Gibson, 1953)。有关第四期幼虫滞育的因素还不是特别清楚，有可能与气候条件，寄生虫种群的大小，宿主免疫，以及寄生虫的种类有关。

一些学者对部分夏柏特亚科线虫发育过程进行了研究。侵袭性幼虫经口感染宿主后，从小肠、盲肠、结肠等部位钻入肠黏膜内，完成第三次蜕皮，发育为第四期幼虫。然后返回肠腔，在结肠和盲肠中继续发育，经过 1 次蜕皮发育为第五期幼虫，最后达到性成熟。不同种的线虫在宿主体内发育的时间也不一样，如叶氏夏柏特线虫 *Chabertia ercshowi* 从侵袭性幼虫感染到雌虫性成熟产卵需要经过 98-154 天。

食道口亚科的线虫主要是对食道口属的线虫进行了发育的研究。感染性幼虫通过动物的口感染宿主。在小肠内蜕去外鞘，约 3 天后在大肠钻入黏膜中，然后开始形成结节。幼虫形成口囊并准备蜕皮，头部和尾部的角皮开始破裂。完成第三次蜕皮，形成第四期幼虫。四期幼虫开始从结节中钻出到肠腔中。在感染后的两周左右，幼虫进行第四次蜕皮，进入第五期幼虫并进一步发育形成成虫。从感染到发育为成虫需 1-2 个月的时间。

六、生 态 学

线虫生态学是主要研究线虫在时间、空间及在宿主体内的分布和丰富度，同时也研究影响宿主与寄生虫之间相互关系的各种因素的科学。线虫生态学的研究对于线虫的防治具有重要的指导意义。

我国学者对部分线虫的生态学进行了研究。沈杰等 (1994) 对湖北长阳 3 种绵羊寄生线虫的季节动态变化进行了研究。结果表明，粗纹食道口线虫 *Oesophagostomun* (*Hysteracrum*) *asperum*、捻转血矛线虫和环纹奥斯特线虫的幼虫和成虫均有明显的季节变化，3 种线虫在牧地上的体外发育和在羊体内的发育均出现 2 个高峰，4 月幼虫出现第一个高峰，5 月成虫出现第一个高峰；幼虫在 6 月或 7 月出现第二个高峰，成虫在 7-9 月出现第二个高峰。研究表明，幼虫的发育明显地受到环境温度和湿度影响，平均温度低于 12℃时，幼虫的发育缓慢，温度低于 5℃时，幼虫不能完成发育过程；湿度低于 79%时，幼虫的发育受到明显的影响。叶明忠等 (1996) 对中国南方山羊体内寄生的粗纹食道口线虫幼虫的发育进行了研究。结果显示，第一、第二、第三期幼虫出现的高峰均在 7 月。由虫卵发育为第一期幼虫需要 6 天，发育为第二期幼虫需要 7 天，发育为第三期幼虫需要 9 天。

国外学者对圆形科线虫的生态学进行了较多的研究。Reinemeyer 等 (1984) 对美国的马寄生圆线虫进行了研究。结果显示，盅口亚科的线虫占主导地位，共有 21 种，感染率和感染强度最高的 5 种为碗形盅口线虫 *Cyathostomum catinatum*，鼻状杯环线虫 *Cylicocyclus nassatus*，长伞杯冠线虫 *Cylicostephanus longibursatus*，冠状盅口线虫 *Cyathostomum coronatum* 和高氏杯冠线虫 *Cylicostephanus goldi*。这 5 种的感染率都超过 70%，并占所有盅口类线虫种群数量的 84%，而其他 16 种线虫只占 14%。圆形亚科线虫的感染率均较低。有关研究报道，上述 5 种盅口类线虫都产生了抗药性，而圆形亚科的种类则无明显的抗药性。因此，马线虫的种群结构与线虫的抗药性有关系。Krecek 等 (1989) 对南非的马线虫进行了研究，与 Reinemeyer 等的结果相一致的是盅口亚科的线虫占主导地位，共有 15 种，有 7 种线虫具有高的感染率和高的丰富度，它们是长伞杯冠线虫，高氏杯冠线虫，小杯杯冠线虫 *Cylicostephanus calicatus*，鼻状杯环线虫，碗形盅口线虫，微小杯冠线虫 *Cylicostephanus minutus* 和冠状盅口线虫。圆形亚科只有 1 种有高的感染率，即普通圆形线虫 *Strongylus vulgaris*，其感染率达到 94%，但丰富度低。Gawor (1995) 对波兰使役马的寄生线虫进行了调查。结果显示，有盅口亚科线虫 23 种，感染率和丰富度最高的 5 种为碗形盅口线虫，鼻状杯环线虫，高氏杯冠线虫，长伞杯冠线虫和冠状盅口线虫；有圆形亚科线虫 7 种，普通圆形线虫的感染率达到 74%，其他种的感染率较低。Gawor 还分析了盅口类线虫的位置分布，13 种主要分布在腹结肠，5 种主要分布在背结肠，3 种主要分布在盲肠，另外 2 种因为只采到 1 个标本而不能确定。Gawor 的研究结果表明，波兰马圆形线虫中，盅口类线虫的种群分布与美国的马寄生圆线虫相似，而与南非的不同；圆形亚科的分布与美国的不同，而与南非的相似。Collobert-Laugier 等 (2002) 对法国的马寄生盅口类线虫进行了研究，鉴定出 20 种盅口线虫，感染率和丰富度最高的 5 种为鼻状杯环线虫，冠状盅口线虫，显形杯环线虫 *Cylicocyclus insigne*，高氏杯冠线虫和碗形盅口线虫。这 5 种占所有种的种群数量的 64%。鉴定出的 20 种线虫的分布特征为，12 种主要分布在腹结肠，5 种主要分布在背结肠，1 种主要分布在盲肠；另外 2 种在腹结肠和背结肠都有分布。Anjos 和 Rodrigues (2003, 2006) 对巴西马的背结肠和腹结肠寄生圆线虫的群落结构进行了分析。结果表明：背结肠中有 23 种寄生，其中 4 种为核心种，5 种为次要种，14 种为卫星种。4 个核心种为长伞杯冠线虫，高氏杯冠线虫，鼻状杯环线虫和四刺盅口线虫 *Cyathostomum tetracanthum*。腹结肠中有 6 个核心种，8 个次要种，11 个卫星种。6 个核心种为四刺盅口线虫，鼻状杯环线虫，微小杯冠线虫，长伞杯冠线虫，小杯杯冠线虫和细口杯环线虫 *Cylicocyclus leptostomum*。Love 和 Duncan (1992) 研究了盅口类线虫和小型马之间的关系。他们分别用马驹、一年龄马和成年马在草场自然感染线虫，感染前均进行驱虫，然后在有幼虫的草场放牧 5 周后圈养起来，并开始进行粪便虫卵检查，其结果显示盅口类线虫在各个不同年龄马中的发育没有明显的差异，在马驹内潜在期为 56 天，在一年龄马中为 63 天，在成年马中为 62 天，线虫的潜在期成年马和马驹中仅差 1 周。虫卵排出的高峰在 100 天左右，并持续较长的时间。13 周进行解剖，发现马驹和一年龄马寄生幼虫所占的比例明显低于成年马；但在 38 周进行解剖时，发现马驹和一年龄马寄生幼虫所占的比例明显高于成年马。实验表明，线虫的重复感染可降低宿主的带虫数量，并减缓线虫的发育。滞育幼虫的形成与宿主的年龄有关。实验还发现滞育幼虫的形成与气候无关。印度学者 Vidya 和 Sukumar (2002) 研究了亚洲象肠道寄生虫载虫量的变化，发现亚洲象旱季的载虫量明显高于雨季，他们推测这种现象可能与幼虫的传播、食物及亚洲象的身体状况等生态因子有关。

总之，对线虫的生态学研究还处于起步阶段，但已经引起了生态学家和寄生虫学家的关注。研究寄生线虫生态学，对于揭示线虫的生物多样性、线虫与宿主的相互关系，掌握线虫的流行病学，从而制定有效的防治措施具有重要的意义。

七、经 济 意 义

圆形科和夏柏特科线虫大部分是家畜的寄生线虫，这些线虫的寄生常会引起动物的疾病，即腹泻，食欲减退，发育迟缓，水泻，血痢，严重者下颌水肿，排便失禁，甚至引起死亡，给畜牧业造成重大的损失。有些线虫寄生于亚洲象、犀牛、斑马等珍稀野生动物的体内，对这些野生动物的生存造成影响。有关这些线虫引起的疾病，已有很多的报道，如 1987 年重庆动物园 5 只岩羊及其邻舍的 3 只斑羚相继出现精神沉郁、被毛粗乱无光泽、消瘦、结膜苍白、肠音亢进、大便干稀交替等明显的临床症状和体征。粪中检查出的虫卵和成虫均经鉴定为粗纹食道口线虫 (郑先春，1990)。1990-1993 年，贵州丹寨县猪感染有齿食道口线虫、长尾食道口线虫和短尾食道口线虫，病猪表现为粪便中带有脱落的黏膜，腹泻或下痢，高度消瘦，发育障碍，继发细菌感染时，发生化脓性结节性大肠炎 (鄢祖英等，2007)。2006 年 4 月下旬，我国绵羊发生一种以腹泻、带有黏液和血液粪便、大量死亡为特征的疾病。经诊断为羊夏柏特线虫病 (秦永福和严爱萍，2007)。2006 年，河南辉县羊只发病，病羊出现顽固性腹泻，粪便呈黄色、绿色或灰白色，有的腹泻和便秘交替发生。病羊极度消瘦，眼结膜苍白，食欲减少或废绝，最后衰竭死亡。尸检发现是由食道口线虫引起的 (孙清莲，2006)。

圆形科和夏柏特科线虫的防治，对畜牧业的发展和野生动物的保护具有重要的意义。我国兽医工作者在家畜线虫病的防治方面做了大量的工作，取得了很大成绩。宋春青等

(2006) 用 1%阿维菌素和丙硫苯咪唑缓解药弹进行了驱虫试验，试验结构表明这两种药物的驱虫效果明显，药效可持续 2 个月，而且对家畜的副作用小。郑春福 (1993) 用丙硫苯咪唑对福建的恒河猴进行驱虫试验，用药剂量为 20mg/kg，粪检结果显示，食道口线虫虫卵阳转阴率达到 90.3%。河北石家庄市动物园 4 只亚洲象出现腹泻、食欲缺乏等现象，经用丙硫苯咪唑 (20-30mg/kg) 驱虫，采到大量线虫，经鉴定大部分为圆形科线虫，包括缪西德属线虫 3 种，奎隆属线虫 2 种，还有上口管囊线虫，经过药物驱虫，亚洲象的病理症状消失，身体健康，粪检虫卵转阴率 100% (李创新等，1993；张路平等，1991)。符敖齐等 (1993) 用国产的砜苯咪唑对羊的寄生虫进行驱虫试验，20mg/kg 剂量对绵阳夏柏特线虫的驱虫效果达到 100%。周绪正等 (2004) 用多拉菌素对绵羊的寄生线虫进行驱虫试验，试验结构表明多拉菌素驱除绵羊消化道线虫效果显著, 其中高剂量组和中剂量组药物残效期达 50 天, 推荐剂量为中剂量组，即 200μg/kg。徐鹏等 (2006) 检测了不同药物对绵羊肠道线虫的驱虫效果。用药后发现大量的捻转血矛线虫、夏柏特线虫的虫体,芬苯哒唑、丙硫苯咪唑及阿维菌素对羊的消化道线虫均具有较好的杀灭作用。用药后虫卵检查发现，芬苯哒唑对夏柏特线虫有较好的杀灭作用，虫卵减少率和虫卵转阴率均为 100%；伊维菌素对捻转血矛线虫有较好的杀虫效果，虫卵减少率和虫卵转阴率均为100%;芬苯哒唑和丙硫苯咪唑的联合作用具有更好的杀虫效果和更广的杀虫谱。袁国爱等 (1999) 用佳灵三特驱除马驹、驴驹肠道线虫。服药后的第 2 天观察马驹、驴驹排出的粪便，发现有较多的马圆形线虫、无齿线虫、普通圆形线虫、尖尾线虫、马副蛔虫及多种毛线虫随粪便排出。实验证明，佳灵三特是驱除马属动物肠道线虫高效、低毒、安全的药物。

目前，对家畜寄生虫的防治主要是通过药物驱虫。虽然已经开发出几种有效的驱虫药，但试验显示不同的药物对不同类群的线虫驱虫效果也不一样，在施药前对线虫的种类进行鉴定，然后再选择药物驱虫会得到更好的效果。近年来，国内外学者的研究发现，有许多家畜对药物产生抗药性。因此，线虫疫苗的开发有着重要的意义，这方面的工作已经在开展中。随着对寄生虫基因组学和蛋白组学研究的不断发展，分子疫苗的研制会加快步伐。

各　论

一、圆形科 Strongylidae Baird, 1853

Strongylidae Baird, 1853; Yorke *et* Maplestone, 1926: 34; Popova, 1955: 93-94; Yamaguti, 1961: 350; Lichtenfels, 1975: 6.

Type genus: *Strongylus* Mueller, 1780.

特征　口孔圆形或卵圆形，通常有发育良好的叶冠围绕。头部有 4 个亚中乳突和 2 个侧乳突。排卵器通常为“Y”形，极少种类为“T”形。交合伞背肋分为 2 支，每支又有 3 个小的分支。奇蹄动物、鸵鸟、龟或偶蹄动物的寄生虫。

本科线虫全世界记载 2 亚科 34 属 142 种，其中我国报道 2 亚科 24 属 62 种。

亚科检索表

口囊球形或亚球形……………………………………………………………………**圆形亚科 Strongylinae**

口囊圆柱形…………………………………………………………………………**盅口亚科 Cyathostominae**

(一) 圆形亚科 Strongylinae Railliet, 1885

Strongylinae Railliet, 1885; Yorke *et* Maplestone, 1926: 35; Popova, 1955: 95-96; Yamaguti, 1961: 350; Lichtenfels, 1975: 6-8.

Type genus: *Strongylus* Mueller, 1780.

特征　虫体较大，口囊发达，球形或亚球形。口孔周围一般有 2 圈叶冠。雄虫交合伞发育良好，交合刺 1 对，等长。交合伞背肋为 I 型，雌虫排卵器为 I 型。寄生于马属动物、象或鸵鸟的消化道。

本亚科线虫全世界记载 12 属 25 种，其中我国报道 9 属 15 种。

属检索表

1. 背肢主干不分支……………………………………………………………副圆线属 ***Parastrongylus***
   背肋主干分为 2 支……………………………………………………………………………………2
2. 口囊深度大于宽度的 2 倍；口孔开口朝向背方，口孔周围有 1 圈叶冠；亚洲象的寄生虫…………
   ……………………………………………………………………………………管囊属 ***Choniangium***
   口囊深度小于宽度的 2 倍；口孔开口朝向前方…………………………………………………………3
3. 头区和颈区膨大；外叶冠由长度不同的 2 种小叶组成；外背肋分为 3 支………艾琨属 ***Equinurbia***
   头区和颈区不膨大；外叶冠小叶长度相同；外背肋不分支…………………………………………4
4. 口囊杯状，外叶冠短，具有 2 个大的亚腹齿；背肋有很短的分支；无引带；亚洲象的寄生虫
   …………………………………………………………………………………戴克拉斯属 ***Decrusia***
   口囊球形、亚球形或漏斗状，外叶冠由几个大的叶瓣或众多长的叶瓣组成；背肋分支细长；具引带……………………………………………………………………………………………………5
5. 外叶冠由几个大的叶瓣组成…………………………………………………………………………6
   外叶冠由众多长的叶瓣组成…………………………………………………………………………7
6. 口囊内无齿，背沟发达………………………………………………………盆口属 ***Craterostomum***
   口囊内有 3 个大的食道齿延伸至口孔边缘，背沟缺………………………双齿口属 ***Bidentostomum***
7. 口囊漏斗状，后部有加厚的环箍；背沟缺；亚中乳突分叉……………食道齿属 ***Oesophagodontus***
   口囊球形或亚球形，后部无加厚的环箍；背沟存在；亚中乳突不分叉……………………………8
8. 口囊深度大于宽度，口领高；口囊无齿或有齿，齿的末端钝圆；交合刺末端直……………………
   ………………………………………………………………………………………圆形属 ***Strongylus***
   口囊宽度等于深度或大于深度，口领扁或像 1 个扁环；口囊内有 3 个齿，每个齿有 3 个主尖齿
   …………………………………………………………………………………三齿属 ***Triodontophorus***

1. 圆形属 *Strongylus* Mueller, 1780

Strongylus Mueller, 1780: 1; Ihle, 1922: 16-17; Yorke *et* Maplestone, 1926: 37; Skrjabin, Shikhobalova, Schulz, Popova, Boev *et* Delyamure, 1952: 49, 54; Popova, 1955: 96-97; Lichtenfels, 1975: 25; Zhang *et* K'ung, 2002a: 21; Lichtenfels, Kharchenko *et* Dvojnos, 2008: 11.

Sclerostoma Rudolphi, 1809: 35; Blainville, 1828: 544; Dujardin, 1845: 254.

Sclerostomum Diesing, 1851: 302; Molin, 1861: 554; Looss, 1902: 46.

Alfortia Railliet, 1923: 377; Skrjabin, Shikhobalova, Schulz, Popova, Boev *et* Delyamure, 1952: 54; Popova, 1955: 103; Zhang *et* K'ung, 2002a: 23.

Delafondia Railliet, 1923: 377; Skrjabin, Shikhobalova, Schulz, Popova, Boev *et* Delyamure, 1952: 62;

Popova, 1955: 119; Zhang *et* K'ung, 2002a: 25.

Type species: *Strongylus equinus* Mueller, 1780.

简史　Mueller (1780) 为马的寄生线虫建立了 1 个属，圆形属 *Strongylus* Mueller, 1780，并对马圆形线虫 *Strongylus equinus* 进行了简单的描述。Goetze (1782) 对该种线虫进行了详细的描述。Rudolphi (1809) 为马圆形线虫建立了另外 1 个新属 *Sclerostoma*。Diesing (1851) 又建立了属 *Sclerostomum*，Looss (1900) 在该属下描述了 3 种：*Sclerostomum equinum*, *Sclerostomum edentatum*, *Sclerostomum vulgare*。Railliet 和 Henry (1909) 将这 3 种归入圆形属。Boulenger (1920) 描述了圆形属的第四个种，驴圆形线虫 *Strongylus asini*。Railliet (1923) 将圆形属分为 3 亚属，圆形亚属 *Strongylus*、阿尔夫亚属 *Alfortia* 和戴拉风亚属 *Delafondia*。Skrjabin 和 Erschow (1933) 将这 3 个亚属提到了属的阶元，他的分类观点得到了苏联和中国学者的广泛接受。然而 Lichtenfels (1975, 1980) 在圆形科的分类系统中只承认了圆形属，将阿尔夫属和戴拉风属列为圆形属的同属异名。近年来，对圆形科所做的分子系统学分析表明，驴圆形线虫和马圆形线虫有较近的亲缘关系，而它们和普通圆形线虫的亲缘关系较远 (Hung *et al*., 2000)。分子系统关系的研究支持将 4 种圆形线虫归为同一个属，故本卷动物志采用 Lichtenfels (1980) 的分类观点。

特征　虫体粗大，口囊呈球形，深度大于宽度。口孔具 2 圈叶冠，外叶冠由许多尖细的小叶瓣组成，内叶冠形状与外叶冠相似，其数目少于或等于外叶冠。亚中乳突和侧乳突不发达。背沟长，伸达口囊前部，口囊基部具齿或无齿。雄虫交合伞分成 2 个侧叶和 1 个小的背叶。生殖锥不发达。交合刺 1 对，等长，末端不具小钩。具引带。雌虫阴门位于虫体后 1/3 处。

本属线虫全世界共记载 4 种，其中我国报道 3 种。

种检索表

1. 口囊内具齿……………………………………………………………………2
   口囊内不具齿………………………………………………**无齿圆形线虫 *S. edentatus***
2. 口囊内有 2 个亚腹齿和 2 个亚背齿…………………………………**马圆形线虫 *S. equinus***
   口囊内有 2 个耳状的亚背齿………………………………………**普通圆形线虫 *S. vulgaris***

(1) 马圆形线虫 *Strongylus equinus* Mueller, 1780 (图 11；图版 I)

Strongylus equinus Mueller, 1780: 2; Boulenger, 1921: 316; Ihle, 1922: 17-18, fig. 1; Skrjabin, Shikhobalova, Schulz, Popova, Boev *et* Delyamure, 1952: 50-54, figs. 4-7; Popova, 1955: 97-102, figs. 27-30; K'ung, Yeh *et* Liu, 1959: 30; Yang *et* K'ung, 1965: 76; Lichtenfels, 1975: 25, 60-61, figs. 38-41, 172; Qi, Li *et* Cai, 1984: 109, 111-112, fig. 83; Li, Li, Zhou, Wang, Han, Wu *et* Huang, 1988:

144, 146, fig. 54; Xu, Huang, Hu *et* Qi, 1988: 16; Dvojnos *et* Kharchenko, 1994: 17-21, fig. 1; Zhang *et* K'ung, 2002a: 22-23, figs. 2-3; Lichtenfels, Kharchenko *et* Dvojnos, 2008: 12, figs. 2, 6a.

Strongylus armatus Rudolphi, 1809: 204.

Strongylus neglectus Poeppel, 1897: 15.

Sclerostomum equinum: Looss, 1900: 154; 1902: 76, plate I, figs. 1-5.

Sclerostomum quadridentatum Sticker, 1901: 335 (not Dujardin, 1845).

宿主　马 *Equus caballus*, 驴 *Equus asinus*，骡 *Equus caballus* × *Equus asinus*，斑马 *Equus burchelli*, 普氏野马 *Equus przewalskii*，蒙古野驴 *Equus hemionus*。

寄生部位　盲肠、结肠。

观察标本　10♂♂10♀♀，采自河北马的大肠，1992.I.29，张路平。标本保存于河北师范大学生命科学学院。

形态　虫体粗壮，灰红色或红褐色，两端稍尖细，中部粗。体表具有明显的角质横纹。口领高，明显，口孔位于虫体的前端。内叶冠叶瓣短而宽，由 80-95 个叶瓣组成，外叶冠长而细，由 160-190 个叶瓣组成 (图版 I: C-E)。亚中乳突 4 个，每个亚中乳突的基部 1/2 膨大，近顶部 1/2 突然变细 (图版 I: F)；侧乳突 2 个，不太显著，呈裂缝状 (图版 I: E)。口囊椭圆形，基部有 4 个齿，2 个位于亚腹面，2 个位于亚背面。亚腹齿分列，亚背齿并列，高于亚腹齿。背沟长，伸达口囊前缘。食道柱状，后端稍膨大。神经环位于食道前 1/3 处，距头端 1.424-1.831mm；颈乳突位于神经环之后，距头端 1.692-2.004mm；排泄孔位于口囊前 1/3 处。

雄虫　体长 28.0-31.1mm，最大宽度 1.034-1.461mm，交合伞前处宽 0.643-0.812mm。口领高 0.140-0.183mm，宽 0.602-0.728mm。口囊宽 0.588-0.686mm，深 0.630-0.784mm。口囊壁厚 0.029-0.042mm。食道长 1.763-1.966mm，宽 0.392-0.476mm。交合伞由 2 个大的侧叶和 1 个短而不发达的背叶组成，伞缘平滑。背肋长 0.533-0.616mm，在中部稍上方分为 2 支，下行每支再分为 3 个小支。外背肋由背肋基部分出，较直，向侧方延伸。腹肋和侧肋由同一主干分出。2 腹肋并列，末端分开。交合刺 1 对，等长，线状，长 2.618-2.786mm，远端尖且稍弯曲。引带长 0.323-0.406mm，宽 0.077-0.086mm。

雌虫　体长 39.0-45.0mm，最大宽度 2.135-2.373mm。阴门区体宽 1.373-2.105mm。口领高 0.168-0.211mm，宽 0.756-0.827mm。口囊宽 0.756-0.854mm，深 0.805-0.882mm。口囊壁厚 0.042mm。食道长 2.034-2.373mm，宽 0.505-0.574mm。阴门位于虫体后 1/4 稍前，距尾端 10.498-12.920mm。尾部钝圆，长 0.392-0.609mm。虫卵椭圆形，大小为 (0.070-0.077)mm×(0.042-0.049)mm。

马圆形线虫是马属动物的常见寄生虫，不少学者对该种进行了描述，但对叶冠的数目没有详细的研究。Popova (1958) 认为外叶冠有 42-50 枚，内叶冠有 42-80 枚；我国学

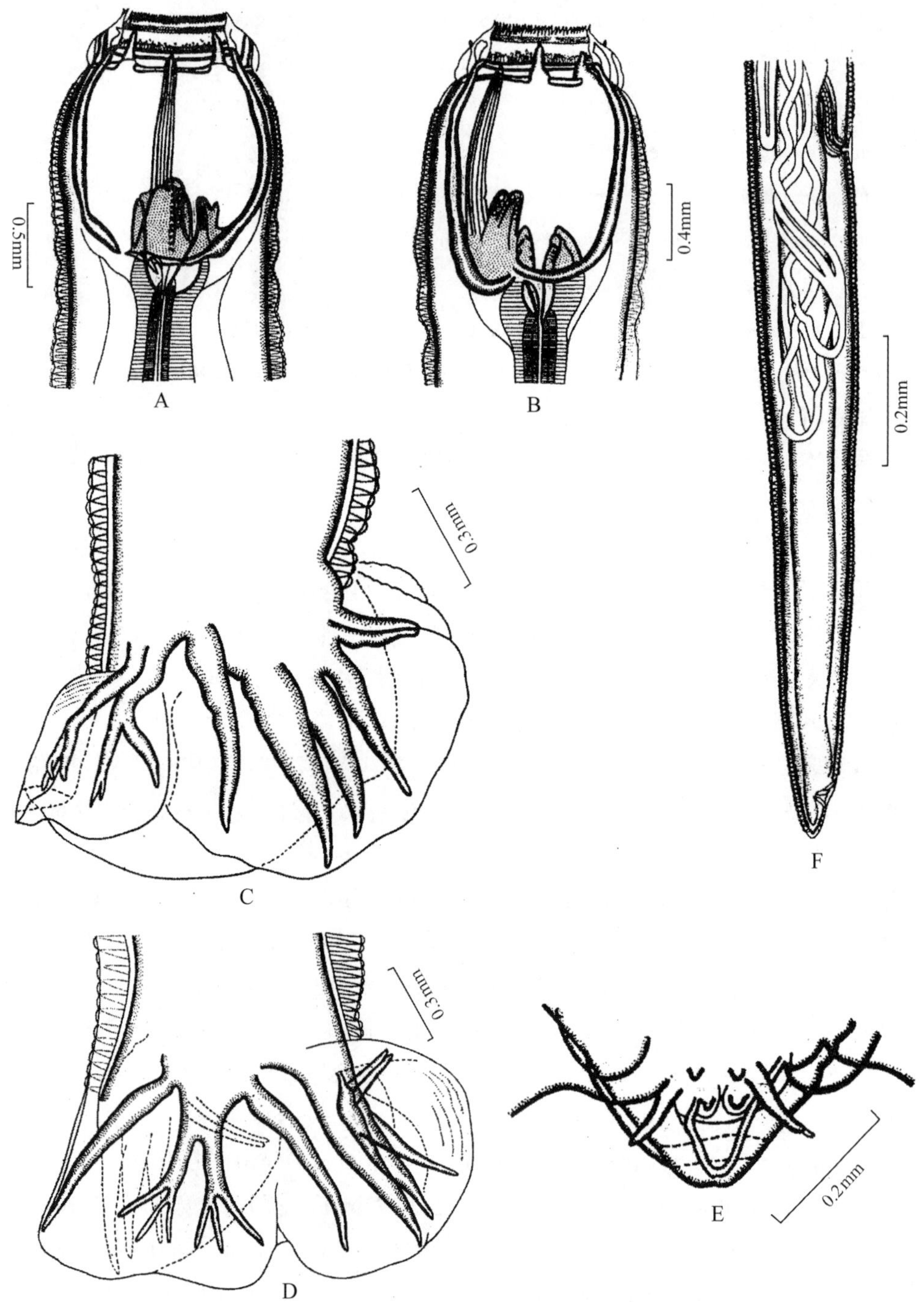

图 11 马圆形线虫 *Strongylus equinus* Mueller (仿齐普生等，1984)

A. 雌虫头部背腹面观 (cephalic end of female, dorso-ventral view)；B. 雌虫头部侧面观 (cephalic end of female, lateral view)；C. 交合伞侧面观 (copulatory bursa, lateral view)；D. 交合伞背侧面观 (copulatory bursa, dorso-lateral view)；E. 生殖锥背腹面观 (genital cone, dorso-ventral view)；F. 雌虫尾部侧面观 (posterior end of female, lateral view)

者有不同的描述，齐普生等 (1984) 和 Popova (1958) 的描述相同，而李学文等 (1988) 则描述为外叶冠 104 枚，内叶冠 112 枚。Lichtenfels 等(2008) 认为外叶冠为 40-56 枚，内叶冠为 42-80 枚。作者通过扫描电镜观察，内叶冠由 80-95 个叶瓣组成，叶瓣短而宽，外叶冠由 160-190 个叶瓣组成，长而细。由此，对马圆形线虫的叶冠有了准确的观察，确定了过去的描述有误。

地理分布　黑龙江、吉林、辽宁、内蒙古、北京、河北、山西、山东、陕西、宁夏、甘肃、青海、新疆、江苏、安徽、湖北、江西、湖南、福建、台湾、广西、重庆、四川、贵州、云南；世界各地。

发育　雌虫产卵后，虫卵随粪便排出体外，在 26℃条件下，20-22 小时发育为第一期幼虫。26-30 小时后从卵壳中钻出，进入外界环境，并开始活跃运动。再经过 24 小时进行第一次蜕皮，发育为第二期幼虫。在 26℃ 条件下，第二期幼虫经过 6-7 天发育为第三期幼虫；在 16-18℃ 条件下，需要 10-12 天才能发育为第三期幼虫 (Demidov, 1949; 1953)。第三期幼虫即为感染期幼虫，体长 (包括尾部和鞘) 0.98 (0.92-1.02)mm；不包括鞘的体长为 0.72 (0.64-0.77)mm (Poluszynski, 1930)。

感染性幼虫在感染宿主后，在小肠中脱鞘，并侵入大肠壁形成包囊，约 2 周内蜕皮 1 次发育成第四期幼虫 (Wetzel and Enigk, 1938; Enigk, 1970; McCraw and Slocombe, 1985)。第四期幼虫离开结节到腹腔，到第 19 天移行到肝脏。幼虫在肝脏中存留大约 12 周。在感染后 12-17 周，幼虫开始移行到胰腺。在 15 周左右，幼虫最后一次蜕皮形成第五期幼虫 (童虫)，再经过几周后从胰腺返回肠壁，形成结节。幼虫发育一段时间后从结节中钻出，进入大肠肠腔中。据 Wetzel (1942) 报道，马圆形线虫的发育潜在期为 261 天，而 Enigk (1970) 和 Ershov (1970) 报道的潜在期为 8.5 个月。

(2) 无齿圆形线虫 *Strongylus edentatus* (Looss, 1900) (图 12；图版 II)

Sclerostomum edentatum Looss, 1900: 155; 1902: 77, plate I, figs. 6-10.

Strongylus edentatus: Railliet *et* Henry, 1909: 169; Ihle, 1922: 18, 19, figs. 2, 3; Lichtenfels, 1975: 60, 61, fig. 171; Qi, Li *et* Cai, 1984: 109, fig. 84; Xu, Huang, Hu *et* Qi, 1988: 16; Lichtenfels, Kharchenko *et* Dvojnos, 2008: 12, figs. 4, 6b.

Alfortia edentatus: Skrjabin, 1933; Skrjabin, Shikhobalova, Schulz, Popova, Boev *et* Delyamure, 1952: 54-59, figs. 8-11; Popova, 1955: 102-108, figs. 31-35; Li, Li, Zhou, Wang, Han, Wu *et* Huang, 1988: 144-145, 147, fig. 55; Dvojnos *et* Kharchenko, 1994: 21-23, fig. 2; Zhang *et* K'ung, 2002a: 23, 24, fig. 10.

宿主　马 *Equus caballus*，驴 *Equus asinus*，骡 *Equus caballus* × *Equus asinus*，普氏野马 *Equus przewalskii*，哈特曼山斑马 *Equus zebra hartmannae*。

寄生部位 盲肠、结肠。

观察标本 1♂2♀♀，采自河南驴的盲肠，2005.VI.18，卜艳珍。标本保存于河北师范大学生命科学学院。

形态 虫体圆直，粗壮，头端稍细，顶端如截。体表具有明显的角质横纹。口领高，明显，口孔大，位于虫体的前端。外叶冠叶瓣细长，由约 80 个叶瓣组成 (图版 II：A-C)；内叶冠与外叶冠数目大致相同。亚中乳突 4 个，基部粗，向顶端逐渐变细 (图版 II：E)；侧乳突 2 个，呈裂缝状 (图版 II: D)。口囊近球形，口囊内无齿。背沟长，沿口囊背壁伸达口囊前缘。食道柱状，后端稍膨大。神经环位于食道中部稍前方；颈乳突 1 对，细小，刺状，位于食道中部之后；排泄孔与颈乳突几乎在同一水平上。

雄虫 体长 26.0-31.1mm，最大宽度 1.055-1.220mm，交合伞前处宽 0.539-0.752mm。口领高 0.196-0.210mm，宽 0.814-0.851mm。口囊宽 0.728-0.798mm，深 0.658-0.840mm。口囊壁厚 0.029-0.042mm。食道长 1.526-1.695mm，宽 0.365-0.504mm。交合伞由 2 个大的侧叶和 1 个短而宽的背叶组成，伞缘平滑。腹肋和侧肋由同一主干分出。2 腹肋并列前伸，不达伞缘。3 侧肋由基部伸出后平行伸展，末端不达伞缘。背肋长 0.533-0.616mm，由基部伸出后在其下方距基部 0.336-0.350mm 处分为 2 支，每支再分为 3 个小支，均达伞缘，由背肋基部分出，向侧方延伸。交合刺 1 对，等长，线状，长 1.855-2.058mm。引带有柄，长 0.392-0.420mm，宽 0.083-0.084mm。

雌虫 体长 36.0-40.1mm，最大宽度 2.098-2.339mm。阴门区体宽 1.661-1.932mm。口领高 0.210-0.238mm，宽 1.054-1.085mm。口囊宽 0.848-0.937mm，深 0.983-1.054mm。口囊壁厚 0.034-0.051mm。食道长 1.932-2.197mm，宽 0.490-0.644mm。阴门位于虫体后 1/4 稍前，距尾端 9.66-12.39mm。尾部钝圆，长 0.392-0.609mm。虫卵椭圆形，大小为 (0.046-0.085)mm × (0.036-0.050)mm。

扫描电镜观察，外叶冠的数目约为 80 枚，和内叶冠的数目相同。而过去的描述外叶冠数目明显少于内叶冠，外叶冠 55-75 枚，内叶冠 80 枚 (Popova, 1958; 齐普生等，1984; Lichtenfels *et al*., 2008)。

地理分布 黑龙江、吉林、辽宁、内蒙古、北京、河北、山西、山东、陕西、宁夏、甘肃、青海、新疆、江苏、安徽、湖北、江西、湖南、福建、台湾、广西、重庆、四川、贵州、云南；世界各地。

发育 据 Erschow (1943) 的研究，虫卵排出体外后，在适宜的条件 (湿润、有氧和 20-30℃) 下，18-20 小时在虫卵内发育成第一期幼虫。1-2 天后从卵壳中钻出。刚孵出的幼虫具有杆状食道，但随着快速生长，食道由杆状变为管状，食道球变长。幼虫蜕皮形成第二期幼虫，该幼虫食道为圆柱形，口囊比第一期幼虫更小，并逐渐消失。在距尾部 0.333-0.441mm 处出现明显的生殖原基。幼虫在孵出后的第 4-5 天进行第二次蜕皮，形成第三期幼虫。

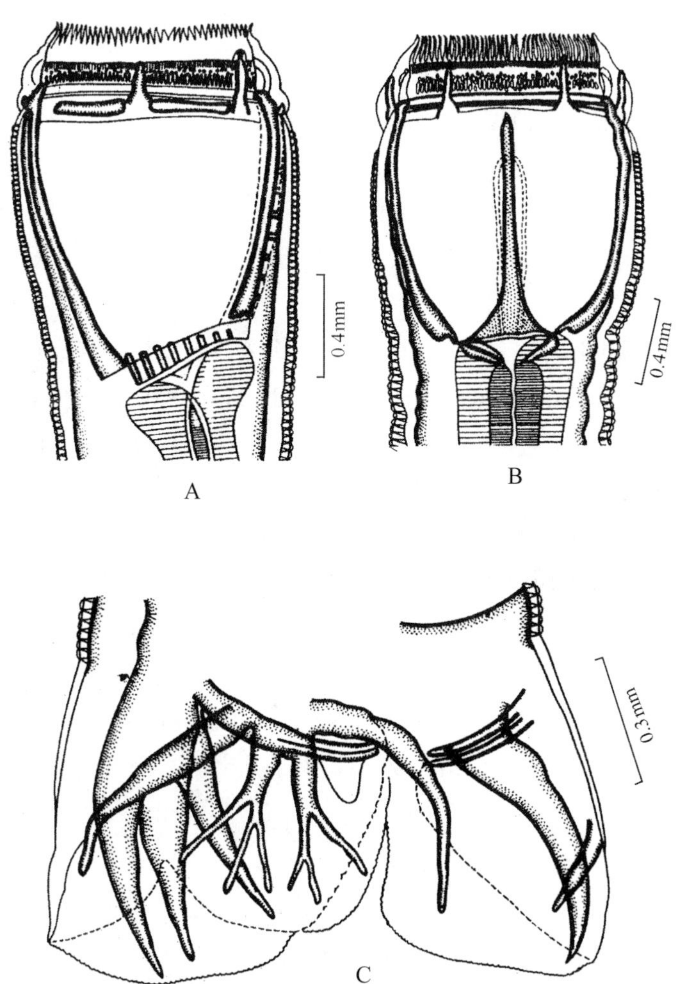

图 12　无齿圆形线虫 *Strongylus edentatus* (Looss) (仿齐普生等，1984)

A. 雄虫头部侧面观 (cephalic end of male, lateral view)；B. 雄虫头部背腹面观 (cephalic end of male, dorso-ventral view)；C. 交合伞背侧面观 (copulatory bursa, dorso-lateral view)

第三期幼虫异常活跃，整个鞘具有皱褶，并具有不明显的横纹。食道圆柱形，尾部圆锥状。在室温条件下，幼虫可存活 9-11 个月。

通过污染的水或食物使感染性幼虫进入宿主体内，在胃中停留 3-24 小时。在胃液的刺激下，幼虫变得活跃，开始进入小肠，在肠黏膜停留 3-5 天，随后进行脱鞘，脱鞘主要发生在空肠和回肠部位。幼虫在肠道内停留的时间不超过 4 天，在这期间，它们从肠黏膜钻入肠壁。大部分幼虫是从小肠钻入肠壁开始移行，也有幼虫从大肠钻入开始移行。幼虫的移行有不同的途径，一部分幼虫进入血管，到达肝脏，这些幼虫大部分死亡；有些幼虫钻入肠黏膜后，沿着肌肉和肠系膜间移行，穿过胸腹腔隔膜，到达肠系膜根部，最后到达腹膜壁；还有很少的幼虫直接穿过肠壁到达腹腔，这部分幼虫命运不详。

大部分幼虫到达腹膜鞘，从感染到幼虫出现在腹膜区需要 17-20 天。在腹膜鞘下 21 天龄的幼虫开始蜕皮。蜕皮后，随着幼虫的生长，器官开始分化。在幼虫达到 8.0-15.0mm 时，在口孔的周围出现 1 个口囊环。颈腺萎缩，并开始出现性别的分化。雄虫尾部腹面开始膨大进而发育为交合伞肋，并逐步形成交合伞。雌虫发育形成子宫和卵巢。幼虫达到 19-21mm 长时，口囊发育良好，具有明显的叶冠、背沟和食道漏斗。在此期间，幼虫进行第四次蜕皮，形成第五期幼虫。这次蜕皮开始于幼虫感染宿主到达腹膜鞘后的 2.5～3 个月。

第五期幼虫与成虫相似，经过一段时间幼虫进入腹膜壁层，形成包囊，内含血液。此时，雄虫长 19.0-25.0mm，宽 0.9-1.2mm；雌虫长 21.0-42.0mm，宽 1.2-2.0mm。头腺和背沟腺出现，口囊大，球形，壁厚，有 2 圈叶冠围绕。口领和体部间由 1 个沟分开。亚中乳突和侧乳突发育良好。口囊底部有食道漏斗。两性生殖器官发育良好。雌虫具有明显的子宫和卵巢，身体后半部有阴门。

感染后 3.5-4 个月，幼虫沿原来的路线返回肠道，在大肠壁形成包囊，在囊内停留 1 个月后移行到大肠的肠腔。在宿主体内经过 4-5 个月完成发育过程 (Erschow, 1940-1942)。

然而，其他学者的研究与 Erschow 的观点不一致，他们认为肝脏是主要的移行途径。感染性幼虫脱鞘后主要在空肠和回肠后部侵入肠壁 (Rooney, 1970)，并由腹结肠和盲肠侵入 (McCraw and Slocombe, 1974)。幼虫接着进入静脉，2 天内从肝门静脉进入肝脏 (Wetzel and Kersten, 1956；McCraw and Slocombe, 1974, 1978)。幼虫在肝脏中生长，在第 11-18 天蜕皮形成第四期幼虫。感染后第 30 天幼虫大量到达肝脏，第 42 天在肝肾系带发现幼虫。McCraw 和 Slocombe (1974) 认为这是幼虫返回大肠的最重要的途径。他们注意到肝脏右叶与盲肠基部最接近，而通过肝肾系带是最短的途径。幼虫还可以移行到宿主的其他部位，如腹膜后部位、腰窝、肾脏、网膜、横膈膜和胰腺，但它们的命运还不清楚。幼虫在第 13-15 周进行第四次蜕皮形成第五期幼虫。在第 3-5 个月幼虫到达肠黏膜下层形成结节，最后从结节中钻出到达肠腔。发育的潜在期为 11 个月 (Wetzel, 1942)。

(3) 普通圆形线虫 *Strongylus vulgaris* (Looss, 1900) (图 13；图版 III)

Sclerostomum vulgare Looss, 1900: 155; Looss, 1902: 78, plate 2, figs. 12-19.

Sclerostomum bidentatum Sticker, 1901: 334.

Strongylus vulgaris: Railliet *et* Henry, 1909: 169; Boulenger, 1920: 98; Ihle, 1922: 19, 20, figs. 4-7; Lichtenfels, 1975: 61, fig. 173; Qi, Li *et* Cai, 1984: 110, 114, 115, fig. 85; Xu, Huang, Hu *et* Qi, 1988: 16; Lichtenfels, Kharchenko *et* Dvojnos, 2008: 12, 18, figs. 5, 6d.

Delafondia vulgaris: Skrjabin, 1933; Skrjabin, Shikhobalova, Schulz, Popova, Boev *et* Delyamure, 1952: 62, figs. 18-20; Popova, 1955: 119-127, figs. 43-45; Li, Li, Zhou, Wang, Han, Wu *et* Huang, 1988: 144, 148, fig. 56; Dvojnos *et* Kharchenko, 1994: 24-26, fig. 3; Zhang *et* K'ung, 2002a: 25, 26, figs. 11, 12.

宿主　马 *Equus caballus*，驴 *Equus asinus*，骡 *Equus caballus* × *Equus asinus*，斑马 *Equus burchelli*，普氏野马 *Equus przewalskii*，蒙古野驴 *Equus hemionus*。

寄生部位　大肠。

观察标本　5♂♂5♀♀，采自河南驴的大肠，2005.VI.18，卜艳珍。标本保存于河北师范大学生命科学学院。

形态　虫体圆直，深灰色，头端钝直。体表具有明显的角质横纹。口领高，明显，口孔位于虫体的前端。外叶冠由 44-50 个叶瓣组成，叶瓣细长，呈圆锥形，叶瓣都相互连接在一起，叶瓣之间由 1 明显的沟分割，叶瓣仅在末端分离，每个叶瓣的末端分出 5 或 6 个小的分支(图版 III：A-D)，内叶冠数目不清楚。亚中乳突 4 个，为细小圆锥形；侧乳突 2 个，稍隆起，中间有 1 裂缝 (图版 III：C, D)。口囊杯状，宽深近似，基部亚背面有 1 对大的耳状齿。背沟长，伸达口囊前缘。食道柱状，后端稍膨大。神经环位于食道中部稍前方；颈乳突 1 对，细小，位于食道中部之后；排泄孔与颈乳突几乎在同一水平线上。

雄虫　体长 14.9-15.5mm，最大宽度 0.777-0.825mm。口领高 0.146-0.155mm。口囊宽 0.408-0.437mm，深 0.388-0.466mm。食道长 1.408-1.456mm，宽 0.311-0.339mm。神经环距头端 1.019-1.097mm；颈乳突距头端 1.282-1.311mm；排泄孔距头端 1.214-1.262mm。交合伞发达，由 2 个大的侧叶和 1 个较长的背叶组成，长 1.067-1.214mm。背肋长 0.644-0.826mm，在距基部不远处分为 2 支，每支下行又各自向侧方分出 3 个小支。外背肋在背肋基部稍下方分出，伸向伞侧缘。腹肋和侧肋由同一主干分出。2 腹肋并列，末端不达伞缘。前、中、后侧肋分开下行。交合刺 1 对，等长，线状，长 1.505-1.602mm。引带长 0.233-0.243mm，宽 0.058-0.087mm，近端有 1 个几乎成直角的弯柄。生殖锥上有许多圆形小丘状突起，腹唇上突起较多，背唇上的突起较少 (图版 III：G，H)。

雌虫　体长 19.0-21.4mm，最大宽度 1.019-1.214mm。口领高 0.175-0.214mm。口囊宽 0.388-0.505mm，深 0.456-0.485mm。食道长 1.456-1.602mm，宽 0.437-0.534mm。神经环距头端 1.165-1.243mm；颈乳突距头端 1.408-1.456mm；排泄孔距头端 1.359-1.504mm。阴门位于虫体后 1/4 稍前，距尾端 6.191-6.905mm。尾部直，长圆锥形，长 0.631-0.670mm。虫卵椭圆形，大小为 (0.069-0.084)mm×(0.044-0.049)mm。

以前的一些学者在光镜下描述外叶冠 17-20 枚，内叶冠 17 或 18 枚 (Popova, 1958; 齐普生等，1984)，而另一些学者没有描述叶冠的数目 (Lichtenfels *et al*., 2008)。但扫描电镜观察，外叶冠由 44-50 枚小叶组成，每个小叶的末端分为 5 或 6 个小分支。

地理分布　黑龙江、吉林、辽宁、内蒙古、北京、山西、山东、河南、陕西、宁夏、甘肃、青海、新疆、江苏、安徽、湖北、江西、湖南、福建、台湾、广西、重庆、四川、贵州、云南；世界各地。

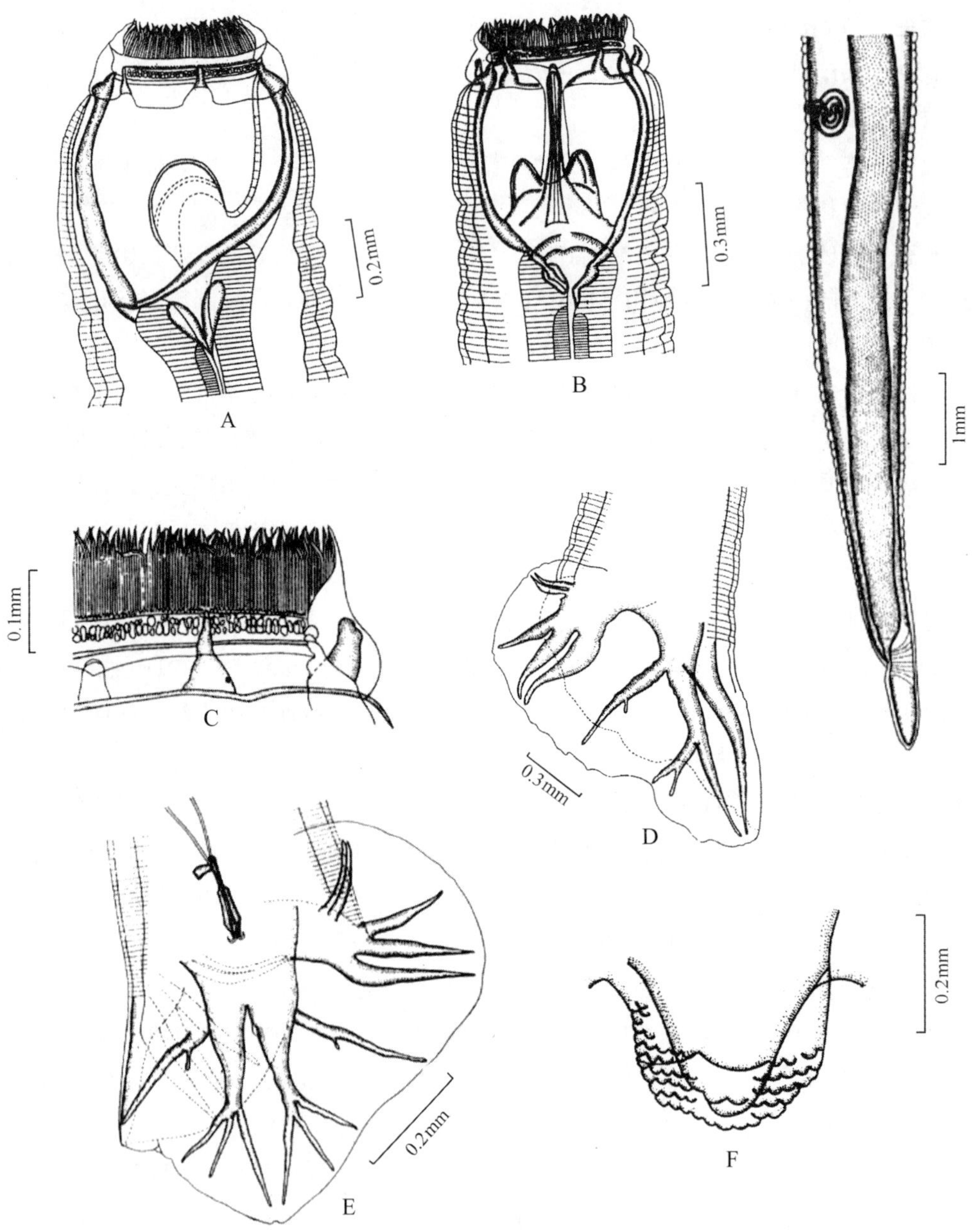

图 13　普通圆形线虫 *Strongylus vulgaris* (Looss) (仿齐普生等，1984)

A. 雌虫头部侧面观 (cephalic end of female, lateral view)；B. 雄虫头部背腹面观 (cephalic end of male, dorso-ventral view)；C. 口囊前缘部分放大，示叶冠 (part of anterior extremity of buccal capsule, showing leaf-crown)；D. 交合伞侧面观 (copulatory bursa, lateral view)；E. 交合伞背侧面观 (copulatory bursa, dorso-lateral view)；F. 生殖锥腹面观 (genital cone, ventral view)；G. 雌虫尾部侧面观 (posterior end of female, lateral view)

发育　对普通圆形线虫的发育已有不少的学者进行了研究。虫卵在 8-39℃条件下可以进行发育。30℃条件下发育为感染性幼虫需要 3-4 天，12℃条件下发育为感染性幼虫需要 16-20 天。感染性幼虫 (包括鞘) 长 1.02 (0.93-1.09)mm，不包括鞘时体长 0.74 (0.67-0.79)mm (Poluszynski, 1930)。在自然状态下，感染性幼虫在雨后的湿润条件下大量从粪便中爬出 (Ogbourne, 1972, 1973)，迁移到土壤中，并爬到草的叶片上。感染性幼虫在干燥条件下可存活数月甚至数年，同样它们对寒冷也有较强的抵抗力。Medica 和 Sukhdeo (1997) 认为脂肪酸为幼虫的活动提供能量。

草地中的幼虫被马吞食后，在小肠胃液和肠细菌的刺激下，1.5 小时内幼虫脱掉外鞘。脱鞘时，前端有一个帽脱落，幼虫从前端钻出。幼虫接下来以 Kikuchi-Enigk 模式进行移行和发育。据 Duncan 和 Pirie (1972) 报道，脱鞘的第三期幼虫在感染后 1-3 天钻入肠壁，在第 7 天时发育并蜕皮形成第四期幼虫，接着进入黏膜下动脉腔。在第 14 天，幼虫沿着动脉移行到盲肠和结肠动脉，第 21 天到达前肠系膜动脉。移行初期，幼虫的长度仅有 1-2mm, 但它们在动脉中生长显著，到第 120 天，幼虫的长度为 10-18mm，并进行蜕皮形成第五期幼虫，但幼虫仍保留第四期幼虫的鞘。在第 3-4 个月，幼虫沿动脉移行返回肠壁。在到达浆膜表面时，在动脉中幼虫被围绕形成豌豆状结节，这些结节的形成通常是在感染 4 个月以后。幼虫最终从结节中钻出进入肠腔，再发育 6-8 周形成成虫。因此，幼虫发育的潜在期为 6-7 个月。

2. 双齿口属 *Bidentostomum* Tshoijo, 1957

Bidentostomum Tshoijo, 1957, In: Popova, 1958: 367-368; Dvojnos *et* Kharchenko, 1994: 41; Zhang *et* K'ung, 2002: 41-42; Lichtenfels, Kharchenko *et* Dvojnos, 2008: 22-23.

Type species: *Bidentostomum ivaschkini* Tshoijo, 1957.

简史　Tshoijo (1957) (见 Popova, 1958) 为采自蒙古马、骡体内的伊氏双齿口线虫 *Bidentostomum ivaschkini* Tshoijo, 1957 建立了 1 个新属，双齿口属 *Bidentostomum*。Tshoijo 观察到该属线虫的口囊内有 2 个细长的齿伸达口孔的边缘，因此将该属命名为双齿口属。该新属新种的描述和图发表在 Popova(1958)的著作中，因为 Tshoijo 采用了一个非同寻常的分类系统，因此 Lichtenfels (1975) 认为伊氏双齿口线虫是一个不确定的种类。然而 1978 年，Lichtenfels 在莫斯科检查了 Tshoijo 的标本后发现该种线虫具有 3 个长的食道齿，无背沟，而 Tshoijo 误将背食道齿看成了背沟。随后 Lichtenfels (1980) 在他编写的分类检索表中承认了双齿口属是一个有效的属，并将该属放入圆线亚科。Dvojnos 和 Kharchenko (1994) 对该属进行了重新描述。1965 年，杨年合和孔繁瑶 (1965) 首次在北京马的大肠中发现了伊氏双齿口线虫，随后该种线虫在我国的 11 个省、市、自治区报道 (Yang and K'ung, 1965; Shen and Huang, 2002)。齐普生等 (1984) 对该种线虫进行了简单的描述，但提供了详细的绘图。李学文等 (1988) 对采自宁夏回族自治区中卫县马体内寄生的一条雄虫进行了描述和绘图。因此该属线虫在我国有分布是毫无疑问的。然而，Lichtenfels 等 (2008) 并没有看到中国方面有关的研究报道，而认为该属线虫仅分布于蒙古。

特征 虫体细小，口囊近圆柱形。外叶冠小叶宽、数目少；内叶冠小叶窄、数目多。口囊内有 3 个食道齿伸达口孔的边缘，其中 2 个亚腹食道齿细长；1 个背食道齿粗大。雄虫背肋在侧支的上缘分开，每个背肋主干分为 3 个侧支。雌虫阴门位于体后部。

本属线虫目前全世界仅报道 1 种。

(4) 伊氏双齿口线虫 *Bidentostomum ivaschkini* Tshoijo, 1957 (图 14)

Bidentostomum ivaschkini Tshoijo, 1957, In: Popova, 1958: 368, 369; Yang *et* K'ung, 1965: 82; Li, Li, Zhou, Wang, Han, Wu *et* Huang, 1988: 171, fig. 70; Dvojnos *et* Kharchenko, 1994: 41-43, fig. 8; Zhang *et* K'ung, 2002a: 41, 42, fig. 26; Lichtenfels, Kharchenko *et* Dvojnos, 2008: 23-25, figs. 11, 12.

宿主 马 *Equus caballus*，骡 *Equus caballus* × *Equus asinus*。

寄生部位 大肠。

形态 (按 Popova, 1958; Dvojnos and Kharchenko, 1994) 虫体纺锤形，体表具有环纹。口领基部由 1 细沟与头部分开，口领上具有 4 个亚中乳突，亚中乳突基部圆形。侧乳突发达。口囊近圆柱形，具 2 圈叶冠，外叶冠宽大，圆形，由 8 枚小叶组成；内叶冠细小，圆锥形，由 16 枚小叶组成。口囊具有内外两层壁，内壁厚，伸达内叶冠的起始处；外壁薄，在前缘有 1 环行加厚。口囊内有 3 个食道齿伸达口孔的边缘，其中 2 个亚腹食道齿细长，1 个背食道齿粗大。

雄虫 体长 8.0-9.0mm；最大宽度 0.415-0.581mm。口囊宽 0.058-0.075mm，深 0.054-0.062mm。食道长 0.560-0.643mm，最大宽度 0.104-0.125mm。神经环距头端 0.291-0.324mm；排泄孔距头端 0.415-0.498mm。交合伞长，边缘光滑，背叶长而窄，侧叶短而宽。背肋在基部分开，每个主干分为 3 个侧支。外背肋在背肋基部分出。侧肋粗，具有共同的主干；腹肋指向腹侧，较细长，2 腹肋紧密相连，仅在末端分开。交合刺长 0.830-0.891mm，远端具有 2 个钩状突起。引带长 0.174-0.208mm。生殖锥极长，长 0.643-0.726mm，突出部分超过交合伞长度的 1/2，生殖锥末端有 3 个球形突起。

雌虫 体长 9.0-10.0mm；最大宽度 0.544-0.623mm。口囊宽 0.063-0.083mm，深 0.053-0.066mm。神经环距头端 0.315mm；排泄孔距头端 0.457-0.498mm。阴门距尾端 0.542-0.747mm；肛门距尾端 0.216-0.299mm。

地理分布 黑龙江、吉林、内蒙古、北京、陕西、宁夏、甘肃、青海、新疆、四川、贵州；蒙古。

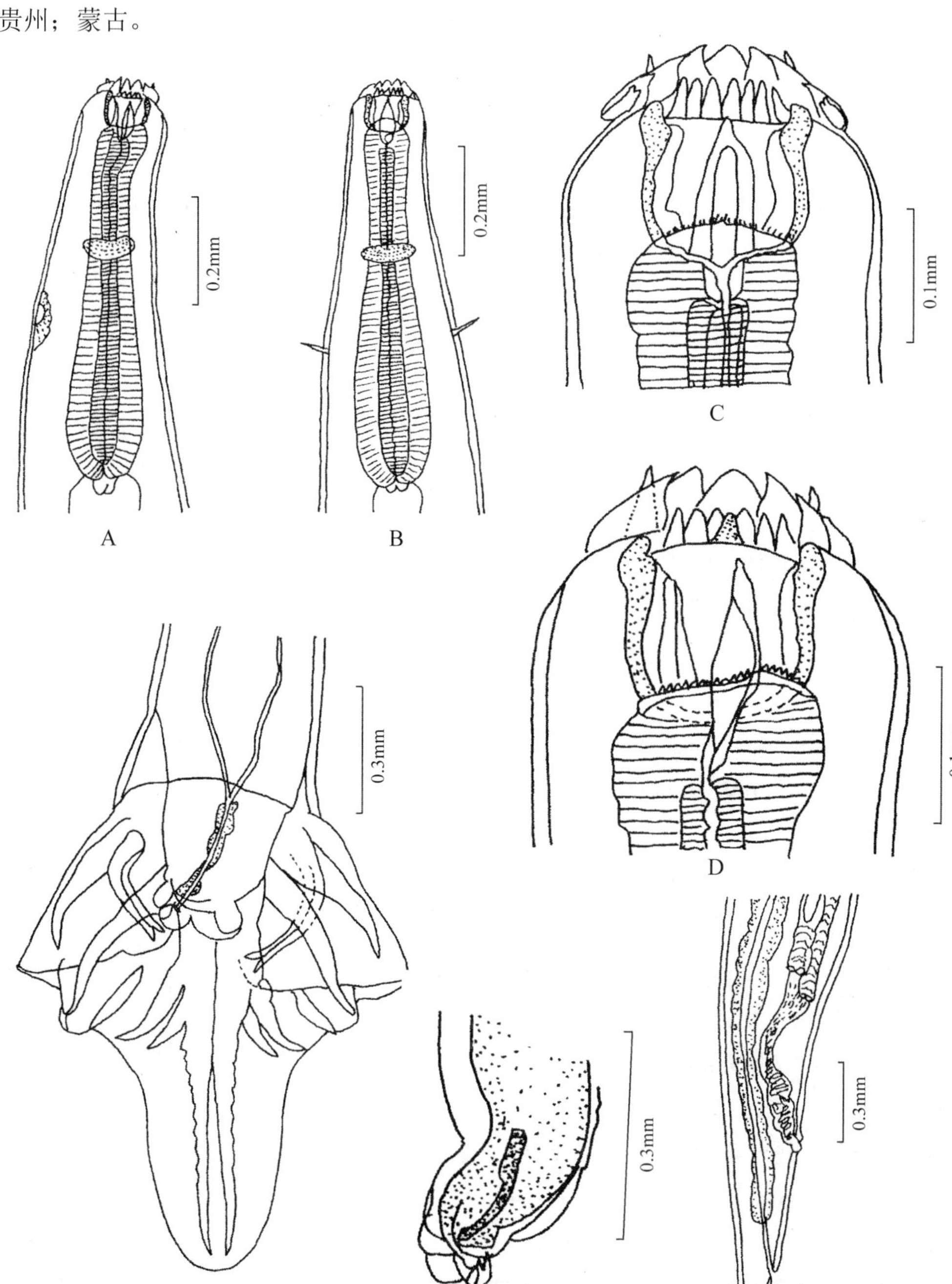

图 14　伊氏双齿口线虫 *Bidentostomum ivaschkini* Tshoijo (仿齐普生等，1984)

A. 雄虫前部侧面观 (anterior end of male, lateral view)；B. 雄虫前部背腹面观 (anterior end of male, dorso-ventral view)；C. 雌虫头部背腹面观 (cephalic end of female, dorso-ventral view)；D. 雌虫头部侧面观 (cephalic end of female, lateral view)；E. 交合伞腹面观 (copulatory bursa, ventral view)；F. 生殖锥侧面观 (genital cone, lateral view)；G. 雌虫尾部侧面观 (posterior end of female, lateral view)

3. 管囊属 *Choniangium* Railliet, Henry *et* Bauche, 1914

Choniangium Railliet, Henry *et* Bauche, 1914: 207; Yorke *et* Maplestone, 1926; 40, 41; Skrjabin, Shikhobalova, Schulz, Popova, Boev *et* Delyamure, 1952: 104; Popova, 1955: 198; Yamagui, 1961: 353; Lichtenfels, 1980: 17.

Asifia Lane, 1914: 384.

Type species: *Choniangium epistomum* (Pina *et* Stazzi, 1900).

特征 虫体前部弯向背面，头端平截状。外叶冠起自口领，无内叶冠。口囊很长，后部变窄。口囊底部无齿，但在口囊中部有 5 个不规则的角质突起。雄虫外背肋和背肋起自同一主干，背肋主干在近中部分为 2 支，在分支前，背肋分出 1 个侧支，该侧支又分为 2 支。交合刺相似；具引带。雌虫阴门靠近肛门。象的寄生虫。

本属线虫全世界共记载 3 种，其中我国报道 1 种。

(5) 上口管囊线虫 *Choniangium epistomum* (Pina *et* Stazzi, 1900) (图 15)

Sclerostomum epistomum Pina *et* Stazzi, 1900: 315, figs. 6-9.

Asifia vasifa Lane, 1914: 384, plate LI, figs. 7-14.

Choniangium epistomum: Railliet, Henry *et* Bauche, 1914: 207; Wu, 1934: 517, 518, fig. 9; Skrjabin, Shikhobalova, Schulz, Popova, Boev *et* Delyamure, 1952: 107, 108; Popova, 1955: 199-201, figs. 98, 99; Lai, Sha, Zhang, Yang, Tian, Zhang, He *et* Zhang, 1982: 22; Shanghai Zoo *et* Jiangsu Agriculture College, 1985: 39; Zhang, Xie, Li *et* Lan, 1991: 93; Huang *et* Li, 2002: 15.

宿主 亚洲象 *Elephas maximus*。

寄生部位 大肠、盲肠。

观察标本 3♀♀，采自河北亚洲象的大肠，1985.IX.1，张路平。标本保存于河北师范大学生命科学学院。

特征 虫体前部弯向背面，头端平截状。外叶冠由 61 或 62 个叶瓣组成，叶瓣顶部尖，基部 2/3 部分联合在一起，并由口领延伸形成的角质膜覆盖。内叶冠缺。口囊很长，后部变窄。口囊底部无齿，但在口囊中部有 5 个不规则的角质突起。头乳突 3 对，大小相等，末端尖。

雄虫 体长 15.0-17.8mm，最大宽度 0.629-0.762mm。口囊长 0.742-0.897mm。神经环距头端 0.990-1.276mm；排泄孔距头端 2.095mm。食道长 1.380-1.600mm，最大宽度 0.276-0.324mm。交合刺长 2.180-2.381mm。

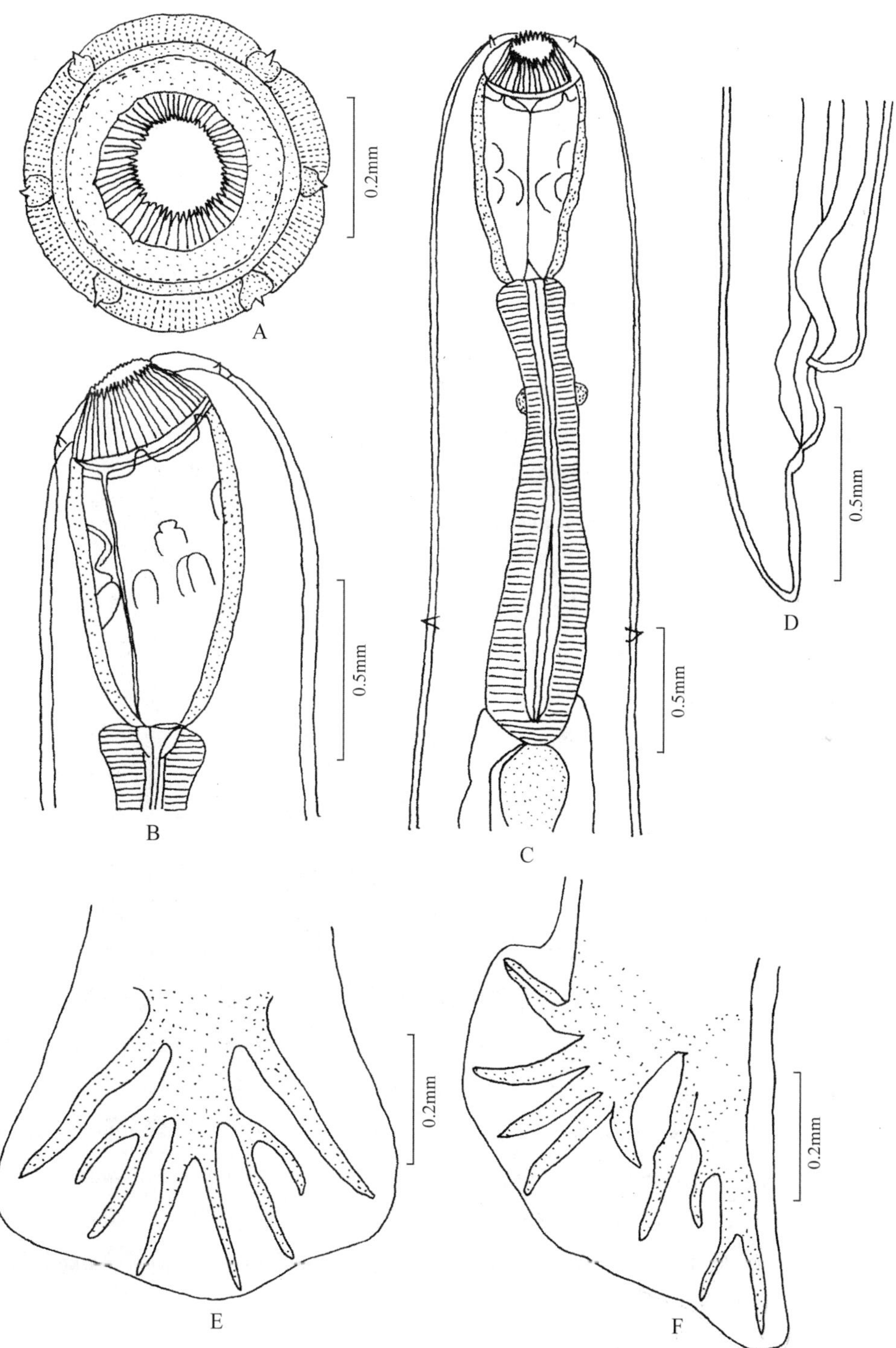

图 15　上口管囊线虫 *Choniangium epistomum* (Pina *et* Stazzi) (A 仿 Wu, 1934；B-F 仿 Popova, 1955)

A. 头部顶面观 (cephalic extremity, en face view)；B. 头部侧面观 (cephalic end of body, lateral view)；C. 虫体前部背腹面观 (anterior end of body, dorso-ventral view)；D. 雌虫尾部侧面观 (posterior end of female, lateral view)；E. 交合伞背叶腹面观 (dorsal lobe of copulatory bursa, ventral view)；F. 交合伞侧面观 (copulatory bursa, lateral view)

雌虫 体长 15.3-16.1mm，最大宽度 0.690-0.862mm。口囊长 0.897-0.931mm。神经环距头端 1.242-1.311mm；排泄孔距头端 2.035-2.070mm。食道长 1.414-1.587mm，最大宽度 0.311-0.345mm。阴门距前端 14.730-15.590mm。尾长 0.276-0.345mm。虫卵长径 0.046-0.057mm，辐径 0.026mm。

地理分布 河北、江苏、上海、四川、云南；印度。

4. 盆口属 *Craterostomum* Boulenger, 1920

Craterostomum Boulenger, 1920: 105; Ihle, 1920f: 272; 1922: 28; Yorke *et* Maplestone, 1926: 45; Skrjabin, Shikhobalova, Schulz, Popova, Boev *et* Delyamure, 1952: 61; Popova, 1955: 111; Yamaguti, 1961: 354; Lichtenfels, 1980: 19; Lichtenfels, Kharchenko *et* Dvojnos, 2008: 21.

Type species: *Craterostomum acuticaudatum* (Kotlan, 1919).

简史 Kotlan (1919) 描述了 1 新种，*Cylicostomum acuticaudata*。Ihle (1920) 又描述了 1 新种，*Cylicostomum mucronatum*。Boulenger (1920) 为马属动物寄生的线虫建立了 1 新属，盆口属 *Craterostomum*，并描述了 1 新种，*Craterostomum tenuicauda* 作为该属的模式种。同年，Ihle 将 *Cylicostomum acuticaudata* 和 *Cylicostomum mucronatum* 移入到盆口属。Cram (1924)认为该属 3 种，即 *Craterostomum acuticaudatum, Craterostomum mucronatum, Craterostomum tenuicauda* 均为有效的种。这 3 种线虫的主要区别在于虫体的大小、内叶冠的数目、食道的长度及肛门距尾端的距离。她指出：*Craterostomum mucronatum* 区别于其他两种的主要特点是：雌虫体长 8mm；内叶冠由 24 或 25 个小叶组成；肛门距尾端 0.425-0.535mm，阴门距尾端 0.905-1.100mm。然而，Skrjabin 和 Erschow (1933) 将 *Craterostomum mucronatum* 列为 *Craterostomum acuticaudatum* 的同物异名。Popova (1955) 将 *Craterostomum mucronatum, Craterostomum tenuicauda* 均列为 *Craterostomum acuticaudata* 的同物异名。Rai (1960) 从印度的小马驹中采到未成熟的雌虫和雄虫，描述为 *Craterostomum tenuicauda*。Lichtenfels (1975) 同意 Skrjabin 和 Erschow (1933) 的意见，将 *Craterostomum mucronatum* 列为 *Craterostomum acuticaudatum* 的同物异名，但承认 *Craterostomum tenuicauda* 为一有效的种。Lichtenfels 等 (2008) 对该属线虫重新进行了研究，认为 *Craterostomum tenuicauda* 和 *Craterostomum acuticaudatum* 有明显的区别，但需要进一步的研究，作为待考种。Rai 描述的 *Craterostomum tenuicauda* 和 Boulenger 描述的 *Craterostomum tenuicauda* 应为不同的种，可能为 1 个未描述的种，应进一步研究加以确定。因此目前该属仅有 1 个有效的种。

特征 虫体口囊内腔的前后部分均缩窄。口囊壁前缘较薄，向后变厚。外叶冠小叶大，数目少；内叶冠小叶宽阔，起始于口囊前缘，数目多。背沟发达。

本属线虫全世界仅有 1 个有效种。

(6) 尖尾盆口线虫 *Craterostomum acuticaudatum* (Kotlan, 1919) (图 16)

Cylicostomum acuticaudatum Kotlan, 1919: 12.

Cylicostomum mucronatum Ihle, 1920a: 132.

Craterostomum mucronatum: Ihle, 1920f: 273; Ihle, 1922: 29, 30, figs. 21-24; K'ung *et* Yang, 1964: 33, plates I, II, figs. 1, 8; 1965: 76.

Craterostomum acuticaudatum: Ihle, 1920f: 273; Ihle, 1922: 30, 31; Yorke *et* Maplestone, 1926: 45; Skrjabin, Shikhobalova, Schulz, Popova, Boev *et* Delyamure, 1952: 61; Popova, 1955: 112-115, figs. 37-40; Lichtenfels, 1975: 27, figs. 46-49; Qi, Li *et* Cai, 1984: 110; Zhang *et* K'ung, 2002a: 40, 41, fig. 25; Lichtenfels, Kharchenko *et* Dvojnos, 2008: 21, figs. 9, 10.

宿主　马 *Equus caballus*，驴 *Equus asinus*，骡 *Equus caballus* × *Equus asinus*，普氏野马 *Equus przewalskii*，哈特曼山斑马 *Equus zebra hartmannae*，斑马 *Equus burchelli*，蒙古野驴 *Equus hemionus*。

寄生部位　大肠、盲肠。

特征　虫体呈纺锤形，角皮光滑，仅在头端有不明显的横纹。口领与口囊以 1 不明显的横沟相隔。外叶冠的小叶大，呈三角形，共 8 枚；内叶冠的小叶短，顶端钝圆，共约 24 枚。口囊的两端均较窄，中部最宽，呈高脚玻璃杯形。背沟发达，伸达口囊的前缘。雌虫尾部直而长。

雄虫　体长 5.7-9.9mm，最大宽度 0.374-0.547mm。食道长 0.391-0.486mm。颈乳突距头端 0.255-0.260mm；神经环距头端 0.240mm。交合伞腹叶短，侧叶宽。背肋分为 2 个主支，每支分出 3 支，交合刺等长，长 0.620-0.765mm，引带长 0.165-0.204mm，最大宽度 0.015-0.030mm。

雌虫　体长 8.8mm，最大宽度 0.5mm。食道长 0.455mm。神经环距头端 0.255mm；颈乳突距头端 0.41mm；排泄孔距头端 0.4mm。阴道长 0.09mm，阴门距肛门 0.49mm。尾长 0.45mm。

地理分布　黑龙江、吉林、内蒙古、北京、陕西、宁夏、甘肃、青海、新疆、四川、贵州、云南；亚洲，欧洲，非洲，北美洲。

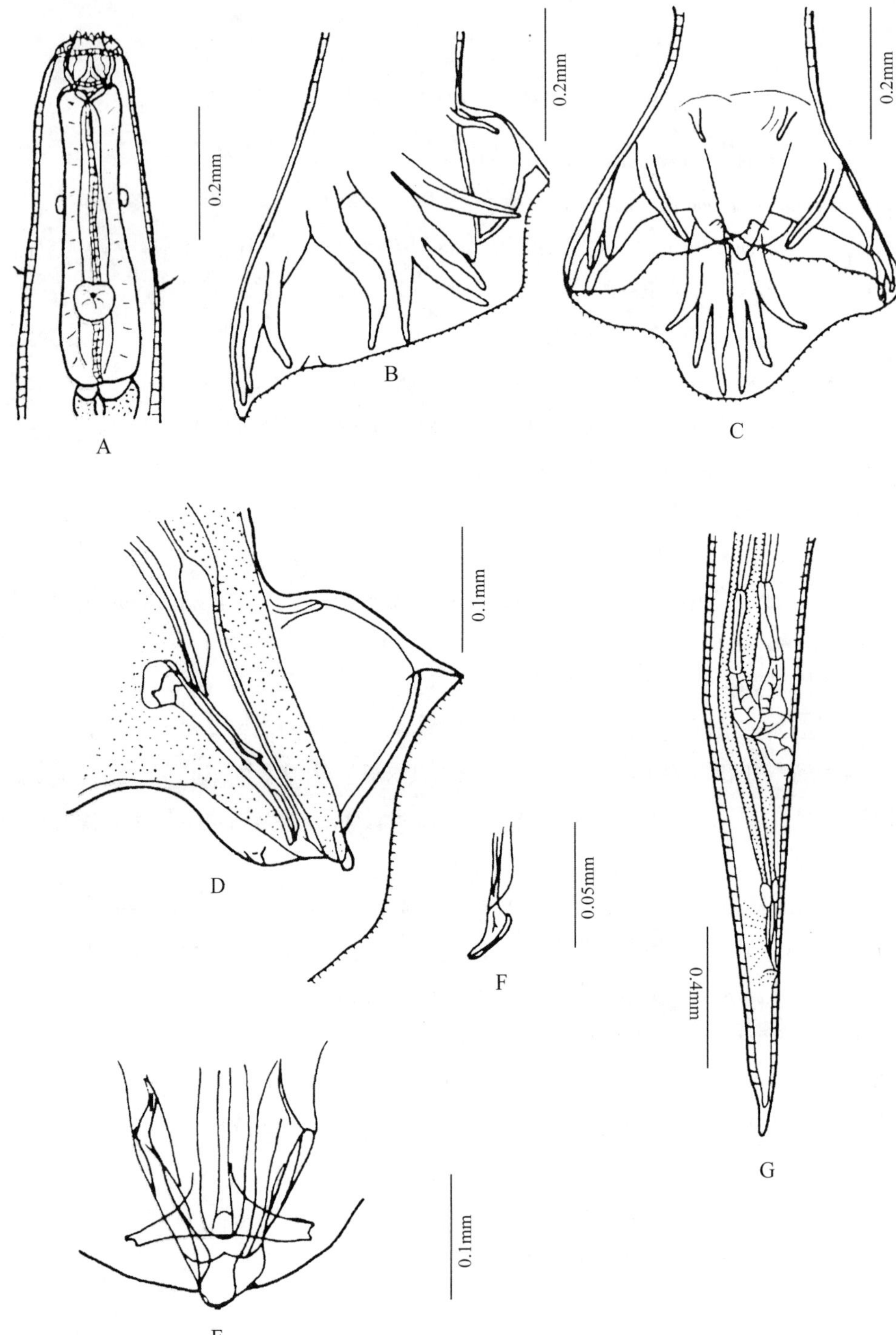

图 16 尖尾盆口线虫 *Craterostomum acuticaudatum* (Kotlan) (仿 Dvojnos and Kharchenko, 1994)

A. 虫体前部腹面观 (anterior end of body, ventral view)；B. 交合伞侧面观 (copulatory bursa, lateral view)；C. 交合伞腹面观 (copulatory bursa, ventral view)；D. 生殖锥侧面观 (genital cone, lateral view)；E. 生殖锥腹面观 (genital cone, ventral view)；F. 交合刺末端 (distal end of spicule)；G. 雌虫尾部侧面观 (posterior end of female, lateral view)

5. 戴克拉斯属 *Decrusia* Lane, 1914

Decrusia Lane, 1914: 386; Yorke *et* Maplestone, 1926: 38; Skrjabin, Shikhobalova, Schulz, Popova, Boev *et* Delyamure, 1952: 61; Popova, 1955: 115; Yamaguti, 1961: 354; Lichtenfels, 1980: 18.

Type species: *Decrusia additicta* (Railliet, Henry *et* Bauche, 1914).

简史　Lane (1914)为采自亚洲象的一种寄生线虫建立 1 个新属 *Decrusia*, 将该种命名为 *Decrusia decrusi*。同年，Railliet, Henry 和 Bauche 也描述了 1 个采自亚洲象的寄生线虫新种 *Strongylus additictus*。1915 年，Railliet 等 (1915) 将他们描述的种移入戴克拉斯属，并命名为 *Decrusia additicta*。

特征　头端稍弯向背面，口囊杯状，底部有 2 个亚腹齿。背沟明显。内外叶冠由众多的小叶瓣组成。雄虫交合伞背肋仅仅末端分叉，形成 4-6 个指状突起。外背肋端。交合刺等长，末端尖。无引带。雌虫尾端钝；阴门位于体后 1/3 处。象的寄生虫。

本属线虫全世界仅报道 1 种。

(7) 附加戴克拉斯线虫 *Decrusia additicta* (Railliet, Henry *et* Bauche, 1914) (图 17)

Strongylus additictus Railliet, Henry *et* Bauche, 1914: 130, fig. 3.

Decrusia decrusi Lane, 1914: 386, plate LII, figs. 15-24.

Decrusia additicta: Railliet, Henry *et* Bauche, 1915: 119; Wu, 1934: 513-515, figs. 1-3; Skrjabin, Shikhobalova, Schulz, Popova, Boev *et* Delyamure, 1952: 62; Popova, 1955: 116-119, figs. 41, 42; Lai, Sha, Zhang, Yang, Tian, Zhang, He *et* Zhang, 1982: 22; Shanghai Zoo *et* Jiangsu Agricultural College, 1985: 39; Huang *et* Li, 2002: 14, 15.

宿主　亚洲象 *Elephas maximus*。

寄生部位　大肠、盲肠。

形态　身体圆柱状，两端稍细。头端平截状，头部略向背面弯曲。叶冠基部 1/3 由 1 层薄膜覆盖，叶状小叶细小，数量众多 (伍献文报道有 200-202 枚，Lane 报道有 140-150 枚)。叶冠小叶等长，末端尖，基部 1/4 结合在一起。口囊近球形，前缘有 1 环状加厚，底部有 2 个亚腹齿。背沟明显，两侧无膨胀。

雄虫　体长 14.7-16.1mm，最大宽度 0.843-0.921mm。食道长 1.528-1.568mm，最大宽度 0.294-0.314mm；口囊长 0.333-0.392mm，内径 0.294-0.314mm；口领高 0.059-0.078mm。神经环距头端 0.98mm；排泄孔距头端 1.171-1.176mm。交合刺长 2.254-2.257mm。虫体中部角质横纹间距 0.010-0.011mm。

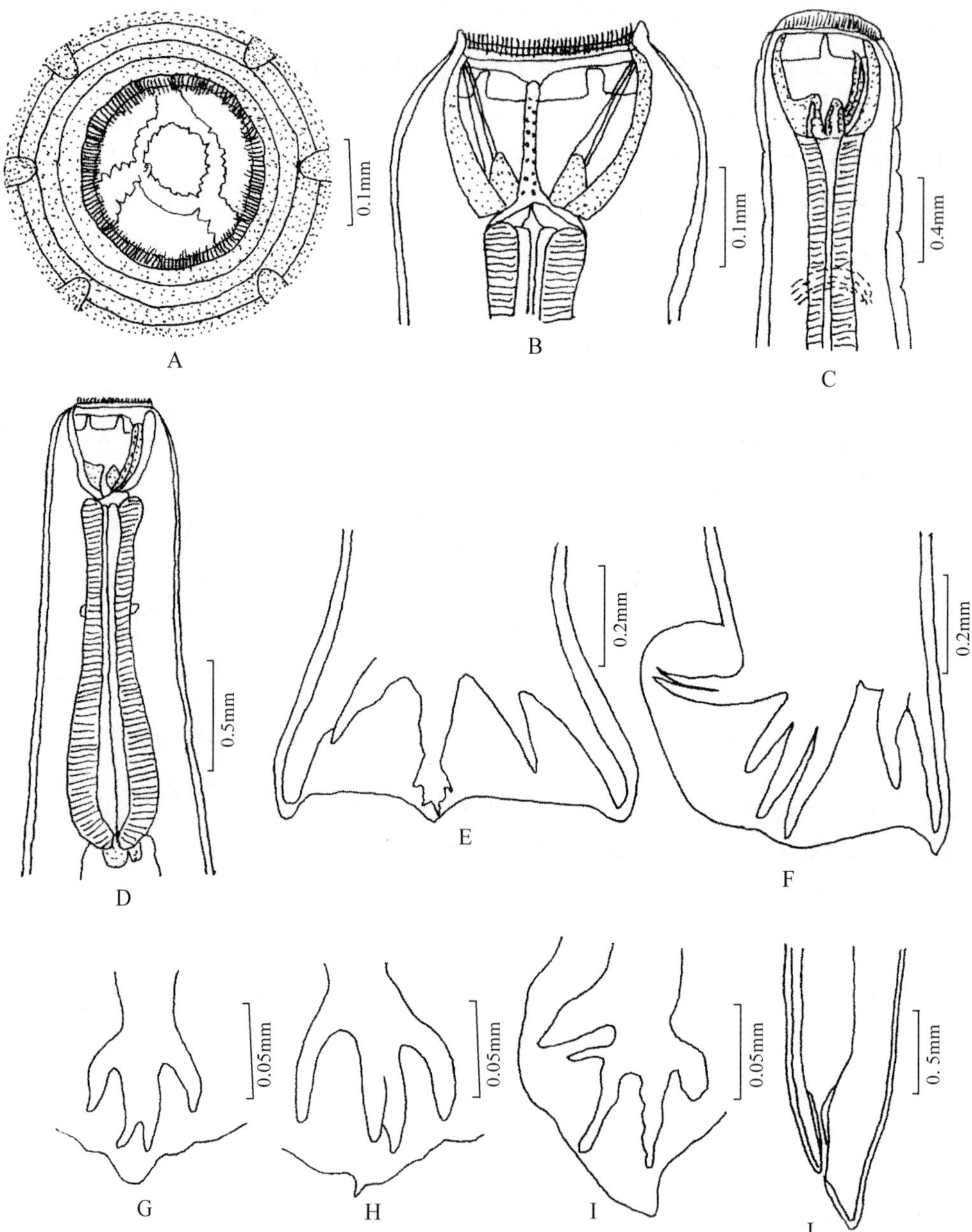

图 17 附加戴克拉斯线虫 *Decrusia additicta* (Railliet, Henry *et* Bauche) (A, C 仿 Wu, 1934；B, D-J 仿 Popova, 1955)

A. 头部顶面观 (cephalic extremity, en face view)；B. 头部背面观 (cephalic end of body, dorsal view)；C, D. 虫体前部侧面观 (anterior end of body, lateral view)；E. 交合伞背叶背面观 (dorsal lobe of copulatory bursa, dorsal view)；F. 交合伞侧面观 (copulatory bursa, lateral view)；G-I. 交合伞背肋的几种变异类型 (variations of dorsal ray)；J. 雌虫尾部侧面观 (posterior end of female, lateral view)

雌虫　体长 19.1-22.6mm，最大宽度 1.078-1.176mm。食道长 1.705-2.058mm，最大宽度 0.333-0.451mm；口囊长 0.353-0.490mm，内径 0.294-0.392mm；口领高 0.059-0.078mm。神经环距头端 1.000-1.196mm；排泄孔距头端 1.235-1.372mm。阴门距头端 11.878-13.426mm。尾长 0.274-0.314mm。虫体中部角质横纹间距 0.014-0.017mm。虫卵长径 0.066-0.068mm，辐径 0.039-0.042mm。

地理分布　江苏、上海、四川、云南；印度。

6. 艾琨属 *Equinurbia* Lane, 1914

Equinurbia Lane, 1914: 207; Yorke *et* Maplestone, 1926: 39; Skrjabin, Shikhobalova, Schulz, Popova, Boev *et* Delyamure, 1952: 70; Popova, 1955: 128; Yamaguti, 1961: 355; Lichtenfels, 1980: 18.

Type species: *Equinurbia sipunculiformis* (Baird, 1859).

特征　口领由 2 圈不同长度的叶冠组成。口囊几乎呈球形，内部无齿；有背沟。雄虫的外背肋和背肋不起源于同一主干，外背肋分为 3 支，第一分支比其他 2 个侧支长。背肋主干先分出 2 个侧支，然后主干再分为 2 支。交合刺等长。无引带。雌虫阴门靠近肛门。象的寄生虫。

本属线虫全世界共记载 2 种，其中我国报道 1 种。

(8) 星状艾琨线虫 *Equinurbia sipunculiformis* (Baird, 1859) (图 18)

Sclerostoma sipunculiformis Baird, 1859: 425.

Equinurbia sipunculiformis: Lane, 1914: 382, figs. 1-6B; Wu, 1934: 515-517, figs. 4-8; Skrjabin, Shikhobalova, Schulz, Popova, Boev *et* Delyamure, 1952: 70; Popova, 1955: 129-131, figs. 47, 48.

宿主　亚洲象 *Elephas maximus*。

寄生部位　大肠、盲肠。

特征　叶冠基部 1/4 由 1 层膜覆盖，叶冠由 2 圈叶瓣组成，内外叶瓣交替排列，每圈叶冠由 50-56 个叶瓣组成。外叶冠小瓣比内叶冠小瓣短，末端分 3 叉，略呈锯齿状。外叶冠小瓣起自内叶冠小瓣的基部 1/5，除顶端外，两小瓣相互间联系在一起。内叶冠小瓣较长，末端尖形。内叶冠起自口囊壁内面，其壁上有 100-102 个齿状突起，和内叶冠的起始部镶嵌。背食道腺沟包埋于口囊背壁中，无明显的嵴和突起，开口呈裂缝状。

雄虫　体长 17.0-23.0mm，最大宽度 0.902-1.415mm。头部膨大区长 1.464-1.830mm，最大宽度 0.780-0.854mm。口领高 0.059-0.074mm。口囊长 0.265-0.323mm，内径 0.309-0.365mm。食道长 1.588-1.976mm，最大宽度 0.317-0.536mm。神经环距头端

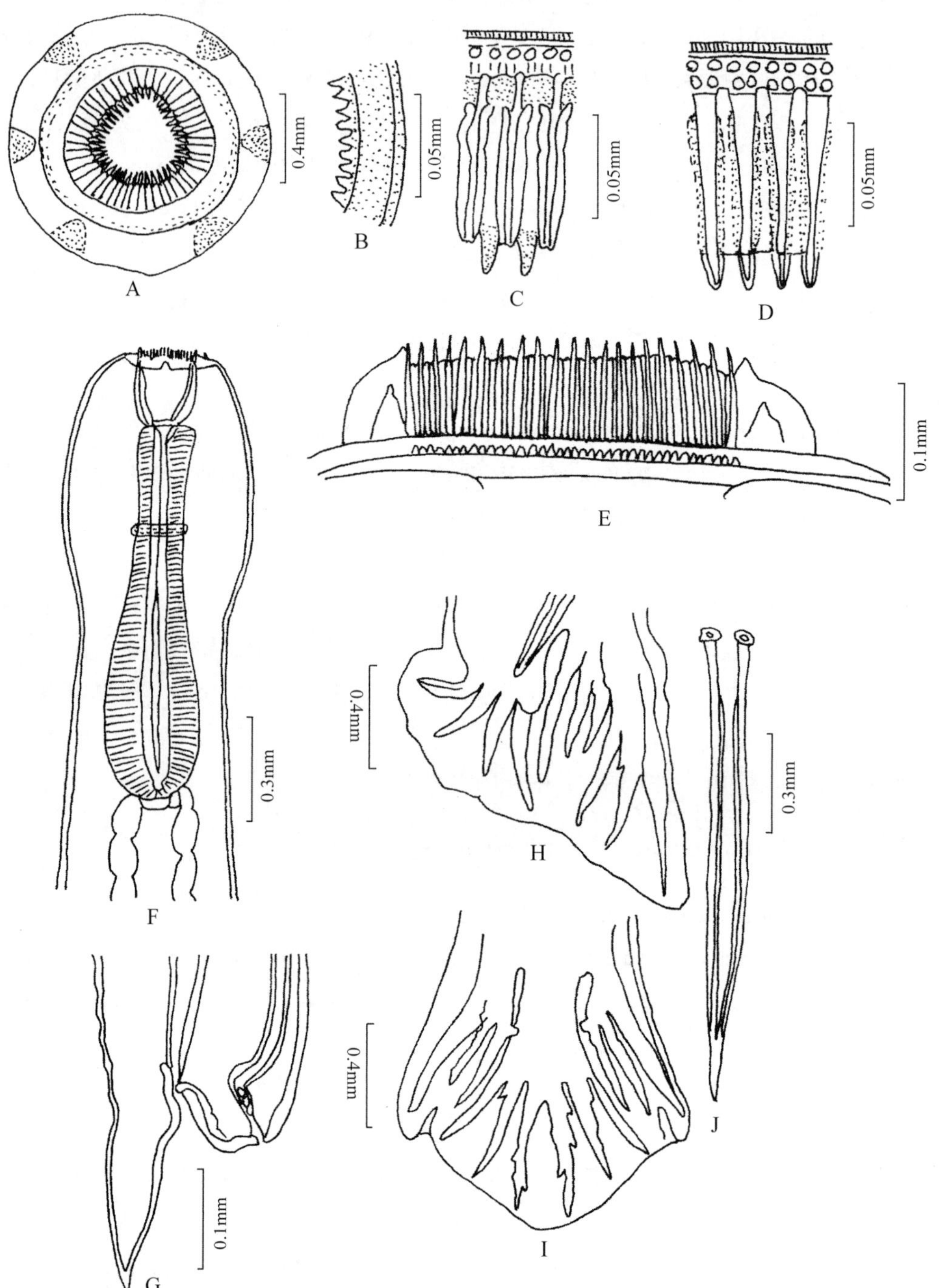

图 18 星状艾琨线虫 *Equinurbia sipunculiformis* (Baird) (A-D 仿 Wu, 1934；E-J 仿 Popova, 1955)

A. 头部顶面观 (cephalic extremity, en face view)；B. 口囊部分横切，紧靠叶冠之下 (a portion of the cross section of the buccal capsule, immediately behind the leaf-crown)；C. 叶冠部分小叶外面观 (external view of the leaflets in the leaf-crown)；D. 叶冠部分小叶内面观 (internal view of the leaflets in the leaf-crown)；E. 叶冠 (leaf-crown)；F. 虫体前部侧面观 (anterior end of body, lateral view)；G. 雌虫尾部侧面观 (posterior end of female, lateral view)；H. 交合伞侧面观 (copulatory bursa, lateral view)；I. 交合伞背叶背面观 (dorsal lobe of copulatory bursa, dorsal view)；J. 交合刺 (spicule)

0.805-1.098mm；排泄孔距头端 2.318-2.440mm。交合刺长 1.390-1.659mm。

雌虫 体长 18.0-24.0mm，最大宽度 0.976-1.708mm。头部膨大区长 1.512-1.708mm，最大宽度 0.780-1.146mm。口领高 0.088mm。口囊长 0.323-0.365mm，内径 0.382mm。食道长 1.941-2.102mm，最大宽度 0.390-0.536mm。神经环距头端 0.854-0.951mm；排泄孔距头端 2.366-2.732mm。阴门距肛门 0.122-0.195mm。尾长 0.610-0.854mm。虫卵长径 0.050-0.054mm，辐径 0.025-0.033mm。

地理分布 江苏、云南；印度，缅甸。

7. 食道齿属 *Oesophagodontus* Railliet *et* Henry, 1902

Oesophagodontus Railliet *et* Henry, 1902: 110; Ihle, 1922: 91; Yorke *et* Maplestone, 1926: 42-44; Skrjabin, Shikhobalova, Schulz, Popova, Boev *et* Delyamure, 1952: 70; Popova, 1955: 131, 132; Yamaguti, 1961: 355; Lichtenfels, 1980: 19; Zhang *et* K'ung, 2002a: 39; Lichtenfels, Kharchenko *et* Dvojnos, 2008: 18.

Pseudosclerostomum Ouiel, 1919: 435.

Type species: *Oesophagodontus robustus* (Giles, 1892).

特征 虫体口孔开向前方，具有起始于口领的外叶冠，口囊呈杯形，在口囊的前缘上具有内叶冠。食道漏斗发达，内有 3 个矛状小齿，不突出于口囊。无背沟。

雄虫交合伞的侧叶发达，背叶不突出。2 腹肋分开，前侧肋和中后侧肋起始于同一主干，后侧肋上具有短粗的附支 (accessorius)，背肋分 2 组，每组有 4 支，其中最上 1 支为外背肋，其余 3 支为背肋。交合刺等长。雌虫阴门靠近肛门。

本属线虫全世界仅报道 1 种。

(9) 粗壮食道齿线虫 *Oesophagodontus robustus* (Giles, 1892) (图 19)

Sclerostoma robustus Giles, 1892: 26.

Pseudosclerostomum securiferum Quiel, 1919: 435.

Oesophagodontus robustus: Railliet *et* Henry, 1902: 110; Boulenger, 1916: 433; Ransom *et* Hadwen, 1918: 204; Turner, 1920: 442; Skrjabin, Shikhobalova, Schulz, Popova, Boev *et* Delyamure, 1952: 70, fig. 22; Popova, 1955: 132-134, fig. 49; Qi, Li *et* Cai, 1984: 117, fig. 87; Li, Li, Zhou, Wang, Han, Wu *et* Huang, 1988: 149, fig. 57; Zhang *et* K'ung, 2002a: 39, 40, fig. 24; Lichtenfels, Kharchenko *et* Dvojnos, 2008: 19, 20, figs. 7, 8.

宿主 马 *Equus caballus*，驴 *Equus asinus*，骡 *Equus caballus* × *Equus asinus*，斑马

Equus burchelli。

寄生部位 大肠。

特征 口领与口囊间有宽沟相隔，其边缘变尖，突出于口囊之上。外叶冠由 18 枚小叶组成。口囊大，呈酒杯形，口囊壁较薄，底部呈环状增厚。无背沟。食道漏斗发达，内有 3 个小齿，不伸入口囊。排泄孔紧位于神经环后方。

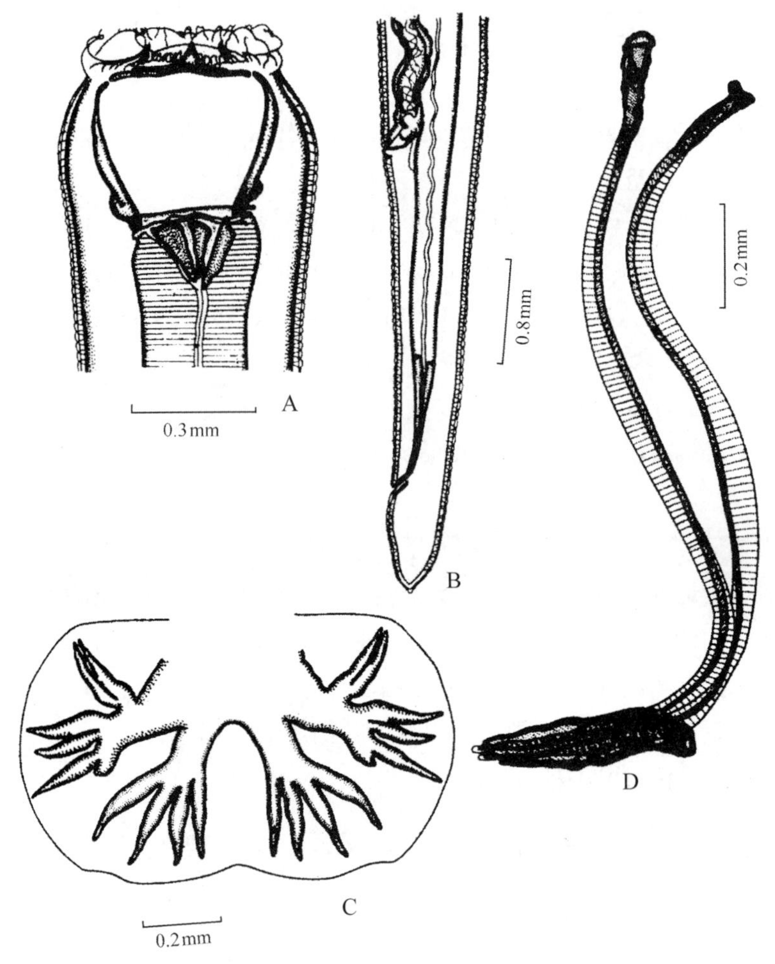

图 19 粗壮食道齿线虫 *Oesophagodontus robustus* (Giles) (仿齐普生等，1984)

A. 头部侧面观 (cephalic end of body, lateral view)；B. 雌虫尾部侧面观 (posterior end of female, lateral view)；C. 交合伞背面观 (copulatory bursa, dorsal view)；D. 交合刺和引带 (spicule and gubernaculum)

雄虫 体长 18.0mm，最大宽度 0.955mm。食道长 0.927-1.700mm，最大宽度 0.310-0.324mm，交合伞侧叶大，伞缘呈锯齿状。伞前乳突短。腹腹肋与侧腹肋分开，弯向腹侧，3 个侧肋起始于同一主干，几乎同等大小，后侧肋的背面有 1 粗短的附支；背肋分 2 组，每组分出 4 支，其中最上 1 支为外背肋，其余 3 支为背肋。交合刺等长，长

1.620mm，宽 0.016mm。引带长 0.320mm，宽 0.048mm。

雌虫　体长 19.0-22.0mm，最大宽度 1.100-1.500mm，食道长 1.600-1.700mm，宽 0.305mm。排泄孔在颈乳突附近开口，距头端 1.220mm。阴门距尾端 2.900-3.200mm，肛门距尾端 0.600-0.700mm，尾端有 1 乳突状的小尖。

地理分布　黑龙江、吉林、内蒙古、河南、陕西、宁夏、甘肃、青海、新疆、福建、广西、重庆、四川、贵州、云南；世界各地。

8. 副圆线属 *Parastrongylus* Yin, Jiang *et* K'ung, 1986

Parastrongylus Yin, Jiang *et* K'ung, 1986: 139.

Type species: *Parastrongylus paradoxus* Yin, Jiang *et* K'ung, 1986.

特征　口囊呈亚球形，有内外叶冠，外叶冠小叶细长，数多。背嵴发达，伸达口囊前缘。口囊内无齿。雄虫交合伞呈六边形，在腹肋、侧肋、外背肋和背肋末端各形成 1 突出角。腹肋、侧肋和外背肋基本上属于圆线虫型的模式排列；背肋仅 1 根，在靠近末端处向两侧各分出 1 对指状突。交合刺细长，有羽状膜。无引带。雌虫阴门位于身体中部稍后，子宫一前一后。寄生于犀牛的大肠。

本属线虫全世界仅报道 1 种。

(10) 奇异副圆线虫 *Parastrongylus paradoxus* Yin, Jiang *et* K'ung, 1986 (图 20)

Parastrongylus paradoxus Yin, Jiang *et* K'ung, 1986: 139-143, figs. 1-8.

宿主　独角犀 *Rhinoceros unicornis*。

寄生部位　大肠。

观察标本　10♂♂10♀♀，采自北京动物园独角犀的大肠。标本保存于中国农业大学动物医学院寄生虫学教研室。

形态　头部直，虫体的口囊后方部分明显缩细，形成颈部，口领低，边缘圆；有 4 个亚中乳突和 2 个头感器。外叶冠的小叶细长，顶部尖细，各小叶的长度相等，数目在 250 个左右。内叶冠极为密集，细小。口囊发达，呈亚球形，中上部最宽，背壁上有 1 条明显的背嵴，通达口囊壁的前缘。在背嵴的侧壁上有大约 9 对背食道腺管的开口。口囊内无齿。颈乳突甚小。雄虫交合伞的各肋均伸达伞缘，将伞膜支撑为近似六边形的外观。腹肋、侧肋、外背肋和背肋末端的伞膜均向外突出，各肋之间的伞膜均相应地内凹为弧形。其中以腹肋与前侧肋，中、后侧肋与外背肋，外背肋与背肋之间的凹陷最为明显。前侧肋与中、后侧肋之间的伞膜上则为 1 小的凹陷。2 个腹肋等长，并行直达伞缘。

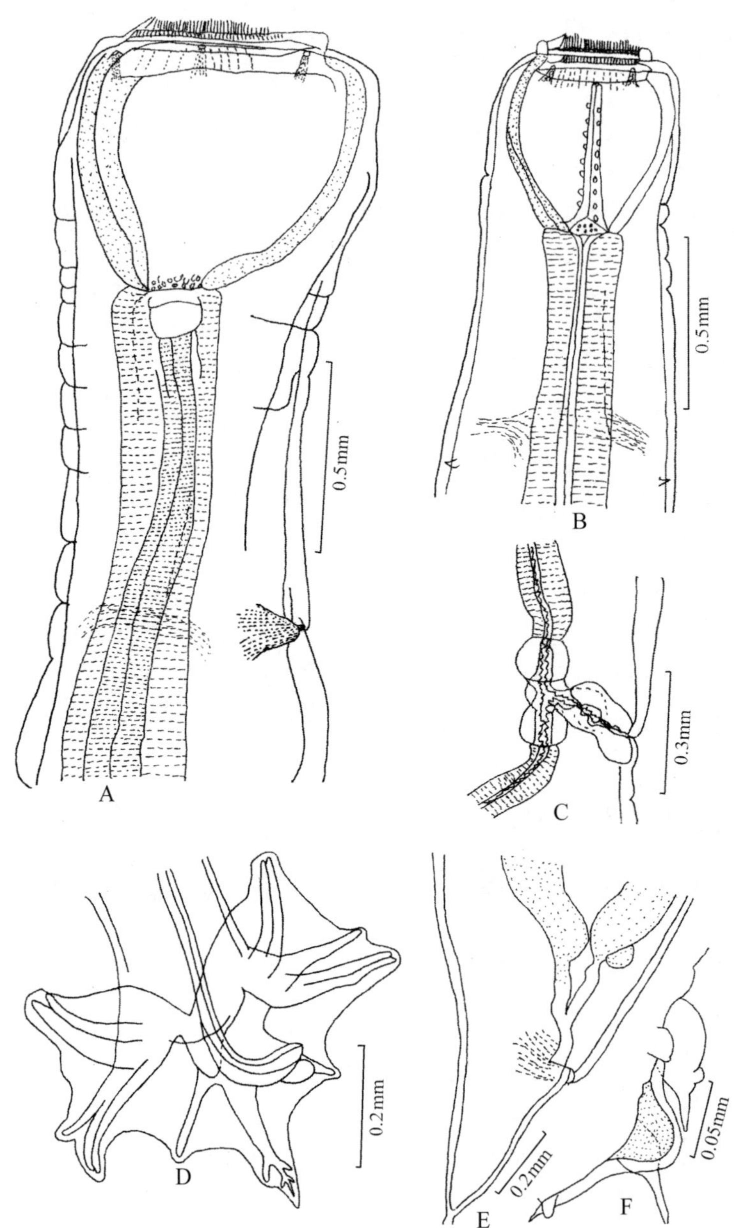

图 20 奇异副圆线虫 *Parastrongylus paradoxus* Yin, Jiang *et* K'ung

A. 虫体前部侧面观 (anterior end of body, lateral view); B. 虫体前部腹面观 (anterior end of body, ventral view); C. 雌虫阴门 (vulvar region); D. 交合伞腹面观 (copulatory bursa, ventral view); E. 雌虫尾部侧面观 (posterior end of female, lateral view); F. 生殖锥腹面观 (genital cone, ventral view)

3 个侧肋同起于一主干，开始并行，到全长的下 2/3 左右处，前侧肋弯向腹侧，直达伞缘；中侧肋与后侧肋仍并行，略弯向背侧。外背肋与背肋起于同一主干，外背肋在近端 1/4-1/3 处分出；背肋主干在远端 1/4 左右处向两侧各伸出 1 个指状突，在靠近末端处向两侧又各分出 1 个指状突，前 1 对较长，后 1 对较短；主干末端尖细。生殖锥的腹唇宽而长，两侧各有 1 个乳头状突起；背唇短，两侧稍后各有 1 个大的附属物，其顶端各有 1 个指状突。整个生殖锥呈圆锥形外观，较长，末端常伸达外背肋起始部稍下方。交合刺细长，褐色，有细的横纹，周围有羽状膜包裹，末端圆钝弯曲。无引带。雌虫阴门位于体中部稍后，阴门体前部与阴门体后部之比约为 5∶4，无唇；有 1 短的阴道，稍向前方倾斜，排卵器亦短。尾部短，肛门以后逐渐变细，尾端有 1 小结。

雄虫　体长 12.9-16.8mm，最大宽度 0.920-1.160mm，交合伞前处宽 0.200-0.480mm。口囊深 0.470-0.560mm，口囊宽 0.430-0.500mm。口囊壁厚 0.030-0.040mm。食道前部宽 0.210-0.370mm，后端膨大部宽 0.340-0.460mm。神经环距头端 1.030-1.100mm；颈乳突距头端 1.040-1.180mm；排泄孔距头端 1.000-1.650mm。交合伞自外背肋基部至背肋末端长 0.180-0.260mm。两个交合刺等长，长 1.000-1.500mm。

雌虫　体长 17.3-20.4mm。口囊深 0.550-0.740mm，口囊宽 0.530-0.700mm。口囊壁厚 0.030-0.050mm。食道长 2.480-2.790mm，前部宽 0.330-0.410mm，后端膨大部宽 0.310-0.480mm。神经环距头端 1.250-1.430mm；颈乳突距头端 1.140mm；排泄孔距头端 1.110-1.160mm。阴门距尾端 7.200-8.700mm，阴门体部宽 0.920-1.360mm。尾长 0.370-0.540mm，肛门处体宽 0.270-0.350mm。阴道长 0.270-0.550mm。

地理分布　北京。

9. 三齿属 *Triodontophorus* Looss, 1902

Triodontus Looss, 1900: 153 (not Westwood, 1845).

Triodontophorus Looss, 1902: 78; Boulenger, 1916: 422; Yorke *et* Maplestone, 1926: 44, 45; Skrjabin, Shikhobalova, Schulz, Popova, Boev *et* Delyamure, 1952: 71; Popova, 1955: 134; Yamaguti, 1961: 356; Lichtenfels, 1980: 20; Zhang *et* K'ung, 2002a: 27; Lichtenfels, Kharchenko *et* Dvojnos, 2008: 26.

Type species: *Triodontophorus serratus* (Looss, 1900).

简史　1900 年，Looss 建立 1 新属，三齿属 *Triodontus*，并描述了 2 新种，锯齿三齿线虫 *Triodontus serratus* 和小三齿线虫 *Triodontus minor*。因为 Westwood (1843) 已经在昆虫中使用了该属名，*Triodontus* 是一个预先占有的属名，所以 *Triodontus* 为无效的属名。1902 年，Looss 将该属名改为 *Triodontophorus*。1909 年，Sweet 对澳大利亚的一些雌虫标本进行了检视，并描述了 1 新种，中间三齿线虫 *Triodontophorus intermedius*，但该种线虫只是在形态测量数据上与锯齿三齿线虫有些差异。Boulenger (1916) 对英国马的线虫进行了研究，报道了 2 新种，短尾三齿线虫 *Triodontophorus brevicauda* 和细颈三齿线

虫 *Triodontophorus tenuicollis*。Theiler (1924) 研究了南非马和驴的寄生线虫，对锯齿三齿线虫、短尾三齿线虫和细颈三齿线虫进行了重新描述，并将中间三齿线虫列为锯齿三齿线虫的同物异名。Boulenger (1921) 研究了采自印度的标本，他发现锯齿三齿线虫齿板上缘小齿的形态有很大变异，因此他认为齿板的形态不是一个可靠的分类依据。而 Lichtenfels (1975)、Dvojnos 和 Kharchenko (1985) 认为虽然齿板上缘的小齿在有些种存在变异，但齿板的形态仍然是该属的一个有用的分类依据。Erschow (1931) (见 Skrjabin *et* Erschow, 1933) 描述了西伯利亚马中寄生的 1 个新种线虫，波氏三齿线虫 *Triodontophorus popovi*。但 Dvojnos 和 Kharchenko (1985) 认为该种线虫是细颈三齿线虫的同物异名。Yamaguti (1943) 报道了日本和韩国马的寄生线虫 1 新种，日本三齿线虫 *Triodontophorus nipponicus*，该线虫与小三齿线虫的主要区别是交合刺的长度和齿板的形态。孔繁瑶 (1958a) 在北京驴的体内发现 1 线虫新种，熊氏三齿线虫 *Triodontophorus hsiungi*；孔繁瑶等 (1959) 发现该线虫是北京驴体内的一个常见种类。Diaz-Ungria (1963) 将熊氏三齿线虫列为日本三齿线虫的同物异名。Martines Gomez (1966) 在西班牙马中发现 1 新种，三尖三齿线虫 *Triodontophorus bronchotribulatus*，但 Dvojnos 和 Kharchenko (1985)认为该种线虫是日本三齿线虫的同物异名。Lichtenfels (1975) 曾认为小三齿线虫在北美洲没有分布，然而 Lichtenfels 等 (2008) 重新检视了北美洲采集的标本，确定了北美洲以前报道的一些日本三齿线虫的标本为小三齿线虫。Krecek 等 (1997) 报道了非洲斑马体内 2 新种，*Triodontophorus burchelli* 和 *Triodontophorus hartmannae*。因此，目前本属线虫全世界共有 7 个有效的种。

特征　口孔具 2 圈叶冠，外叶冠突出于口领之上，内叶冠位于口囊内缘。口囊呈竖琴状或半球形，具背沟。由食道漏斗向前突出于口囊内的 3 个齿与食道的 3 个扇形壁相吻合。每个齿又由 2 个齿板组成。2 个齿板形成一定的角度而互相连接。雄虫交合伞边缘呈锯齿状。腹肋和侧肋起始于同一主干，2 根腹肋分开，外背肋与背肋几乎在起始部分开，背肋分为 2 个主支，每个主支上又分出 2 个侧支。交合刺 1 对，末端呈钩状。具引带。阴门位于肛门前方。

本属线虫全世界共记载 7 种，其中我国报道 5 种。

种检索表

1. 口领的边缘钝圆，在口孔周围的横切面上似 1 膨胀的圆管；雌虫尾长，阴门距肛门的距离大于 1mm；交合刺长 3mm 以上 ………………………………………………………… **锯齿三齿线虫 *T. serratus***

   口领稍平，外周边缘较锐；雌虫尾短，阴门距肛门在 1mm 以内；交合刺长小于 2mm ……………2

2. 虫体前部的体表横纹呈明显的锯齿状；交合伞背叶短；口囊内齿的齿面上有小齿尖………………………………………………………………………………………………**细颈三齿线虫 *T. tenuicollis***

   虫体体表虽有横纹，但较光滑；交合伞背叶长；口囊内齿的齿面光滑或有很发达的齿尖…………3

3. 亚中乳突短而宽，呈圆锥形；口囊内齿的齿面光滑；雌虫尾很短，阴门紧靠肛门；交合伞背叶长度大于 600μm ……………………………………………………………… 短尾三齿线虫 *T. brevicauda*

亚中乳突长而细尖；口囊内齿的齿面上通常有很多小齿尖；雌虫尾较长，阴门距肛门的距离是尾长的 2 倍以上；交合伞背叶长度小于 600μm ……………………………………………………………… 4

4. 外叶冠由 56-69 枚小叶组成；口囊内每个齿由 2 个齿板组成，2 个齿板的前端通常又分出 3 个大的齿尖；交合刺长 0.85-0.95mm ……………………………………………… 日本三齿线虫 *T. nipponicus*

外叶冠由 44-50 枚小叶组成；口囊内每个齿面上有许多小的齿尖；交合刺长 1.2-1.8mm ……………………………………………………………………………………… 小三齿线虫 *T. minor*

(11) 锯齿三齿线虫 *Triodontophorus serratus* (Looss, 1900) (图 21)

Triodontus serratus Looss, 1900: 191.

Triodontophorus serratus: Looss, 1902: 83-85, plate III, figs. 31-38; Linstow, 1904: 99; Leiper, 1910: 147; Gedoelst, 1916: 70; Boulenger, 1920a: 99; Boulenger, 1921: 317; Ihle, 1922: 23, 24, figs. 10, 11; Popova, 1955: 134-137, figs. 50, 51; K'ung, Yeh *et* Liu, 1959: 30, 31, fig. 13, 28; Yang *et* K'ung, 1965: 77; Qi, Li *et* Cai, 1984: 117, fig. 88; Xu, Huang, Hu *et* Qi, 1988; 16; Li, Li, Zhou, Wang, Han, Wu *et* Huang, 1988: 150, fig. 58; Zhang *et* K'ung, 2002a: 28, 29, figs. 14, 15; Lichtenfels, Kharchenko *et* Dvojnos, 2008: 26-28, figs. 13, 14. .

Triodontophorus intermedius Sweed, 1909: 509; Boulenger, 1916: 423-426, figs.1A, 2A, 3A, 4A, 5A, 6A; 1920: 27; Ranson *et* Hadwen, 1918: 209; Turner, 1920: 442; Boulenger, 1921: 318; Ihle, 1922: 24, 25, figs. 12, 13.

宿主　马 *Equus caballus*，驴 *Equus asinus*，骡 *Equus caballus* × *Equus asinus*，斑马 *Equus burchelli*，蒙古野驴 *Equus hemionus*，普氏野马 *Equus przewalskii*。

寄生部位　盲肠、结肠。

观察标本　10♂♂10♀♀，采自河北驴的大肠，1986.IX.1，孔繁瑶。标本保存于河北师范大学生命科学学院。

形态　口领边缘钝圆是本种的一个固定的特征。亚中乳突、侧乳突呈圆锥状。外叶冠叶瓣较大，顶端向外弯曲，内叶冠叶瓣较小，但数目相等，均为 49-55 枚。口囊近球形，壁较厚。从食道漏斗向口囊伸出 3 个齿，每齿由 2 个齿板构成，2 个齿板连接处有发达的嵴。每个齿板有 3-5 个向上突起的小齿，小齿大小不等。背沟发达，伸达口囊前缘。神经环围绕在食道的前 1/3 与中 1/3 交界处附近。排泄孔紧靠颈乳突前方，近于在同一水平上。

雄虫　体长 18.7-21.6mm，最大宽度 0.725-0.852mm。口囊深 0.098-0.120mm，口囊内径的最大宽度 0.137-0.152mm。食道长 1.268-1.337mm，前端部宽 0.150mm，后端膨

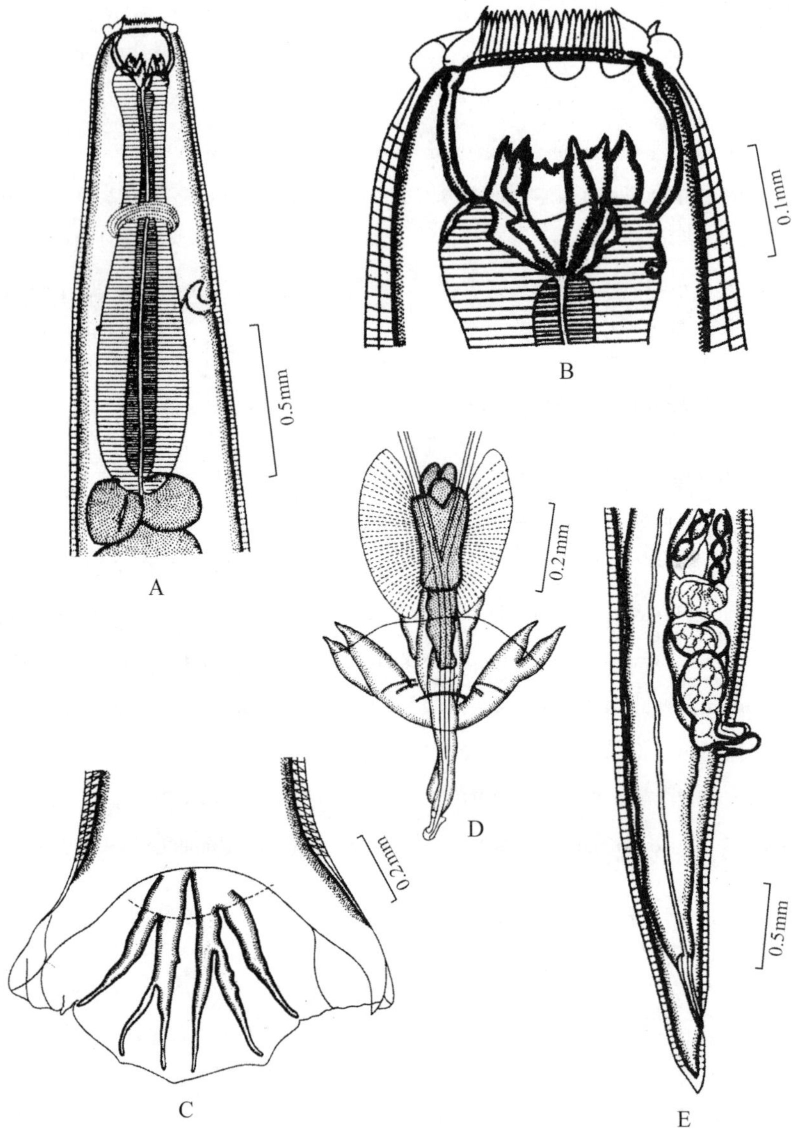

图 21 锯齿三齿线虫 *Triodontophorus serratus* (Looss) (仿齐普生等，1984)

A. 虫体前部侧面观 (anterior end of body, lateral view)；B. 头部侧面观 (cephalic end of body, lateral view)；C. 交合伞背面观 (copulatory bursa, dorsal view)；D. 生殖锥背腹面观 (genital cone, dorso-ventral view)；E. 雌虫尾部侧面观 (posterior end of female, lateral view)

大部宽 0.163-0.198mm。神经环距头端 0.515-0.544mm；排泄孔距头端 0.674-0.694mm；颈乳突距头端 0.773-0.793mm。交合伞由 2 个大的侧叶和 1 个短而宽的背叶组成，伞缘锯齿状。交合刺 1 对，等长，线状，具有发达的翼膜，膜上有横纹，交合刺远端具 2 个小的倒钩。交合刺长 4.062-4.755mm，近端宽 0.058-0.070mm。引带长 0.426-0.505mm。

雌虫 体长 27.1-29.2mm，最大宽度 1.070-1.139mm。口囊深 0.108-0.123mm，口囊

内径的最大宽度 0.157-0.172mm。食道长 1.318-1.347mm，前端部宽 0.150-0.160mm，后端膨大部宽 0.198-0.228mm。神经环距头端 0.614-0.644mm；排泄孔距头端 0.822-0.862mm；颈乳突距头端 0.911-0.941mm。尾长 0.525-0.644mm。阴门距肛门 1.337-1.634mm。虫卵椭圆形，长径 0.069-0.074mm，辐径 0.039-0.049mm。

地理分布　黑龙江、吉林、内蒙古、北京、河北、山东、陕西、宁夏、甘肃、青海、新疆、江苏、安徽、湖北、江西、湖南、福建、台湾、广西、重庆、四川、贵州、云南；世界各地。

(12) 短尾三齿线虫 *Triodontophorus brevicauda* Boulenger, 1916 (图 22)

Triodontophorus brevicauda Boulenger, 1916: 430-432, figs. 1C, 2C, 3C, 4C, 5C, 6C; Ransom *et* Hadwen, 1918: 209; Ihle, 1922: 25, 26, figs. 14-16; Popova, 1955: 138, 139, figs. 52, 53; K'ung, Yeh *et* Liu, 1959: 31, figs. 14, 36; Yang *et* K'ung, 1965: 77; Qi, Li *et* Cai, 1984: 118, fig. 89; Li, Li, Zhou, Wang, Han, Wu *et* Huang, 1988: 150, 151, fig. 59; Zhang *et* K'ung, 2002a: 29, 30, fig. 16; Lichtenfels, Kharchenko *et* Dvojnos, 2008: 29, 30, figs. 15, 16.

宿主　马 *Equus caballus*，驴 *Equus asinus*，骡 *Equus caballus* × *Equus asinus*，斑马 *Equus burchelli*，蒙古野驴 *Equus hemionus*，普氏野马 *Equus przewalskii*。

寄生部位　大肠。

形态　口领上宽下窄，边缘薄而锐。亚中乳突呈圆锥状，侧乳突宽。具 2 圈叶冠，内外叶冠瓣数相等，由 50-54 枚组成。口囊半球形。从食道漏斗向口囊伸出 3 个齿，每齿由 2 个齿板构成，连接处形成纵嵴，嵴背端尖，突出于 2 个齿结合部前缘。齿的前缘光滑，无分生小齿。背沟发达，伸达口囊前缘。神经环围绕在食道的中部附近。排泄孔紧靠颈乳突前方，近于在同一水平上。

雄虫　体长 12.0-15.2mm，最大宽度 0.688-0.768mm。口囊深 0.110-0.176mm，口囊内径的最大宽度 0.132-0.192mm。食道长 1.040-1.184mm，前端部宽 0.096-0.128mm，后端膨大部宽 0.240-0.288mm。神经环距头端 0.480-0.608mm；排泄孔距头端 0.676-0.736mm；颈乳突距头端 0.681-0.816mm。交合伞由 2 个侧叶和 1 个长的背叶组成，伞缘锯齿状。交合刺 1 对，线状，远端有 1 倒钩，交合刺长 1.426-1.705mm。引带长 0.426-0.505mm，近端部宽 0.037-0.059mm，远端部宽 0.015-0.024mm。

雌虫　体长 17.0-19.5mm，最大宽度 0.832-1.024mm。口囊深 0.160-0.198mm，口囊内径的最大宽度 0.192-0.224mm。食道长 1.184-1.344mm，前端部宽 0.128-0.144mm，后端膨大部宽 0.240-0.294mm。神经环距头端 0.640-0.704mm；排泄孔距头端 0.891-0.992mm；颈乳突距头端 0.928-1.088mm。尾部短而钝，长 0.070-0.118mm。阴门距尾端 0.348-0.529mm。虫卵椭圆形，长径 0.074-0.096mm，辐径 0.040-0.047mm。

地理分布 黑龙江、吉林、内蒙古、北京、山东、陕西、宁夏、甘肃、青海、新疆、江苏、湖南、福建、四川、贵州、云南；世界各地。

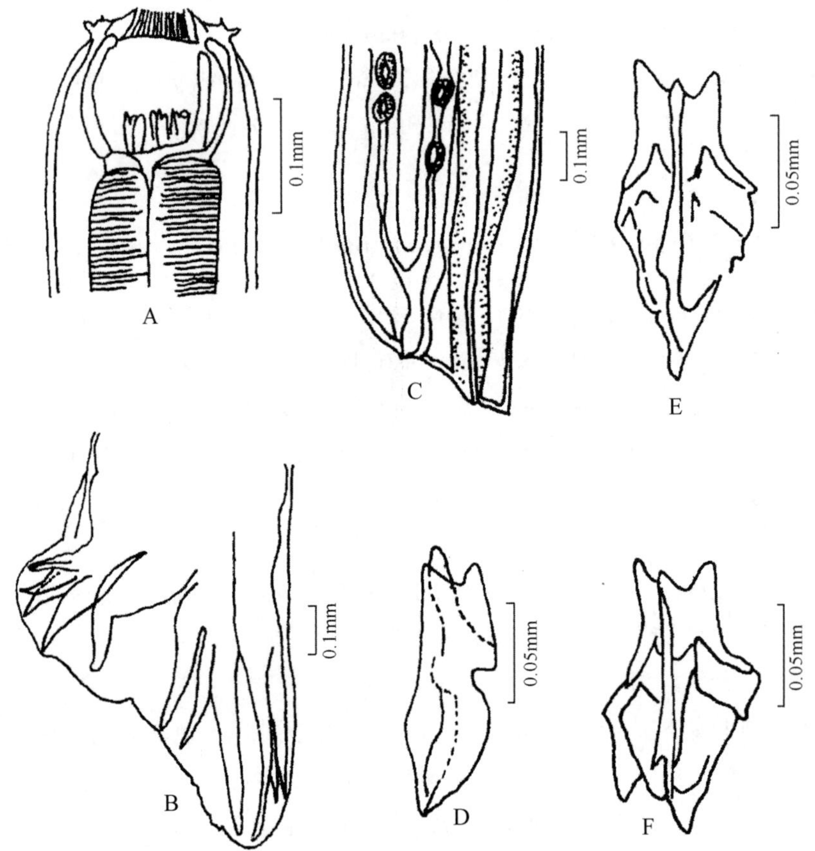

图 22 短尾三齿线虫 *Triodontophorus brevicauda* Boulenger

A. 头部背面观 (cephalic end of body, dorsal view)；B. 交合伞侧面观 (copulatory bursa, lateral view)；C. 雌虫尾部侧面观 (posterior end of female, lateral view)；D. 口囊内齿的侧面观 (the tooth of buccal capsule, lateral view)；E, F. 口囊内齿的背面观 (the tooth of buccal capsule, dorsal view)

(13) 小三齿线虫 *Triodontophorus minor* (Looss, 1900) (图 23)

Triodontus minor Looss, 1900: 190.

Triodontophorus minor: Looss, 1902: 82, plate III, figs. 23-30; Gedoelst, 1916: 70; Ihle, 1922: 27, figs. 19, 20; Popova, 1955: 140, 141, figs. 54; Yang *et* K'ung, 1965: 77; Qi, Li *et* Cai, 1984: 118, 127 fig. 91; Zhang *et* K'ung, 2002a: 33, 34, fig. 19; Lichtenfels, Kharchenko *et* Dvojnos, 2008: 33-35, figs. 21, 22.

宿主　马 *Equus caballus*，驴 *Equus asinus*，骡 *Equus caballus* × *Equus asinus*，蒙古野驴 *Equus hemionus*。

寄生部位　大肠。

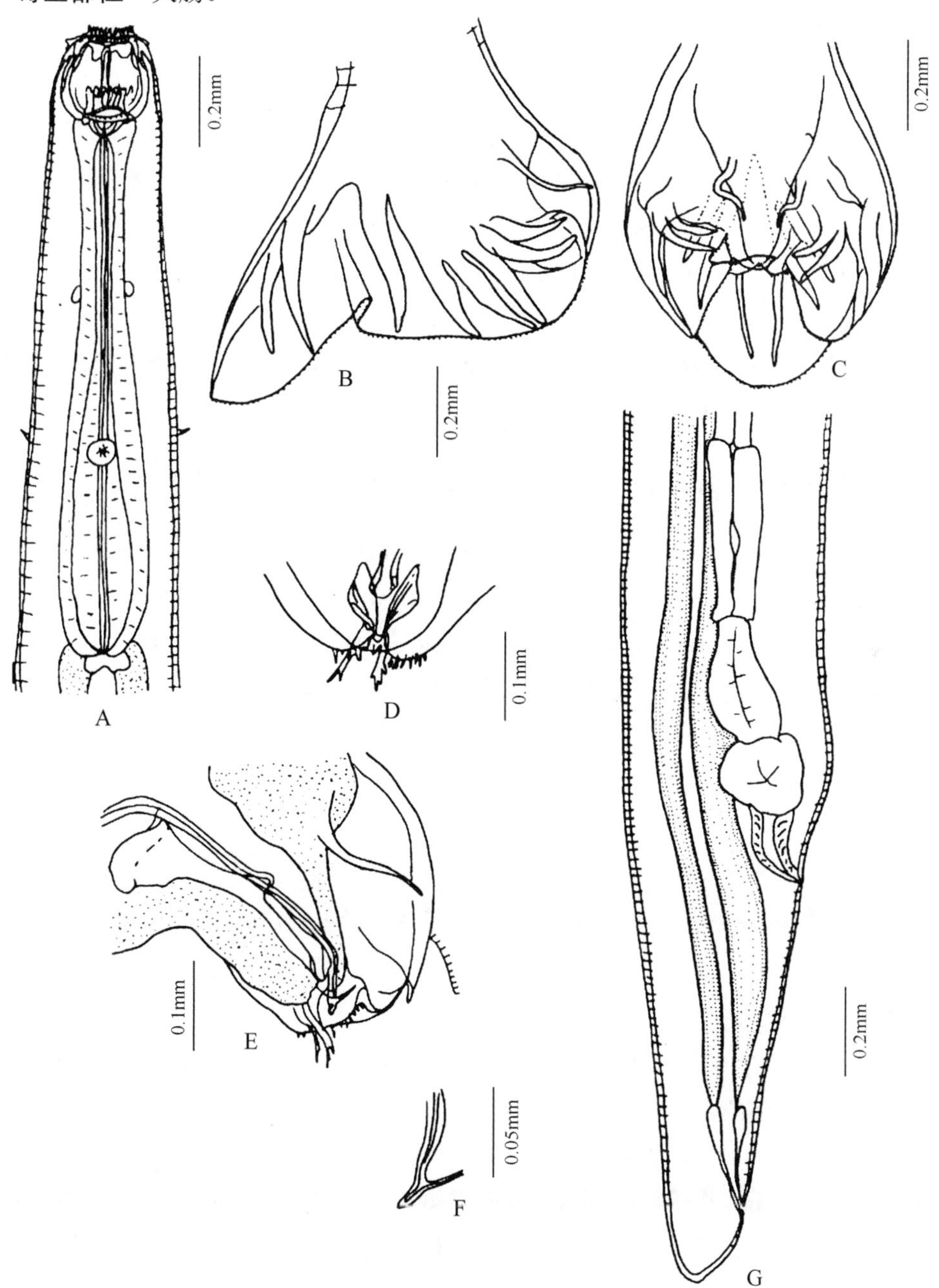

图 23　小三齿线虫 *Triodontophorus minor* (Looss) (仿 Dvojnos and Kharchenko, 1994)

A. 虫体前部腹面观 (anterior end of body, ventral view)；B. 交合伞侧面观 (copulatory bursa, lateral view)；C. 交合伞腹面观 (copulatory bursa, ventral view)；D. 生殖锥腹面观 (genital cone, ventral view)；E. 生殖锥侧面观 (genital cone, lateral view)；F. 交合刺末端 (distal end of spicule)；G. 雌虫尾部侧面观 (posterior end of female, lateral view)

形态 虫体头端稍细缩。口领与体部间有1深沟相隔。口领不高，陷入口囊中，口领壁薄。角皮横纹不明显。头感器宽大。外叶冠由44-50枚小叶所组成，小叶顶端尖细。口囊卵圆形。由食道漏斗向前突出3个齿，每个齿由2个成角度的齿板所组成。齿的前缘上有许多小的或中等大小的齿尖。

雄虫 体长10.5-13.0mm，宽0.720-0.790mm。食道长0.900-1.050mm，最大宽度0.150-0.190mm。排泄孔距头端0.61-0.62mm；颈乳突距头端0.70-0.71mm。交合伞腹叶长，侧叶短。背肋主干先分支，每支又分出3个小支。伞前乳突长。交合刺等长，长1.20-1.85mm，宽0.025mm，末端呈倒钩状。引带长0.280mm。

雌虫 体长13.0-16.0mm，宽0.700-0.850mm，末端骤缩。食道长1.000-1.150mm。阴门距尾端0.600-0.800mm。肛门距尾端0.125-0.160mm。

地理分布 黑龙江、吉林、内蒙古、北京、山东、陕西、宁夏、甘肃、青海、新疆、江苏、台湾、广西、重庆、四川、贵州、云南；世界各地。

(14) 日本三齿线虫 *Triodontophorus nipponicus* Yamaguti, 1943 (图24)

Triodontophorus nipponicus Yamaguti, 1943: 433-435, figs. 9-11, plate XLVII, figs. 7-10; Yang *et* K'ung, 1965: 77; Li, Li, Zhou, Wang, Han, Wu *et* Huang, 1988: 151, fig. 60; Zhang *et* K'ung, 2002a: 34-36, figs. 20, 21; Lichtenfels, Kharchenko *et* Dvojnos, 2008: 35-36, figs. 23, 24.

Triodontophorus hsiungi K'ung, 1958: 14-16, plates I, II, figs. 1-10; K'ung, Yeh *et* Liu, 1959: 31; Qi, Li *et* Cai, 1984: 118, fig. 90.

Triodontophorus bronchotribulatus Martines Gomez, 1966: 1-10; Zhang *et* K'ung, 2002a: 32, 33, fig. 18.

宿主 马 *Equus caballus*，驴 *Equus asinus*，蒙古野驴 *Equus hemionus*，普氏野马 *Equus przewalskii*。

寄生部位 大肠。

观察标本 10♂♂10♀♀，采自河北驴的大肠，1986.IX.1，孔繁瑶。标本保存于河北师范大学生命科学学院。

形态 本种头端平，口领短，边缘比较锐薄。头端平使口领呈圆锥形截体。具2圈叶冠，内、外叶冠瓣数相等，由56-69枚叶瓣组成。口囊两端的宽度稍窄，中部最宽，内有3个齿，每个齿由2个齿板组成，2个齿板连接处有发达的纵嵴，其端部尖。齿板的前端有分生小齿，其形状、大小不规则。每个齿板有较大的齿尖3或4个，且最外缘的齿尖短于其比邻齿尖。食道火棒状，食道漏斗部膨大，后接1细缩部分，至食道中部后又逐渐变粗，末端部又稍变细。颈乳突和排泄孔在同一水平位置上，位于食道中1/3的范围内。神经环位于颈乳突之前。

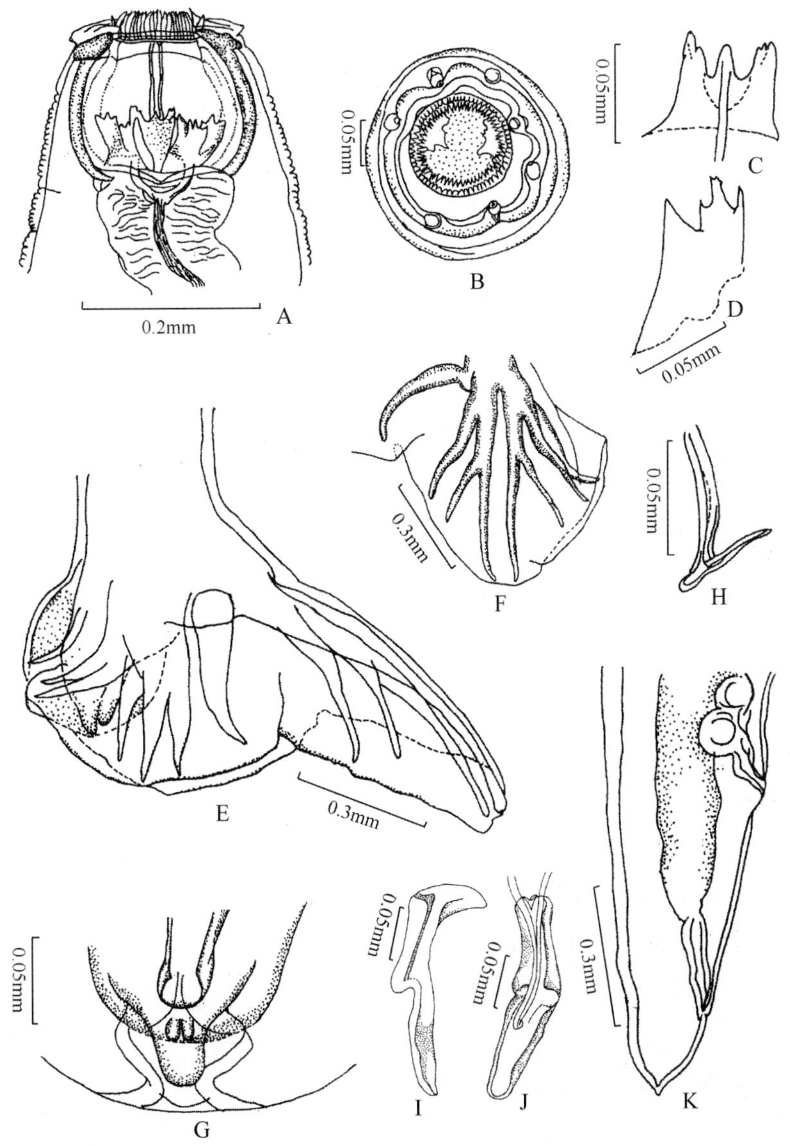

图 24　日本三齿线虫 *Triodontophorus nipponicus* Yamaguti

A. 头部腹面观（cephalic end of body, ventral view）；B. 头部顶面观（cephalic extremity, en face view）；C. 口囊内齿的正面观（the tooth of buccal capsule, obverse view）；D. 口囊内齿的侧面观（the tooth of buccal capsule, lateral view）；E. 交合伞侧面观（copulatory bursa, lateral view）；F. 交合伞背叶背面观（dorsal lobe of copulatory bursa, dorsal view）；G. 生殖锥腹面观（genital cone, ventral view）；H. 交合刺末端（distal end of spicule）；I. 引带侧面观（gubernaculum, lateral view）；J. 引带腹面观（gubernaculum, ventral view）；K. 雌虫尾部侧面观（posterior end of female, lateral view）

雄虫　体长 14.8-17.0mm，最大宽度 0.500-0.650mm。口囊深 0.140-0.160mm，口囊内径的最大宽度 0.150-0.175mm。食道长 0.830-1.070mm，前端部宽 0.126-0.160mm，后端膨大部宽 0.175-0.220mm。神经环距头端 0.512-0.576mm；排泄孔距头端 0.704-0.848mm；

颈乳突距头端 0.704-0.800mm。交合伞背叶长，伞缘锯齿状。背肋长 0.608-0.736mm。交合刺 1 对，短而细，远端有 1 倒钩，交合刺长 0.838-0.956mm。引带沟槽状，上端膨大，向背侧突出，中央有 1 膨大处，向后端逐渐变细。引带长 0.196-0.213mm，中央膨大部宽 0.050mm。

雌虫 体长 19.9-22.0mm，最大宽度 0.540-0.740mm。口囊深 0.160-0.175mm，口囊内径的最大宽度 0.180-0.190mm。食道长 1.124-1.216mm，前端部宽 0.112-0.128mm，后端膨大部宽 0.256-0.262mm。神经环距头端 0.592-0.640mm；排泄孔距头端 0.832-0.912mm；颈乳突距头端 0.725-0.864mm。尾部尖，长 0.151-0.190mm。阴门距肛门 0.470-0.530mm。虫卵椭圆形，长径 0.080-0.091mm，辐径 0.044-0.066mm。

地理分布 黑龙江、吉林、辽宁、内蒙古、北京、河北、山西、山东、陕西、宁夏、甘肃、青海、新疆、江苏、湖北、湖南、福建、广西、重庆、四川、贵州、云南；亚洲、欧洲、北美洲、南美洲。

(15) 细颈三齿线虫 *Triodontophorus tenuicollis* Boulenger, 1916 (图 25)

Triodontophorus tenuicollis Boulenger, 1916: 426-429, figs. 1B, 2B, 3B, 4B, 5B, 6B; Ransom *et* Hadwen, 1918: 209; Ihle, 1922: 26, 27, figs. 17, 18; Popova, 1955: 143-145, figs. 56, 57; Yang *et* K'ung, 1965: 77; Qi, Li *et* Cai, 1984: 127, 128, fig. 93; Li, Li, Zhou, Wang, Han, Wu *et* Huang, 1988: 155, fig. 61; Zhang *et* K'ung, 2002a: 37-39, fig. 23; Lichtenfels, Kharchenko *et* Dvojnos, 2008: 36, 37, figs. 25, 26.

Triodontophorus popovi Erschow, 1931, In: Skrjabin *et* Erschov, 1933: 130-134; Popova, 1955: 141, 142, fig. 56; Qi, Li *et* Cai, 1984: 127, fig. 92; Zhang *et* K'ung, 2002a: 37, fig. 22.

宿主 马 *Equus caballus*，驴 *Equus asinus*，骡 *Equus caballus* × *Equus asinus*，斑马 *Equus burchelli*，蒙古野驴 *Equus hemionus*，普氏野马 *Equus przewalskii*。

寄生部位 大肠。

形态 本种体表角皮横纹发达，在显微镜下观察体边缘呈锯齿状。口领上宽下窄。内外叶冠瓣数相等，由 52-54 枚叶瓣组成。口囊半球形，呈竖琴状。从食道漏斗向口囊伸出 3 个齿，每齿由 2 个齿板构成，齿板前缘有小齿。2 个齿板连接处有发达的纵嵴。背沟发达，伸达口囊前缘。

雄虫 体长 18.5-19.8mm，最大宽度 0.704-0.800mm，口领与体部交界处 0.144-0.160mm，食道基部处体宽 0.294-0.346mm，交合伞前处体宽 0.320-0.358mm。口囊深 0.103-0.118mm，口囊内径的最大宽度 0.118-0.132mm。口囊壁厚 0.011-0.013mm。食道长 0.960-1.088mm，前端部宽 0.080-0.102mm，后端膨大部宽 0.160-0.192mm。神经环距头端 0.496-0.608mm；排泄孔距头端 0.736-0.896mm；颈乳突距头端 0.656-0.864mm。背

肋长 0.416-0.576mm。交合刺长 1.129-1.472mm，末端具倒钩。引带长 0.256-0.288mm，近端宽 0.090-0.112mm，远端部宽 0.032-0.048mm。

雌虫　体长 18.2-23.0mm，最大宽度 0.800-0.928mm，口领与体部交界处 0.160-0.176mm，食道基部处体宽 0.336-0.384mm，阴门处体宽 0.320-0.448mm。口囊深

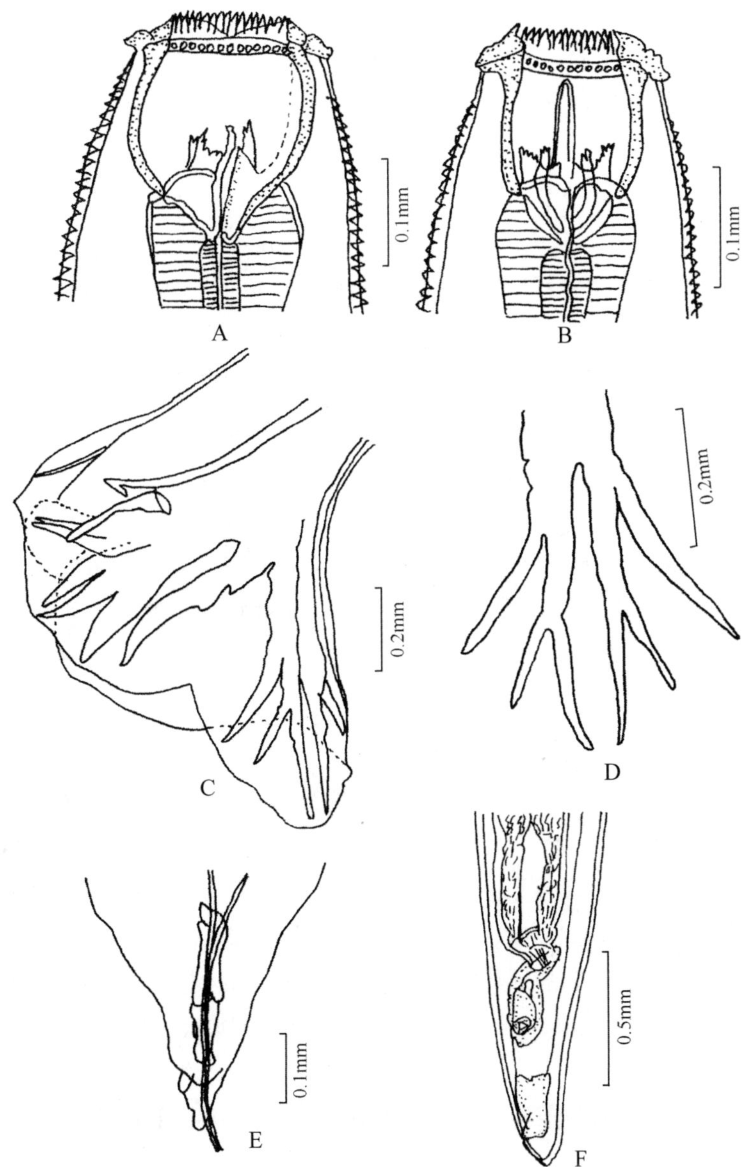

图 25　细颈三齿线虫 *Triodontophorus tenuicollis* Boulenger (仿齐普生等，1984)

A. 头部侧面观 (cephalic end of body, lateral view)；B. 头部腹面观 (cephalic end of body, ventral view)；C. 交合伞侧面观 (copulatory bursa, lateral view)；D. 交合伞背肋 (dorsal ray of copulatory bursa)；E. 生殖锥腹面观 (genital cone, ventral view)；F. 雌虫尾部侧面观 (posterior end of female, lateral view)

0.100-0.118mm，口囊内径的最大宽度 0.129-0.141mm。口囊壁厚 0.011-0.015mm。食道长 1.024-1.252mm，前端部宽 0.096-0.128mm，后端膨大部宽 0.160-0.198mm。神经环距头端 0.448-0.640mm；排泄孔距头端 0.704-1.056mm；颈乳突距头端 0.647-1.040mm。尾长 0.094-0.128mm。阴门距尾端 0.480-0.640mm。虫卵椭圆形，长径 0.074-0.096mm，辐径 0.037-0.051mm。

地理分布 吉林、陕西、宁夏、甘肃、青海、新疆、安徽、湖北、台湾、广西、四川、贵州、云南；世界各地。

(二) 盅口亚科 Cyathostominae Nicoll, 1927

Trichonematinae Railliet, 1916: 517; Skrjabin, Shikhobalova, Schulz, Popova, Boev *et* Delyamure, 1952: 210; Popova, 1958: 7.

Cyathostominae Nicoll, 1927; Yamguti, 1961: 373; Lichtenfels, 1980: 8, 9.

Type genus: *Cyathostomum* Molin, 1861 (emend Hartwich, 1986).

特征 虫体中等大小，无颈部横沟，具有 2 圈或 1 圈叶冠。口领一般存在，口囊通常短，有些种类口囊长。食道圆柱状或花瓶状。背肋通常明显，背肋在中部分为 2 支，每支又分为 3 个小支。寄生于奇蹄动物，偶尔寄生于偶蹄动物或龟类动物。

该亚科全世界共记载 7 族 22 属 117 种，其中我国报道 4 族 15 属 47 种。

族检索表

1. 具有 2 圈叶冠……2
   具有 1 圈叶冠……**缪西德族 Mushidiinea**
2. 口囊特别长，呈长圆柱状……**柱咽族 Cylindropharyngea**
   口囊不呈特别长的圆柱状……3
3. 食道前端高度膨大，食道漏斗特别发达，内有 6 个半月形放射状齿状突……**辐首族 Gyalocephalea**
   食道前端不高度膨大，食道漏斗不很发达，内无半月形放射状齿状突……**盅口族 Cyathostominea**

盅口族 Cyathostominea Nicoll, 1927

Cyathostominea Nicoll, 1927; Lichtenfels, 1980: 21; Hartwich, 1986: 64-71; Zhang *et* K'ung, 2002b: 435-446.

Trichonematea Popova, 1952, In: Skrjabin, Shikhobalova, Schulz, Popova, Boev *et* Delyamure, 1952: 210; Popova, 1958: 8.

简史　1861 年，Molin 为寄生于马体内的小型至中型线虫建立盅口属 *Cyathostomum*，并将这类线虫同归于一个种，四刺盅口线虫 *Cyathostomum tetracanthum*。随后，Cobbold (1874) 又描述了 1 新种 *Trichonema arcuata*。Looss (1900) 首先用盅口属 *Cyathostomum* 一名记述了 12 新种，但随后他认为 *Cyathostomum* 为 *Cyathostoma* 的同名，并改用了小盃口属 *Cylichnostomum*。现代分类学的基础是荷兰的 Ihle 于 1922 年建立的。当时他把现今马的圆形亚科和盅口亚科线虫同置于圆形亚科 Strongylinae 之下，共分 8 属：圆形属 *Strongylus*，三齿属 *Triodontophorus*，食道齿属 *Oesophagodontus*，盆口属 *Craterostomum*，盃口属 *Cylicostomum*，杯口属 *Poteriorstomum*，柱咽属 *Cylindropharynx* 和辐首属 *Gyalocephalus*。前 4 个属，在现今的分类中归于圆形亚科。后 4 个属现归于盅口亚科，其中盃口属 *Cylicostomum* 是一庞杂的类群，现已划分为几个不同的属，盃口属一名也已被废用，在分类上，存在几种不同的意见，需做详细的论述。另外 3 属所含种类没有打的变化，各自作为独立的属，没有出现过争论，至今仍然各自为独立的属。Cylico 与 Poteri 的意思均为“杯”，这里为了避免重名，故前者译为盃，后者译为杯。

Ihle (1922) 将盃口属 *Cylicostomum* 划分为 7 个群，并给予常见的、较大的 5 个群以亚属的地位。所列检索表如下：

1. 口囊的背壁与腹壁显著地长于两侧壁……………………………… **蒙哥马利群 *montgoneryi* group**
   口囊四周都是同样长度……………………………………………………………………………2
2. 口囊短于 15μm ………………………………………………………………**短囊群 *brevicapsulatum* group**
   口囊长于 15μm……………………………………………………………………………………3
3. 内叶冠的小叶长而宽 ………………………………………………………… **双冠群 *bicoronatum* group**
   内叶冠的小叶短，若长，则为窄的叶状……………………………………………………………4
4. 内叶冠的小叶呈短杆状，有时难于辨识，起始于口囊前缘的临近部位……………………………5
   内叶冠的小叶窄，呈叶状，明显可见；其起始部位偏后，在口囊之内……………………………6
5. 口囊后缘形成 1 环箍形增厚……………………………………**辐射长形群 *radiatum elongatum* group**
   口囊后缘无上述环箍形增厚…………………………………………………… **小杯群 *calicathum* group**
6. 雌虫身体后端直，或微弯向背侧……………………………**四刺冠状群 *tetracanthum coronatum* group**
   雌虫身体后端向背侧强弯，阴门前方隆肿，从侧面观察时，尾部近似人脚形……………………………
   ………………………………………………………………………**槽形-碗形群 *alveatum catinatum* group**

四刺冠状群为盃口亚属 *Cylicostomum* (*Cylicostomum*)，包括：四刺盃口线虫 *Cylicostomum* (*Cylicostomum*) *tetracanthum*，小唇盃口线虫 *Cylicostomum* (*Cylicostomum*) *labratum*，花斑盃口线虫 *Cylicostomum* (*Cylicostomum*) *ornatum*，大唇盃口线虫 *Cylicostomum* (*Cylicostomum*) *labiatum*，大唇盃口线虫指状亚种 *Cylicostomum* (*Cylicostomum*) *labiatum* var. *digitatum*，箭状盃口线虫 *Cylicostomum* (*Cylicostomum*) *sagittatum*，冠状盅口线虫 *Cylicostomum* (*Cylicostomum*) *coronatum*。

槽形-碗形群为钝尾亚属 *Cylicostomum* (*Cylicocercus*)，包括：槽形盅口线虫 *Cylicostomum* (*Cylicocercus*) *alveatum*，碗形盅口线虫 *Cylicostomum* (*Cylicocercus*) *catinatum*，碗形盅口线虫金岸亚种 *Cylicostomum* (*Cylicocercus*) *catinatum literaureum*，碗形盅口线虫伪碗形亚种 *Cylicostomum* (*Cylicocercus*) *catinatum pseudocatinatum*，蝶形盅口线虫 *Cylicostomum* (*Cylicocercus*) *pateratum*，高氏盅口线虫 *Cylicostomum* (*Cylicocercus*) *goldi*，高氏盅口线虫三齿亚种 *Cylicostomum* (*Cylicocercus*) *goldi tridentatum*，麦氏盅口线虫 *Cylicostomum* (*Cylicocercus*) *mettami*。

辐射长形群为杯环亚属 *Cylicostomum* (*Cylicocyclus*)，包括：辐射盅口线虫 *Cylicostomum* (*Cylicocyclus*) *radiatum*，三支盅口线虫 *Cylicostomum* (*Cylicocyclus*) *triramosum*，长形盅口线虫 *Cylicostomum* (*Cylicocyclus*) *elongatum*，长形盅口线虫柯氏亚种 *Cylicostomum* (*Cylicocyclus*) *elongatum kotlani*，显形盅口线虫 *Cylicostomum* (*Cylicocyclus*) *insigne*，艾氏盅口线虫 *Cylicostomum* (*Cylicocyclus*) *adersi*，耳形盅口线虫 *Cylicostomum* (*Cylicocyclus*) *auriculatum*，鼻状盅口线虫 *Cylicostomum* (*Cylicocyclus*) *nassatum*，鼻状盅口线虫小形亚种 *Cylicostomum* (*Cylicocyclus*) *nassatum parvum*，细口盅口线虫 *Cylicostomum* (*Cylicocyclus*) *leptostomum*。

小杯群为杯冠亚属 *Cylicostomum* (*Cylicostephanus*)，包括：小杯盅口线虫 *Cylicostomum* (*Cylicostephanus*) *calicatum*，微小盅口线虫 *Cylicostomum* (*Cylicostephanus*) *mimutum*，长伞盅口线虫 *Cylicostomum* (*Cylicostephanus*) *longibursatum*，间生盅口线虫 *Cylicostomum* (*Cylicostephanus*) *hybridum*，杯状盅口线虫 *Cylicostomum* (*Cylicostephanus*) *poculatum*。

双冠群为双冠亚属 *Cylicostomum* (*Cylicodontophorus*)，包括：双冠盅口线虫 *Cylicostomum* (*Cylicodontophorus*) *bicoronatum*，真臂盅口线虫 *Cylicostomum* (*Cylicodontophorus*) *euproctus*，伊氏盅口线虫 *Cylicostomum* (*Cylicodontophorus*) *ihlei*，外射盅口线虫 *Cylicostomum* (*Cylicodontophorus*) *ultrajectinum*。

短囊群未提至亚属级，包括：短口囊盅口线虫 *Cylicostomum brevicapsulatum*，锯形盅口线虫 *Cylicostomum prionodes*。

蒙哥马利群亦未提至亚属级，只 1 种，即蒙氏盅口线虫 *Cylicostomum montgomeryi*。

Ihle 共开列了 31 种，6 亚种。不难看出，Ihle 已经给现代分类描划了一个基本轮廓。

1924-1925 年，Cram 将广义的盅口属 *Cylicostomum sensu lato* 划分为 7 属，也就是 Ihle 的 7 个群均被提到属的地位。所列检索表如下：

1. 口囊的背壁与腹壁显著地长于两侧壁……………………………………………**凸底杯属 *Cylicotoichus***
   口囊壁的四周高度相等，或虽稍有不同，但无显著差异……………………………………………2
2. 口囊极短；内叶冠的小叶不明显或缺如……………………………………………**短杯属 *Cylicobrachytus***

口囊不像上述的那样短……3

3. 雌虫后端向背侧强弯，阴门后隆肿，自侧面观之，呈人脚形……**钝尾属 *Cylicocercus***

雌虫后端直，或稍弯向背侧面……4

4. 内叶冠小叶甚大……**双冠属 *Cylicodontophorus***

内叶冠小叶小……5

5. 内叶冠小叶起始于口囊前缘之后一定距离……**类杯口属 *Cylicostomias***

内叶冠小叶起始于口囊前缘附近……6

6. 口囊后缘形成 1 环箍样增厚……**毛线属 *Trichonema***

口囊后缘无环箍样增厚……**杯冠属 *Cylicostephanus***

Cram 第一次把广义的盃口属划分为 7 属。就其内容来说，与 Ihle 的无异，凸底杯属即蒙哥马利群，短杯属即短囊群，杯环亚属被改为毛线属，盃口亚属改变为类杯口属，作为 1 新属提出。另外 3 属的名称与内容均无变动。

Erschow 于 1943 年建议将广义的盃口属划分为 5 属：

毛线属 *Trichonema*

长伞毛线虫 *Trichonema longibursatum*

埃及毛线虫 *Trichonema aegyptiacum* [即 Ihle 的四刺盃口线虫 *Cylicostomum* (*Cylicostomun*) *tetracanthum*]

槽形毛线虫 *Trichonema alveatum*

小杯毛线虫 *Trichonema calicatum*

碗形毛线虫 *Trichonema catinatum*

冠状毛线虫 *Trichonema coronatum*

间生毛线虫 *Trichonema hybridum*

大唇毛线虫 *Trichonema labiatum*

大唇毛线虫指形变种 *Trichonema labiatum* var. *digitatum*

小唇毛线虫 *Trichonema labratum*

微小毛线虫 *Trichonema minutum*

蒙氏毛线虫 *Trichonema montgomergi*

杯环属 *Cylicocyclus*

辐射杯环线虫 *Cylicocyclus radiatum*

安地斯杯环线虫 *Cylicocyclus adersi*

耳状杯环线虫 *Cylicocyclus auriculatum*

短口囊杯环线虫 *Cylicocyclus brevicapsulatus*

长形杯环线虫 *Cylicocyclus elongatus*

长形杯环线虫柯氏变种 *Cylicocyclus elongatus* var. *kotlani*

显形杯环线虫 *Cylicocyclus insigne*

鼻状杯环线虫 *Cylicocyclus nassatus*

三支杯环线虫 *Cylicocyclus triramosum*

外射杯环线虫 *Cylicocyclus ultrajectinum*

双冠属 *Cylicodontophorus*

双冠双冠线虫 *Cylicodontophorus bicoronatum*

真臂双冠线虫 *Cylicodontophorus euproctus*

麦氏双冠线虫 *Cylicodontophorus mettami*

花斑双冠线虫 *Cylicodontophorus ornatum*

碟形双冠线虫 *Cylicodontophorus pateratum*

箭状双冠线虫 *Cylicodontophorus sagittatum*

彼德洛夫线属 *Petrovinema*

斯氏彼德洛夫线虫 *Petrovinema skrjabini*

杯状彼德洛夫线虫 *Petrovinema poculatum*

舒毛属 *Schulzitrichonema*

细口舒毛线虫 *Schulzitrichonema leptostomum*

偏位舒毛线虫 *Schulzitrichonema asymmetricum*

高氏舒毛线虫 *Schulzitrichonema goldi*

舒氏舒毛线虫 *Schulzitrichonema schulze*

Erschow 的毛线属中保留了 Ihle 的盃口属 (盃口亚属) 的 5 种和钝尾亚属 2 种；将 Ihle 的盃口属 (杯冠亚属) 中的长伞盃口线虫、小杯盃口线虫、间生盃口线虫和微小盃口线虫移至此属，又将蒙氏盃口线虫移进来，共 12 种合为 1 属。作者认为 Ihle 的盃口亚属和钝尾亚属实为同一类型，其相异之处只是雌虫尾部直或呈人脚形一项特征而已，但与杯冠亚属却是迥然有别的类群。关于 Erschow 所做的调整，作者认为盃口与钝尾 2 亚属的合并是合理的，并入杯冠亚属实为不妥。

Erschow 的杯环属包括了 Ihle 杯环亚属的全部种类；又移进了短口囊盃口线虫和外射盃口线虫，作者认为这是一个合理的调整。细口盃口线虫被调入舒毛属。

对于 Erschow 将 Ihle 的钝尾亚属中麦氏盃口线虫、碟形盃口线虫和盃口亚属中花斑盃口线虫与箭状盃口线虫移入双冠属，作者也认为不妥。因为这样会使双冠属的内叶冠小叶大于外叶冠小叶这一明显的鉴别特征变得含混不清。

彼德洛夫线属为 Erschow 所建立，将 Ihle 的杯状盃口线虫 (杯冠亚属) 移入此属。

舒毛属的主要鉴别特征是口囊底部有小齿。它包括 Ihle 的钝尾亚属中的高氏盃口线虫和杯环亚属中的细口盃口线虫，又加入了偏位舒毛线虫和舒氏舒毛线虫。

1951 年，McIntosh 建议：第一，按照国际动物命名法规，盅口属 *Cyathostomum* 不应被看作是另一个盅口属 *Cyathostoma* 的同名，故应恢复使用。这一意见也为相当多的研究者所同意，如 Yamaguti 在其 1961 年所著的《系统蠕虫学》第 3 卷中采纳了盅口属 *Cyathostomum* 一名，把毛线属 *Trichonema*，盃口属 *Cylicostomum* 和小盃口属 *Cylichnostomun* 等均列为它的同物异名 ，并第一次提出盅口科 Cyathostomidae，以取代毛线科 Trichonematidae。第二，McIntosh 将广义的盅口属割分为 7 属，分别为盅口属（狭义）*Cyathostomum s. str.*（与 Ihle 的盃口亚属大体相当），钝尾属 *Cylicocercus*，杯环属 *Cylicocyclus*，双冠属 *Cylicodontophorus*，杯冠属 *Cylicostephanus*，杯齿属 *Cylicotetrapedon*（与 Erschow 的舒毛属相当），短杯属 *Cylicobrachytus*。各属所包括的种不再赘述。

Tshoijo (1957) (见 Popova, 1958) 对蒙古的 4 匹马和 1 匹骡子的寄生线虫进行了研究。他的观点与 Erschow 等一样，承认毛线属，而不承认盅口属。他首先描述了 3 新种，伊氏双齿口线虫 *Bidentostomum ivaschkini*，戈氏三齿漏斗线虫 *Tridentoinfundibulum gobi* 和蒙古双冠线虫 *Cylicodontophorus mongolica*。前 2 新种分别归入 2 新属，双齿口属 *Bidentostomum* 和三齿漏斗属 *Tridentoinfundibulum*；同时 Tshoijo 还为卡拉干毛线虫 *Trichonema caragandicum* 设立斯齿属 *Skrjabinodentus*，为另外几种不具食道漏斗齿板的毛线虫建立了叶尔绍夫线属 *Erschowinema*；取消了舒毛属 *Schulzitrichonema*。

Tshoijo (1957) 提出的毛线族 Trichonematea 属检索表如下：

1. 口囊或食道漏斗具齿……2

   口囊或食道漏斗不具齿……5

2. 齿小，位于食道漏斗内，不延伸到口囊底部；背肋从基部分开，每个主干发出 3 个侧支……**三齿漏斗属 *Tridentoinfundibulum***

   齿大，位于口囊底部或延伸到口囊前缘……3

3. 从食道漏斗长出 2 个细长的齿，其顶端延伸至口囊前缘；背肋在基部分开，每个背肋主干发出 3 个侧支，1 个中间的长支和 2 个短的侧支……**双齿口属 *Bidentostomum***

   口囊基部具有 1 或 2 个短齿，齿不延伸到口囊前缘……4

4. 仅具 1 个齿；背肋从基部不远处分开，每个主干仅分为 2 支，侧支具有 1 双叉状末端……**斯齿属 *Skrjabinodentus***

   具有 1 或 2 个齿；背肋从基部分开，每个主干分为 3 支……**毛线属 *Trichonema***

5. 口囊壁的后缘具有 1 环状加厚；背肋从基部分开，分成 3 支……**杯环属 *Cylicocyclus***

   口囊壁的后缘不具环状加厚……6

6. 背肋在基部分开；小型线虫；口囊不宽……**叶尔绍夫线属 *Erschowinema***

   背肋不在基部分开；口囊宽……7

7. 背肋 2 个前侧支在分叉前成直角伸出，并与外背肋平行；口囊圆柱形，宽……**杯口属 *Poteriostomum***

背肋 2 个前侧支在分叉前成钝角伸出……8

8. 口囊深而宽；口囊壁逐渐加厚，在后部达到最厚……**彼德洛夫线属 *Petrovinema***

口囊短而宽；口囊壁厚度几乎相同……**双冠属 *Cylicodontophorus***

孔繁瑶于 1964 年提出将广义的盅口属割分为 7 属，检索表如下：

1. 交合伞的背肋为左右 2 支，每支上又生出 2 个外侧支，极少数情况为 3 个外侧支……2

交合伞的背肋为左右 2 支，每支上仅生出 1 个外侧支……**斯齿属 *Skrjabinodentus***

2. 口囊后缘形成 1 环箍状构造……**杯环属 *Cylicocyclus***

口囊后缘无环箍状构造……3

3. 外叶冠的小叶小，内叶冠的小叶则长而宽……**双冠属 *Cylicodontophorus***

外叶冠的小叶较大，内叶冠的小叶较小……4

4. 内叶冠起始于口囊内壁，其起始部位在口囊前缘之后较远处……**盅口属 *Cyathostomum***

内叶冠起始于口囊前缘或其附近……5

5. 口囊底部具小齿……**杯齿属 *Cylicotetrapedon***

口囊底部无小齿……6

6. 口囊大，口囊壁的后部比前部显著增厚……**彼德洛夫线属 *Petrovinema***

口囊小，口囊壁前后的厚度基本一致，或自前向后逐渐变厚或逐渐变薄，但均无显著差异……
……**毛线属 *Trichonema***

孔繁瑶 1964 年提出的各个属所包括的种如下：

盅口属 *Cyathostomum*

四刺盅口线虫 *Cyathostomum tetracanthum* (Mehlis, 1831) Molin, 1961, partim Looss, 1900; type species

冠状盅口线虫 *Cyathostomum coronatum* Looss, 1900

大唇片盅口线虫 *Cyathostomum labiatum* (Looss, 1902) McIntosh, 1933

大唇盅口线虫指形变种 *Cyathostomum labiatum* var. *digitatum* (Ihle, 1921) McIntosh, 1933

小唇片盅口线虫 *Cyathostomum labratum* Looss, 1900

箭状盅口线虫 *Cyathostomum sagittatum* (Kotlan, 1920) McIntosh, 1951

花斑盅口线虫 *Cyathostomum ornatum* (Kotlan, 1919) McIntosh, 1933

槽形盅口线虫 *Cyathostomum alveatum* Looss, 1900

碟状盅口线虫 *Cyathostomum pateratum* (Yorke *et* Macfie, 1919) K'ung, 1964

碗形盅口线虫 *Cyathostomum catinatum* Looss, 1900

碗形盅口线虫伪碗形变种 *Cyathostomum catinatum* var. *pseudocatinatum* (Yorke *et* Macfie, 1919) K'ung, 1964

碗形盅口线虫金岸变种 *Cyathostomum catinatum* var. *litoraureum* (Yorke *et* Macfie, 1920) K'ung, 1964

蒙氏盅口线虫 *Cyathostomum montgomeryi* (Boulenger, 1920) K'ung, 1964

亚冠盅口线虫 *Cyathostomum subcoronatum* (Yamaguti, 1943) K'ung, 1964

双冠属 *Cylicodontophorus*

双冠双冠线虫 *Cylicodontophorus bicoronatus* (Looss, 1900) Cram, 1924; type species

真臂双冠线虫 *Cylicodontophorus euproctus* (Boulenger, 1917) Cram, 1924

麦氏双冠线虫 *Cylicodontophorus mettami* (Leiper, 1913) Foster, 1936

彼德洛夫线属 *Petrovinema*

斯氏彼德洛夫线虫 *Petrovinema skrjabini* (Erschow, 1930) Erschow, 1943; type species

杯状彼德洛夫线虫 *Petrovinema poculatum* (Looss, 1900) Erschow, 1943

毛线属 *Trichonema*

长伞毛线虫 *Trichonema longibursatum* (Yorke *et* Macfie, 1918); type species

小杯毛线虫 *Trichonema calicatum* (Looss, 1990)

微小毛线虫 *Trichonema minutum* (Yorke *et* Macfie, 1918)

间生毛线虫 *Trichonema hybridum* (Kotlan, 1920)

杯齿属 *Cylicotetrapedon*

细口杯齿线虫 *Cylicotetrapedon leptostomum* (Kotlan, 1920) K'ung, 1964; type species

偏位杯齿线虫 *Cylicotetrapedon asymmetricum* (Theiler, 1923) Ihle, 1925

高氏杯齿线虫 *Cylicotetrapedon goldi* (Boulenger, 1917) K'ung, 1964

舒氏杯齿线虫 *Cylicotetrapedon schulze* (Erschow, 1943) K'ung, 1964

杯环属 *Cylicocyclus*

辐射杯环线虫 *Cylicocyclus radiatum* (Looss, 1900) Chaves, 1930; type species

安地斯杯环线虫 *Cylicocyclus adersi* (Boulenger, 1920)

耳状杯环线虫 *Cylicocyclus auriculatum* (Looss, 1900)

短口囊杯环线虫 *Cylicocyclus brevicapsulatum* (Ihle, 1920) Erschow, 1939

长形杯环线虫 *Cylicocyclus elongatum* (Looss, 1900) Chaves, 1930

长形杯环线虫柯氏变种 *Cylicocyclus elongatum* var. *kotlani* (Ihle, 1920) Chaves, 1930

似辐首杯环线虫 *Cylicocyclus gyalocephaloides* (Ortlepp, 1938) Popova, 1952

显形杯环线虫 *Cylicocyclus insigne* (Boulenger, 1917) Chaves, 1930

鼻状杯环线虫 *Cylicocyclus nassatum* (Loose, 1900) Chaves, 1930

鼻状杯环线虫小形变种 *Cylicocyclus nassatum* var. *parvum* (Yorke *et* Macfie, 1918) Chaves, 1930

三支杯环线虫 *Cylicocyclus triramosum* (Yorke *et* Macfie, 1920) Chaves, 1930

外射杯环线虫 *Cylicocyclus ultrajectinum* (Ihle, 1920) Erschow, 1939

锯形杯环线虫 *Cylicocyclus prionodes* (Kotlan, 1921) K'ung, 1964

斯齿属 *Skrjabinodentus*

卡拉干斯齿线虫 *Skrjabinodentus caragandicum* (Funikova, 1939) Tshoijo, 1957; type species

孔繁瑶的观点可以集中为 7 点：①将 Erschow 的毛线属分割为 2 属，一部分为毛线属，以内叶冠起始于口囊前缘或其附近为主要鉴别特征，基本上相当于 McIntosh 的杯冠属；另一部分恢复为盅口属，以内叶冠起始于口囊内壁前缘之后为主要鉴别特征。②撤销 McIntosh 据“雌虫尾部呈人脚形”所集合成的钝尾属，不再以雌虫尾部形态作为属的鉴别特征。其中内叶冠起始于口囊前缘之后者，归属于盅口属，其口囊底部有小齿者放入杯齿属，相当于 Erschow 的舒毛属。碟形钝尾线虫移入盅口属。③Erschow 的杯环属基本不动。④McIntosh 列入双冠属的外射双冠线虫列入杯环属，与 Erschow 的意见一致。⑤撤销 McIntosh 的短杯属，其中的种，依据 Erschow 的意见纳入杯环属。⑥1958 年 Popova 列入毛线属的卡拉干毛线虫，孔繁瑶依据其背肋上只有 1 个侧枝和食道漏斗中有明显的齿板等特点，采纳了 Tshoijo 的斯齿属，易名为卡拉干斯齿线虫。⑦Erschow 的彼德洛夫线属不作变动。

1975 年，Lichtenfels 提出了另一个分类系统，他的分类系统与孔繁瑶 1964 年的分类系统的不同点为：①不以毛线属 *Trichonema* 一名替代杯冠属 *Cylicostephanus*。②彼德洛夫线属的各个种并入杯冠属。杯齿属的种并入杯冠属，但细口杯齿线虫并入杯环属，改名为细口杯环线虫 *Cylicocyclus leptostomus*。③Tshoijo 为卡拉干斯齿线虫 *Skrjabinodentus caragandicum* 所设立的斯齿属 *Skrjabinodentus*，采用了一些极其特别的鉴别特征，故不予采纳，作疑存种 (species inquirenda) 论。

如上所述，Lichtenfels (1975) 将广义的盅口属分割为 4 属，各属所包括的种如下：

盅口属 *Cyathostomum s. str.*

四刺盅口线虫 *Cyathostomum tetracanthum* (Mehlis, 1831) Molin, 1861, in part, Looss, 1900

冠状盅口线虫 *Cyathostomum coronatum* Looss, 1900

大唇片盅口线虫 *Cyathostomum labiatum* (Looss, 1902) McIntosh, 1933

小唇片盅口线虫 *Cyathostomum labratum* Looss, 1900

槽形盅口线虫 *Cyathostomum alveatum* Looss, 1900

碟状盅口线虫 *Cyathostomum pateratum* (Yorke *et* Macfie, 1919) K'ung, 1964

碗形盅口线虫 *Cyathostomum catinatum* Looss, 1900

蒙氏盅口线虫 *Cyathostomum montgomeryi* (Boulenger, 1920) K'ung, 1964

箭状盅口线虫 *Cyathostomum sagittatum* (Kotlan, 1920) McIntosh, 1951

双冠属 *Cylicodontophorus*

双冠双冠线虫 *Cylicodontophorus bicoronatus* (Looss, 1900) Cram, 1924

真臂双冠线虫 *Cylicodontophorus euproctus* (Boulenger, 1917) Cram, 1924

麦氏双冠线虫 *Cylicodontophorus mettami* (Leiper, 1913) Foster, 1936

杯环属 *Cylicocyclus*

辐射杯环线虫 *Cylicocyclus radiatus* (Looss, 1900) Chaves, 1930

耳状杯环线虫 *Cylicocyclus auriculatus* (Looss, 1900) Chaves, 1930

长形杯环线虫 *Cylicocyclus elongatus* (Looss, 1900) Chaves, 1930

鼻状杯环线虫 *Cylicocyclus nassatus* (Looss, 1900) Chaves, 1930

显形杯环线虫 *Cylicocyclus insigne* (Boulenger, 1917) Chaves, 1930

细口杯环线虫 *Cylicocyclus leptostomus* (Kotlan, 1920) Chaves, 1930

外射杯环线虫 *Cylicocyclus ultrajectinus* (Ihle, 1920) Erschow, 1939

三支杯环线虫 *Cylicocyclus triramosus* (Yorke *et* Macfie, 1920) Chaves, 1930

短口囊杯环线虫 *Cylicocyclus brevicapsulatus* (Ihle, 1920) Erschow, 1939

安地斯杯环线虫 *Cylicocyclus adersi* (Boulenger, 1920) Chaves, 1930

大囊杯环线虫 *Cylicocyclus largocapsulatus* (Iren, 1943) Lichtenfels, 1975

马氏杯环线虫 *Cylicocyclus matumurai* (Yamaguti, 1942) Lichtenfels, 1975

杯冠属 *Cylicostephanus*

小杯杯冠线虫 *Cylicostephanus calicatus* (Looss, 1900) Cram, 1924

杯状杯冠线虫 *Cylicostephanus poculatus* (Looss, 1900) Cram, 1924

微小杯冠线虫 *Cylicostephanus minutus* (Yorke *et* Macfie, 1918) Cram, 1924

长伞杯冠线虫 *Cylicostephanus longibursatus* (Yorke *et* Macfie, 1918) Cram, 1924

偏位杯冠线虫 *Cylicostephanus asymetricus* (Theiler, 1923) Cram, 1925

双齿杯冠线虫 *Cylicostephanus bidentatus* (Ihle, 1925) Lichtenfels, 1975

间生杯冠线虫 *Cylicostephanus hybridus* (Kotlan, 1920) Cram , 1924

高氏杯冠线虫 *Cylicostephanus goldi* (Boulenger, 1917) Lichtenfels, 1975

花斑杯冠线虫 *Cylicostephanus ornatus* (Kotlan, 1919) Lichtenfels, 1975

斯氏杯冠线虫 *Cylicostephanus skrjabini* (Erschow, 1930) Lichtenfels, 1975

德国学者 Hartwich (1986) 对中欧地区盅口族代表属的头部进行了比较研究。在详细比较了口领、叶冠、角质支环和食道漏斗齿的结构后，Hartwich 对该族线虫分类进行了修订,主要结论为:①辐首属 *Cyalocephalus* 从盅口族中移出,放入辐首族 Cyalocephalea。②设立冠环属 *Coronocyclus*，把盅口属的 4 种移入该属，其主要特征为角质支环明显与口囊壁前端分开。盅口属仅限于剩下的 4 种。③设立副杯口属 *Parapoteriostomum*，包括了双冠属的 3 种。双冠属仅保留模式种，双冠双冠线虫 *Cylicodontophorus bicoronatus*。④承认彼德洛夫线属 *Petrovinema* 为一个有效的属。⑤卡拉干斯齿线虫 *Skrjabinodentus caragandicum* 作为一个疑存种放入杯冠属，斯齿属 *Skrjabinodentus* 作为杯冠属的同物异名。⑥蒙氏盃口线虫 *Cylicostomum montgomeryi* 从盅口族移入缪西德族 Murshidiinea。

Dvojnos 和 Kharchenko (1994) 在马圆线虫的分类系统中,承认了 Hartwich (1986) 建立的冠环属 *Coronocyclus*，但没有采纳副杯口属 *Parapoteriostomum*。同时他们把 Tshoijo (1957) (见 Popova, 1958) 的三齿漏斗属 *Tridentoinfundibulum* 和斯齿属 *Skrjabinodentus* 作为有效的属，并同意 Lichtenfels (1980) 的意见，将双齿口属 *Bidentostomum* 归入圆线亚科中。叶尔绍夫线属 *Erschowinema* 没有被承认。

1998 年，Lichtenfels 等对盅口族又提出一个新的分类系统，其主要特点是承认了 Tshoijo (1957) 的三齿漏斗属和斯齿属及 Hartwich (1986) 建立的 2 新属，并同意将辐首属从盅口族中移出，放入辐首族 Cyalocephalea，但不同意将蒙氏盃口线虫移入缪西德族。这样盅口族就包括了如下 13 属：

盅口属 *Cyathostomum* Molin, 1861 Hartwich, 1986

冠环属 *Coronocyclus* Hartwich, 1986

双冠属 *Cylicodontophorus* Ihle, 1922

杯环属 *Cylicocyclus* Ihle, 1922

杯冠属 *Cylicostephanus* Ihle, 1922

斯齿属 *Skrjabinodentus* Tshoijo, 1957

三齿漏斗属 *Tridentoinfundibulum* Tshoijo, 1957

彼德洛夫线属 *Petrovinema* Erschow, 1943

杯口属 *Poteriostomum* Erschow, 1943

副杯口属 *Parapoteriostomum* Hartwich, 1986

熊氏属 *Hsiungia* K'ung *et* Yang, 1964

柱咽属 *Cylindropharynx* Leiper, 1911

马线虫属 *Caballonema* Abulasze, 1937

张路平和孔繁瑶 (2002b) 结合各位学者的意见，对盅口族的分类系统进行了系统的评述。该分类系统是以 Lichtenfels 等(1998) 的分类系统为基础，其主要区别为：因为马线虫属和柱咽属均具有长的口囊，与盅口族的其他属有明显的区别，因此按照 Popova 的意见，将这两个属放入柱咽族 Cylindropharyngea。

Hartwich (1986) 在对双冠属的线虫进行比较研究后，认为该属种类为两个不同的类群。模式种双冠双冠线虫 *Cylicodontophorus bicoronatus* 内外叶冠相等，口囊前宽后窄呈漏斗状；而本属其他种类内叶冠数目少于外叶冠，口囊前窄后宽。Hartwich 为这些种类建立了 1 新属，副杯口属 *Parapoteriostomum*。双冠属仅保留模式种。但 Hartwich 没有研究 Scialdo-Krecek 和 Malan (1984) 描述的 *Cylicodontophorus reineckei*, Lichtenfels 等 (1998a) 将该种线虫仍放在双冠属中。在对 Scialdo-Krecek 和 Malan (1984) 的原始描述进行分析后，张路平和孔繁瑶认为 *Cylicodontophorus reineckei* 应归属于副杯口属。

张路平和孔繁瑶 (2002b) 的分类系统如下：

盅口属 *Cyathostomum*

四刺盅口线虫 *Cyathostomum tetracanthum* (Mehlis, 1831) Molin, 1861, in part, Looss, 1900; type species

碗形盅口线虫 *Cyathostomum catinatum* Looss, 1900

碟形盅口线虫 *Cyathostomum pateratum* (Yorke *et* Macfie, 1919) K'ung, 1964

碟形盅口线虫熊氏亚种 *Cyathostomum pateratum hsiungi* K'ung *et* Yang, 1963

槽形盅口线虫 *Cyathostomum alveatum* Looss, 1900

蒙式盅口线虫 *Cyathostomum montgomeryi* (Boulenger, 1920) K'ung, 1964

冠环属 *Coronocyclus*

冠状冠环线虫 *Coronocyclus coronatus* (Looss, 1900) Hartwich, 1986; type species

大唇片冠环线虫 *Coronocyclus labiatus* (Looss, 1902) Hartwich, 1986

小唇片冠环线虫 *Coronocyclus labratus* (Looss, 1900) Hartwich, 1986

箭状冠环线虫 *Coronocyclus sagittatus* (Kotlan, 1920) Hartwich, 1986

Coronocyclus ulambajari Dvojnos, Kharchenko *et* Lichtenfels, 1994

双冠属 *Cylicodontophorus*

双冠双冠线虫 *Cylicodontophorus bicoronatus* (Looss, 1900) Cram, 1924; type species

杯环属 *Cylicocyclus*

辐射杯环线虫 *Cylicocyclus radiatus* (Looss, 1900) Chaves, 1930; type species

安地斯杯环线虫 *Cylicocyclus adersi* (Boulenger, 1920) Chaves, 1930

阿氏杯环线虫 *Cylicocyclus ashworthi* (LeRoux, 1924) McIntosh, 1933

耳状杯环线虫 *Cylicocyclus auriculatus* (Looss, 1900) Chaves, 1930

短口囊杯环线虫 *Cylicocyclus brevicapsulatus* (Ihle, 1920) Erschow, 1939

长形杯环线虫 *Cylicocyclus elongatus* (Looss, 1900) Chaves, 1930

似辐首杯环线虫 *Cylicocyclus gyalocephaloides* (Ortlepp, 1938) Popova, 1952

显形杯环线虫 *Cylicocyclus insigne* (Boulenger, 1917) Chaves, 1930

细口杯环线虫 *Cylicocyclus leptostomus* (Kotlan, 1902) Chaves, 1930

鼻状杯环线虫 *Cylicocyclus nassatus* (Looss, 1900) Chaves, 1930

三支杯环线虫 *Cylicocyclus triramosus* (Yorke *et* Macfie, 1920) Chaves, 1930

外射杯环线虫 *Cylicocyclus ultrajectinus* (Ihle, 1920) Erschow, 1939

志丹杯环线虫 *Cylicocyclus zhidanensis* Zhang *et* Li, 1981

杯冠属 *Cylicostephanus*

小杯杯冠线虫 *Cylicostephanus calicatus* (Looss, 1900) Cram, 1924; type species

微小杯冠线虫 *Cylicostephanus minutus* (Yorke *et* Macfie, 1918) Cram, 1924

长伞杯冠线虫 *Cylicostephanus longibursatus* (Yorke *et* Macfie, 1918) Cram, 1924

高氏杯冠线虫 *Cylicostephanus goldi* (Boulenger, 1917) Lichtenfels, 1975

偏位杯冠线虫 *Cylicostephanus asymetricus* (Theiler, 1923) Cram, 1929

间生杯冠线虫 *Cylicostephanus hybridus* (Kotlan, 1920) Cram, 1929

双齿杯冠线虫 *Cylicostephanus bidentatus* (Ihle, 1925) Lichtenfels, 1975

斯齿属 *Skrjabinodentus*

Skrjabinodentus caragandicus (Funikova, 1939) Tshoijo, 1975; type secies

Skrjabinodentus longiconus (Scialdo-Krecek, 1983) Lichtenfels *et* Klei, 1988

陶氏斯齿线虫 *Skrjabinodentus tshoijoi* Dvojnos *et* Kharchenko, 1986

三齿漏斗属 *Tridentoinfundibulum*

戈氏三齿漏斗线虫 *Tridentoinfundibulum gobi* Tshoijo, 1957

彼德洛夫线属 *Petrovinema*

斯氏彼德洛夫线虫 *Petrovinema skrjabini* (Erschow, 1930) Erschow, 1943; type species

杯状彼德洛夫线虫 *Petrovinema poculatum* (Looss, 1900) Erschow, 1943

杯口属 *Poteriostomum*

不等齿杯口线虫 *Poteriostomum imparidentatum* Quiel, 1919; type species

拉氏杯口线虫 *Poteriostomum ratzii* (Kotlan, 1919) Ihle, 1920

斯氏杯口线虫 *Poteriostomum skrjabini* Erschow, 1939

副杯口属 *Parapoteriostomum*

麦氏副杯口线虫 *Parapoteriostomum mettami* (Leiper, 1913) Hartwich, 1986; type species

真臂副杯口线虫 *Parapoteriostomum euproctus* (Boulenger, 1917) Hartwich, 1986

Parapoteriostomum mongolica (Tshoijo, 1957) Lichtenfels, Kharchenko *et* Krecek, 1998

Parapoteriostomum reineckei (Scialdo-Krecek and Malan, 1984) Zhang *et* K'ung,

2002.

Parapoteriostomum schurmanni (Ortlepp, 1962) Hartwich, 1986

Parapoteriostomum zhongweiensis (Li *et* Li, 1993) Zhang *et* K'ung, 2002

熊氏属 *Hsiungia*

北京熊氏线虫 *Hsiungia pekingensis* (K'ung *et* Yang, 1964) Dvojnos *et* Kharchenko, 1988; type species

特征 口孔由内外两层叶冠围绕，口囊圆柱状或环状。口囊长度与宽度等长或短于宽度。排卵器发育良好，平行排列。交合刺末端有钩，无翼。引带粗壮。马属动物的寄生虫。

本族全世界记载 11 属 49 种，其中我国报道 10 属 36 种 (包括 2 亚种)。

属检索表

1. 交合伞的背肋分为 2 个主支，每个主支仅分出 1 个侧支，有时侧支的末端分为 2 叉………………………………………………………………………………………………**斯齿属 *Skrjabinodentus***

   交合伞的背肋分为 2 个主支，每个主支分出 2 个侧支……………………………………2
2. 内叶冠小叶的长度和宽度与外叶冠小叶相等或稍长于、稍宽于外叶冠小叶，一般内叶冠小叶数目比外叶冠少……………………………………………………………………………3

   内叶冠小叶的长度和宽度比外叶冠小叶短狭，数目多于外叶冠小叶数…………………5
3. 口囊壁厚度不一致，前边薄，向后逐渐加厚…………………………**杯口属 *Poteriostomum***

   口囊壁厚度均匀一致……………………………………………………………………4
4. 口囊上宽下窄，呈漏斗状；内外叶冠小叶数目相同………………**双冠属 *Cylicodontophorus***

   口囊近似圆柱形，上部略窄，下部略宽；内叶冠小叶数目比外叶冠少…………………………………………………………………………………………**副杯口属 *Parapoteriostomum***
5. 口囊后缘呈环箍状的增厚，头感器发达………………………………………………6

   口囊后缘不呈环箍状的增厚，头感器不太发达…………………………………………7
6. 雌虫阴道极短……………………………………………………………**熊氏属 *Hsiungia***

   雌虫阴道较长…………………………………………………………**杯环属 *Cylicocyclus***
7. 内叶冠小叶起始于口囊前缘之后在口囊内，口领通常高……………………………8

   内叶冠小叶起始于口囊前缘或靠近前缘，口领低………………………………………9
8. 角质支环与口囊前端明显分开…………………………………………**冠环属 *Coronocyclus***

   角质支环与口囊前端相连………………………………………………**盅口属 *Cyathostomum***
9. 口囊壁在后 1/3 部分加厚，向前逐渐变薄；外叶冠小叶在 25 枚以上……**彼德洛夫属 *Petrovinema***

   口囊壁与上述结构不同；外叶冠小叶在 25 枚以下…………………………**杯冠属 *Cylicostephanus***

10. 盅口属 *Cyathostomum* Molin, 1861 emend Hartwich, 1986

Cyathostomum Molin, 1861: 451; Loose, 1900: 40; Yamatuti, 1961: 375, 376; Lichtenfels, 1975: 19; Hartwich, 1986: 90, 91, 95; Dvojnos *et* Kharchenko, 1994: 52, 53; Lichtenfels, Kharchenko, Krecek *et* Gibbons, 1998: 68, 69; Zhang *et* K'ung, 2002a: 44; Lichtenfels, Kharchenko *et* Dvojnos, 2008: 41.

Trichonema Cobbold, 1874: 85; Skrjabin, Shikhobalova, Schulz, Popova, Boev *et* Delyamure, 1952: 211-214; Popova, 1958: 8-15; K'ung, Yeh *et* Liu, 1959: 31, 32; Parasitology Division, Institute of Zoology, Academia Sinica, 1979: 116.

Cylicostomum Railliet, 1901: 40.

Cylichnostomum Looss, 1902: 36, 86 (in part).

Cylicocercus Ihle, 1922: 43 (in part).

Cylicostomias Cram, 1925 (in part).

Type species: *Cyathostomum tetracanthum* (Mehlis, 1831).

简史　Hartwich (1986) 在对盅口族线虫进行重新整理时，发现在盅口族中大多数属的线虫有角质支环的结构。他认为角质支环是一个重要的分类特征，并据此对盅口属进行了重新分类，为角质支环与口囊前缘分开的种类建立 1 新属，冠环属 *Coronocyclus*。而现在的盅口属只保留了角质支环与口囊前缘相连的种类。

特征　小形虫体，长 5-13mm。口领中等高度。亚中乳突不甚突出。外叶冠小叶比内叶冠小叶大些、宽些，数目少一些，但一般形态相似。内叶冠起始于口囊内壁前缘之后 1/5-1/3 处。角质支环与口囊前缘连接。口囊通常短，壁厚，无背沟；口囊内腔的宽大于深。雄虫的交合伞背肋自第一侧支处或自外背肋起始处分开。交合刺呈线状，等长，末端有钩。雌虫阴门靠近肛门；尾部直，呈锥形。

本属线虫在全世界共发现 6 种 (含 1 亚种)，其中我国报道 4 种 (含 2 亚种)。

种 检 索 表

1. 角质支环几乎与口囊壁一样大小，为口囊壁的延伸…………………… **四刺盅口线虫 *C. tetracanthum***
   角质支环比口囊壁小得多……………………………………………………………………………2
2. 内叶冠起始线呈凸凹明显的波浪状………………………………………………………………3
   内叶冠起始线不呈波浪状，背腹面观内叶冠起始线向前凸，呈一规则的弧形，侧面观向下凹，呈一规则的弧形………………………………………………………………**碗形盅口线虫 *C. catinatum***
3. 虫体较小，口囊浅，内叶冠起始线背腹面观边缘呈下凹的弧形，侧面观呈 1 或 2 个波状弯曲……
   ……………………………………………………**碟状盅口线虫指名亚种 *C. pateratum pateratum***

虫体较大，口囊较大，口囊宽度大于深度，内叶冠起始线背腹面观两侧部分各有一显著的波状弯曲，侧面观，呈现两个凸凹极为明显的波状弯曲……**碟状盅口线虫熊氏亚种** ***C. pateratum hsiungi***

(16) 四刺盅口线虫 *Cyathostomum tetracanthum* (Mehlis, 1831) (图 26；图版 IV)

Strongylus tetracanthus Mehlis, 1831: 79 (in part) (non *Cyathostomum tetracanthus* sensu Hartwich, 1986).

Sclerostomum tetracanthum: Diesing, 1851: 305 (in part).

Cyathostomum tetracanthum: Molin, 1861: 453; Looss, 1900: 157; K'ung, 1964: 217; Yang *et* K'ung, 1965: 77; Lichtenfels, 1975: 3, 19, 34, figs. 18-21, 83, 84; Qi, Li *et* Cai, 1984: 126, fig. 95; Li, Li, Zhou, Wang, Han, Wu *et* Huang, 1988:160, 161, fig. 64; Lichtenfels, Kharchenko, Krecek *et* Gibbons, 1998: 69; Zhang *et* K'ung, 2002a: 45-47, fig. 27; Zhang, 2003: 70; Lichtenfels, Kharchenko *et* Dvojnos, 2008: 41-43, figs. 27, 28.

Cylichnostomum tetracanthum: Looss, 1902: 124, plates IV, VI, VIII- XI, XIII, figs.41, 42, 70, 104, 116, 125, 133, 165, 166.

Cylicostomum (*Cylicostomum*) *tetracanthum*: Ihle, 1922: 35, 36, figs. 27-29.

Trichonema arcuata Cobbold, 1874: 85-87 (in part).

Trichonema aegyptiacum Railliet, 1923: 5-15; Skrjabin, Shikhobalova, Schulz, Popova, Boev *et* Delyamure, 1952: 214, fig.103; Popova, 1958: 18-20, fig. 3; Parasitology Division, Institute of Zoology, Academia Sinica, 1979: 118, 119, fig. 49; Shen *et* Liu, 1990: 14.

Cylicostomum aegyptiacum: Cram, 1924: 699.

Erschowinema aegyptiacum: Tshoijo, 1957, In: Popova, 1958: 374.

Sclerostoma quadridentatum Dujardin, 1845: 258 (in part).

Trichonema tetracanthum: K'ung, Yeh *et* Liu, 1959: 32, plates I-IV, figs. 8, 17, 25-27, 40.

简史　Molin (1861) 为寄生于马属动物体内的小型和中型线虫建立 1 新属，并将它们全部归于四刺盅口线虫 *Cyathostomum tetracanthum*。Looss (1900) 对这些标本重新进行了研究，发现这些线虫隶属于不同的种，并重新为四刺盅口线虫 *Cyathostomum tetracanthum* 指定了模式标本。Hartwich (1986) 发现 Mehlis (1831) 的模式标本和 Looss (1900) 为四刺盅口线虫 *Cyathostomum tetracanthum* 指定的模式标本都不存在。因此，Hartwich 选定 *Cyathostomum catinatum* 作为模式种，并重新命名为 *Cyathostomum tetracanthum*，而将 Looss 的 *Cyathostomum tetracathum* 重新命名为 *Cyathostomum aegyptiacum*。Lichtenfels 等 (1998) 考虑到名字的稳定性，没有采纳 Hartwich 的意见，仍然采用 Looss 指定的 *Cyathostomum tetracanthum* 作为模式种。作者同意 Lichtenfels 等 (1998a) 的意见。

宿主 马 *Equus caballus*, 驴 *Equus asinus*，骡 *Equus caballus* × *Equus asinus*，斑马 *Equus burchelli*。

寄生部位 盲肠、大肠。

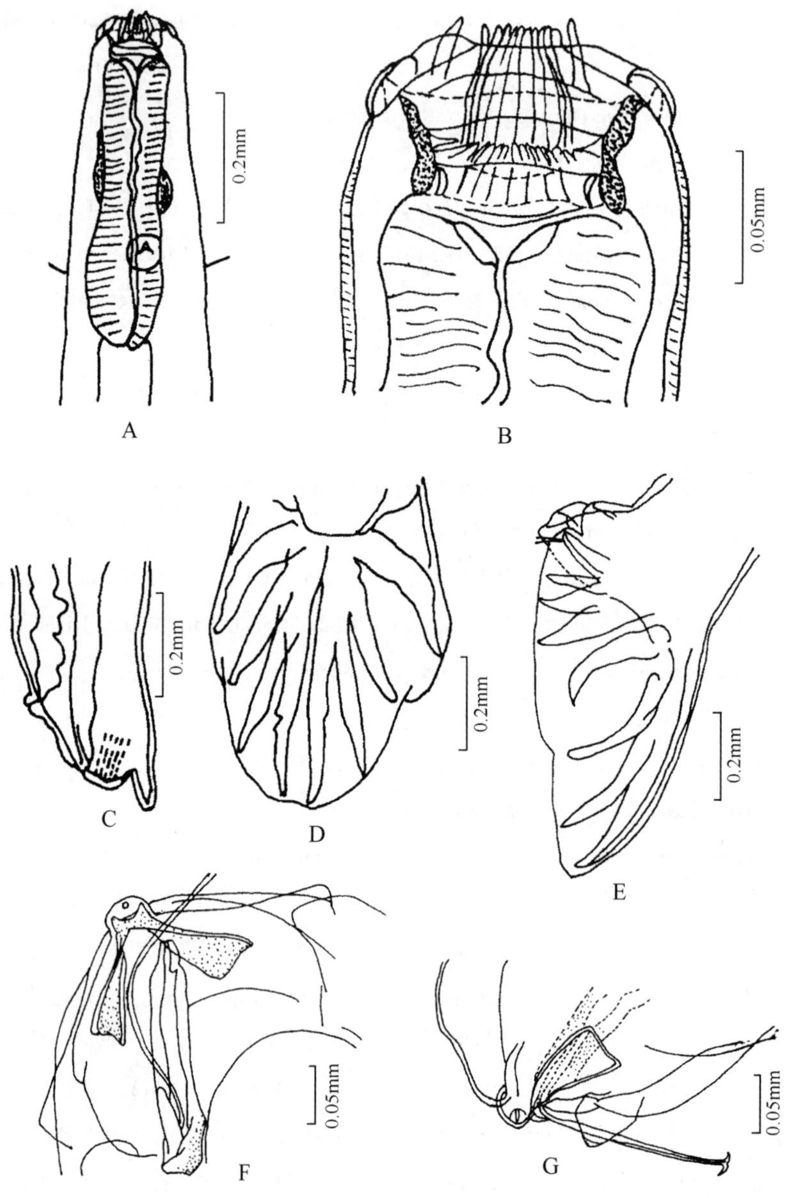

图 26 四刺盅口线虫 *Cyathostomum tetracanthum* (Mehlis)

A. 虫体前部背腹面观 (anterior end of body, dorso-ventral view)；B. 头部背腹面观 (cephalic end of body, dorso-ventral view)；C. 雌虫尾部侧面观 (posterior end of female, lateral view)；D. 交合伞腹面观，示背肋 (copulatory bursa, ventral view, showing the dorsal ray)；E. 交合伞侧面观 (copulatory bursa, lateral view)；F. 生殖锥腹面观 (genital cone, ventral view)；G. 生殖锥侧面观 (genital cone, lateral view)

观察标本　5♂♂5♀♀，采自河南驴的盲肠，2005.VI.18，卜艳珍；5♂♂5♀♀，采自河北驴的大肠，1986.IX.1，孔繁瑶。标本保存于河北师范大学生命科学学院。

形态　口囊壁近于平行，成短环形。角质支环为口囊向前外方的延伸部分，呈短的倒梯形，前宽后窄，与口囊壁的连接处较细。外叶冠由 20-22 枚长形尖叶组成，外叶冠近基部 2/3 部分相互连接在一起，近末端 1/3 部分分开，叶冠的末端向内弯曲 (图版 IV：B-D)。内叶冠的基部起始于角质支环与口囊壁的连接处附近。口孔近圆形，亚中乳突为长圆锥形，基部呈三角形膨大；头感器为裂缝状，无明显凸起 (图版 IV：D)。无背沟。食道短而粗，前后的宽度变化很小。神经环围绕在食道中央部分。颈乳突位于食道后 1/3 处的体表两侧。排泄孔略偏颈乳突的前方或在同一水平上。雄虫交合伞的背叶中等长度。

雄虫　体长 10.5-10.7mm，最大宽度 0.385-0.400mm。口领高 0.024mm。口领与体部交界处宽 0.105-0.119mm。角质支环部宽 0.0845-0.0900mm。口囊呈短圆柱形部分的宽度 0.0625-0.0690mm (均指内径)。口囊深 0.015-0.017mm。食道长 0.420-0.425mm；后端膨大部的宽度 0.113-0.117mm。颈乳突距头端 0.335-0.363mm。交合伞前宽 0.292-0.310mm。交合伞自腹肋末端至背肋末端的整个边缘都是相当平直的，仅背肋第一个分支的末端的伞缘上有 1 较显著的切迹。生殖锥腹唇圆锥形；背唇近三角形，背唇上有 2 个大的卵圆形附属物，每个附属物上有 1 个乳突状突起 (图版 IV：E-H)。交合伞自外背肋基部至背肋末端长 0.560-0.600mm。交合刺长 0.130-1.230mm。引带长 0.200mm。

雌虫　体长 12.0-12.5mm，最大宽度 0.440-0.470mm。口领高 0.0375mm。头沟部宽 0.125-0.135mm。角质支环部宽 0.100mm，口囊呈短圆柱状部分的宽度 0.068-0.075mm (均指内径)。口囊深 0.017-0.019mm。食道长 0.450-0.458mm，后端膨大部宽 0.124-0.133mm。颈乳突距头端 0.400-0.420mm。阴门距肛门 0.120-0.125mm，尾长 0.050-0.100mm。虫卵椭圆形，长径 0.066-0.102mm，辐径 0.033-0.046mm。

地理分布　内蒙古、北京、河北、山东、河南、陕西、宁夏、甘肃、青海、新疆、江苏、台湾、重庆、四川；世界各地。

(17) 碗形盅口线虫 *Cyathostomum catinatum* Looss, 1900 (图 27；图版 V)

Cyathostomum catinatum Looss, 1900: 186; K'ung, 1964: 218; Yang *et* K'ung, 1965: 78; Lichtenfels, 1975: 4, 41, figs. 87-99; Qi, Li *et* Cai, 1984: 135, fig. 96; Li, Li, Zhou, Wang, Han, Wu *et* Huang, 1988: 162, 165, fig. 65; Guo, Li, Liu *et* Ma 1997: 11; Lichtenfels, Kharchenko, Krecek *et* Gibbons, 1998: 69; Zhang *et* K'ung, 2002a: 47, 48, fig. 28; Zhang, 2003: 70; Lichtenfels, Kharchenko *et* Dvojnos, 2008: 45-47, figs, 31, 32.

Cylichnostomum catinatum: Looss, 1902, 128, plates V, VI, VIII-X, XIII, figs. 51, 52, 72, 96, 125, 167, 168.

Cylicostomum pseudocatinatum Yorke *et* Macfie, 1919: 273-278, figs. 1-9; Boulenger, 1921: 322; Ihle,

1921: 398; 1922: 46-48, figs. 50-54; Skrjabin, Shikhobalova, Schulz, Popova, Boev *et* Delyamure, 1952: 216; Popova, 1958: 28, 29.

Cylicostomum catinatum litorauraum Yorke *et* Macfie, 1920: 165-167, figs. 1, 2; Ihle, 1922: 46, fig. 49.

Cylicostomum (*Cylicocercus*) *catinatum*: Ihle, 1922: 45, 46, figs. 47, 48.

Trichonema catinatum: Le Roux, 1924: 118; Skrjabin, Shikhobalova, Schulz, Popova, Boev *et* Delyamure, 1952: 216; Popova, 1958: 25-28, fig.8; Parasitology Division, Institute of Zoology, Academia Sinica, 1979: 119, 120, fig.50.

Cylicocercus catinatum: Cram, 1924: 699.

Erschowinema catinatum: Tshoijo, 1957, In: Popova, 1958: 374.

Trichonema catinatum pseudocatinatum K'ung *et* Yang, 1963a: 77, 78, figs. 10-12, 40, 41; Yang *et* K'ung, 1965: 78; Shen *et* Liu, 1990: 14.

宿主　马 *Equus caballus*, 驴 *Equus asinus*, 骡 *Equus caballus* × *Equus asinus*，斑马 *Equus burchelli*，藏野驴 *Equus kiang*，普氏野马 *Equus przewalskii*，蒙古野驴 *Equus hemionus*。

寄生部位　大肠。

观察标本　3♂♂8♀♀，采自河南驴的盲肠，2005.VI.18，卜艳珍；2♂♂2♀♀，采自河北驴的大肠，1986.IX.1，孔繁瑶。标本保存于河北师范大学生命科学学院。

形态　口领明显，以 1 横沟与体部分开 (图版 V：A，B)。亚中乳突为长圆锥形，基部稍膨大；头感器呈卵圆形凸起，中间有 1 裂缝 (图版 V：B，C)。口囊壁前端稍向外倾斜，后端较厚，背腹径大于侧径。口孔椭圆形，由 22 枚外叶冠小叶围绕，外叶冠近基部 2/3 相互连接在一起，近末端 1/3 分开，其末端不弯向内侧 (图版 V：B-D)。内叶冠的数目很多，起源于口囊内壁的近 1/2 处。从背面或腹面观察时，内叶冠的起始线向前凸，呈一规则的弧形，从侧面观察时，内叶冠的起始线向后下凹，亦呈一规则的弧形。无背沟。雄虫交合伞的背叶较短，生殖锥背唇的两侧各有 1 固定的指状突，在这个指状突的外方，有形状不定、大小不一的 1 或 2 个突起。雌虫尾部呈人脚形。

雄虫　体长 5.7-6.2mm，最大宽度 0.270-0.295mm。口领和体部交界处宽 0.074-0.078mm。口囊内径：侧径前宽 0.040-0.045mm，背腹径前宽 0.049-0.056mm；侧径后宽 0.034-0.039mm，背腹径后宽 0.038-0.040mm，深 0.021-0.028mm。食道长 0.345-0.381mm，前端部宽 0.060-0.069mm，后端膨大部宽 0.087-0.095mm。神经环距头端 0.210-0.215mm；排泄孔距头端 0.301-0.310mm；颈乳突距头端 0.288-0.335mm。交合伞自外背肋基部至背肋末端长 0.280-0.315mm。交合刺长 1.240-1.490mm。引带长 0.182-0.212mm。

雌虫　体长 7.0-8.2mm，最大宽度 0.330-0.340mm。口领和体部交界处宽 0.083-0.085mm。口囊内径：侧径前宽 0.048-0.049mm，背腹径前宽 0.056-0.060mm；侧径后宽

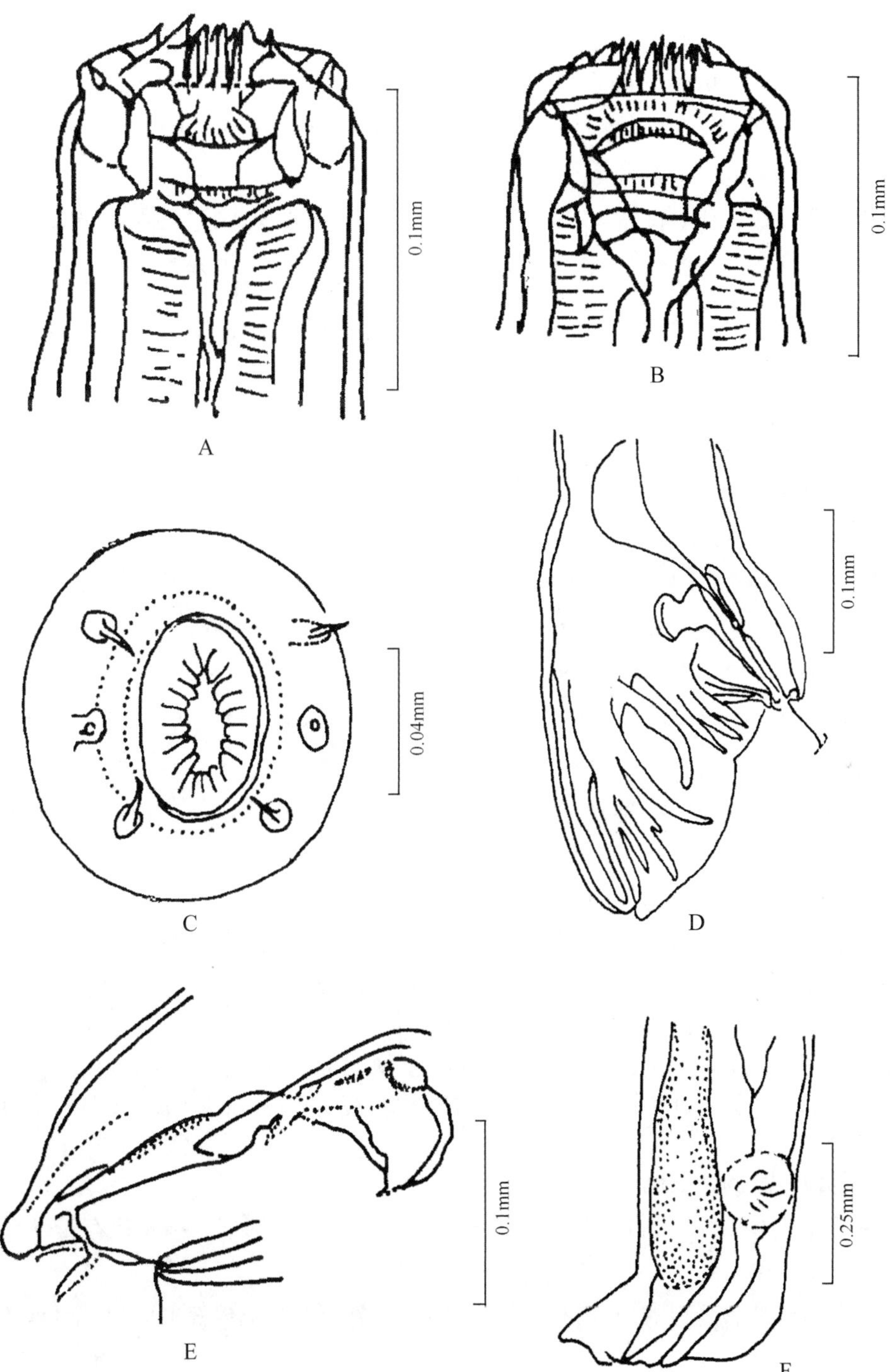

图 27　碗形盅口线虫 *Cyathostomum catinatum* Looss

A. 头部侧面观（cephalic end of body, lateral view）；B. 头部背腹面观（cephalic end of body, dorso-ventral view）；C. 头部顶面观（cephalic extremity, en face view）；D. 交合伞侧面观（copulatory bursa, lateral view）；E. 生殖锥侧面观（genital cone, lateral view）；F. 雌虫尾部侧面观（posterior end of female, lateral view）

0.040-0.041mm，背腹径后宽 0.042-0.045mm，深 0.025-0.030mm。食道长 0.412-0.432mm，前端部宽 0.074-0.077mm，后端膨大部宽 0.098-0.100mm。神经环距头端 0.247-0.264mm；排泄孔距头端 0.354-0.364mm；颈乳突距头端 0.349-0.400mm。阴道长 0.120-0.300mm。阴门距肛门 0.007mm。虫卵椭圆形。

地理分布 黑龙江、吉林、内蒙古、北京、河北、山西、山东、河南、陕西、宁夏、甘肃、青海、新疆、江苏、福建、广西、四川、贵州、云南；世界各地。

(18) 碟状盅口线虫指名亚种 *Cyathostomum pateratum pateratum* (Yorke *et* Macfie, 1919) (图 28；图版 VI)

Cylicostomum pateratum Yorke *et* Macfie, 1919a: 57-62, figs. 1-9.

Cylicostomum cymatostomum Kotlan, 1919: 11.

Trichonema pateratum: LeRoux, 1924: 119.

Cylicocercus pateratum: Cram, 1924: 699.

Cylicodontophorus pateratum: Erschow, 1939: 49-56; Skrjabin, Shikhobalova, Schulz, Popova, Boev *et* Delyamure, 1952: 228; Popova, 1958: 80-82, fig. 48; K'ung *et* Yang, 1963a: 79, 80, figs. 20, 42-45; Parasitology Division, Institute of Zoology, Academia Sinica, 1979: 142, 143, fig. 65; Shen *et* Liu, 1990: 14.

Cyathostomum pateratum: K'ung, 1964: 218; Yang *et* K'ung, 1965: 78; Lichtenfels, 1975: 4, 41, figs. 94-96; Qi, Li *et* Cai, 1984: 145, fig. 100; Li, Li, Zhou, Wang, Han, Wu *et* Huang, 1988: 169, 170, fig. 69; Dvojnos *et* Kharchenko, 1994: 58-64, fig. 15; Guo, Li, Liu *et* Ma, 1997: 11; Lichtenfels, Kharchenko, Krecek *et* Gibbons, 1998: 69; Zhang *et* K'ung, 2002a: 48, 49, fig. 29; Zhang, 2003: 70; Lichtenfels, Kharchenko *et* Dvojnos, 2008: 49-51, figs. 35, 36.

宿主 马 *Equus caballus*，驴 *Equus asinus*，骡 *Equus caballus* × *Equus asinus*，斑马 *Equus burchelli*，藏野驴 *Equus kiang*，普氏野马 *Equus przewalskii*，蒙古野驴 *Equus hemionus*。

寄生部位 盲肠、大肠。

观察标本 1♂1♀，采自河北驴的大肠，1986.IX.1，孔繁瑶。标本保存于河北师范大学生命科学学院。

形态 口领显著。口囊的背腹径大于侧径，口囊浅，前部稍宽于后部。口囊壁的后部较厚，前部变薄。外叶冠 24 叶 (图版 VI：B-E)，内叶冠细而长，为数甚多。内叶冠起始于口囊深处，其起始部不在一水平线上，背腹面观察时，内叶冠的起始部边缘呈下凹的弧形，侧面观察时，呈现 1 或 2 个波状弯曲。雄虫生殖锥的背唇两侧，各有 1 长形指状附属物，其外侧有 1 或 2 个较短的附属物。雌虫尾部弯向背侧，近似人脚。

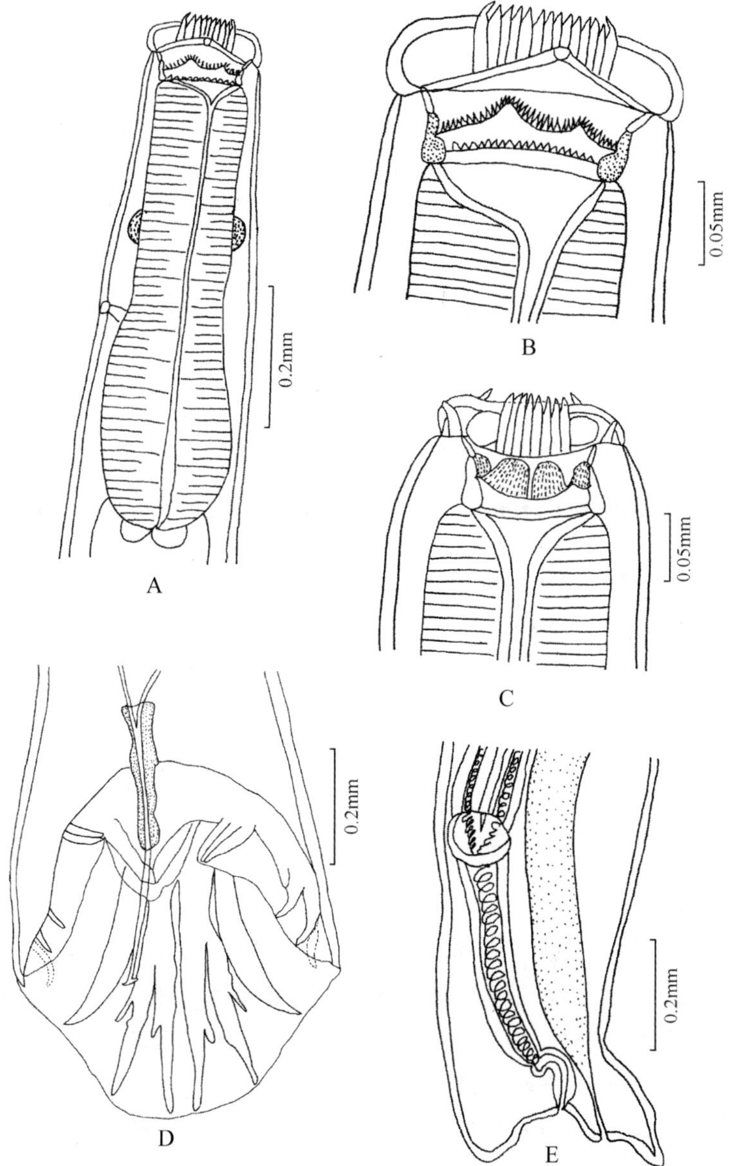

图 28　碟状盅口线虫 *Cyathostomum pateratum pateratum* (Yorke *et* Macfie)

A. 虫体前部侧面观 (anterior end of body, lateral view)；B. 头部侧面观 (cephalic end of body, lateral view)；C. 头部腹面观 (cephalic end of body, ventral view)；D. 交合伞腹面观 (copulatory bursa, ventral view)；E. 雌虫尾部侧面观 (posterior end of female, lateral view)

雄虫　体长 5.8-7.3mm，最大宽度 0.305-0.312mm。口领和体部交界处宽 0.106-0.131mm。口囊内径：侧径前宽 0.077-0.099mm，背腹径前宽 0.100-0.102mm，后部微窄，深 0.024-0.030mm。食道长 0.505-0.530mm，前端部宽 0.100-0.122mm，后端膨大部宽 0.150-0.167mm。神经环距头端 0.250-0.370mm；排泄孔距头端 0.347-0.370mm；颈乳突

距头端 0.236-0.370mm。交合伞自背肋基部至背肋末端的长度 0.240-0.305mm。交合刺长 1.930-1.950mm。引带长 0.235-0.255mm。

雌虫 体长 7.0mm，最大宽度 0.520mm。口领和体部交界处宽 0.109-0.131mm。口囊内径：侧径前宽 0.078-0.095mm，背腹径前宽 0.089-0.105mm，后部微窄，深 0.024mm。食道长 0.477-0.540mm，前端部宽 0.082-0.135mm，后端膨大部宽 0.100-0.160mm。神经环距头端 0.260-0.280mm；排泄孔距头端 0.346-0.368mm；颈乳突距头端 0.346-0.385mm。阴道长 0.541-0.610mm。阴门距肛门 0.030mm。尾长 0.068mm。虫卵椭圆形，长径 0.090-0.100mm，辐径 0.040-0.045mm。

地理分布 吉林、内蒙古、北京、河北、陕西、宁夏、甘肃、青海、新疆、江苏、安徽、重庆、四川、贵州、云南；世界各地。

(19) 碟状盅口线虫熊氏亚种 *Cyathostomum pateratum hsiungi* (K'ung *et* Yang, 1963) (图 29)

Cylicodontophorus pateratum hsiungi K'ung *et* Yang, 1963a: 80-82, figs.13, 14, 46-52.

Cyathostomum pateratum hsiungi: Yang *et* K'ung, 1965: 78; Qi, Li *et* Cai, 1984: 145, 146, fig. 101; Zhang *et* K'ung, 2002a: 49-51, fig. 30; Zhang, 2003: 70.

宿主 马 *Equus caballus*，驴 *Equus asinus*，骡 *Equus caballus* × *Equus asinus*。

寄生部位 结肠、盲肠。

观察标本 3♂♂3♀♀，采自河南驴的盲肠，2005.VI.18，卜艳珍。标本保存于河北师范大学生命科学学院。

形态 虫体与碟状盅口线虫 *Cyathostomum pateratum* 相似，其主要区别为虫体较大，口囊较大，口囊的宽度大于深度，背腹面观察时，口囊呈不规则的矩形，前后两端稍窄，而以中部最宽；侧面观察时，口囊的前部最宽，后部稍窄，近似一倒梯形。外叶冠 28 叶，突出于口领以外。内叶冠细长，起始于口囊深处，起始部不在同一水平线上，背腹面观察时，其靠近两侧部分仍有 1 显著的波状弯曲，侧面观察时，呈现 2 个凸凹极为明显的波状弯曲，由于内叶冠的起始部分极其高低不齐，故内叶冠的小叶呈现相互交错的现象。雄虫交合伞中等长度，除外背肋外，其余各肋几乎伸达伞边。生殖锥背唇的两侧，各有 3 个指状附属物，其各自的长度常有变异。雌虫尾端弯向背侧，呈人脚状，阴门后方部分隆起，尾尖与隆起之间形成 1 较深的凹陷。

雄虫 体长 9.6-10.1mm，最大宽度 0.485-0.555mm。口领和体部交界处侧径宽 0.173-0.225mm，背腹径 0.187-0.225mm。口囊内径：侧径前宽 0.118-0.190mm，背腹径前宽 0.150-0.196mm；侧径后宽 0.115-0.175mm，背腹径后宽 0.129-0.175mm，深 0.037-0.049mm。口囊壁的最厚部分 0.012-0.015mm。食道长 0.780-0.842mm，前端部宽 0.164-0.201mm。后部膨大部宽 0.230-0.290mm。神经环距头端 0.369-0.428mm；排泄孔

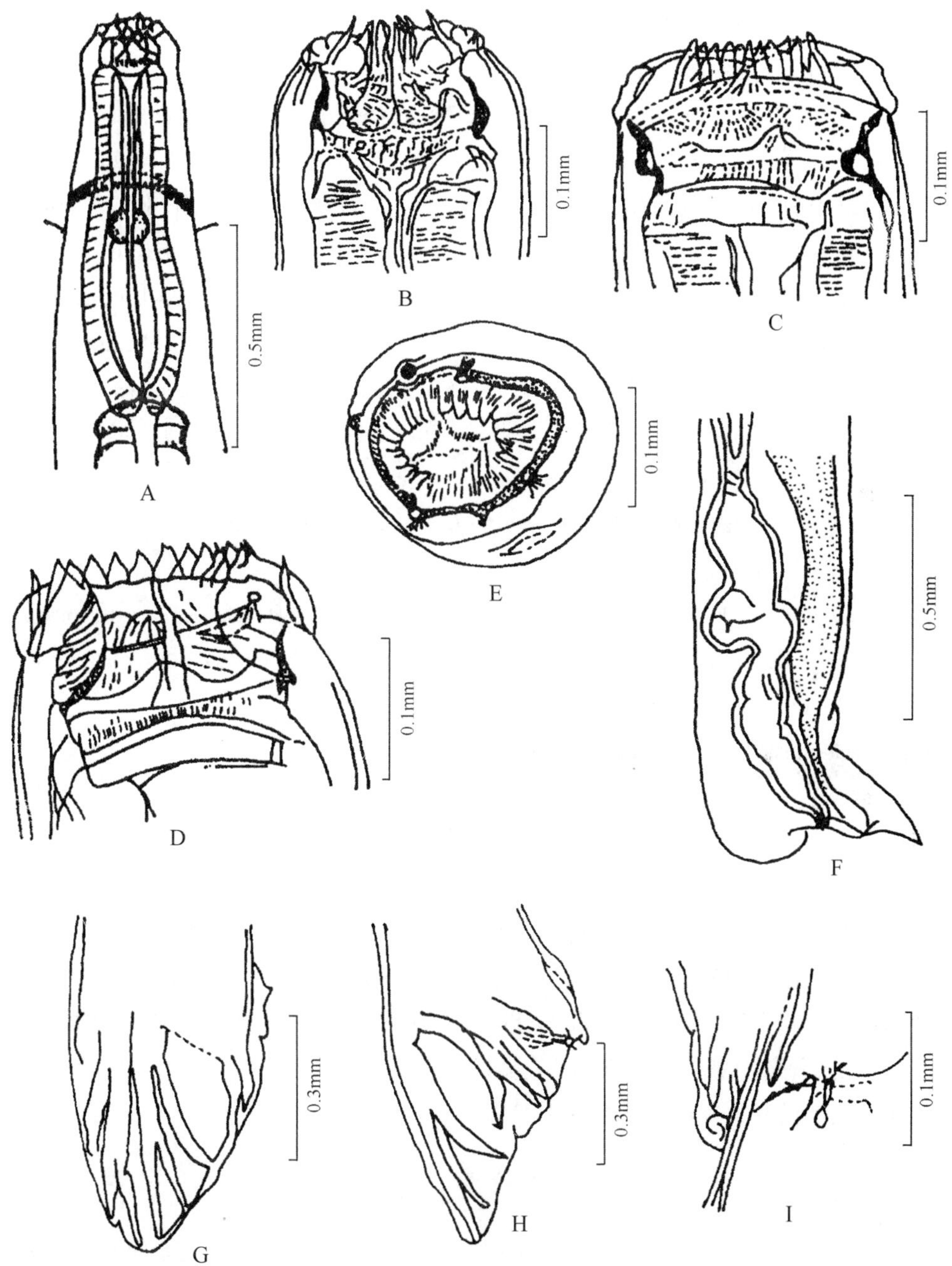

图 29　碟状盅口线虫熊氏亚种 *Cyathostomum pateratum hsiungi* (K'ung *et* Yang)

A. 虫体前部腹面观 (anterior end of body, ventral view)；B. 头部腹面观 (cephalic end of body, ventral view)；C. 头部侧面观 (cephalic end of body, lateral view)；D. 头部侧腹面观 (cephalic end of body, latero-ventral view)； E. 头部顶面观 (cephalic extremity, en face view)；F. 雌虫尾部侧面观 (posterior end of female, lateral view)；G. 交合伞背面观 (copulatory bursa, dorsal view)；H. 交合伞侧面观 (copulatory bursa, lateral view)；I. 生殖锥侧面观 (genital cone, lateral view)

距头端 0.445-0.552mm；颈乳突距头端 0.492-0.595mm。交合伞自外背肋基部至背肋末端长 0.440-0.595mm。交合刺长 1.790-2.200mm。引带长 0.280-0.380mm。

雌虫　体长 8.8-12.0mm，最大宽度 0.575-0.615mm。口领和体部交界处侧径宽 0.160-0.216mm，背腹径宽 0.184-0.223mm。口囊内径：侧径前宽 0.115-0.175mm，背腹径前宽 0.156-0.189mm；侧径后宽 0.111-0.156mm，背腹径后宽 0.123-0.157mm，深 0.036-0.051mm。口囊壁的最厚部分 0.010-0.019mm。食道长 0.830-0.902mm，前端部宽 0.178-0.200mm，后端膨大部宽 0.248-0.300mm。神经环距头端 0.379-0.425mm；排泄孔距头端 0.455-0.505mm；颈乳突距头端 0.475-0.550mm。阴道长 0.260-0.515mm；阴门距肛门 0.050mm。尾长 0.095mm。虫卵长卵圆形，长径 0.117-0.136mm，辐径 0.048-0.055mm。

地理分布　黑龙江、吉林、内蒙古、北京、河南、陕西、青海、新疆、重庆、四川。

11. 冠环属 *Coronocyclus* Hartwich, 1986

Coronocyclus Hartwich, 1986: 90, 94; Dvojnos *et* Kharchenko, 1994: 65; Dvojnos, Kharchenko *et* Lichtenfels, 1994: 312; Lichtenfels, Kharchenko, Krecek *et* Gibbons, 1998: 70; Zhang *et* K'ung, 2002a: 50; Lichtenfels, Kharchenko *et* Dvojnos, 2008: 52.

Type species: *Coronocyclus coronatus* (Looss, 1900) Hartwich, 1986.

特征　虫体中等大小，长 5-13mm。具有圆而扁平的口领。亚中乳突不甚突出。外叶冠小叶比内叶冠小叶大些、宽些，数目少一些，但形态一般相似。内叶冠起始于口囊内壁前缘之后 1/3-1/2 处。角质支环与口囊前缘分开，从口领基部延伸至内外叶冠结合部，并与内外叶冠相连。口囊圆柱形，口囊内腔的宽、深大体相等，或宽大于深。雄虫的交合伞背肋自第一侧支处或自外背肋起始处分开。交合刺呈线状，等长，末端有钩。雌虫阴门靠近肛门；尾部直或弯向背侧，呈人脚形。

本属线虫全世界共发现 5 种，其中我国报道 4 种。

种 检 索 表

1. 口囊宽度与深度大体相等，口囊壁大约在 1/3 与 2/3 交接处向内弯 ……**冠状冠环线虫 *C. coronatus***
   口囊宽度大于深度，口囊壁不向内弯 ……………………………………………2
2. 角质支环梭形，内叶冠小叶长度约等于外叶冠小叶长度的 1/2 ……………………3
   角质支环梨形，内叶冠小叶长度大于外叶冠小叶长度的 1/2 …………**小唇片冠环线虫 *C. labratus***
3. 口领切迹形成 4 个明显的唇形隆起，口囊矩形，深度较大 ……………**大唇片冠环线虫 *C. labiatus***
   口领切迹形成唇形隆起不明显，口囊前宽后窄 …………………………**箭状冠环线虫 *C. sagittatus***

(20) 冠状冠环线虫 *Coronocyclus coronatus* (Looss, 1900) (图 30；图版 VII)

Cyathostomum coronatum Looss, 1900: 159; K'ung, 1964: 218; Yang *et* K'ung, 1965: 77, 78; Lichtenfels, 1975: 3, 38, figs. 81, 82; Qi, Li *et* Cai, 1984: 135, 136, fig. 97; Li, Li, Zhou, Wang, Han, Wu *et* Huang, 1988: 162, 163, 166, fig. 66; Guo, Li, Liu *et* Ma, 1997: 11; Zhang, 2003: 70.

Cylichnostomum coronatum: Looss, 1902: 125, plates IV, VI, VIII-XII, figs.55, 56, 75, 105, 115, 124, 137, 156, 157.

Cylicostomum (*Cylicostomum*) *coronatum*: Ihle, 1922: 41-43, figs. 41-43.

Trichonoma coronatum: LeRoux, 1924: 120; Skrjabin, Shikhobalova, Schulz, Popova, Boev *et* Delyamure, 1952: 216; Popova, 1958: 29, 30, fig. 9; K'ung *et* Yang, 1963: 63, figs. 5, 6, 21, 35, 36, 41; Parasitology Division, Institute of Zoology, Academia Sinica, 1979: 121, 122, fig. 51; Shen *et* Liu, 1990: 14.

Trichonema subcoronatum Yamaguti, 1943: 435, 436.

Erschowinema coronatum: Tshoijo, 1957, In: Popova, 1958: 374.

Coronocyclus coronatus: Hartwich, 1986: 90; Dvojnos *et* Kharchenko, 1994: 66-70, 15; Lichtenfels, Kharchenko, Krecek *et* Gibbons, 1998: 70; Lichtenfels, Pilitt, Kharchenko *et* Dvojnos, 1999: 57-65, figs. 10-18; Zhang *et* K'ung, 2002a: 54-56, figs. 32, 33; Lichtenfels, Kharchenko *et* Dvojnos, 2008: 53, figs. 37, 38.

宿主　马 *Equus caballus*，驴 *Equus asinus*，骡 *Equus caballus* × *Equus asinus*，斑马 *Equus burchelli*，藏野驴 *Equus kiang*，普氏野马 *Equus przewalskii*，蒙古野驴 *Equus hemionus*。

寄生部位　盲肠、结肠。

观察标本　5♂♂8♀♀，采自河南驴的盲肠，2005.VI.18；1♂1♀，采自河北驴的大肠，1986.IX.1，孔繁瑶。标本保存于河北师范大学生命科学学院。

形态　口领顶部特别平直，口囊的深度与宽度大体相当，口囊壁厚，口囊壁的前 1/3 稍向外斜，后 2/3 亦略向外斜，故在 1/3 与 2/3 处的口囊壁向内弯，而前后两端均较宽。外叶冠 20-22 枚叶 (图版 VII：A-C)，内叶冠 40-52 枚叶，内叶冠起始于口囊内壁的前 1/3 处。

雄虫　体长 8.4mm，最大宽度 0.340mm，口领和体部交界处宽 0.085mm。口囊内径宽 0.045mm，深 0.038mm。口囊壁厚 0.010mm。食道长 0.426mm，前端部宽 0.080mm，后端膨大部宽 0.125mm。神经环距头端 0.250mm；排泄孔距头端 0.340mm；颈乳突距头端 0.370-0.380mm。雄虫交合伞背叶较狭长。交合伞自外背肋基部至背肋末端长 0.555-0.565mm。生殖锥发达，背唇三角形，有 1 个大的囊状突起物，其上有众多的刺状突起 (图版 VII：G，H)。交合刺长 1.020mm，引带长 0.140mm。

雌虫 体长 10.0mm，最大宽度 0.435mm，口领和体部交界处宽 0.112mm。口囊内径宽 0.060mm，深 0.040-0.045mm，口囊壁厚 0.010mm。食道长 0.450mm，前端部宽 0.088mm，后端膨大部 0.140mm。神经环距头端 0.250mm；排泄孔距头端 0.350mm；颈乳突距头端 0.390mm。阴道长 0.275-0.285mm，阴门距肛门 0.125mm，雌虫尾部直，尾

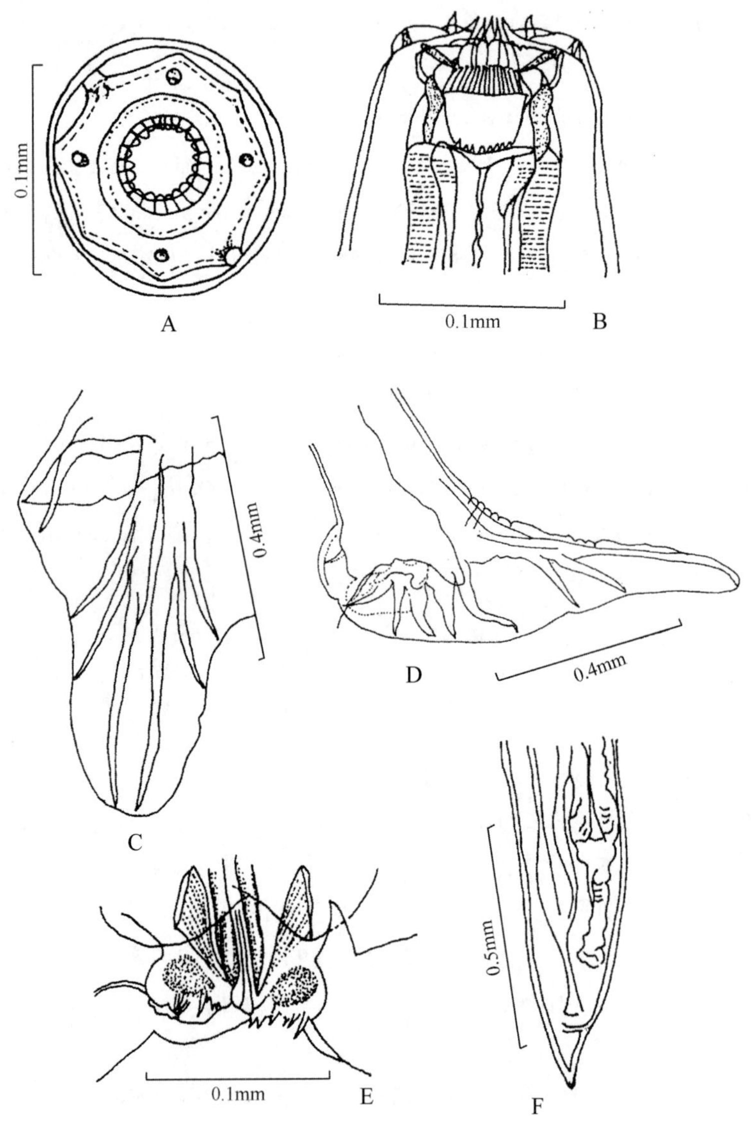

图 30 冠状冠环线虫 *Coronocyclus coronatus* (Looss)

A. 头部顶面观 (cephalic extremity, en face view)；B. 头部背腹面观 (cephalic end of body, dorso-ventral view)；C. 交合伞背肋腹面观 (dorsal ray of copulatory bursa, ventral view)；D. 交合伞侧面观 (copulatory bursa, lateral view)；E. 生殖锥腹面观 (genital cone, ventral view)；F. 雌虫尾部侧面观 (posterior end of female, lateral view)

长 0.176mm。虫卵椭圆形，长径 0.088mm， 辐径 0.029mm。

地理分布　黑龙江、辽宁、内蒙古、北京、河北、山东、河南、陕西、宁夏、甘肃、青海、新疆、江苏、安徽、福建、广西、重庆、四川、贵州、云南；世界各地。

(21) 大唇片冠环线虫 *Coronocyclus labiatus* (Looss, 1900) (图 31；图版 VIII)

Cyathostomum labiatum Looss, 1900: 158 (in part); K'ung, 1964: 218; Yang *et* K'ung, 1965: 78; Lichtenfels, 1975: 4, 39, figs. 85-87; Qi, Li *et* Cai, 1984: 136, fig. 98; Li, Li, Zhou, Wang, Han, Wu *et* Huang, 1988: 163, 164, fig. 67; Guo, Li, Liu *et* Ma 1997: 11; Zhang, 2003: 70.

Cylichnostomum labiatum: Looss, 1902: 125, plates IV, VI, VIII-XII, figs.43, 44, 78, 99, 118, 122, 138, 154, 155.

Cylicostomum labiatum digitatum Ihle, 1921: 401; 1922: 39, 40, figs. 38-40.

Cylicostomum (*Cylicostomum*) *labiatum*: Ihle, 1922: 38, 39, figs. 35-37.

Trichonema labiatum: LeRoux, 1924: 120; Skrjabin, Shikhobalova, Schulz, Popova, Boev *et* Delyamure, 1952: 217; Popova, 1958: 32, 33, fig. 11; K'ung *et* Yang, 1963: 61, 62, figs. 1, 2, 33, 34; Shen *et* Liu, 1990: 14.

Trichonema labiatum digitatum: LeRoux, 1924: 120; K'ung *et* Yang, 1963: 62, 63, figs. 3, 12, 17-19, 32, 39, 40; K'ung, 1964: 218; Yang *et* K'ung, 1965: 78; Parasitology Division, Institute of Zoology, Academia Sinica, 1979: 122, 123, fig. 52.

Cylicostomias labiatum: Cram, 1925: 229, 230.

Coronocyclus labiatus: Hartwich, 1986: 90; Dvojnos *et* Kharchenko, 1994: 72-75, fig. 17; Lichtenfels, Kharchenko, Krecek *et* Gibbons, 1998: 70; Zhang *et* K'ung, 2002a: 56-58, fig. 34; Lichtenfels, Kharchenko *et* Dvojnos, 2008: 53, 54, figs. 39, 40.

宿主　马 *Equus caballus*，驴 *Equus asinus*，骡 *Equus caballus* × *Equus asinus*，斑马 *Equus burchelli*，藏野驴 *Equus kiang*，普氏野马 *Equus przewalskii*，蒙古野驴 *Equus hemionus*。

寄生部位　大肠、盲肠、结肠。

观察标本　6♂♂5♀♀，采自河南驴的盲肠，2005.VI.18，卜艳珍；10♂♂20♀♀，采自河北驴的大肠，1986.IX.1，孔繁瑶。标本保存于河北师范大学生命科学学院。

形态　虫体比较粗大，口领很显著。口领切迹形成 4 个特别显著的唇形隆起。4 个亚中乳突从每个唇形隆起的前缘中央伸出，头感器顶端短而宽。角质支环比口囊壁小，呈纺锤形，位于口囊壁的前侧方。外叶冠 22 枚(图版 VIII：A-D)，内叶冠起始于口囊内壁的前 1/2 左右。内叶冠的长度为外叶冠 1/2，深度较小。

雄虫　体长 7.4-8.5mm，最大宽度 0.300-0.420mm，口领和体部交界处宽

0.102-0.110mm。口囊内径宽 0.048-0.066mm，深 0.020-0.023mm。口囊壁厚 0.008-0.013mm。食道长 0.386-0.416mm，前端部宽 0.089-0.095mm，后端膨大部宽 0.111-0.115mm。神经环距头端 0.251-0.255mm；排泄孔距头端 0.346-0.385mm；颈乳突距头端 0.401-0.435mm。雄虫交合伞的背叶短，较圆阔，交合伞自外背肋基部至背肋末端长 0.275-0.375mm。生

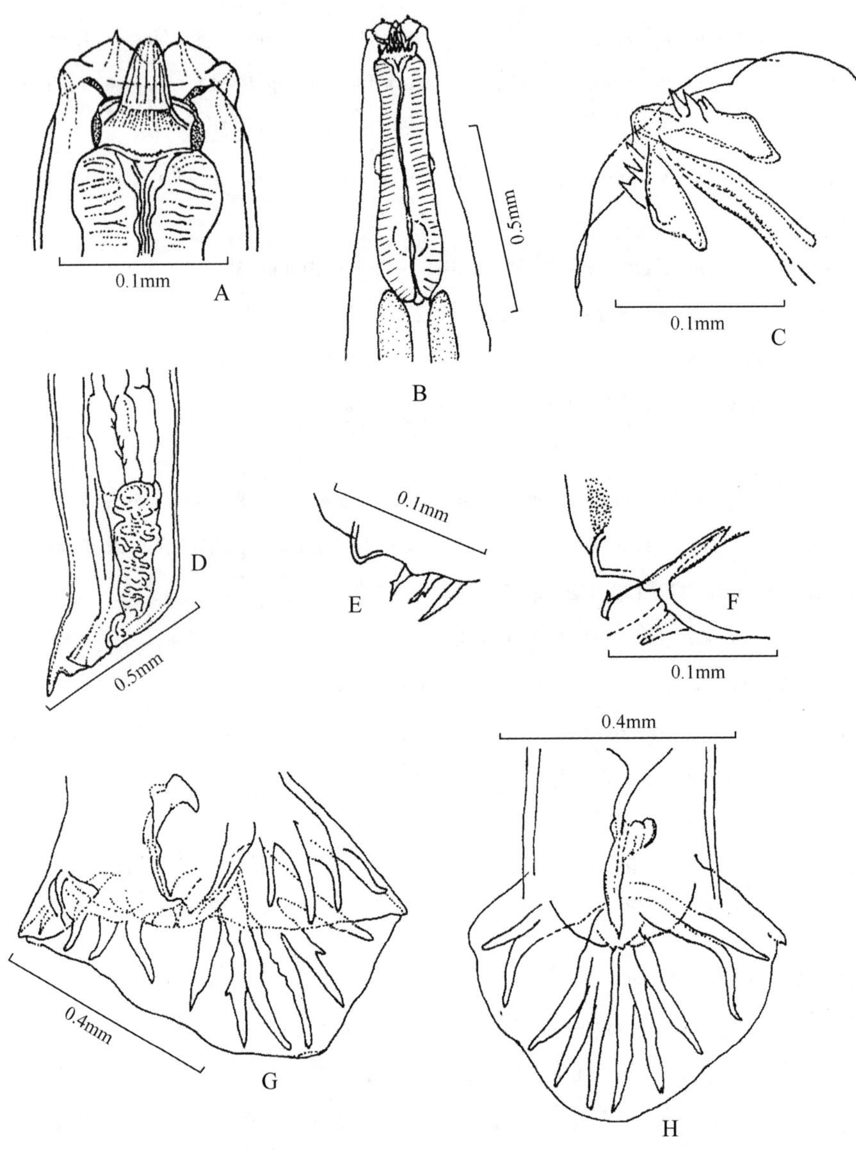

图 31　大唇片冠环线虫 *Coronocyclus labiatus* (Looss)

A. 头部腹面观 (cephalic end of body, ventral view)；B. 虫体前部腹面观 (anterior end of body, ventral view)；C. 生殖锥背面观 (genital cone, dorsal view)；D. 雌虫尾部侧面观 (posterior end of female, lateral view)；E, F. 生殖锥侧面观 (genital cone, lateral view)；G. 交合伞腹侧面观 (copulatory bursa, ventro-lateral view)；H. 交合伞腹面观 (copulatory bursa, ventral view)

殖锥发达，腹唇为圆锥形，背唇为三角形，附属物为 2 个小的囊状突起，其上有长短不一的刺状突起 (图版 VIII：F，G)。交合刺长 1.325-1.480mm，引带长 0.183-0.220mm。

雌虫　体长 9.3-10.1mm，最大宽度 0.390-0.555mm，口领和体部交界处宽 0.111-0.125mm。口囊内径 0.053-0.073mm，深 0.023-0.026mm。口囊壁厚 0.011-0.014mm。食道长 0.400-0.448mm，前端部宽 0.090-0.102mm，后端膨大部宽 0.118-0.130mm。神经环距头端 0.251-0.294mm；排泄孔距头端 0.331-0.450mm；颈乳突距头端 0.389-0.501mm。阴道长 0.290-0.425mm。阴门距肛门 0.062-0.105mm。尾长 0.030-0.160mm。虫卵椭圆形，长径 0.070-0.094mm，辐径 0.041-0.047mm。

地理分布　黑龙江、吉林、内蒙古、北京、河北、山西、河南、陕西、宁夏、甘肃、青海、新疆、江苏、安徽、广西、重庆、四川、贵州、云南；世界各地。

(22) 小唇片冠环线虫 *Coronocyclus labratus* (Looss, 1900) (图 32；图版 IX)

Cyathostomum labratum Looss, 1900: 158; K'ung, 1964: 218; Yang *et* K'ung, 1965: 77; Lichtenfels, 1975: 4, 40, figs. 88-90; Qi, Li *et* Cai, 1984: 136, 145, fig. 99; Li, Li, Zhou, Wang, Han, Wu *et* Huang, 1988: 164, 168, fig. 68; Guo, Li, Liu *et* Ma, 1997: 11; Zhang, 2003: 70.

Cylichnostomum labratum: Looss, 1902: 124, plates IV, VI, VIII-XII, figs.39, 40, 73, 95, 109, 120, 139, 151, 152.

Cylicostomum labratum: Ihle, 1922: 36, 37, figs. 30-34.

Trichonema labratum: LeRoux, 1924: 120; Skrjabin, Shikhobalova, Schulz, Popova, Boev *et* Delyamure, 1952: 217; Popova, 1958: 34, 35, fig. 13; K'ung *et* Yang, 1963: 61, figs. 4, 20, 34, 42, 43; Parasitology Division, Institute of Zoology, Academia Sinica, 1979: 123, 124, fig. 53; Shen *et* Liu, 1990: 14.

Cylicostomias labratum: Cram, 1925: 229, 230.

Coronocyclus labratus: Hartwich, 1986: 90; Dvojnos *et* Kharchenko, 1994: 76-78, fig. 18; Lichtenfels, Kharchenko, Krecek *et* Gibbons, 1998: 70; Zhang *et* K'ung, 2002a: 58, 59, fig. 35; Lichtenfels, Kharchenko *et* Dvojnos, 2008: 54, 55, figs. 41, 42.

宿主　马 *Equus caballus*，驴 *Equus asinus*，骡 *Equus caballus* × *Equus asinus*，斑马 *Equus burchelli*，藏野驴 *Equus kiang*，普氏野马 *Equus przewalskii*，蒙古野驴 *Equus hemionus*。

寄生部位　盲肠、大肠。

观察标本　8♂♂3♀♀，采自河南驴的盲肠，2005.VI.18，卜艳珍；5♂♂6♀♀，采自河北驴的大肠，1986.IX.1，孔繁瑶。标本保存于河北师范大学生命科学学院。

形态　虫体的形态与大唇片冠环线虫相似，主要区别为虫体较小，口领显著，但由口领切迹形成唇形隆起小而低，口囊呈矩形，深度较大，前后宽度大体一致。角质支环呈梨形，位于口囊壁的前侧方。外叶冠大约 18 叶 (图版 IX：A-C)，内叶冠呈棒状，起始于口囊内壁的前 1/3 左右，内叶冠长度大于外叶冠 1/2。

雄虫 体长 6.2-7.4mm，最大宽度 0.245-0.250mm。口领和体部交界处宽 0.080mm。口囊内径宽 0.045mm，深 0.022mm。口囊壁厚 0.006mm。食道长 0.360mm，前端部宽 0.070mm，后端膨大部宽 0.088mm。神经环距头端 0.204mm；排泄孔距头端 0.304mm；

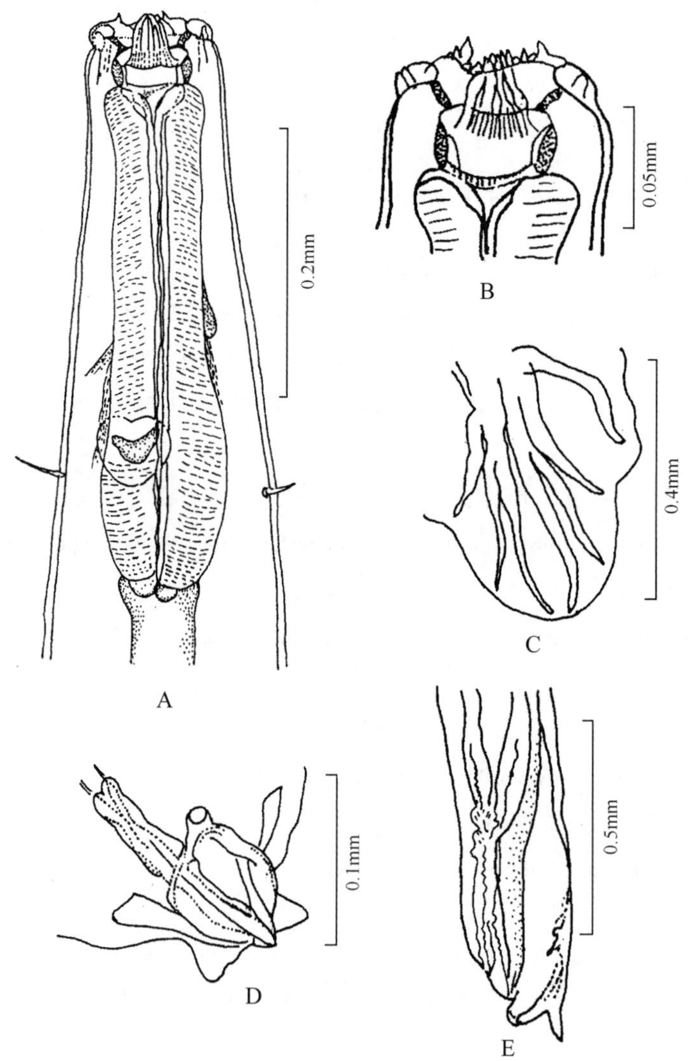

图 32 小唇片冠环线虫 *Coronocyclus labratus* (Looss)

A. 虫体前部腹面观 (anterior end of body, ventral view)；B. 头部腹面观 (cephalic end of body, ventral view)；C. 交合伞背肋腹面观 (dorsal ray of copulatory bursa, ventral view)；D. 生殖锥腹面观 (genital cone, ventral view)；E. 雌虫尾部侧面观 (posterior end of female, lateral view)

颈乳突距头端 0.330-0.340mm。雄虫交合伞的背叶中等长度，交合伞自外背肋基部至背肋末端长 0.415-0.436mm (图版 IX：D-F)。引带长 0.163mm。

雌虫 体长 8.0-8.5mm，最大宽度 0.350mm，口领和体部交界处宽 0.085mm。口囊内径宽 0.044mm，深 0.020mm。口囊壁厚 0.011mm。食道长 0.445mm，前端部宽 0.076mm，后端膨大部宽 0.095mm。神经环距头端 0.245mm；排泄孔距头端 0.344mm；颈乳突距头端 0.377mm。阴道长 0.305mm，阴门开口呈卵圆形，其内壁上有放射状条纹，加厚 (图版 IX：I)。阴门距肛门 0.125mm。雌虫尾部直，肛门为月牙形 (图版 IX：G，H)，尾长 0.113mm。虫卵椭圆形，长径 0.088mm，辐径 0.029mm。

地理分布 黑龙江、吉林、内蒙古、北京、河北、山西、河南、陕西、宁夏、甘肃、青海、新疆、江苏、安徽、广西、重庆、四川、贵州、云南；世界各地。

(23) 箭状冠环线虫 *Coronocyclus sagittatus* (Kotlan, 1920) (图 33)

Cylicostomum sagittatum Kotlan, 1920: 4; Theiler, 1923: 38, 39.

Trichonema sagittatum: LeRoux, 1924: 119.

Cylicodontophorus sagittatum: Ershov, 1939; Skrjabin, Shikhobalova, Schulz, Popova, Boev *et* Delyamure, 1952: 228; Popova, 1958: 81-83, fig. 49.

Cyathostomum sagittatum: McIntosh, 1951; K'ung, 1964: 218; Yang *et* K'ung, 1965: 78; Lichtenfels, 1975: 4; Qi, Li *et* Cai, 1984: 146, fig. 102; Zhang, 2003: 70.

Coronocyclus sagittatus: Hartwich, 1986: 90; Dvojnos *et* Kharchenko, 1994: 78-80, fig. 19; Lichtenfels, Kharchenko, Krecek *et* Gibbons, 1998: 70; Lichtenfels, Pilitt, Kharchenko *et* Dvojnos, 1999: 57-65, figs. 1-9; Zhang *et* K'ung, 2002a: 59-61, fig. 36; Lichtenfels, Kharchenko *et* Dvojnos, 2008: 55-57, figs. 43, 44.

宿主 马 *Equus caballus*，驴 *Equus asinus*，骡 *Equus caballus* × *Equus asinus*，普氏野马 *Equus przewalskii*，蒙古野驴 *Equus hemionus*。

寄生部位 盲肠。

观察标本 3♂♂2♀♀，采自河北驴的大肠，1986.IX.1，孔繁瑶。标本保存于河北师范大学生命科学学院。

形态 口领较低，背腹面稍向下凹陷。有角质支环，呈纺锤形。背腹面观口囊呈矩形，侧面观口囊呈倒梯形，口囊壁后部较厚，从内叶冠起始之处向前逐渐变薄。外叶冠 18-22 叶，内叶冠数目较多，起始于口囊内壁的近 1/2 处。无背沟。雄虫交合伞的背叶长。

雄虫 体长 10.1-12.1mm，最大宽度 0.400-0.450mm。口领高 0.0185-0.0210mm。口领与体部交界处宽 0.135-0.151mm，侧面观，口囊内径的前宽 0.107-0.109mm，后宽 0.0850-0.0853mm，口囊深 0.053mm。口囊壁厚 0.012-0.015mm。食道长 0.650-0.690mm，

前部宽 0.120mm，后端膨大部宽 0.170-0.180mm。颈乳突距头端 0.490mm；排泄孔距头端 0.480mm。神经环距头端 0.320-0.350mm。交合伞前宽 0.250-0.280mm。交合伞自外背肋基部至背肋末端长 0.900-0.950mm。生殖锥背唇上有较多的指状突。交合刺长 1.240-1.450mm。引带长 0.200-0.210mm。

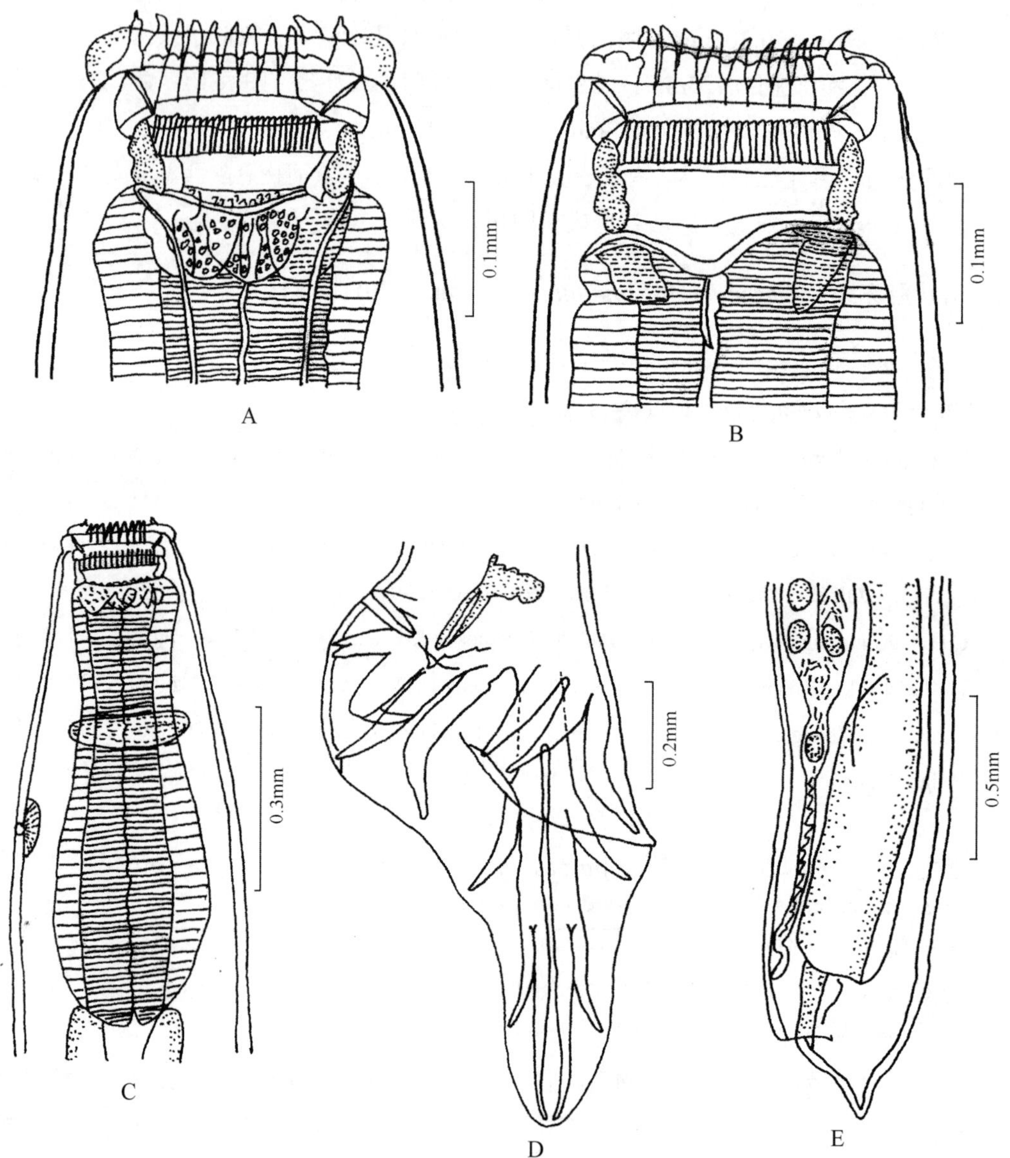

图 33 箭状冠环线虫 *Coronocyclus sagittatus* (Kotlan)

A. 头部侧面观 (cephalic end of body, lateral view)；B. 头部腹面观 (cephalic end of body, ventral view)；C. 虫体前部侧面观 (anterior end of body, lateral view)；D. 交合伞腹面观 (copulatory bursa, ventral view)；E. 雌虫尾部侧面观 (posterior end of female, lateral view)

雌虫　体长 10.5-13.8mm，最大宽度 0.400-0.560mm。口领高 0.0185-0.0210mm，口领与体部交界处宽 0.160-0.165mm。侧面观，口囊内径的前宽 0.120-0.142mm，后宽 0.100-0.185mm；口囊深 0.045-0.050mm。口囊壁厚 0.015-0.020mm。食道长 0.690-0.750mm，前部宽 0.150-0.175mm，后端膨大部宽 0.170-0.250mm。神经环距头端 0.320-0.400mm；颈乳突距头端 0.440-0.560mm；排泄孔距头端 0.480-0.540mm。阴门处体宽 0.240-0.310mm，肛门处体宽 0.160-0.220mm。阴门距尾端 0.350-0.440mm。阴道长 0.350-0.550mm。尾长 0.135-0.210mm，尾端直。

地理分布　黑龙江、吉林、河北、陕西、宁夏、甘肃、青海、新疆、重庆、四川、贵州；苏联，印度尼西亚，匈牙利，美国。

12. 双冠属 *Cylicodontophorus* Ihle, 1922

Cylicodontophorus Ihle, 1922: 75; Skrjabin, Shikhobalova, Schulz, Popova, Boev *et* Delyamure, 1952: 226; Popova, 1958: 70; Lichtenfels, 1975: 21; Parasitology Division, Institute of Zoology, Academia Sinica, 1979: 141; Hartwich, 1986: 87; Dvojnos *et* Kharchenko, 1994: 149; Lichtenfels, Kharchenko, Krecek *et* Gibbons, 1998: 70; Zhang *et* K'ung, 2002a: 62; Lichtenfels, Kharchenko *et* Dvojnos, 2008: 83-85.

Type species: *Cylicodontophorus bicoronatus* (Looss, 1900) Cram, 1924.

简史　Ihle (1922) 建立双冠亚属 *Cylicodontophorus*，包括 *Cylicodontophorus bicoronatus*，*Cylicodontophorus euproctus*，*Cylicodontophorus ihlei* 和 *Cylicodontophorus ultrajectinus*。Cram (1924) 将该亚属提到属的阶元。Erschow (1943) 和 Popova (1958)对双冠属进行了扩展，除了包括上述 4 种中的 3 种 (*Cylicodontophorus ultrajectinus* 除外)，又将 *Cyathostomum sagittum*，*Cyathostomum arnatum*，*Cyathostomum pateratum* 和 *Cylicodontophorus mettami* 放入本属。这些学者都认为 *Cylicodontophorus ihlei* 为 *Cylicodontophorus mettami* 的同物异名。孔繁瑶 (1964) 认为这个属被不适当地扩大了，他确定该属只包括 3 种，*Cylicodontophorus bicoronatus*，*Cylicodontophorus euproctus* 和 *Cylicodontophorus mettami*。Lichtenfels (1975) 同意孔繁瑶的意见。Hartwich (1986) 在对双冠属的线虫进行比较研究后，认为该属种类为两个不同的类群。模式种双冠双冠线虫 *Cylicodontophorus bicoronatus* 内外叶冠相等，口囊前宽后窄呈漏斗状；而本属其他种类内叶冠数目少于外叶冠，口囊前窄后宽。Hartwich 为这些种类建立了 1 新属，副杯口属 *Parapoteriostomum*。Lichtenfels 等 (1998a) 把 Hartwich (1986) 没有研究的 1 种 *Cylicodontophorus reineckei* 放入该属。张路平和孔繁瑶 (2002a, 2002b) 研究了该种的原始描述，发现该种线虫的外叶冠数目少于内叶冠，口囊前窄后宽，这些特征都属于副杯口属的特征，将该种线虫放入副杯口属。因此，双冠

属仅保留模式种。

特征 小型或中型虫体。口领高，侧器部不隆起。环口乳突短，呈圆锥形。外叶冠不如内叶冠显著，内叶冠小叶一般比外叶冠小叶长些、宽些，数目与外叶冠相等。内叶冠小叶起始于靠近口囊前缘处。角质支环从口囊前缘沿口领基部延伸至外缘。口囊前宽后短呈漏斗状，口囊壁前后的厚度大体一致。有发达的背沟。雄虫的交合伞背肋自第一侧支处分开。交合刺呈线形，等长，末端有钩。雌虫阴门距肛门近，尾部呈人脚形。

本属线虫全世界仅报道 1 种。

(24) 双冠双冠线虫 *Cylicodontophorus bicoronatus* (Looss, 1900) (图 34)

Cyathostomum bicoronatum Looss, 1900: 159.

Cylichnostomum bicoronatum: Looss, 1902: 125.

Trichonema bicoronatum: LeRoux, 1924: 126.

Cylichnostomum (*Cylicodontophorus*) *bicoronatum*: Ihle, 1922: 76, 77, figs. 100-102.

Cylicodontophorus bicoronatus: Cram, 1924: 670; Skrjabin, Shikhobalova, Schulz, Popova, Boev *et* Delyamure, 1952: 226, fig. 110; Popova, 1958: 71-74, figs. 41-43; K'ung *et* Yang, 1964: 36, plates I-III, figs.6, 15, 16, 18; K'ung, 1964: 218; Yang *et* K'ung, 1965: 79; Lichtenfels, 1975: 4, 21, 49, figs. 26-29, 120, 121; Parasitology Division, Institute of Zoology, Academia Sinica, 1979: 141, 142, fig. 64; Qi, Li *et* Cai, 1984: 172, 189, fig. 116; Hartwich, 1986: 87; Li, Li, Zhou, Wang, Han, Wu *et* Huang, 1988: 190, 194, fig. 83; Dvojnos *et* Kharchenko, 1994: 150-152, fig. 41; Guo, Li, Liu *et* Ma, 1997: 11; Lichtenfels, Kharchenko, Krecek *et* Gibbons, 1998: 71; Zhang *et* K'ung, 2002a: 62-64, fig. 38; Zhang, 2003: 70, 71; Lichtenfels, Kharchenko *et* Dvojnos, 2008: 85, 86, figs. 67, 68.

宿主 马 *Equus caballus*，驴 *Equus asinus*，骡 *Equus caballus* × *Equus asinus*，藏野驴 *Equus kiang*，普氏野马 *Equus przewalskii*，蒙古野驴 *Equus hemionus*。

寄生部位 盲肠。

观察标本 2♂♂3♀♀，采自河北驴的大肠，1986.IX.1，孔繁瑶。标本保存于河北师范大学生命科学学院。

形态 环口乳突短小，但较粗。外叶冠的小叶呈长形，末端尖，共 26-32 枚。内叶冠的小叶宽大，顶端钝圆，与外叶冠的小叶同数。口囊短，前宽后窄；壁厚。背沟伸达口囊的前缘附近，食道前端不显著膨大。雄虫交合伞的背叶与侧叶之间有明显的凹迹。生殖锥的两侧各有 1 长形突起。雌虫尾部呈人脚形。

雄虫 体长 10.7-11.6mm，最大宽度 0.460-0.570mm。口领与体部交界处宽 0.112-0.127mm。口囊内径：前宽 0.078-0.127mm，后宽 0.063-0.074mm；深 0.025-0.028mm。口囊壁厚 0.010-0.013mm。食道长 0.585-0.650mm，前端部宽 0.127-0.135mm，后端膨大部宽 0.200-0.207mm。神经环距头端 0.310-0.355mm；排泄孔距头端 0.410-0.448mm；颈

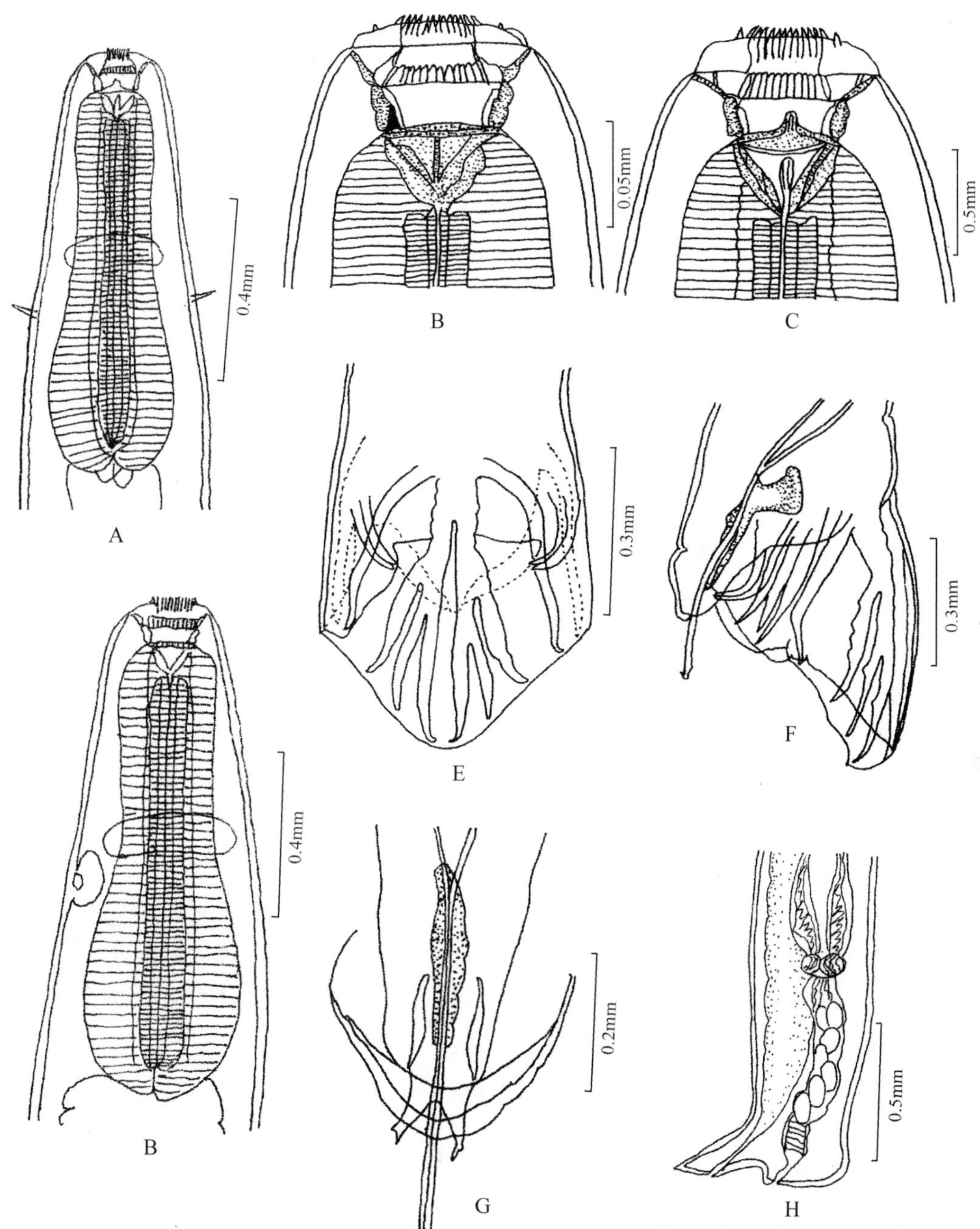

图 34　双冠双冠线虫 *Cylicodontophorus bicoronatus* (Looss)

A. 虫体前部腹面观 (anterior end of body, ventral view)；B. 虫体前部侧面观 (anterior end of body, lateral view)；C. 头部侧面观 (cephalic end of body, lateral view)；D.头部腹面观 (cephalic end of body, ventral view)；E. 交合伞腹面观 (copulatory bursa, ventral view)；F. 交合伞侧面观 (copulatory bursa, lateral view)；G. 生殖锥腹面观 (genital cone, ventral view)；H. 雌虫尾部侧面观 (posterior end of female, lateral view)

乳突距头端 0.375-0.460mm。交合伞自外背肋基部至背肋末端长 0.540-0.680mm。交合刺长 1.840-1.930mm。引带长 0.290-0.330mm。

雌虫 体长 12.0-12.8mm，最大宽度 0.550-0.575mm。口领与体部交界处宽 0.123-0.140mm。口囊内径：前宽 0.080-0.091mm，后宽 0.061-0.077mm；深 0.023-0.032mm。口囊壁厚 0.010-0.014mm。食道长 0.625-0.700mm。前端部宽 0.120-0.137mm，后端膨大部宽 0.194-0.236mm。神经环距头端 0.360-0.405mm；排泄孔距头端 0.450-0.490mm；颈乳突距头端 0.468-0.505mm。阴道长 0.490-0.745mm。阴门距肛门 0.135mm。尾长 0.065mm。

地理分布 黑龙江、吉林、内蒙古、北京、河北、山西、陕西、宁夏、甘肃、青海、新疆、江苏、江西、福建、广西、重庆、四川、贵州、云南；世界各地。

13. 杯环属 *Cylicocyclus* Ihle, 1922

Cylicocyclus Ihle, 1922: 52, 53; Skrjabin, Shikhobalova, Schulz, Popova, Boev *et* Delyamure, 1952: 225; Popova, 1958: 47; K'ung, Yeh *et* Liu, 1959: 32; 1979: 130; Hartwich, 1986: 88, 89; Dvojnos *et* Kharchenko, 1994: 111, 112; Lichtenfels, Kharchenko, Krecek *et* Gibbons, 1998: 71; Zhang *et* K'ung, 2002a: 64; Lichtenfels, Kharchenko *et* Dvojnos, 2008: 96, 97.

Type species: *Cylicocyclus radiatus* (Looss, 1900).

特征 小型至中型虫体，长 5-25mm。口领一般较高；头感器通常较发达，其所在部位的口领常隆起或突出。内叶冠小叶起始于口囊壁的前缘或接近口囊前缘部位，角质支环呈月牙形，与口囊前缘相连，沿口领基部延伸至外缘。口囊通常短，壁薄，一般前部薄锐，后缘环箍形增厚。背沟一般不发达。口囊的内腔宽度常比深度大得多。雄虫交合伞背肋自外背肋基部分为 2 支。交合刺呈线状，等长，末端有沟。雌虫阴门距肛门近，尾部一般是直的，有的微弯向背侧。

本属线虫全世界共报道 16 种，其中我国报道 12 种。

种 检 索 表

1. 口囊极短，深度最小为 0.012mm……………………………………**短口囊杯环线虫 *C. brevicapsulatus***
   口囊深且宽，深度在 0.02mm 以上……………………………………………………………………2
2. 内叶冠长短不一，每 2 个较长的内叶冠之间，夹有 2 或 3 个较短的小叶……………………………………………………………………………………**外射环环线虫 *C. ultrajectinus***
   内叶冠长短一致，小叶很小，数目远比外叶冠多……………………………………………………3
3. 有背沟………………………………………………………………………………………………4
   无背沟………………………………………………………………………………………………9

4. 背沟长，突出于口囊内……………………………………………………………………………………5

背沟短，不突出或稍突出于口囊内，口囊内壁无角质的横嵴………………………………………7

5. 背沟长度相当于口囊深度的 1/2，口囊内壁突出 1 角质的横嵴……………………………………6

背沟长度不及口囊深度的 1/3，口囊内壁无突出的角质横嵴……………**阿氏杯环线虫 *C. ashworthi***

6. 内叶冠约 60 叶……………………………………………………………**鼻状杯环线虫 *C. nassatus***

内叶冠 160-200 叶………………………………………………………**南宁杯环线虫 *C. nanningensis***

7. 背沟短，不突出于口囊内，雄虫生殖锥上的附属物呈薄片状，有许多指状突起……………………
……………………………………………………………………………**安地斯杯环线虫 *C. adersi***

背沟短，突出于口囊内，雄虫生殖锥无上述构造……………………………………………………8

8. 外叶冠 20-24 叶，口囊侧径略大于背腹径，食道肠瓣特别发达……**细口杯环线虫 *C. leptostomum***

外叶冠 24-28 叶，口囊侧径约为背腹径 4 倍………………………**天山杯环线虫 *C. tianshangensis***

9. 头感器很长，横向两侧外突，呈耳状……………………………………**耳状杯环线虫 *C. auriculatus***

头感器不向两侧外突，不呈耳状……………………………………………………………………10

10. 食道漏斗小，外叶冠少于 36 叶…………………………………………**辐射杯环线虫 *C. radiatus***

食道漏斗大，外叶冠在 38 叶以上……………………………………………………………………11

11. 口领背腹面观，形状近似"凹"字形，侧面观则似"凸"字形，雄虫交合伞背肋窄而长，长度在 1.450-1.820mm，甚至以上…………………………………………………**长形杯环线虫 *C. elongatus***

口领的凹凸面不如上述显著，交合伞背叶宽阔，背肋长度不到 1.0mm……**显形杯环线虫 *C. insigne***

(25) 辐射杯环线虫 *Cylicocyclus radiatus* (Looss, 1900) (图 35；图版 X)

Cyathostomum radiatum Looss, 1900: 187.

Cylichnostomum radiatum: Looss, 1902: 129, plates V-XII, figs.59, 60, 66, 88, 100, 110, 129, 142, 146, 147.

Cylicostomum (*Cylicocyclus*) *radiatum*: Ihle, 1922: 54, 55, figs. 65-67.

Cylicostomum prionodes Kotlan, 1921: 305, 306, figs. 8, 9; 81, 82.

Trichonema radiatum: LeRoux, 1924: 122.

Cylicocyclus radiatus: Chaves, 1930: 736; Skrjabin, Shikhobalova, Schulz, Popova, Boev *et* Delyamure, 1952: 225, fig.109; Popova, 1958: 48-50, fig. 24; K'ung *et* Yang, 1964: 34, 35, plates I, II, figs.4, 5, figs.12-14; K'ung, 1964: 218; Yang *et* K'ung, 1965: 80; Lichtenfels, 1975: 5, 18, 47, figs. 14-17, 116-119; Parasitology Division, Institute of Zoology, Academia Sinica, 1979: 130, 131, fig. 57; Qi, Li *et* Cai, 1984: 159, fig. 104; Hartwich, 1986: 88; Li, Li, Zhou, Wang, Han, Wu *et* Huang, 1988: 172, 174, fig. 71; Shen *et* Liu, 1990: 14; Dvojnos *et* Kharchenko, 1994: 113-116, fig. 30; Lichtenfels, Kharchenko, Krecek *et* Gibbons, 1998: 71; Lichtenfels, Pilitt, Dvojnos, Kharchenko *et* Krecek, 1998: 57-61, 1-18; Zhang *et* K'ung, 2002a: 65-67, figs. 39, 40; Zhang, 2003: 72; Lichtenfels, Kharchenko *et*

Dvojnos, 2008: 99, figs. 77, 78.

宿主 马 *Equus caballus*, 驴 *Equus asinus*，骡 *Equus caballus* × *Equus asinus*，斑马 *Equus burchelli*，普氏野马 *Equus przewalskii*，蒙古野驴 *Equus hemionus*。

寄生部位 盲肠、结肠。

观察标本 3♂♂7♀♀，采自河南驴的盲肠，2005.VI.18，卜艳珍；3♂♂2♀♀，采自河北驴的大肠，1986.IX.1，孔繁瑶。标本保存于河北师范大学生命科学学院。

形态 口领显著，较高，边缘钝圆，口领与体部之间有 1 明显的环纹，亚中乳突和头感器长，突出于口领之外。口囊近似矩形，口囊前稍窄后宽，口囊壁稍成弧形或成弧

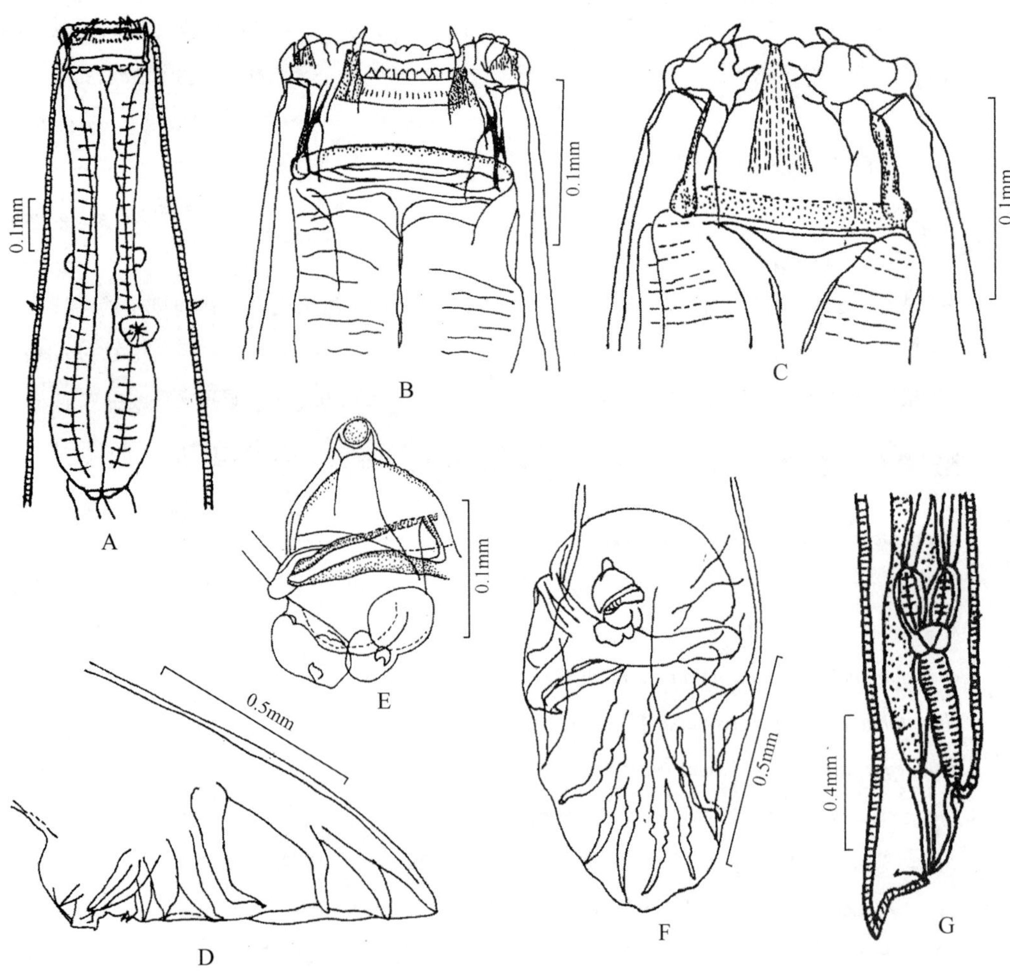

图 35 辐射杯环线虫 *Cylicocyclus radiatus* (Looss)

A. 虫体前部侧面观 (anterior end of body, lateral view)；B. 头部侧面观 (cephalic end of body, lateral view)；C. 头部腹面观 (cephalic end of body, ventral view)；D. 交合伞侧面观 (copulatory bursa, lateral view)；E. 生殖锥腹面观 (genital cone, ventral view)；F. 交合伞腹面观 (copulatory bursa, ventral view)；G. 雌虫尾部侧面观 (posterior end of female, lateral view)

形，前薄后厚，其后缘增厚为 1 明显的环箍。外叶冠 34-36 叶 (图版 X：A-F)，内叶冠 48-52 叶。无背沟。

雄虫　体长 10.2-11.6mm，最大宽度 0.530-0.585mm。口领和体部交界处的侧径宽 0.148-0.192mm，背腹径宽 0.092-0.125mm。口囊内径：侧径宽 0.107-0.158mm；背腹径宽 0.045-0.097mm。口囊深 0.047-0.059mm。食道长 0.740-0.820mm，前端部宽 0.087-0.175mm，后端膨大部宽 0.175-0.194mm。神经环距头端 0.450-0.475mm；排泄孔距头端 0.526-0.600mm；颈乳突距头端 0.525-0.665mm。雄虫交合伞背叶中等长度，交合伞自外背肋基部至背肋末端长 0.600-0.735mm。生殖锥腹唇球形，背唇沟槽状，后方有 2 个互相靠近的大的囊泡状附属物，每一个囊泡状附属物上有 1 个小的乳头状突 (图版 X：G，H)。交合刺长 1.530-1.840mm。引带长 0.255-0.280mm。

雌虫　体长 9.9-13.8mm，最大宽度 0.550-0.640mm。口领和体部交界处的侧径宽 0.153-0.193mm；背腹径宽 0.100-0.130mm。口囊内径：侧径宽 0.115-0.168mm；背腹径宽 0.036-0.097mm。口囊深 0.073-0.054mm。食道长 0.735-0.900mm，前端部宽 0.065-0.168mm；后端膨大部宽 0.188-0.225mm。神经环距头端 0.375-0.515mm；排泄孔距头端 0.530-0.635mm；颈乳突距头端 0.525-0.625mm。阴道长 0.630-0.750mm。阴门距肛门 0.130-0.300mm；雌虫尾部直，尾长 0.125-0.205mm (图版 X：I)。卵椭圆形，长径 0.067-0.082mm，辐径 0.026-0.033mm。

扫描电镜观察，作者的标本外叶冠数目为 34-36 枚，比以往的报道明显多。Lichtenfels 等 (2008)，齐普生等 (1984)，张路平和孔繁瑶 (2002a) 均报道有 26-28 枚。

地理分布　黑龙江、吉林、内蒙古、北京、河北、山西、河南、陕西、宁夏、甘肃、青海、新疆、江苏、安徽、广西、重庆、四川、贵州、云南；世界各地。

(26) 安地斯杯环线虫 *Cylicocyclus adersi* (Boulenger, 1920) (图 36；图版 XI)

Cylicostomum adersi Boulenger, 1920: 30-32, figs.3-5.

Cylicostomum (*Cylicocyclus*) *adersi*: Ihle, 1922: 59, 60, figs.77, 78.

Cylicocyclus adersi: Chaves, 1930: 736; Skrjabin, Shikhobalova, Schulz, Popova, Boev *et* Delyamure, 1952: 225; Popova, 1958: 50, 51, fig. 25; Lichtenfels, 1975: 6; K'ung, 1964: 218; Yang *et* K'ung, 1965: 80; Parasitology Division, Institute of Zoology, Academia Sinica, 1979: 132, 133, fig. 58; Qi, Li *et* Cai, 1984: 159, 160, fig. 105; Hartwich, 1986: 88; Dvojnos *et* Kharchenko, 1994: 116, 117; Li, Li, Zhou, Wang, Han, Wu *et* Huang, 1988: 172, 173, 175, fig. 72; Zhang *et* K'ung, 2002a: 67, 68, fig. 41; Zhang, 2003: 71; Lichtenfels, Kharchenko *et* Dvojnos, 2008: 100-102, figs. 79, 80.

宿主　马 *Equus caballus*，驴 *Equus asinus*，骡 *Equus caballus* × *Equus asinus*，斑马 *Equus burchelli*。

寄生部位 大肠。

观察标本 3♂♂1♀，采自河南驴的盲肠，2005.VI.18，卜艳珍。标本保存于河北师范大学生命科学学院。

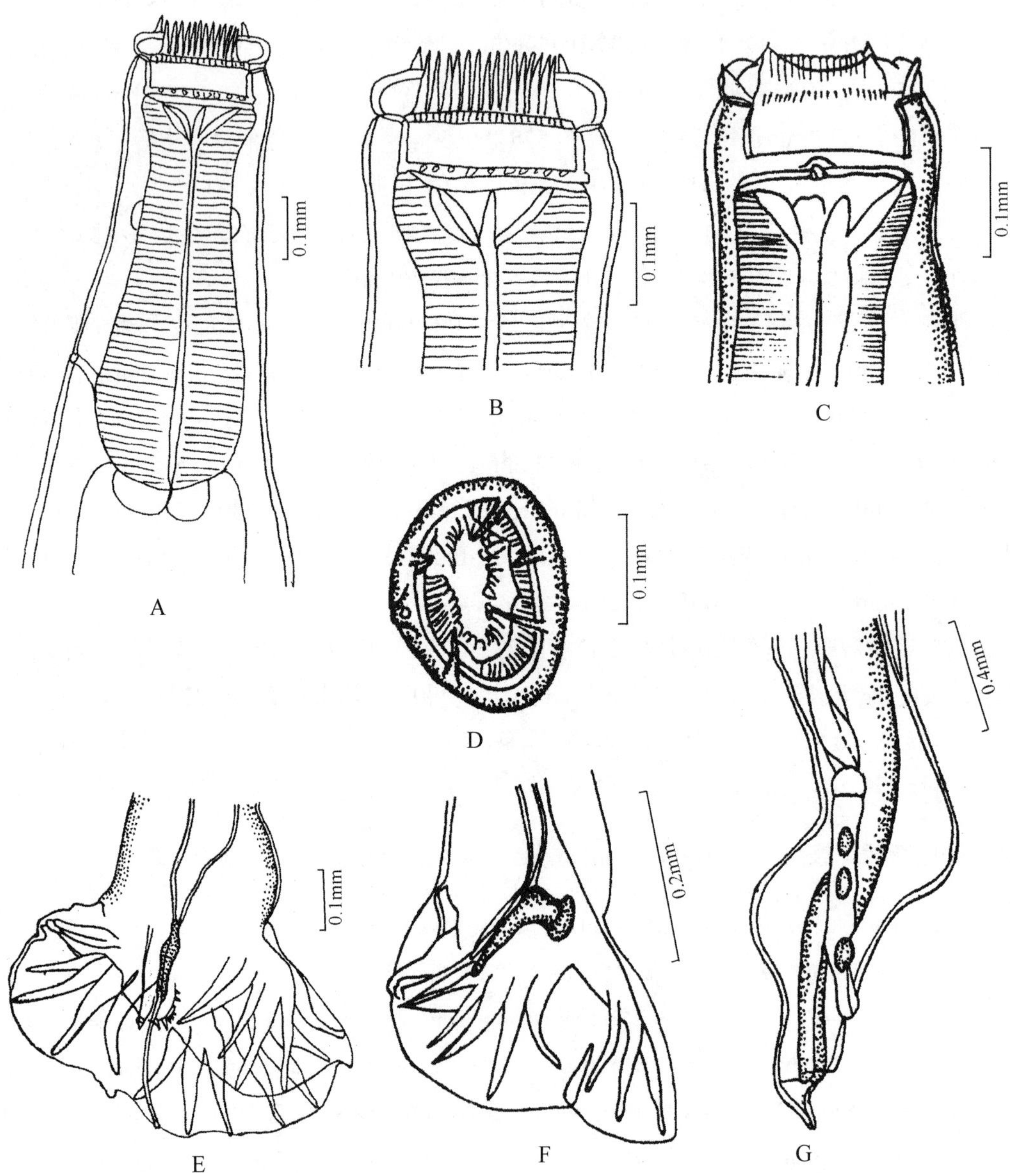

图 36 安地斯杯环线虫 *Cylicocyclus adersi* (Boulenger)

A. 虫体前部侧面观 (anterior end of body, lateral view)；B, C. 头部侧面观 (cephalic end of body, lateral view)；D. 头部顶面观 (cephalic extremity, en face view)；E. 交合伞腹面观 (copulatory bursa, ventral view)；F. 交合伞侧面观 (copulatory bursa, lateral view)；G. 雌虫尾部侧面观 (posterior end of female, lateral view)

形态 口领较低，背腹面稍向下凹陷。亚中乳突长，突出于口领之外，基部呈三角形隆起；头感器短，不突出于口领之外 (图版 XI：B，C)。口囊呈矩形，口囊壁薄成弧形，后部稍加厚。外叶冠 40 叶，小叶细长，弯向口孔外侧 (图版 XI：A-C)，内叶冠数目较多。食道漏斗较发达。有短的背沟，不突出于口囊之内。

雄虫　体长 10.2-11.9 (11.6)mm，最大宽度 0.590-0.640 (0.610)mm。口囊宽 0.150-0.170 (0.160)mm，深 0.046-0.059 (0.057)mm。食道长 0.480-0.590 (0.560)mm。食道前部宽 0.100-0.160 (0.130)mm，后端膨大部宽 0.220-0.280 (0.260)mm。神经环距头端 0.320-0.370 (0.350)mm；排泄孔距头端 0.460-0.600 (0.540)mm；颈乳突距头端 0.450-0.580 (0.530)mm。雄虫交合伞背叶短，宽而圆，交合伞自外背肋基部至背肋末端长 0.640-0.730 (0.690)mm。生殖锥上的附属物呈薄片状，有许多指状突起 (图版 XI：D-G)。交合刺长 2.460-2.680 (2.520)mm。引带长 0.310-0.370 (0.330)mm。

雌虫　体长 11.6-14.3 (14.0)mm，最大宽度 0.750-0.860 (0.810)mm。口囊宽 0.170-0.180 (0.174)mm，深 0.055-0.069 (0.062)mm。食道长 0.580-0.670 (0.630)mm。食道前部宽 0.190-0.200 (0.196)mm，后端膨大部宽 0.250-0.320 (0.290)mm。神经环距头端 0.390-0.430 (0.400)mm；排泄孔距头端 0.480-0.650 (0.630)mm；颈乳突距头端 0.490-0.640 (0.630)mm。阴道长 0.470-0.730 (0.580)mm。阴门距尾端 0.270-0.380 (0.350)mm。肛门距尾端 0.160-0.240 (0.220)mm。卵椭圆形，长径 0.088-0.121 (0.113)mm，辐径 0.035-0.049 (0.042)mm。

扫描电镜观察，作者的标本外叶冠数目为 40 枚，比以往的报道明显多。Lichtenfels (2008) 报道有 30 枚外叶冠；齐普生等 (1984) 报道有 28-36 枚，张路平和孔繁瑶 (2002) 报道有 24-36 枚。

地理分布　内蒙古、河南、陕西、宁夏、新疆、江苏、广西、重庆、四川、云南；苏联，亚洲 (苏联以外地区)，非洲。

(27) 阿氏杯环线虫 *Cylicocylus ashworthi* (LeRoux，1924) (图 37；图版 XII)

Trichonema ashworthi LeRoux, 1924: 122-125, figs. 1-6.

Cylicocylus ashworthi: McIntosh, 1933; Yang *et* K'ung, 1965: 81; Lichtenfels, Kharchenko, Sommer *et* Ito, 1997: 122-127, figs. 9-16; Lichtenfels, Kharchenko, Krecek *et* Gibbons, 1998: 71; Zhang *et* K'ung, 2002a: 68, 69, fig. 42; Lichtenfels, Kharchenko *et* Dvojnos, 2008: 102-105, figs. 81, 82.

Trichonema matumurai Yamaguti, 1942: 1-33.

Cylicocyclus largocapsulatus Iren, 1943: 1-53.

Cylicocyclus matumurai Lichtenfels, 1975: 6.

Cylicocylus zhidanensis Zhang *et* Li, 1981: 193-198, figs. 1-8; Zhang *et* K'ung, 2002b: fig. 42.

Cylicocylus urumuchiensis Li, Cai *et* Qi, 1984b: 44, fig. 1-7. Qi, Li *et* Cai, 1984: 172, fig. 115.

宿主 马 *Equus caballus*，驴 *Equus asinus*，骡 *Equus caballus* × *Equus asinus*，普氏野马 *Equus przewalskii*，蒙古野驴 *Equus hemionus*。

寄生部位 大肠。

观察标本 6♂♂1♀，采自河南驴的盲肠，2005.VI.18，卜艳珍；5♂♂5♀♀，采自河北驴的盲肠，1986.IX.1，孔繁瑶。标本保存于河北师范大学生命科学学院。

形态 虫体中等大小。口领与体部之间有明显的凹陷。口囊呈亚圆柱形，横截面几乎呈圆形。口壁较厚，后缘有 1 箍环状加厚。口囊底部有角质突起。外叶冠有 22-24 枚叶冠小瓣，斜向前伸出，或末端向外弯曲 (图版 XII：A-D)。内叶冠短，呈几丁质小棒状，起源于口囊前缘的内面。背食道沟很短。

雄虫 体长 6.7-7.8 (7.7)mm，最大宽度 0.320-0.370 (0.360)mm。口领的宽度与高度大致相同，口囊内径最大宽度 0.064-0.075 (0.073)mm，口囊深 0.023-0.027 (0.024)mm。食道长 0.560-0.620 (0.590)mm，最大宽度 0.120-0.140 (0.130)mm。神经环距头端 0.290-0.310 (0.300)mm；颈乳突距头端 0.360-0.390 (0.380)mm。交合伞背叶中等长度，与侧叶的分界不明显 (图版 XII：E，F)，交合伞外背肋基部至背肋末端长 0.480-0.510 (0.490)mm，背肋在外背肋分出处分为 2 支，每支又分为 3 个小支，其中 2 个内侧小支上各有 1 小的附支。生殖锥腹唇为球形，背唇三角形，有 2 个囊状附属物，其上有 1 个刺状突起和 1 个乳突状突起，或是有 2 个乳突状突起 (图版 XII：G，H)。交合刺长 1.090-1.130 (1.100)mm。引带长 0.170-0.210 (0.180)mm。

雌虫 体长 7.9-8.9 (8.8)mm，最大宽度 0.450-0.480 (0.470)mm。口囊内径最大宽度 0.075-0.086 (0.082)mm，口囊深 0.023-0.029 (0.026)mm。食道长 0.590-0.670 (0.630)mm，最大宽度 0.140-0.160 (0.150)mm。神经环距头端 0.320-0.340 (0.330)mm；颈乳突距头端 0.390-0.420 (0.410)mm。阴道长 0.280-0.360 (0.340)mm。阴门距肛门 0.086-0.119 (0.103)mm。尾端尖细，尾长 0.130-0.150 (0.140)mm。

地理分布 北京、河北、河南、陕西、宁夏、青海、新疆、四川、云南；世界分布。

LeRoux (1924) 首先描述了该种，但许多学者认为该种为鼻状杯环线虫 *Cylicocyclus nassatus* 的同物异名。而 Hartwich (1986)则将阿氏杯环线虫看作是三支杯环线虫 *Cylicocyclus triramosus* 的同物异名。Kharchenko 等 (1997) 对三支杯环线虫进行了重新描述，确定该种线虫仅寄生于斑马体内，与阿氏杯环线虫是不同的种；同时，Lichtenfels 等 (1997) 对阿氏杯环线虫进行了重新描述，确定了该种是一个有效的种。张宝祥和李贵 (1981) 描述了 1 新种，志丹杯环线虫 *Cylicocyclus zhidanensis*，Lichtenfels 等 (2008) 将其作为阿氏杯环线虫的同物异名。齐普生等 (1984) 在《中国草食家畜常见寄生蠕虫图鉴》中收录了乌鲁木齐杯环线虫 *Cylicocyclus urumuchiensis* Qi *et* Li, 1978。然而，这个种在 1978 年并未在刊物上正式发表。该种线虫由李倩茹等 (1984b) 正式发表在《新疆农业科学》上。因此，作者认为乌鲁木齐杯环线虫学名应为 *Cylicocyclus urumuchiensis* Li, Cai

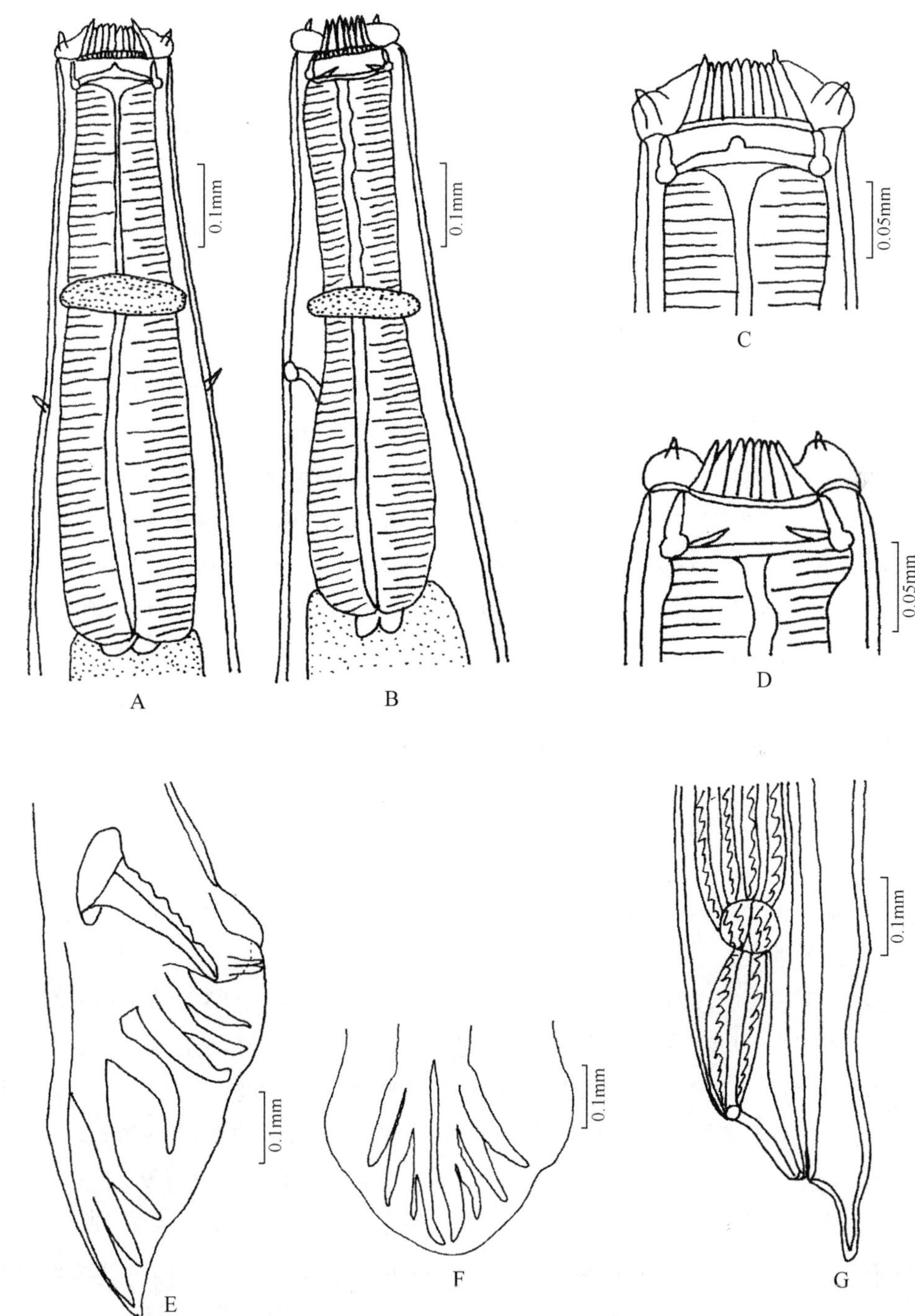

图 37　阿氏杯环线虫 *Cylicocyclus ashworthi* (LeRoux)

A. 虫体前部腹面观 (anterior end of body, ventral view)；B. 虫体前部侧面观 (anterior end of body, lateral view)；C. 头部腹面观 (cephalic end of body, ventral view)；D. 头部侧面观 (cephalic end of body, lateral view)；E. 交合伞侧面观 (copulatory bursa, lateral view)；F. 交合伞背叶腹面观 (dorsal lobe of copulatory bursa, ventral view)；G. 雌虫尾部侧面观 (posterior end of female, lateral view) *et* Qi, 1984。通过比较，作者认为该种线虫与阿氏杯环线虫的特征相同，应为阿氏杯环线虫的同物异名。

(28) 耳状杯环线虫 *Cylicocylus auriculatus* (Looss, 1900) (图 38；图版 XIII)

Cyathostomum auriculatum Looss, 1900: 189.

Cylichnostomum auriculatum: Looss, 1902: 130, plates VI, VIII, IX, XII, figs. 63-65, 79, 101, 111, 148-150.

Cylichnostomum (*Cylicocyclus*) *auriculatus*: Ihle, 1922: 60, 61, figs.79, 80.

Trichonema auriculatum: LeRoux, 1924: 122; K'ung, Yeh *et* Liu, 1959: 32, 33, plates II, IV, figs. 16-16, 37-39.

Cylicocyclus auriculatus: Chaves, 1930: 736; Skrjabin, Shikhobalova, Schulz, Popova, Boev *et* Delyamure, 1952: 225; Popova, 1958: 51, 52, fig. 26; K'ung, 1964: 218; Yang *et* K'ung, 1965: 80; Lichtenfels, 1975: 5, 44, figs. 105, 106; Parasitology Division, Institute of Zoology, Academia Sinica, 1979: 133, 134, fig. 59; Qi, Li *et* Cai, 1984: 160, fig. 106; Hartwich, 1986: 88; Li, Li, Zhou, Wang, Han, Wu *et* Huang, 1988: 173, 174, 176, fig. 73; Dvojnos *et* Kharchenko, 1994: 118, 119, fig. 31; Lichtenfels, Kharchenko, Krecek *et* Gibbons, 1998: 71; Zhang *et* K'ung, 2002a: 69, 70, fig. 43; Zhang, 2003: 71; Lichtenfels, Kharchenko *et* Dvojnos, 2008: 107-109, figs. 85, 86.

宿主 马 *Equus caballus*，驴 *Equus asinus*，斑马 *Equus burchelli*，山斑马 *Equus zebra*。

寄生部位 大肠。

观察标本 10♂♂10♀♀，采自河北驴的大肠，1986.IX.1，孔繁瑶。标本保存于河北师范大学生命科学学院。

形态 杯环属中最大的一种线虫。口领显著，较高 (口领高 0.03-0.063mm)。头感器特长，横向两侧伸出，沿头感器周围角皮隆起，使口领两侧向外突出，而背腹面较低，因而自背腹面观时，口领中间稍下凹，两侧外突呈耳状，侧面观时，口领中央突出，近似“凸”字形。亚中乳突长，突出于口领之外。口囊呈矩形，深 0.062-0.087mm。口囊壁前薄后厚，呈弧形，后缘增厚为 1 明显的环箍。外叶冠具 32 或 33 叶 (图版 XIII：A-D)，内叶冠数目很多。颈乳突位于食道与肠连接处的后方，排泄孔的前方。无背沟。

雄虫 体长 16.1-19.7mm，最大宽度 0.850mm。口领与体部之间的环沟侧径宽 0.175-0.208mm，背腹径宽 0.190-0.223mm。口囊底部内径的侧径宽 0.109-0.125mm，背腹径宽 0.130-0.137mm。食道长 0.980-1.050mm，最大宽度 0.250-0.300mm。神经环距头端 0.470-0.500mm。颈乳突距头端 1.200-1.490mm；排泄孔距头端 1.550mm。雄虫交合伞背叶短而宽，交合伞前宽度 0.550mm，外背肋基部至背肋末端长 0.670-0.800mm。生殖锥发达，腹唇大，圆锥形；背唇小，附属物为 2 个囊泡状突起(图版 XIII：E-G)。交合刺长 3.450-4.000mm。引带长 0.225mm。

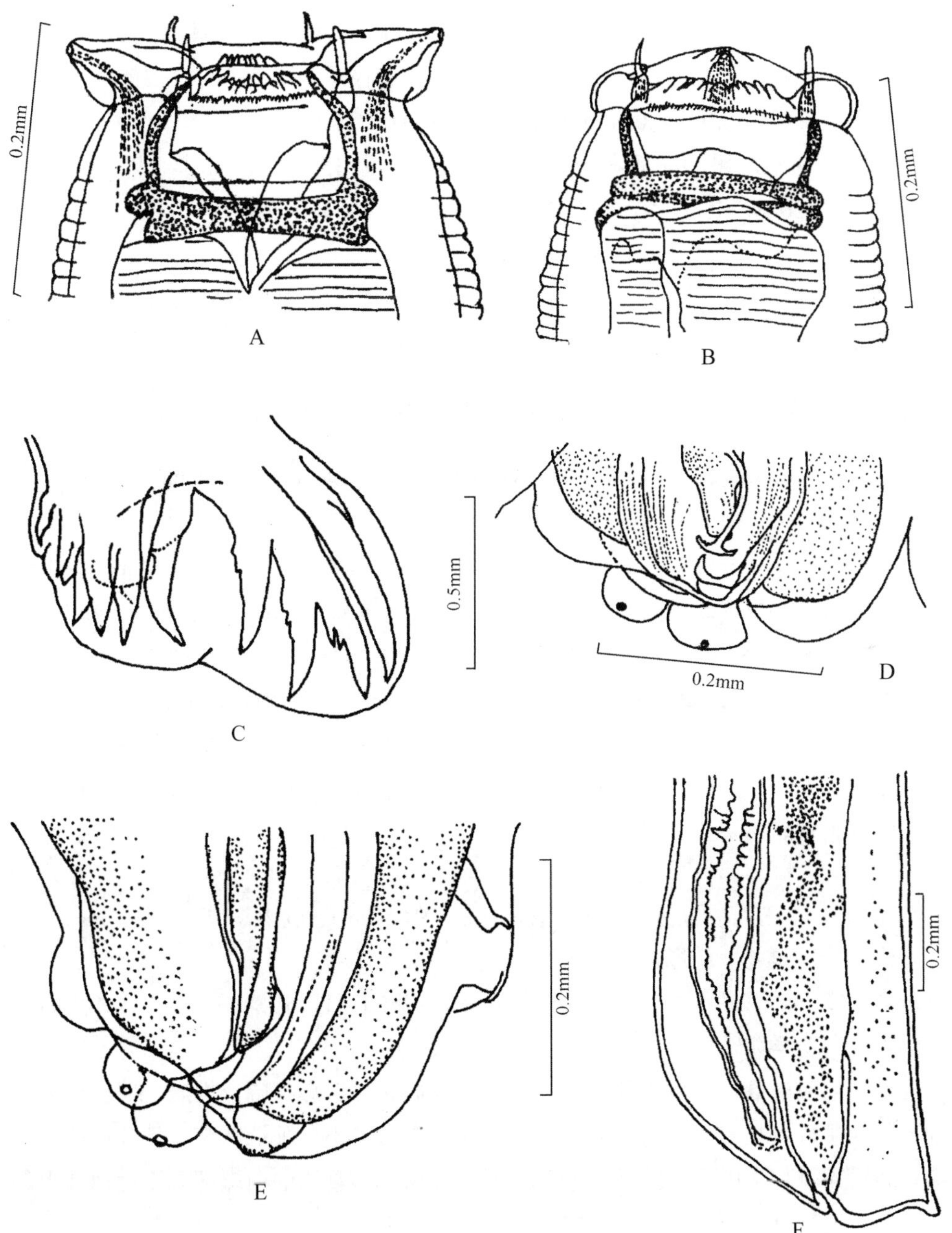

图 38　耳状杯环线虫 *Cylicocyclus auriculatus* (Looss)

A. 头部腹面观 (cephalic end of body, ventral view)；B. 头部侧面观 (cephalic end of body, lateral view)；C. 交合伞背侧面观 (copulatory bursa, dorso-lateral view)；D. 生殖锥腹面观 (genital cone, ventral view)；E. 生殖锥侧面观 (genital cone, lateral view)；F. 雌虫尾部侧面观 (posterior end of female, lateral view)

雌虫 体长 22.0-24.9mm，最大宽度 0.850-0.940mm。口领与体部之间的环沟侧径宽 0.210-0.235mm，背腹径宽 0.220-0.240mm。口囊底部内径的侧径宽 0.125mm，背腹径宽 0.150mm。食道长 1.090-1.224mm，最大宽度 0.300-0.330mm。神经环距头端 0.530mm；颈乳突距头端 1.450mm；排泄孔距头端 2.000mm。尾极短，阴门位于肛门的前上方不远处。卵椭圆形，长径 0.082-0.094mm，辐径 0.039-0.053mm。

扫描电镜观察，作者的标本外叶冠数目为 32 或 33 枚，明显少于以往的报道。Lichtenfels 等 (2008) 报道外叶冠有 42 枚；齐普生等 (1984)，张路平和孔繁瑶 (2002a) 报道有 42-46 枚。

地理分布 辽宁、内蒙古、河北、陕西、宁夏、甘肃、青海、江苏、重庆、四川、云南；苏联，亚洲 (苏联以外地区)，非洲，北美洲，南美洲。

(29) 短口囊杯环线虫 *Cylicocyclus brevicapsulatus* (Ihle, 1920) (图 39)

Cylicostomum brevicapsulatum Ihle, 1920e: 562-565, figs. 1-6; Ihle, 1922: 82-84, figs. 111-114.

Cylicobrachytus brevicapsulatum: Cram, 1924: 669.

Cylicocyclus brevicapsulatus: Erschow, 1939; Skrjabin, Shikhobalova, Schulz, Popova, Boev *et* Delyamure, 1952: 225; Popova, 1958: 52-54, figs. 27, 28; K'ung *et* Yang, 1964: 35, plates III, fig.20; K'ung, 1964: 218; Yang *et* K'ung, 1965: 81; Lichtenfels, 1975: 6, 42, figs. 100, 101; Qi, Li *et* Cai, 1984: 160, fig. 107; Hartwich, 1986: 88; Li, Li, Zhou, Wang, Han, Wu *et* Huang, 1988: 177, fig. 74; Dvojnos *et* Kharchenko, 1994: 119-122; Lichtenfels, Kharchenko, Krecek *et* Gibbons, 1998: 71; Zhang *et* K'ung, 2002a: 70-72, fig. 44; Zhang, 2003: 71; Lichtenfels, Kharchenko *et* Dvojnos, 2008: 109-111, figs. 87, 88.

宿主 马 *Equus caballus*，驴 *Equus asinus*，骡 *Equus caballus* ×*Equus asinus*。

寄生部位 盲肠、结肠。

观察标本 5♂♂5♀♀，采自河北驴的大肠，1986.IX.1，孔繁瑶。标本保存于河北师范大学生命科学学院。

形态 口领较高，口领与体部交界处的环沟显著。口囊宽阔，极短，前宽后窄，呈倒梯形。亚中乳突虽短，但与外叶冠近于等长。头感器小，顶端圆钝。外叶冠的小叶长而尖，共约 40 枚；内叶冠极细小，仅留痕迹。无背沟。食道的前端部有 1 近似球形的膨大。交合伞的背叶中等长度；生殖锥的附属物分为大约 4 个近似圆锥形的部分，上面生有较尖的或乳突状的突起。雌虫尾部直。

雄虫 体长 8.8-10.0mm，最大宽度 0.570-0.590mm。口领和体部交界处的侧径宽 0.121-0.141mm；背腹径宽 0.140-0.160mm。口囊内径：侧径宽 0.073-0.076mm，背腹径前宽 0.096-0.099mm；侧径后宽 0.055-0.057mm，背腹径后宽 0.076-0.085mm。口囊深约

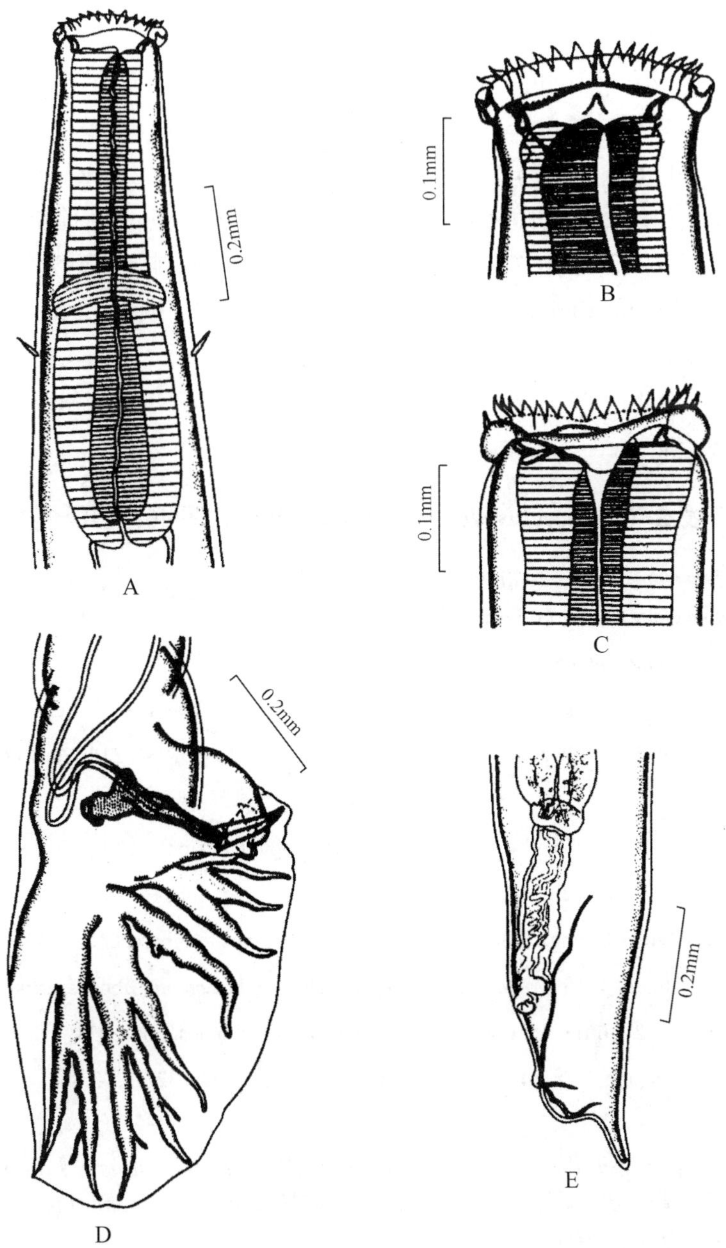

图 39　短口囊杯环线虫 *Cylicocyclus brevicapsulatus* (Ihle)

A. 虫体前部腹面观 (cephalic end of body, ventral view)；B. 头部腹面观 (cephalic end of body, ventral view)；C. 头部侧面观 (cephalic end of body, lateral view)；D. 交合伞腹侧面观 (copulatory bursa, ventro-lateral view)；E. 雌虫尾部侧面观 (posterior end of female, lateral view)

0.012mm。口囊壁厚 0.009-0.010mm。食道长 0.470-0.525mm，前端部宽 0.132mm，后端膨大部宽 0.205-0.216mm。神经环距头端 0.230-0.255mm；排泄孔距头端 0.470-0.570mm；颈乳突距头端 0.440-0.505mm。交合伞自外背肋基部至背肋末端长 0.390-0.475mm。交合

刺长 2.130-2.300mm。引带长 0.280-0.290mm。

雌虫 体长 9.7-12.3mm，最大宽度 0.630-0.775mm。口领和体部交界处的侧径宽 0.160-0.209mm，背腹径宽 0.181-0.207mm。口囊内径：侧径前宽 0.082-0.095mm，背腹径前宽 0.109-0.143mm；侧径后宽 0.065-0.075mm，背腹径后宽 0.089-0.120mm。口囊深 0.010-0.160mm，口囊壁厚 0.010-0.014mm。食道长 0.630-0.685mm，前端部宽 0.173mm，后端膨大部宽 0.266-0.278mm。神经环距头端 0.310-0.340mm；排泄孔距头端 0.580-0.665mm；颈乳突距头端 0.570-0.650mm。阴道长 0.190-0.295mm。阴门距肛门 0.090-0.200mm，尾长 0.290-0.350mm。

地理分布 河北、陕西、宁夏、青海、新疆、重庆、四川、贵州、云南；亚洲，欧洲，非洲，北美洲。

(30) 长形杯环线虫 *Cylicocyclus elongatus* (Looss, 1900) (图 40；图版 XIV)

Cylicostomum elongatum Looss, 1900: 188.

Cylicostomum elongatum kotlani Ihle, 1920f: 269.

Cylicostomum elongatum macrobarsatum Kotlan, 1920: 6.

Cylicocyclus elongatus kotlani: Chaves, 1930: 736; Skrjabin, Shikhobalova, Schulz, Popova, Boev *et* Delyamure, 1952: 225; Popova, 1958: 55-58, figs. 30-33; K'ung, 1964: 218; Yang *et* K'ung, 1965: 80, 81.

Cylicocyclus elongatus: Chaves, 1930: 736; Parasitology Division, Institute of Zoology, Academia Sinica, 1979: 135, 136, fig. 60; Qi, Li *et* Cai, 1984: 169, fig. 108; Hartwich, 1986: 88; Li, Li, Zhou, Wang, Han, Wu *et* Huang, 1988: 178, 181, fig. 75; Dvojnos *et* Kharchenko, 1994: 122-126, fig. 33; Xu, Huang, Hu *et* Qi, 1995: 16; Lichtenfels, Kharchenko, Krecek *et* Gibbons, 1998: 71, 72; Zhang *et* K'ung, 2002a: 72-74, fig. 45; Lichtenfels, Kharchenko *et* Dvojnos, 2008: 111, 112, figs. 89, 90.

Cylicocyclus sp. K'ung, Yeh *et* Liu, 1959: 34, 35, plates III, IV, figs. 32-35, 43, 44.

宿主 马 *Equus caballus*，驴 *Equus asinus*，骡 *Equus caballus* × *Equus asinus*，斑马 *Equus burchelli*，普氏野马 *Equus przewalskii*，蒙古野驴 *Equus hemionus*。

寄生部位 盲肠、大肠。

观察标本 1♂2♀♀，采自河南驴的盲肠，2005.VI.18，卜艳珍。标本保存于河北师范大学生命科学学院。

形态 杯环属中较大的一种，口领相当低，口领与体部交界处的环沟不显著。头感器伸向前方，沿头感器周围的角皮隆起，使口领的两侧部分显著增高，而背腹及腹侧部分较低 (图版 XIV：A-D)。因而，背腹面观察时，口领的形状近似"凹"字形，侧面观察时，则近似"凸"字形，口囊近似矩形，口囊上缘在口领基部以下。口囊壁前薄后厚，后

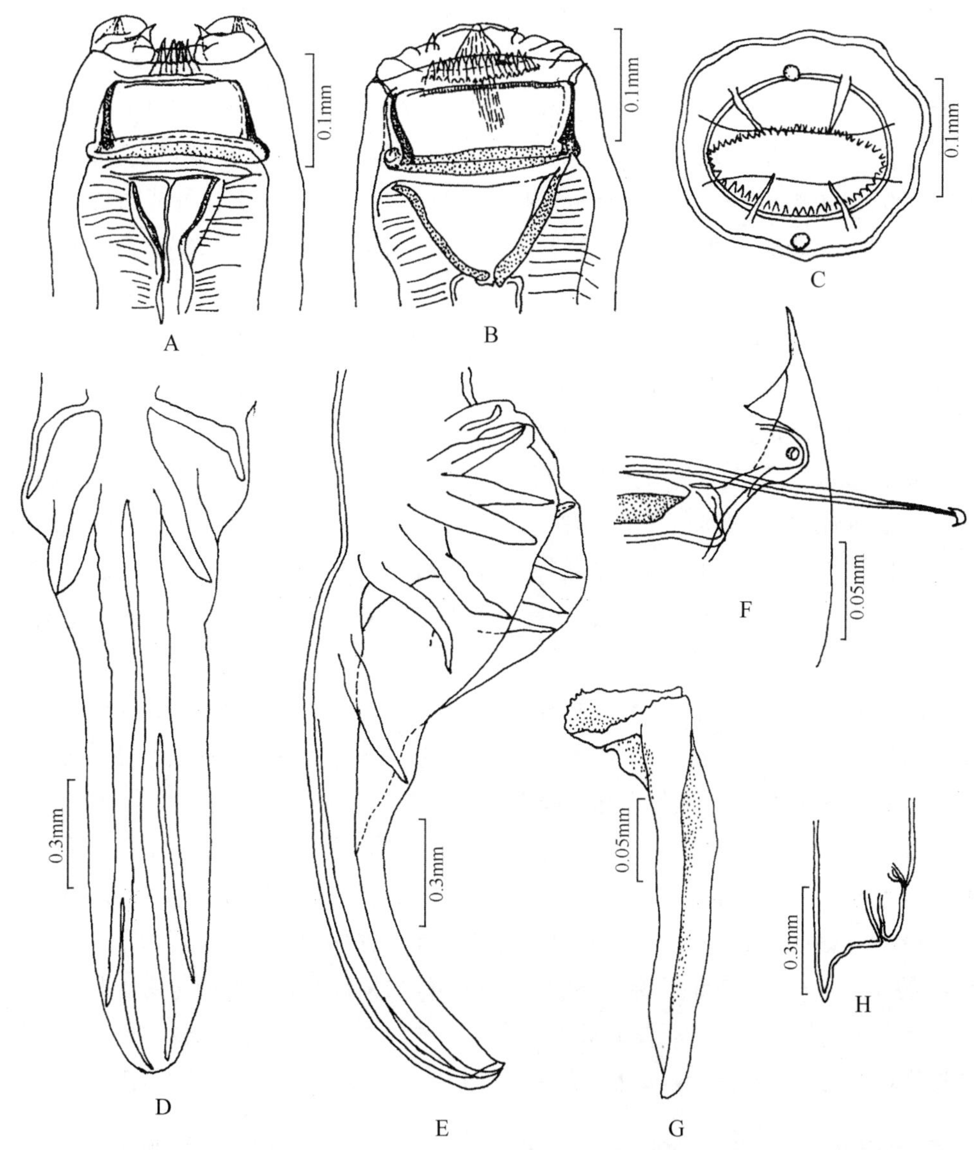

图 40　长形杯环线虫 *Cylicocyclus elongatus* (Looss)

A. 头部腹面观 (cephalic end of body, ventral view)；B. 头部侧面观 (cephalic end of body, lateral view)；C. 头部顶面观 (cephalic extremity, en face view)；D. 交合伞背叶腹面观 (dorsal lobe of copulatory bursa, ventral view)；E. 交合伞侧面观 (copulatory bursa, lateral view)；F. 生殖锥侧面观 (genital cone, lateral view)；G. 引带侧面观 (gubernaculum, lateral view)；H. 雌虫尾部侧面观 (posterior end of female, lateral view)

缘增厚为 1 明显环箍。外叶冠具 48-52 叶 (图版 XIV：B-E)，内叶冠数目很多。无背沟，食道漏斗宽阔，呈三角形，深 0.090-0.120mm。食道的上端部稍膨大，略超出口囊宽度，中部稍细，后部膨大，但变化不甚显著。颈乳突位于食道中央水平线上。排泄孔与神经环在同一水平上。

雄虫 体长 12.0-17.0mm，最大宽度 0.480-0.620mm。口领与体部交界处的环沟背腹径宽 0.190-0.200mm，侧径宽 0.150-0.175mm。口领高 0.035-0.038mm。口囊内径：侧径的最大宽度 0.114-0.135mm，背腹径的最大宽 0.137-0.152mm。口囊深 0.074-0.100mm。食道长 1.350-1.480mm，最大宽度 0.220-0.250mm。颈乳突距头端 0.670-0.770mm。交合伞前宽度 0.350-0.420mm。雄虫交合伞背叶窄而长 (图版 XIV：F)，自外背肋基部至背肋末端长 1.450-1.820mm。生殖锥附属物为 1 个大的囊泡状突起 (图版 XIV：G，H)。交合刺长 1.730-1.900mm，引带长 0.270mm。

雌虫 体长 16.1-17.5mm，最大宽度 0.450-0.570mm。口领与体部交界处侧径宽 0.175-0.176mm，背腹径宽 0.200-0.210mm。口领高 0.031-0.048mm。口囊内径：侧径最大宽度 0.126-0.141mm，背腹径最大宽度 0.158-0.166mm。口囊深 0.076-0.095mm。食道长 1.440-1.650mm，最大宽度 0.203-0.250mm。颈乳突距头端 0.740-0.770mm。尾部直，阴门以后稍细缩，肛门以后，急剧缩细为尾尖。尾长 0.175mm 左右，阴门至肛门的距离与尾长等长。卵椭圆形，长径 0.088-0.111mm，辐径 0.052-0.059mm。

地理分布 吉林、河南、陕西、宁夏、甘肃、青海、新疆、江苏、广西、重庆、四川、贵州、云南；欧洲，非洲，美洲。

Ihle (1920f) 描述了 1 新亚种，长形杯环线虫柯氏亚种 *Cylicocyclus elongatus kotlani*。该亚种与长形杯环线虫有明显的区别，最主要的区别：一是该亚种有 1 个很长的背叶，背肋长度在 1.5mm 以上，而长形杯环线虫背肋长度约 1.0mm；二是外叶冠为 48-52 枚，而不是 36 枚。因此该亚种与长形杯环线虫的差异已经达到了种间的水平。我国所采集的标本经检查也均为长形杯环线虫柯氏亚种，没有长形杯环线虫的分布 (杨年合和孔繁瑶，1965)。最近，Lichtenfels 等 (2008) 对世界各地的标本进行了观察，结果发现，除了 Looss (1900) 的模式标本外，其他的标本均为长形杯环线虫柯氏亚种，他们认为该亚种应该代表一个完全不同的种。但由于没有观察到模式标本的雄虫，因此他们暂时仍将本亚种看作长形杯环线虫 (Lichtenfels *et al*., 2008)。本卷中作者遵循 Lichtenfels 等的观点。

(31) 显形杯环线虫 *Cylicocyclus insigne* (Boulenger, 1917) (图 41；图版 XV)

Cylichnostomum insigne Boulenger, 1917: 207-209, figs.3, 4; 1921: 323.

Cylicostomum zebrae Boulenger, 1920b: 102.

Cylicostomum (*Cylicocyclus*) *insigne*: Ihle, 1922: 57-59, figs.74-76.

Trichonema insigne: LeRoux, 1924: 120.

Cylicocyclus insigne: Chaves, 1930: 736; Skrjabin, Shikhobalova, Schulz, Popova, Boev *et* Delyamure, 1952: 225; Popova, 1958: 60-64, fig. 35, 36; K'ung *et* Yang, 1963a: 78, figs. 8, 21-23, 28-33; K'ung, 1964: 218; Yang *et* K'ung, 1965: 81; Lichtenfels, 1975: 5, 45, figs. 109, 110; Parasitology Division, Institute of Zoology, Academia Sinica, 1979: 137, 138, fig. 61; Qi, Li *et* Cai, 1984: 169, fig. 109;

Hartwich, 1986: 88; Li, Li, Zhou, Wang, Han, Wu *et* Huang, 1988: 178, 179, 182, fig. 76; Dvojnos *et* Kharchenko, 1994: 126-130, fig. 34; Guo, Li, Liu *et* Ma 1997: 11; Lichtenfels, Kharchenko, Krecek *et* Gibbons, 1998: 72; Zhang *et* K'ung, 2002a: 75, 76, fig. 47; Zhang, 2003: 71; Lichtenfels, Kharchenko *et* Dvojnos, 2008: 113, 114, figs. 93, 94.

宿主　马 *Equus caballus*，驴 *Equus asinus*，骡 *Equus caballus* × *Equus asinus*，藏野驴 *Equus kiang*，普氏野马 *Equus przewalskii*，蒙古野驴 *Equus hemionus*。

寄生部位　盲肠、大肠。

观察标本　5♂♂5♀♀，采自河南驴的盲肠，2005.VI.18，卜艳珍。标本保存于河北师范大学生命科学学院。

形态　口领较高，口领与体部交界处的环沟显著，头感器发达，顶端钝圆，背腹面观，口领中央稍向下凹，侧面观，口领中央稍向上凸。亚中乳突长 (图版 XV：A-C)。口囊呈矩形，背腹径大于侧径。口囊壁前薄后厚，其后缘增厚为 1 明显的环箍。外叶冠 41-44 叶(图版 XV：A-D)，内叶冠约 132 叶。无背沟。食道漏斗宽阔而深，食道全形呈花瓶状。

雄虫　体长 10.0-13.3mm，最大宽度 0.598-0.740mm。口领和体部交界处的侧径 0.180-0.190mm，背腹径 0.182-0.205mm。口囊内径：侧径前宽 0.103-0.132mm，背腹径前宽 0.140-0.150mm；侧径后宽 0.116-0.144mm，背腹径后宽 0.140-0.145mm。口囊深 0.054-0.065 mm。食道长 0.795-0.965mm，前端部宽 0.168-0.200mm，后端膨大部宽 0.220-0.270mm。食道漏斗的侧径 0.105-0.118mm，背腹径 0.135-0.148mm，深 0.1025-0.156mm。神经环距头端 0.375-0.440mm；排泄孔距头端 0.845-1.045mm；颈乳突距头端 0.855-0.963mm。雄虫交合伞的背叶宽阔，中等长度。交合伞自外背肋基部至背肋末端长 0.550-0.765mm。生殖锥后部两侧各有 1 长而尖的突起，其内侧有 1 厚的长弧形实质附属物，附属物的两侧部又各有 1 对乳头状突 (图版 XV：E-H)。交合刺长 1.660-3.420mm。引带长 0.210-0.300mm。

雌虫　体长 10.1-14.7mm，最大宽度 0.620-0.850mm。口领和体部交界处的侧径 0.224-0.225mm，背腹径 0.225-0.232mm。口囊内径：侧径前宽 0.124-0.145mm，背腹径前宽 0.155-0.183mm，侧径后宽 0.127-0.152mm，背腹径后宽 0.160-0.174mm。口囊深 0.066-0.074mm。食道长 0.925-0.991mm，前端部宽 0.199-0.249mm，后端膨大部宽 0.220-0.289mm；食道漏斗的侧径宽 0.220-0.227mm，背腹径宽 0.255-0.289mm，深约 0.136-0.175mm。神经环距头端 0.400-0.520mm；排泄孔距头端 0.805-1.150mm；颈乳突距头端 0.760-1.069mm。阴道长，长 0.615-1.110mm。阴门距肛门 0.104-0.190mm。尾长 0.130-0.180mm。

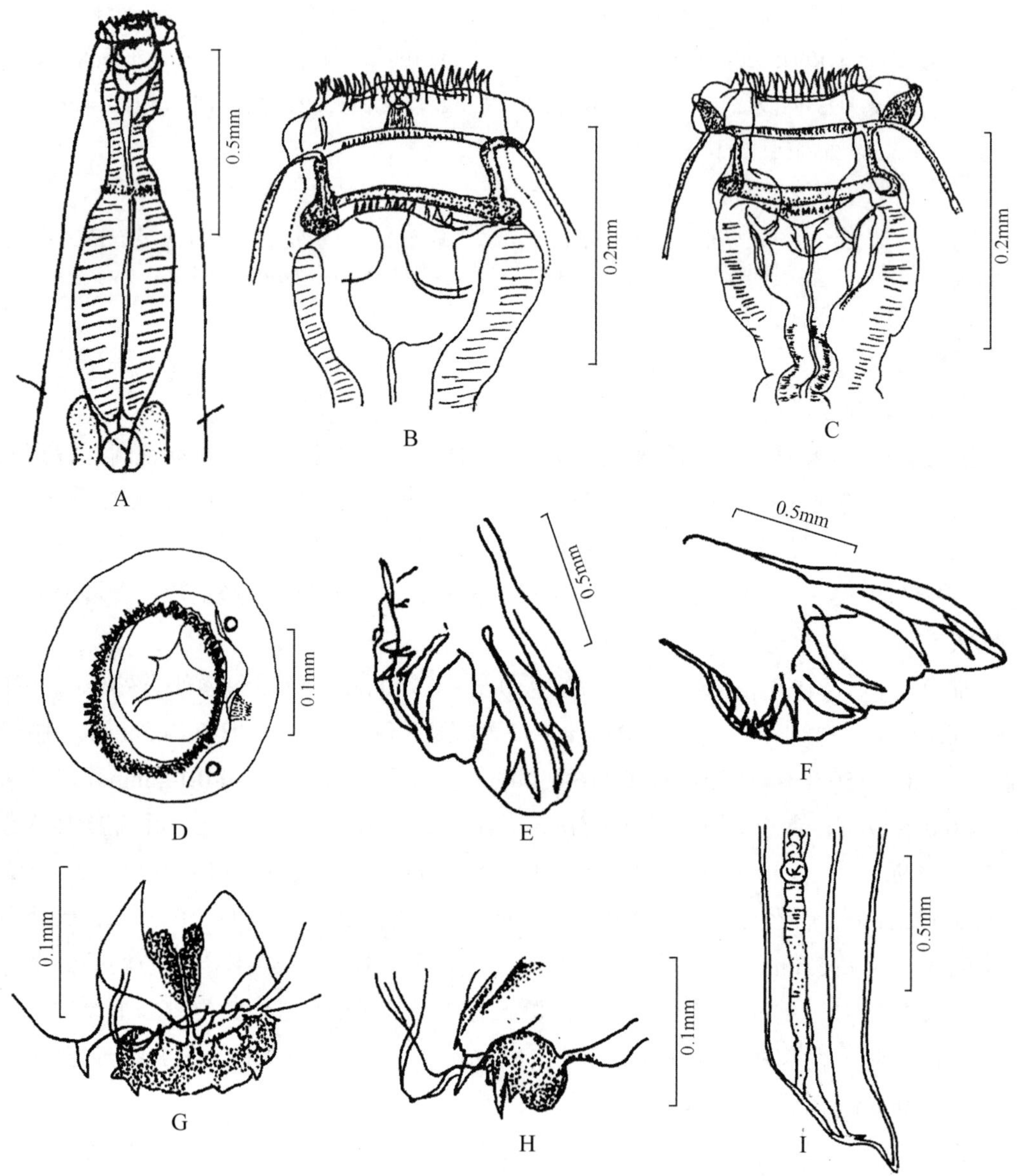

图 41　显形杯环线虫 *Cylicocyclus insigne* (Boulenger)

A. 虫体前部腹面观 (anterior end of body, ventral view)；B. 头部侧面观 (cephalic end of body, lateral view)；C. 头部腹面观 (cephalic end of body, ventral view)；D. 头部顶面观 (cephalic extremity, en face view)；E. 交合伞背侧面观 (copulatory bursa, dorso-lateral view)；F. 交合伞侧面观 (copulatory bursa, lateral view)；G. 生殖锥腹面观 (genital cone, ventral view)；H. 生殖锥侧面观 (genital cone, lateral view)；I. 雌虫尾部侧面观 (posterior end of female, lateral view)

地理分布　黑龙江、吉林、辽宁、北京、河南、陕西、宁夏、甘肃、青海、新疆、福建、广西、重庆、四川、贵州、云南；世界各地。

(32) 细口杯环线虫 *Cylicocyclus leptostomum* (Kotlan, 1920) (图 42)

Cylicostomum leptostomum Kotlan, 1920: 3; Theiler, 1923: 51, 52.

Cylicostomum (*Cylicocyclus*) *leptostomum*: Ihle, 1922: 65, 66, fig. 86.

Cyathostomum bogoriense Smit *et* Notosoediro, 1923.

Trichonema leptostomum: Le Roux, 1924: 122.

Cylicocyclus leptostomum: Chaves, 1930: 736; Lichtenfels, 1975: 5, 46, figs. 113, 114; Qi, Li *et* Cai, 1984: 170, fig. 110; Hartwich, 1986: 88; Li, Li, Zhou, Wang, Han, Wu *et* Huang, 1988: 179, 180, 183, fig. 77; Dvojnos *et* Kharchenko, 1994: 130-133, fig. 35; Guo, Li, Liu *et* Ma, 1997: 11; Lichtenfels, Kharchenko, Krecek *et* Gibbons, 1998: 72; Zhang *et* K'ung, 2002a: 76-78, fig. 48; Zhang, 2003: 71; Lichtenfels, Kharchenko *et* Dvojnos, 2008: 115, 116, figs. 95, 96.

Schulzitrichonema leptostomum: Ershov, 1943: 61-86; Skrjabin, Shikhobalova, Schulz, Popova, Boev *et* Delyamure, 1952: 234, fig.116; Popova, 1958: 107-110, figs. 64, 65; K'ung *et* Yang, 1963a: 75, 76, figs. 1-4, 34-36; Parasitology Division, Institute of Zoology, Academia Sinica, 1979: 150, 151, fig. 71; Shen *et* Liu, 1990: 15.

Cylicotetrapedon leptostomum: K'ung, 1964: 218; Yang *et* K'ung, 1965: 80.

宿主　马 *Equus caballus*，驴 *Equus asinus*，骡 *Equus caballus* × *Equus asinus*，藏野驴 *Equus kiang*，普氏野马 *Equus przewalskii*，蒙古野驴 *Equus hemionus*，斑马 *Equus burchelli*。

寄生部位　盲肠、结肠。

观察标本　5♂♂10♀♀，采自河北驴的大肠，1986.IX.1，孔繁瑶。标本保存于河北师范大学生命科学学院。

形态　口领低。亚中乳突小，头感器短，顶端圆钝，口囊侧径大于背腹径，背腹面观口囊呈宽矩形，侧面观近似方形。口囊壁前部较薄，后缘部变厚。外叶冠 20-24 叶，内叶冠 50-60 叶。背沟短，稍突出于口囊内。食道漏斗有小的三角形小齿。食道具有特异的形状，后端膨大部比较不显著，食道肠瓣特别发达。雄虫交合伞的背叶窄而较长，背肋上常有分布不规则的小侧支。生殖锥的附属物呈囊泡状，具有 3 个显著的指状突。雌虫尾部直，肛门后常具 1 角质膨大。

雄虫　体长 5.8-6.2mm，最大宽度 0.275-0.310mm。口领和体部交界处的侧径 0.071-0.083mm。背腹径 0.072-0.080mm。口囊内径：侧径前宽 0.038-0.052mm，背腹径前宽 0.039-0.048mm；侧径后宽 0.033-0.059mm，背腹径后宽 0.037-0.046mm。口囊深 0.02-0.024mm。食道长 0.424-0.535mm；前端部宽 0.054-0.069mm，后端膨大部宽 0.104-0.143mm。神经环距头端 0.229-0.274mm；排泄孔距头端 0.327-0.425mm；颈乳突

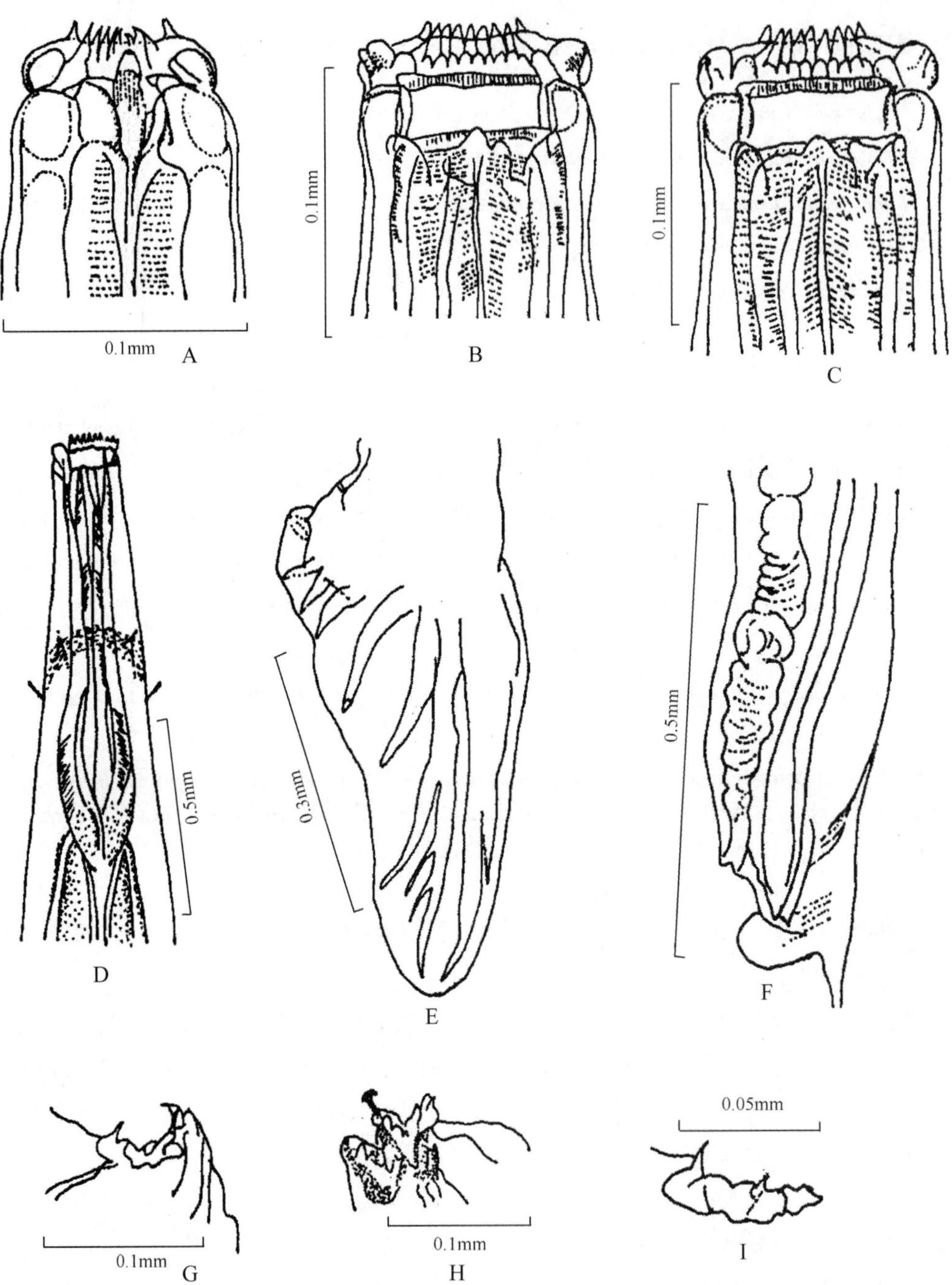

图 42 细口杯环线虫 *Cylicocyclus leptostomum* (Kotlan)

A. 头部侧面观 (cephalic end of body, lateral view)；B, C. 头部背面观 (cephalic end of body, dorsal view)；D. 虫体前部腹面观 (anterior end of body, ventral view)；E. 交合伞背侧面观 (copulatory bursa, dorso-lateral view)；F. 雌虫尾部侧面观 (posterior end of female, lateral view)；G-I. 生殖锥 (genital cone)

距头端 0.275-0.367mm。交合伞自外背肋基部至背肋末端长 0.430-0.470mm。交合刺长 1.050-1.240mm。引带长 0.155-0.200mm。

雌虫　体长 7.5-7.8mm，最大宽度 0.330-0.355mm。口领和体交界处宽，侧径 0.074-0.090mm，背腹径 0.072-0.085mm。口囊内径：侧径前宽 0.035-0.056mm，背腹径前宽 0.029-0.049mm，侧径后宽 0.030-0.059mm，背腹径后宽 0.030-0.049mm。口囊深 0.020-0.025mm。食道长 0.457-0.567mm，前端部宽 0.038-0.080mm，后端膨大部宽 0.115-0.150mm。神经环距头端 0.208-0.294mm；排泄孔距头端 0.328-0.423mm；颈乳突距头端 0.339-0.443mm。阴道长 0.215-0.285mm，阴门距肛门 0.050-0.070mm，尾长 0.098-0.125mm。

地理分布　黑龙江、吉林、内蒙古、北京、河北、山西、陕西、宁夏、甘肃、青海、新疆、江苏、广西、四川、贵州、云南；亚洲，欧洲，非洲，北美洲。

(33) 南宁杯环线虫 *Cylicocyclus nanningensis* Zhang *et* Zhang, 1991 (图 43)

Cylicocyclus nanningensis Zhang *et* Zhang, 1991: 57-60, fig. 1.

宿主　马 *Equus caballus*，骡 *Equus caballus* × *Equus asinus*。

寄生部位　大肠。

观察标本　1♂，holotype；1♀，allotype；73♂♂，192♀♀，paratypes。标本保存于广西大学动物科技学院。

形态　(据张顺祥和张毅强，1991) 虫体淡黄色，体形较小，口领较高，前缘呈波浪形，在 2 个侧乳突和 4 个亚中乳突处形成 6 个波峰。侧乳突发达，末端钝，前部微向外突出，但自背腹面观察时，口领的前缘并不宽于后部。亚中乳突相当长，末端尖锐，有相当长的部分突出于口领之外。外叶冠由 20 枚小叶组成，呈长三角形，尖锐的末端突出口领，但不及亚中乳突的高度，2 个亚腹乳突和 2 个亚背乳突之间各有 4 枚小叶；侧乳突和亚中乳突之间各有 3 枚小叶。内叶冠始于口囊内壁前缘，外叶冠小叶基部，数目甚多。每个外叶冠小叶范围内有 8-10 枚内叶冠小叶，内叶冠小叶总数为 160-200 枚。内叶冠小叶排列紧密，似发梳状，小叶细长，丝状，其高度略有变化，在 1 枚外叶冠小叶范围内，中央较高，两边较低，呈波浪形起伏，其最高处相当于外叶冠小叶高度的 1/3。口囊较深，其宽度约为深度的 3 倍，囊壁厚薄中等，纵剖面大都呈矩形，极少数为梯形。口囊后缘有增厚的环箍。口囊内壁中部 (约为口囊高度的 1/2) 有 1 圈较宽的角质横板，把口囊分成不完整的前后 2 部分。背沟明显，其高度约为口囊深度的 1/2。虫体头端顶面观察，口领、口孔和口囊均呈扁圆形，即侧径大于背腹径。食道前端稍膨大，后端膨大成棒状。神经环位于食道中段或稍前方。颈乳突细长，位于神经环稍后方。

雄虫　体长 6.1-8.2(6.9)mm，最大宽度 0.400-0.520 (0.420)mm。口领高 0.023-0.025

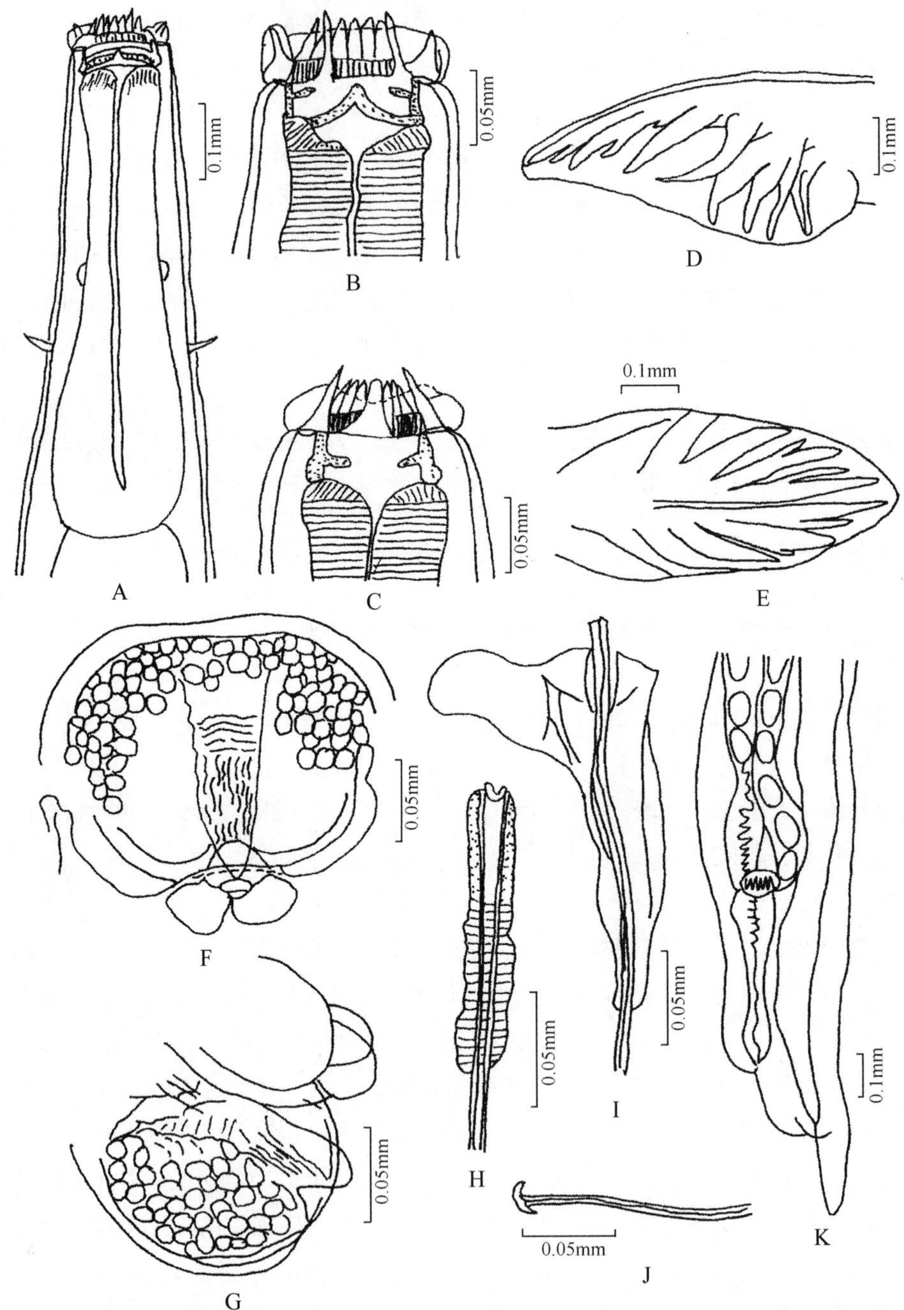

图 43 南宁杯环线虫 *Cylicocyclus nanningensis* Zhang *et* Zhang (仿张顺祥和张毅强，1991)

A. 虫体前部腹面观 (anterior end of body, ventral view)；B. 头部腹面观 (cephalic end of body, ventral view)；C. 头部侧面观 (cephalic end of body, lateral view)；D. 交合伞侧面观 (copulatory bursa, lateral view)；E. 交合伞背面观 (copulatory bursa, dorsal view)；F. 生殖锥腹面观 (genital cone, ventral view)；G. 生殖锥侧面观 (genital cone, lateral view)；H. 交合刺近端部 (proximal end of spicule)；I. 引带 (gubernaculum)；J. 交合刺远端部 (distal end of spicule)；K. 雌虫尾部侧面观 (posterior end of female, lateral view)

(0.024)mm。外叶冠高 0.032-0.036 (0.033)mm，其基部宽 0.011-0.012 (0.011)mm。口囊深 0.025-0.035 (0.030)mm。口囊侧径 0.075-0.100 (0.084)mm，背腹径 0.060-0.085 (0.067)mm。口囊侧径为口囊深度的 2.8 倍；口囊背腹径为口囊深度的 2.2 倍。食道长 0.540-0.620 (0.570)mm。神经环距头端 0.285-0.350 (0.310)mm；颈乳突距头端 0.355-0.475 (0.423)mm。交合伞中等长度，侧叶和背叶界限不明显。前后腹肋细长，并行到达交合伞缘。3 个侧肋由 1 主干分出；前侧肋较中、后侧肋纤细得多，其末端分别达交合伞的边缘。外背肋由主干分出，其基部后方有些膨大，其后 1/3 变细，并以约 45°角折向后方，末端远离交合伞的边缘。外背肋至背肋末端长 0.350-0.470 (0.430)mm。背肋在基部分为左右 2 个主支，每个主支又向外分出粗壮的 3 个分支，第二、三分支的外侧常有长短不一的小支，第三分支外侧的小支末端可分成叉，有时还有第二个小支，两侧不一定对称。生殖锥很发达，腹唇呈大的囊泡状，内含黄色物质，中央有 1 指状实质，末端突出唇外；背唇为较小的囊泡状，游离端有 2 个小的囊泡状附属物。交合刺细长，丝状，长 1.305-1.390 (1.350)mm。引带似手枪形，长 0.210mm。

雌虫　体长 6.3-10.5 (8.4)mm，最大宽度 0.370-0.600(0.490)mm。口领高 0.0240-0.0250 (0.0245)mm。外叶冠高 0.033-0.039 (0.036)mm，其基部宽 0.012-0.013 (0.012)mm。口囊深 0.025-0.045 (0.036)mm。口囊侧径 0.088-0.100 (0.097)mm，背腹径 0.075-0.085 (0.079)mm。口囊侧径为口囊深度的 2.7 倍；口囊背腹径为口囊深度的 2.2 倍。食道长 0.560-0.670 (0.620)mm。神经环距头端 0.270-0.360 (0.320)mm；颈乳突距头端 0.400-0.460 (0.430)mm。肛门在阴门稍后方，相距 0.170-0.190 (0.180)mm。肛门以后虫体缩细，尾端呈指状，尾长 0.200-0.230 (0.220)mm。虫卵长椭圆形，长径 0.090-0.110 (0.100)mm，辐径 0.040-0.050 (0.045)mm。

地理分布　广西。

(34) 鼻状杯环线虫 *Cylicocyclus nassatus* (Looss, 1900) (图 44；图版 XVI)

Cyathostomum nassatum Looss, 1900: 187.

Cylichnostomum nassatum: Looss, 1902: 128, plates V, VI, VIII- XI, XIII, figs.57, 58, 71, 74, 102, 107, 121, 140, 164; Boulenger, 1917: 204.

Cylicostomum nassatum parvum Yorke *et* Macfie, 1918: 411-416, figs. 1-7.

Cylicostomum (*Cylicocyclus*) *nassatum*: Ihle, 1922: 62-64, fig. 81.

Cylicostomum (*Cylicocyclus*) *nassatum parvum*: Ihle, 1922: 64, 65, figs. 82-85.

Trichonema nassatum: LeRoux, 1924: 121.

Cylicocyclus nassatus: Chaves, 1930: 736; Skrjabin, Shikhobalova, Schulz, Popova, Boev *et* Delyamure, 1952: 225; Popova, 1958: 64-67, figs. 37, 38; K'ung, 1964: 218; Yang *et* K'ung, 1965: 81; Lichtenfels, 1975: 5, 43, figs. 102-104; Parasitology Division, Institute of Zoology, Academia Sinica, 1979: 138,

139, fig. 62; Qi, Li *et* Cai, 1984: 170, fig. 111; Hartwich, 1986: 88; Li, Li, Zhou, Wang, Han, Wu *et* Huang, 1988: 180, 184, fig. 78; 133, 134, fig. 36; Shen *et* Liu, 1990: 15; Xu, Huang, Hu *et* Qi, 1995: 16; Guo, Li, Liu *et* Ma, 1997: 11; Lichtenfels, Kharchenko, Sommer *et* Ito, 1997: 122-127, figs. 1-8; Lichtenfels, Kharchenko, Krecek *et* Gibbons, 1998: 72; Zhang *et* K'ung, 2002a: 78-80, figs. 49, 50; Lichtenfels, Kharchenko *et* Dvojnos, 2008: 117-119, figs. 97, 98.

Cylicocyclus bulbiferus Chaves, 1930: 734, 735; Zhang, 2003: 71, 72.

Cylicocyclus nassatum parvum: K'ung, Yeh *et* Liu, 1959: 33, 34, plates I-III, figs. 9, 10, 18, 19, 30, 31; Zhang, 2003: 72.

宿主 马 *Equus caballus*，驴 *Equus asinus*，骡 *Equus caballus* × *Equus asinus*，藏野驴 *Equus kiang*，斑马 *Equus burchelli*，普氏野马 *Equus przewalskii*，蒙古野驴 *Equus hemionus*。

寄生部位 盲肠、结肠。

观察标本 10♂♂10♀♀，采自河北驴的大肠，1986.IX.1，孔繁瑶。标本保存于河北师范大学生命科学学院。

形态 口领显著，口囊侧径的宽度显著超过背腹径的宽度，背腹面观，口囊呈宽矩形，侧面观，口囊近似正方形。口囊内壁突出 1 角质横板。头感器板嵴相当发达，突出于口领之外，前部向外侧或前部突出，背腹观时，口领前缘部的宽度超出后部宽度。亚中乳突长，伸出于口领之外。外叶冠 20 叶 (图版 XVI：B-D)，内叶冠约为 60 叶。背沟相当于口囊深度的 1/2 或略高于 1/2。颈乳突位于食道前 2/3 处附近的体表两侧。神经环位于食道中央附近。排泄孔与颈乳突在同一水平上。

雄虫 体长 8.9-9.3mm，最大宽度 0.330-0.374mm。口领高 0.034-0.038mm。口领与体部交界处侧径宽 0.132-0.141mm，背腹径宽 0.081mm，侧径和背腹径相差 1.6-1.7 倍。口囊内径：侧径宽 0.111-0.113mm，背腹径宽 0.028-0.037mm，侧径和背腹径相差 3.1-3.9 倍。口囊深 0.029-0.033mm。食道长 0.580-0.600mm，后膨大部宽 0.137-0.150mm。食道上端部的形状与口囊相适应，并具有近于相等的宽度。颈乳突距头端 0.450-0.466mm。交合伞的伞前宽 0.300mm。雄虫交合伞的背叶宽，中等长度 (图版 XVI：E)。外背肋基部至背肋末端长 0.420-0.450mm。生殖锥附属物为 2 对球形的突起 (图版 XVI：E-G)。交合刺长 1.480-1.530mm。引带长 0.200-0.210mm。

雌虫 体长 11.1-12.0mm，最大宽度 0.490-0.500mm。口领高 0.038mm。口领与体部交界处侧径宽 0.184-0.200mm，背腹径宽 0.088-0.100mm，侧径和背腹径相差 2.0-2.1 倍。口囊内径的侧径宽 0.150-0.160mm，背腹径宽 0.031-0.044mm，侧径和背腹径相差 3.6-4.8 倍。口囊深 0.040-0.049mm。食道长 0.750-0.770mm，后膨大部宽 0.175-0.225mm。颈乳突距头端 0.530-0.570mm。阴门距肛门 0.125-0.137mm。尾长 0.180-0.200mm。虫卵椭圆

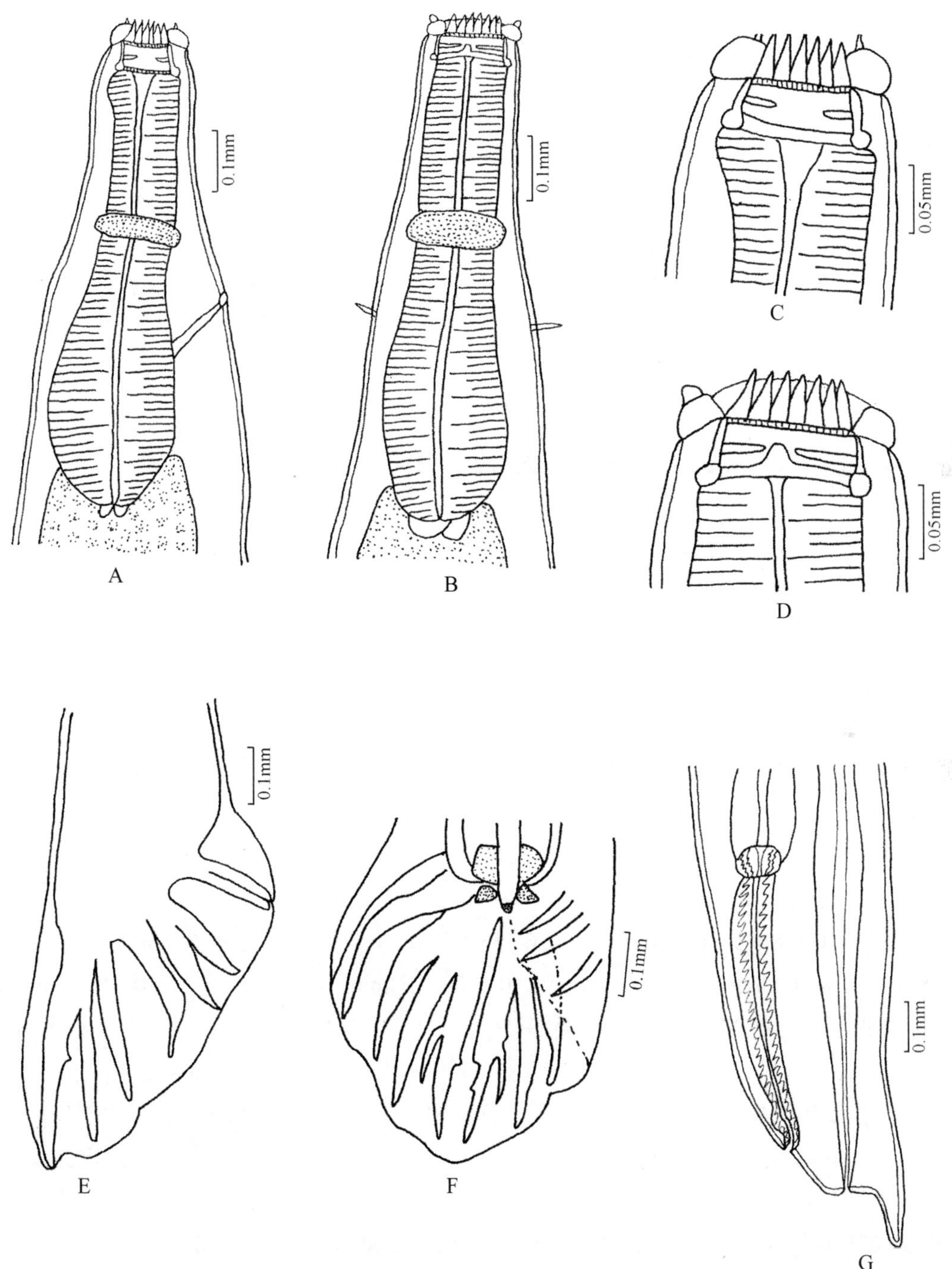

图 44　鼻状杯环线虫 *Cylicocyclus nassatus* (Looss)

A. 虫体前部侧面观 (anterior end of body, lateral view)；B. 虫体前部腹面观 (anterior end of body, ventral view)；C. 头部侧面观 (cephalic end of body, lateral view)；D. 头部腹面观 (cephalic end of body, ventral view)；E. 交合伞侧面观 (copulatory bursa, lateral view)；F. 交合伞腹面观 (copulatory bursa, ventral view)；G. 雌虫尾部侧面观 (posterior end of female, lateral view)

形，长径 0.075-0.088mm，辐径 0.035-0.041mm。

地理分布 黑龙江、吉林、内蒙古、北京、河北、山西、河南、陕西、宁夏、甘肃、青海、新疆、江苏、江西、福建、广西、重庆、四川、贵州、云南；世界各地。

俄国学者和我国的大部分学者长期以来将阿氏杯环线虫看作是鼻状杯环线虫的同物异名，因此在 Popova (1958) 和我国学者的著作中，口囊的形状有不同的变化。近年来的研究表明，阿氏杯环线虫是一个有效的种。鼻状杯环线虫的最重要的特征是口囊内壁突出 1 角质横板。此外，鼻状杯环线虫的外叶冠为 20 枚，而阿氏杯环线虫的外叶冠 22-24 枚 (Lichtenfels 等报道有 25-29 枚)。

(35) 天山杯环线虫 *Cylicocyclus tianshangensis* Li, Cai *et* Qi, 1984 (图 45)

Cylicocyclus tianshangensis Li, Cai *et* Qi, 1984: 43, figs. 1-4; Qi, Li *et* Cai, 1984:171, fig. 113.

宿主 马 *Equus caballus*, 驴 *Equus asinus*, 骡 *Equus caballus* × *Equus asinus*。

寄生部位 盲肠、结肠。

观察标本 2♂♂3♀♀，采自河北骡的大肠，1992.I.29，张路平。标本保存于河北师范大学生命科学学院。

形态 口孔扁。口领侧径甚宽，背腹径很窄，游离缘整齐。侧乳突较短，尖端不达口领前缘。外叶冠 24-28 叶，内叶冠约 80 叶。口囊浅，侧径的宽度显著超过背腹径的宽度，背腹面观，侧径宽度可达深度的 6 倍，侧面观时，有时背腹径宽度甚至小于深度，故头部因体向不同而剧烈变形。口囊壁直而较薄，厚度大体一致或前缘较薄，基部环状箍较明显。背沟短，为一三角形突起。

雄虫 体长 8.6-10.1mm，最大宽度 0.396-0.500mm。交合伞前处体宽 0.309-0.441mm。口囊深 0.018-0.027mm；口囊侧径前部宽 0.130-0.137mm，侧径后部宽 0.130-0.137mm，背腹径前部宽 0.032-0.074mm，背腹径后部宽 0.036-0.058mm。神经环距头端 0.324-0.397mm；排泄孔距头端 0.412-0.486mm；颈乳突距头端 0.441-0.462mm。交合伞最宽处 0.426-0.617mm。侧叶发育良好，背叶短，呈半圆形，背肋基部至背肋末端长 0.370-0.434mm。背肋自基部裂为 2 支，每支有 2 侧支和主支延长支，第二侧支和主支延长支末端尖锐，且其外侧均有小侧支。两交合刺细而等长，长 1.107-1.149mm。引带长 0.204-0.222mm，最大宽度 0.102-0.132mm。生殖锥附属物为 2 个近椭圆形片状物，游离端各有 1 指状突起。

雌虫 体长 8.6-12.6mm，最大宽度 0.470-0.603mm。阴门区体宽 0.188-0.280mm。口囊深 0.022-0.028mm；口囊侧径前部宽 0.130-0.137mm，侧径后部宽 0.130-0.137mm，背腹径前部宽 0.056-0.065mm。神经环距头端 0.361-0.456mm；排泄孔距头端 0.485-0.588mm；颈乳突距头端 0.515-0.531mm。阴门距肛门 0.111-0.147mm。尾长 0.132-0.206mm，尾尖

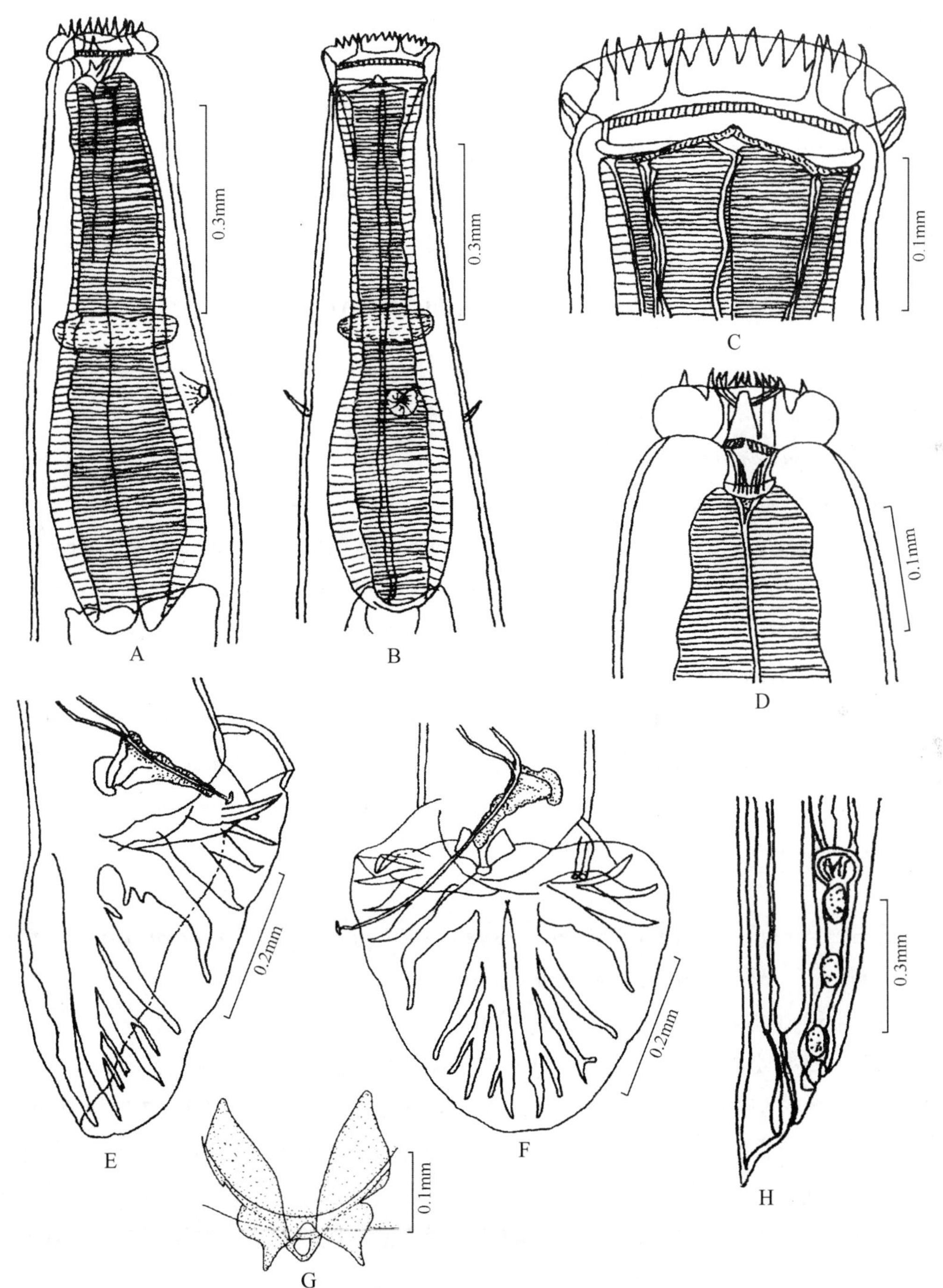

图 45　天山杯环线虫 *Cylicocyclus tianshangensis* Li, Cai *et* Qi

A. 虫体前部侧面观 (anterior end of body, lateral view)；B. 虫体前部腹面观 (anterior end of body, ventral view)；C. 头部背面观 (cephalic end of body, dorsal view)；D. 头部侧面观 (cephalic end of body, lateral view)；E. 交合伞侧面观 (copulatory bursa, lateral view)；F. 交合伞腹面观 (copulatory bursa, ventral view)；G. 生殖锥腹面观 (genital cone, ventral view)；H. 雌虫尾部侧面观 (posterior end of female, lateral view)

形，呈直的指状突。子宫内虫卵长径 0.093-0.101mm，辐径 0.043-0.058mm。

地理分布 河北、宁夏、新疆、重庆、西藏。

1978 年，齐普生和李倩茹报道 1 新种，天山杯环线虫 *Cylicocyclus tianshangensis*。然而这个种的正式发表是在 1984 年，由李倩茹，蔡宏和齐普生发表在《新疆农业科学》上。因此，作者认为该种应该是在 1984 年发表。在本卷的研究中，作者在河北骡的大肠中采到该种的标本，该种与其他种的主要区别是口囊的侧径显著宽于背腹径。

(36) 外射杯环线虫 *Cylicocyclus ultrajectinus* (Ihle, 1920) (图 46)

Cylicostomum ultrajectinum Ihle, 1920d: 279; 1920f: 269; 1921: 372.

Cylicostomum (*Cylicocyclus*) *ultrajectinum*: Ihle, 1922: 80-82, figs. 109, 110.

Trichonema ultrajectinum: LeRoux, 1924: 126.

Cylicodontophorus ultrajectinum: Cram, 1924: 670.

Cylicocyclus ultrajectinus: Ershov, 1939; Skrjabin, Shikhobalova, Schulz, Popova, Boev *et* Delyamure, 1952: 226; Popova, 1958: 68-70, fig. 40; K'ung *et* Yang, 1963b: 79, figs. 16-19, 24-27; K'ung, 1964: 218; Yang *et* K'ung, 1965: 82; Lichtenfels, 1975: 5, 44, figs. 107, 108; Parasitology Division, Institute of Zoology, Academia Sinica, 1979: 139, 140, fig. 63; Li, Cai *et* Qi, 1984b: 42, figs. 1-4; Qi, Li *et* Cai, 1984: 171, 172, fig. 114; Hartwich, 1986: 89; Li, Li, Zhou, Wang, Han, Wu *et* Huang, 1988: 186, 187, fig. 80; Dvojnos *et* Kharchenko, 1994: 138-140, fig. 37; Lichtenfels, Kharchenko, Krecek *et* Gibbons, 1998: 72; Zhang *et* K'ung, 2002a: 82, 83, fig. 52; Zhang, 2003: 72; Lichtenfels, Kharchenko *et* Dvojnos, 2008: 121-123, figs. 101, 102.

宿主 马 *Equus caballus*，驴 *Equus asinus*，骡 *Equus caballus* × *Equus asinus*，斑马 *Equus burchelli*，蒙古野驴 *Equus hemionus*。

寄生部位 盲肠、结肠。

形态 口领较高，与体部之间有 1 明显环沟，口囊呈宽矩形，侧径略大，口囊壁较厚，其后缘增厚为环箍，外叶冠具 12 或 13 枚宽而长的小叶，顶端钝圆。内叶冠具 36-48 枚小叶，其中较长的有 12 或 13 枚与外叶冠的小叶等数，沿外叶冠小叶的中央向前伸，稍突出于口领之外。每个较长的内叶冠小叶之间，夹有 2 或 3 个较短的小叶，这是本种最显著特性。食道粗，前后的宽度变化甚小，食道漏斗比较发达。神经环围绕在食道的中央，略偏前。颈乳突及排泄孔均位于食道末端附近。交合伞短而阔。

雄虫 体长 11.8-15.6mm，最大宽度 0.640-0.690mm。口囊内径：侧径前宽 0.140mm，背腹径前宽 0.125mm；侧径后宽 0.150mm，背腹径后宽 0.135mm。口囊深 0.059mm。食道长 0.660mm，前端部宽 0.220mm，后端膨大部宽 0.270mm。神经环在食道中央；排泄孔距头端 0.720mm；颈乳突距头端 0.750mm。交合伞前侧肋较短，末端不达伞边，中侧、后侧肋较长，末端均达伞边，外背肋独立分出；自外背肋基部至背肋末端长 0.600mm。背肋的 2 个侧支的分出部非常靠近。背叶与侧叶之间有 1 明显的界限，生殖锥的角质领发达，在背唇近端部的内侧面上泄殖腔开口部的两侧各 1 个泡状附属物，其顶端生有向前的长形突起，这对附属物在正常情况下被腹唇掩盖着。交合刺长 1.700mm。

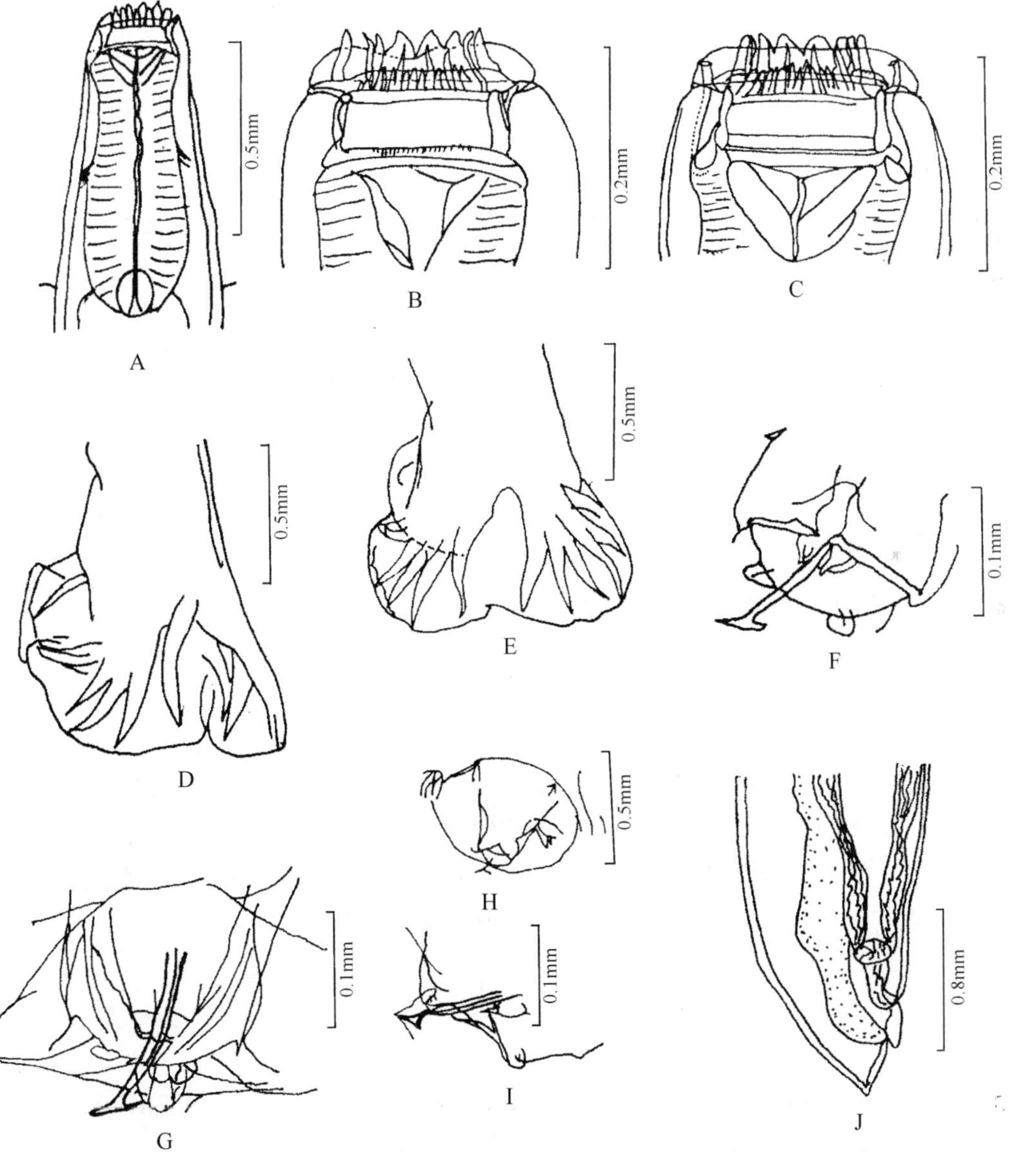

图 46　外射杯环线虫 *Cylicocyclus ultrajectinus* (Ihle)

A. 虫体前部腹面观 (anterior end of body, ventral view)；B. 头部侧面观 (cephalic end of body, lateral view)；C. 头部腹面观 (cephalic end of body, ventral view)；D. 交合伞侧面观 (copulatory bursa, lateral view)；E. 交合伞背侧面观 (copulatory bursa, dorso-lateral view)；F, G. 生殖锥腹面观 (genital cone, ventral view)；H. 生殖锥皮质领 (cortical collar of genital cone)；I. 生殖锥侧面观 (genital cone, lateral view)；J. 雌虫尾部侧面观 (posterior end of female, lateral view)

雌虫 (据李靓如等，1984b) 体长 17.0-18.6mm，最大宽度 1.483-1.537mm。口囊内径：侧径前宽 0.179-0.189mm，背腹径前宽 0.168mm；侧径后宽 0.168-0.179mm，背腹径后宽 0.168mm。口囊深 0.084mm。神经环距头端 0.483-0.536mm；排泄孔距头端 0.788-0.893mm；颈乳突距头端 0.746-0.788mm。阴门距肛门 0.319-0.348mm。尾长 0.290-0.319mm，尾端为直的圆锥形。虫卵卵圆形，长径 0.137-0.147mm，辐径 0.069-0.074mm。

地理分布 北京、陕西、宁夏、甘肃、青海、新疆、江苏、福建、广西、四川、贵州、云南；世界各地。

外射杯环线虫与本属其他种的不同在于内叶冠有长短不同的 2 种叶冠。分子系统学分析表明，该种与本属其他种隶属于 2 个不同的分支，该种线虫应属于不同的属，但目前作者还是把它放在该属。

14. 杯冠属 *Cylicostephanus* Ihle, 1922

Cylicostephanus Ihle, 1922: 66, 67; Lichtenfels, 1975: 20; Hartwich, 1986: 91; Dvojnos *et* Kharchenko, 1994: 83; Lichtenfels, Kharchenko, Krecek *et* Gibbons, 1998: 73; Zhang *et* K'ung, 2002a: 85; Lichtenfels, Kharchenko *et* Dvojnos, 2008: 61-63.

Type species: *Cylicostephanus calicatus* (Looss, 1900).

特征 小形虫体，长约 5-14mm，口领低，头感器不隆起。亚中乳突显著。外叶冠小叶一般比内叶冠小叶长些、宽些、数目少些。内叶冠小叶常呈短棒状或小板形，起始于口囊前缘或接近口囊前缘的部位。角质支环呈小三角形，位于口囊前缘外侧。口囊壁的厚度有各种不同的变化，常有背沟，雄虫的交合伞背肋自第一侧支处或自外背肋起始处分开。交合刺呈线状，等长，末端有钩。雌虫阴门距肛门近。尾部一般是直的。

本属线虫全世界共发现 7 种，其中我国报道 6 种。

种检索表

1. 口囊深度大于宽度……………………………………………………………………2
   口囊宽度和深度相等或大于深度…………………………………………………3
2. 外叶冠由 8 枚三角形小叶组成……………………………………**微小杯冠线虫 *C. minutus***
   外叶冠由 12-18 枚指状小叶组成…………………………………**小杯杯冠线虫 *C. calicatus***
3. 口囊壁前部明显比后部厚；外叶冠长宽相等；背沟延伸至内叶冠基部……………………
   ……………………………………………………………………**偏位杯冠线虫 *C. asymetricus***
   口囊壁厚度前后一致；外叶冠的长度为宽度的 2 倍；背沟延伸至距离内叶冠基部的中部多一点或

接近内叶冠基部……………………………………………………………………………………4

4. 从背面观，口囊壁直，后部稍厚；背沟略长于口囊深度的 1/2 …………间生杯冠线虫 *C. hybridus*

从背面观，口囊壁弯曲，前部稍厚；背沟钮扣状………………………………………………………5

5. 内外叶冠小叶数目的比为 1∶1；雄虫交合伞背肋长；雌虫尾部直；食道漏斗齿不显著……………………………………………………………………………………长伞杯冠线虫 *C. longibursatus*

内叶冠小叶数目约为外叶冠小叶的 1.5 倍；雄虫交合伞背肋较短；雌虫尾部弯向背面并具有 1 腹部凸起；食道漏斗齿显著…………………………………………………………高氏杯冠线虫 *C. goldi*

(37) 小杯杯冠线虫 *Cylicostephanus calicatus* (Looss, 1900) (图 47；图版 XVII)

Cyathostomum calicatum Looss, 1900: 185.

Cylichnostomum calicatum: Looss, 1902: 127; Sweet, 1909: 513.

Cylicostomum (*Cylicostephanus*) *calicatum*: Ihle, 1922: 67-69, figs. 87-89.

Cylicostomum barbatum Smit *et* Notosoediro, 1923.

Trichonema calicatum: LeRoux, 1924: 118; Skrjabin, Shikhobalova, Schulz, Popova, Boev *et* Delyamure, 1952: 216; Popova, 1958: 21, 22, fig. 5; K'ung, 1964: 217; Yang *et* K'ung, 1965: 78.

Cylicostephanus calicatus: Cram, 1924: 671; Lichtenfels, 1975: 6, 20, 52, figs. 22-25, 132-134; Qi, Li *et* Cai, 1984: 190, 199, fig. 120; Hartwich, 1986: 91; Dvojnos *et* Kharchenko, 1994: 84-87, fig. 21; Lichtenfels, Kharchenko, Krecek *et* Gibbons, 1998: 73; Zhang *et* K'ung, 2002a: 85-87, fig. 54; Lichtenfels, Kharchenko *et* Dvojnos, 2008: 64, figs. 47, 48.

Erschowinema calicatum: Tshoijo, 1957, In: Popova, 1958: 381.

Trichonema tsengi K'ung *et* Yang, 1963: 64, 65, figs. 23-30; Parasitology Division, Institute of Zoology, Academia Sinica, 1979: 126, 127, fig. 55; Li, Li, Zhou, Wang, Han, Wu *et* Huang, 1988: 200, 201, fig. 91; Shen *et* Liu, 1990: 14.

宿主　马 *Equus caballus*，驴 *Equus asinus*，骡 *Equus caballus* × *Equus asinus*，普氏野马 *Equus przewalskii*，蒙古野驴 *Equus hemionus*。

寄生部位　盲肠、结肠。

观察标本　1♂3♀♀，采自河南驴的盲肠，2005.VI.18，卜艳珍。标本保存于河北师范大学生命科学学院。

形态　口领中等高度，亚中乳突锥形，突出于口领之外，侧乳突不突出于口领之外 (图版 XVII：C-E)。外叶冠 18 枚长而尖的小叶，显著地突出于口领以外 (图版 XVII：A-D)；内叶冠起始于口囊前 1/8 (或者 1/7) 部分的内壁上，小叶呈短的密接的棒状，约多于外叶冠数的 1 倍。亚中乳突的长度和外叶冠突出口领以外部分的长度大体相等。口囊呈柱状，后部略宽；深度大于宽度。口囊壁自前向后，逐渐加厚，至接近后缘时，又

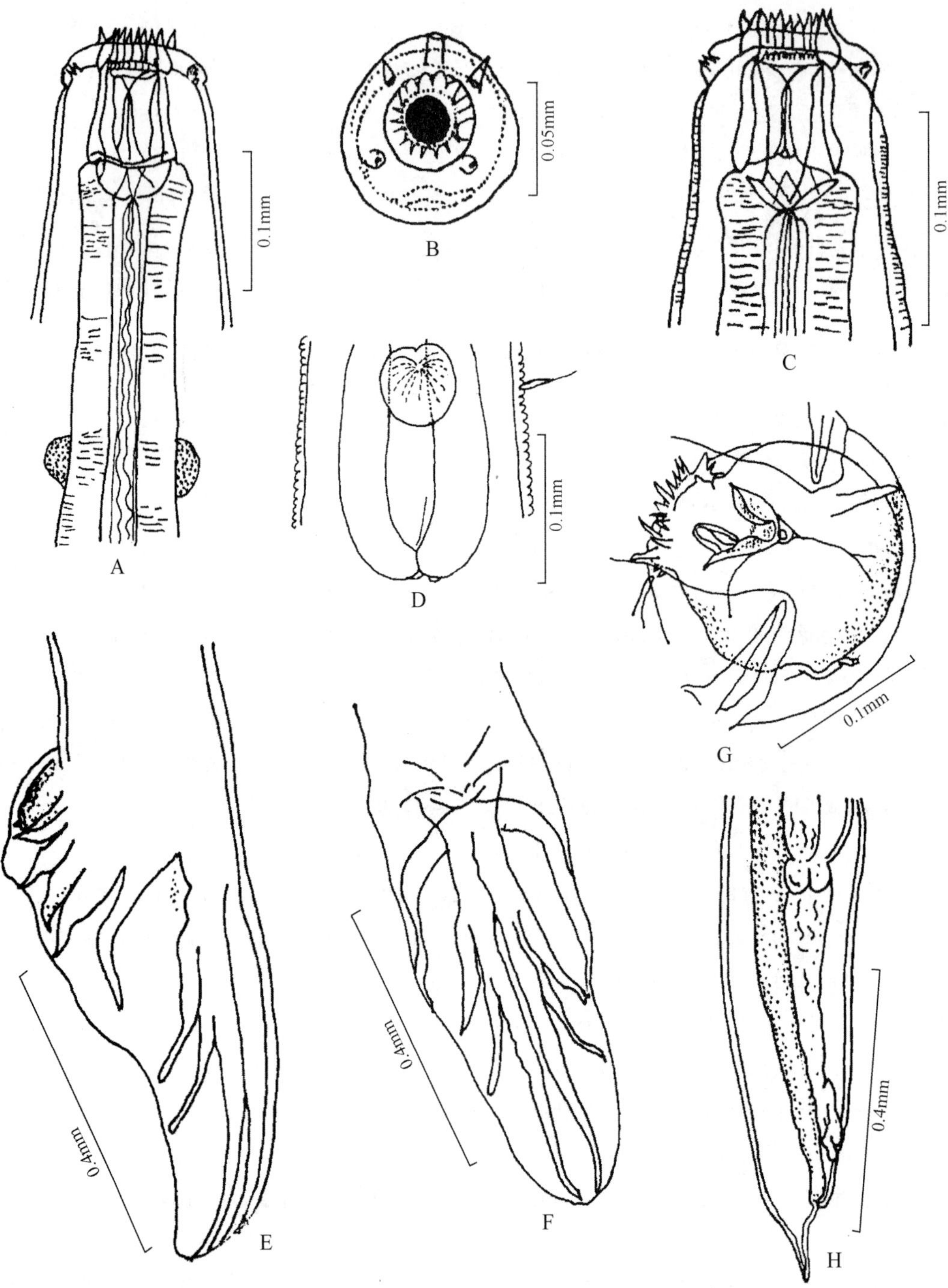

图 47 小杯杯冠线虫 *Cylicostephanus calicatus* (Looss)

A. 虫体前部腹面观 (anterior end of body, ventral view)；B. 头部顶面观 (cephalic extremity, en face view)；C. 头部腹面观 (cephalic end of body, ventral view)；D. 食道后部 (posterior part of oesophagus)；E. 交合伞侧面观 (copulatory bursa, lateral view)；F. 交合伞腹面观 (copulatory bursa, ventral view)；G. 生殖锥腹面观 (genital cone, ventral view)；H. 雌虫尾部侧面观 (posterior end of female, lateral view)

略变薄；口囊壁的前端部稍弯向内侧，此后逐渐向外侧倾斜，至末端却又稍弯向内侧。背沟发达，向前伸达口囊前 1/4 左右范围内。神经环围绕于食道中央部附近，排泄孔位于食道后端膨大部稍前方的腹侧，颈乳突位于排泄孔水平线附近的两侧体表。

雄虫　体长 6.4-7.6mm，最大宽度 0.275-0.345mm。口领和体部交界处宽 0.066-0.076mm。口囊内径：前宽 0.028-0.034mm，后宽 0.032-0.036mm；深 0.037-0.046mm。口囊壁厚 0.007-0.011mm。食道长 0.276-0.348mm，前端部宽 0.057-0.067mm，后端膨大部宽 0.086-0.096mm。神经环距头端 0.180-0.221mm；排泄孔距头端 0.247-0.319mm；颈乳突距头端 0.305-0.353mm。雄虫交合伞的背叶相当长，交合伞自外背肋基部至背肋末端长 0.470-0.555mm。生殖锥上有较多的指状附属物，大体上呈一定规律的排列：两侧部各有 2 组指状附属物，每组中有 1 个大的，3 个小的；在 2 组附属物之间的稍下方，具有大、小不一的约 10 个指状附属物，排列较不规则。交合刺长 0.716-1.097mm，引带长 0.110-0.165mm。

雌虫　体长 6.6-8.4mm，最大宽度 0.275-0.360mm，口领和体部交界处宽 0.062-0.080mm。口囊内径：前宽 0.030-0.035mm，后宽 0.033-0.038mm；深 0.038-0.048mm。口囊壁厚 0.006-0.010mm。食道长 0.314-0.407mm，前端部宽 0.058-0.065mm，后端膨大部宽 0.081-0.101mm。神经环距头端 0.185-0.230mm；排泄孔距头端 0.271-0.354mm；颈乳突距头端 0.299-0.379mm。阴道长 0.215-0.390mm，阴门距肛门 0.063-0.110mm。尾部直，尾长 0.0875-0.1250mm。

地理分布　黑龙江、吉林、内蒙古、北京、山西、河南、陕西、宁夏、甘肃、青海、新疆、江苏、广西、四川、贵州、云南；世界各地。

1963 年，孔繁瑶和杨年合描述了 1 新种，*Trichonema tsengi*，该种线虫与小杯杯冠线虫的主要区别是外叶冠数目不同。Lichtenfels (1975) 将该线虫列为小杯杯冠线虫的同物异名。同时，Barus (1962) 及 Braide 和 Georgi (1974)研究发现，小杯杯冠线虫的外叶冠数目变化范围为 12-18 枚。而我国报道的外叶冠数目均为 18 枚。

(38) 偏位杯冠线虫 *Cylicostephanus asymetricus* (Theiler, 1923) (图 48)

Cylicostomum asymetricum Theiler, 1923: 57, 58.

Cylicotetrapedon asymetricum: Ihle, 1925; K'ung, 1964: 218; Yang *et* K'ung, 1965: 80; Dvojnos *et* Kharchenko, 1994: 104-106, fig. 27.

Cylicostephanus asymetricus: Cram, 1925: 230; Lichtenfels, 1975: 6, 52, figs. 135-137; Li, Qi, Li *et* Cai, 1984: 190, fig. 119; Hartwich, 1986: 91; Li, Zhou, Wang, Han, Wu *et* Huang, 1988: 201, fig. 92; Lichtenfels, Kharchenko, Krecek *et* Gibbons, 1998: 73; Zhang *et* K'ung, 2002a: 92, 93, fig. 59; Zhang, 2003: 72; Lichtenfels, Kharchenko *et* Dvojnos, 2008: 64-66, figs. 49, 50.

Schulzitrichonema asymetricum: Erschow, 1943; Skrjabin, Shikhobalova, Schulz, Popova, Boev *et*

Delyamure, 1952: 234; Popova, 1958: 110-112, figs. 66-68; K'ung *et* Yang, 1964: 37, plate III, figs. 22-26; Parasitology Division, Institute of Zoology, Academia Sinica, 1979: 152, 153, fig. 73; Shen *et* Liu, 1990: 15.

Erschowinema asymetricum: Tshoijo, 1957, In: Popova, 1958: 381.

宿主 马 *Equus caballus*，驴 *Equus asinus*，骡 *Equus caballus* × *Equus asinus*。

寄生部位 盲肠、大肠。

形态 口领显著。外叶冠由 16 枚长而尖的小叶组成，内叶冠由 22-24 枚短而宽的小叶组成。亚中乳突较长，几乎与外叶冠等长。口囊前部稍窄，后部略宽，口囊壁不对称，

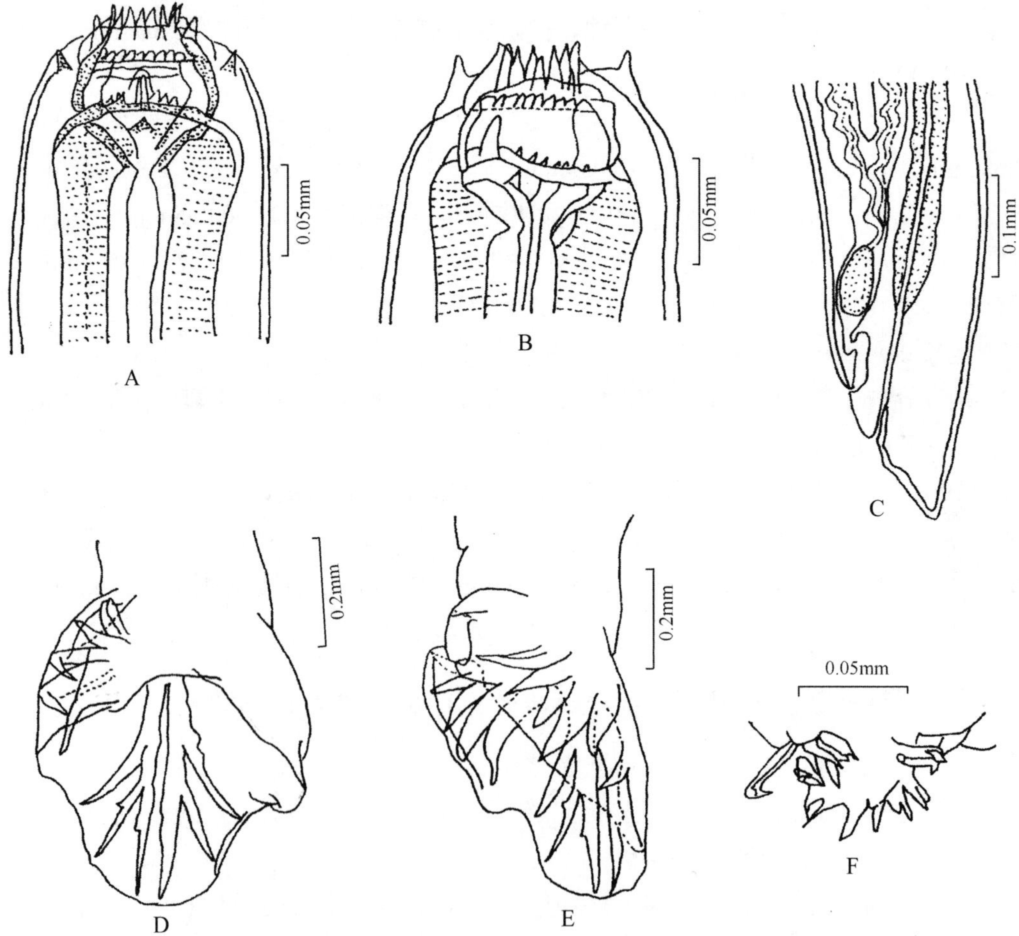

图 48 偏位杯冠线虫 *Cylicostephanus asymetricus* (Theiler)

A. 头部腹面观 (cephalic end of body, ventral view)；B. 头部侧面观 (cephalic end of body, lateral view)；C. 雌虫尾部侧面观 (posterior end of female, lateral view)；D. 交合伞腹面观 (copulatory bursa, ventral view)；E. 交合伞侧面观 (copulatory bursa, lateral view)；F. 生殖锥腹面观 (genital cone, ventral view)

腹面高于背面 (据吴淑卿和尹文真)，腹面高 0.026-0.029mm，背面高 0.020-0.023mm。囊壁的前缘部最厚，向后渐变薄。口囊壁向外弯呈凹形，背沟发达，相当于口囊深度的 2/3 左右。食道内有小三角形的齿板不突入口囊内。

雄虫　体长 7.6-7.7mm，最大宽度 0.400-0.445mm。口领和体部交界处宽 0.100-0.107mm。口囊内径：前宽 0.048-0.056mm，后宽 0.060-0.068mm；深 0.029-0.034mm。口囊壁厚 0.010-0.011mm。食道长 0.440-0.445mm，前端部宽 0.093-0.100mm，后端膨大部宽 0.120-0.128mm。神经环距头端 0.220-0.235mm；排泄孔距头端 0.365-0.372mm；颈乳突距头端 0.358-0.365mm。雄虫交合伞的背叶较短，交合伞自外背肋基部至背肋末端长 0.415mm。交合刺长 0.950-1.095mm。引带长 0.162-0.185mm。

雌虫　体长 6.8-8.8mm，最大宽度 0.495-0.515mm。口领和体部交界处宽 0.114-0.124mm。口囊内径前宽 0.056-0.062mm，后宽 0.073-0.078mm；深 0.035-0.038mm。口囊壁厚 0.011-0.012mm，食道长 0.490-0.500mm，前端部宽 0.111mm，后端膨大部宽 0.152-0.159mm。神经环、排泄孔和颈乳突距头端的距离分别为 0.245-0.260mm，0.325-0.430mm，0.335-0.445mm。阴道长 0.34mm。阴门距肛门 0.105-0.120mm。尾部直，尾长 0.105-0.120mm。

地理分布　吉林、陕西、宁夏、甘肃、青海、新疆、广西、四川；亚洲，欧洲，非洲。

(39) 高氏杯冠线虫 *Cylicostephanus goldi* (Boulenger, 1917) (图 49)

Cylichnostomum goldi Boulonger, 1917: 210-212, fig. 5.

Cylicostomum ornatum Kotlan, 1919: 557; Hartwich, 1986: 92.

Cylicostomum tridentatum Yorke *et* Macfie, 1920: 153-157, figs. 1-5.

Cylicostomum (*Cylicocercus*) *goldi*: Ihle, 1922: 49, 50, figs. 58-60.

Trchonema goldi: LeRoux, 1924: 125.

Cylicocerous goldi: Cram, 1924: 669.

Schulzitrichonema goldi: Ershow, 1943; Skrjabin, Shikhobalova, Schulz, Popova, Boev *et* Delyamure, 1952: 239; Popova, 1958: 112-114, figs. 69, 70; K'ung *et* Yang, 1963a: 5-7, 37, 38, 53; Parasitology Division, Institute of Zoology, Academia Sinica, 1979: 151, 152, fig. 72; Shen *et* Liu, 1990: 15.

Cylicotetrapedon goldi: K'ung, 1964: 218; Yang *et* K'ung, 1965: 80.

Cylicostephanus goldi: Lichtenfels, 1975: 7, 54, figs. 147, 149; Qi, Li *et* Cai, 1984: 199, fig. 121; Hartwich, 1986: 92; Li, Li, Zhou, Wang, Han, Wu *et* Huang, 1988: 193, fig. 87; Dvojnos *et* Kharchenko, 1994: 96-99, fig. 25; Guo, Li, Liu *et* Ma, 1997: 11; Lichtenfels, Kharchenko, Krecek *et* Gibbons, 1998: 73; Zhang *et* K'ung, 2002a: 90, 91, fig. 58; Zhang, 2003: 72; Lichtenfels, Kharchenko *et* Dvojnos, 2008: 68-70, figs. 53, 54.

宿主 马 *Equus caballus*，驴 *Equus asinus*，骡 *Equus caballus* × *Equus asinus*，藏野驴 *Equus kiang*, 斑马 *Equus burchelli*，普氏野马 *Equus przewalskii*，蒙古野驴 *Equus hemionus*。

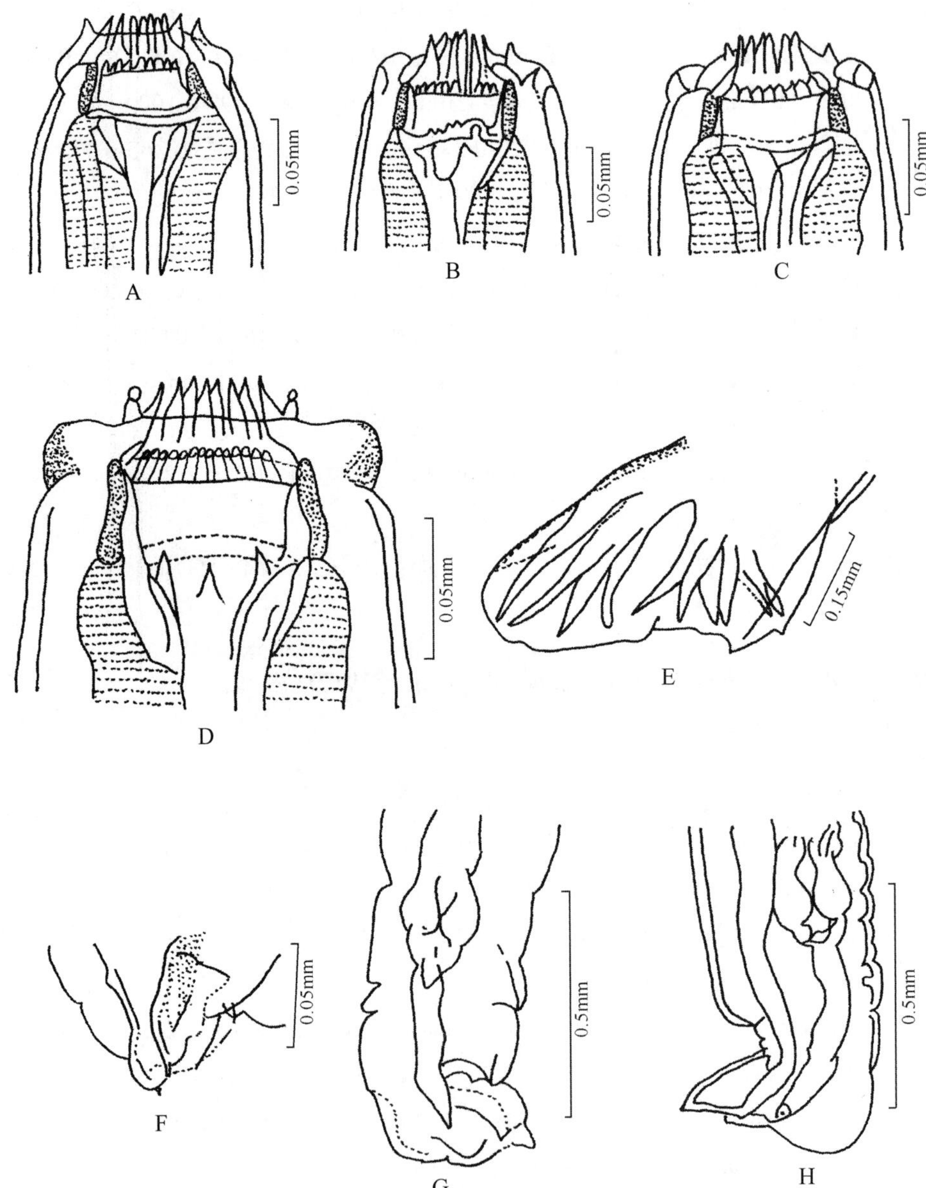

图 49 高氏杯冠线虫 *Cylicostephanus goldi* (Boulenger)

A, C. 头部侧面观 (cephalic end of body, lateral view)；B. 头部背侧面观 (cephalic end of body, dorso-lateral view)；D. 头部腹面观 (cephalic end of body, ventral view)；E. 交合伞侧面观 (copulatory bursa, lateral view)；F. 生殖锥侧面观 (genital cone, lateral view)；G, H. 雌虫尾部侧面观 (posterior end of female, lateral view)

寄生部位　盲肠、结肠。

观察标本　5♂♂8♀♀，采自河南驴的盲肠，2005.VI.18，卜艳珍。标本保存于河北师范大学生命科学学院。

形态　口领相当显著，外叶冠约 20 叶，内叶冠 30-34 枚小叶。口囊的前后宽度大体一致，或后部略宽。口囊壁通常前部较厚，后部略薄。食道漏斗内有 3 个小三角形齿板，突入口囊基部。背沟很短。

雄虫　体长 5.6-7.3mm；最大宽度 0.330-0.380mm，口领和体部交界处宽 0.079-0.096mm。口囊内径的最大宽度 0.046-0.055mm，深 0.021-0.023mm。食道长 0.391-0.425mm，前端部宽 0.077-0.086mm，后端膨大部宽 0.096-0.104mm。神经环距头端 0.210-0.235mm；排泄孔距头端 0.290-0.385mm；颈乳突距头端 0.324-0.446mm。雄虫交合伞的背叶短，交合伞自外背肋基部至背肋末端长 0.320-0.470mm。生殖锥上的附属物为每侧各 2 个指状突，其中外侧者短，内侧者长。交合刺长 0.780-0.930mm，引带长 0.170-0.215mm。

雌虫　体长 7.4-7.5mm，最大宽度 0.390-0.510mm。口领和体部交界处宽 0.099-0.107mm。口囊内径的最大宽度 0.053-0.063mm，深 0.027-0.030mm。食道长 0.440-0.470mm，前端部宽 0.094-0.100mm，后端膨大部宽 0.122-0.132mm。神经环距头端 0.240-0.260mm；排泄孔距头端 0.355-0.365mm；颈乳突距头端 0.370-0.399mm。雌虫尾部呈人足形，与体轴呈角弯向背侧，肛门和阴门几乎同在一水平线上。阴道长 0.399-0.435mm，阴门距肛门 0.065mm，尾长 0.060mm。

地理分布　黑龙江、吉林、内蒙古、北京、山西、河南、陕西、宁夏、甘肃、青海、新疆、江苏、安徽、广西、四川、贵州、云南；世界各地。

(40) 间生杯冠线虫 *Cylicostephanus hybridus* (Kotlan, 1920) (图 50)

Cylicostomum hybridum Kotlan, 1920: 5; Theiler, 1923: 56.

Cylicostephanus hybridus: Cram, 1924: 671; Lichtenfels, 1975: 7, 53, figs. 141-143; Qi, Li *et* Cai, 1984: 199, fig. 122; Hartwich, 1986: 92; Dvojnos *et* Kharchenko, 1994: 89-92, fig. 23; Lichtenfels, Kharchenko, Krecek *et* Gibbons, 1998: 73; Zhang *et* K'ung, 2002a: 93-95, figs. 60, 61; Zhang, 2003: 72; Lichtenfels, Kharchenko *et* Dvojnos, 2008: 70-72, figs. 55, 56.

Trichonema hybridum: LeRoux, 1924: 119; Skrjabin, Shikhobalova, Schulz, Popova, Boev *et* Delyamure, 1952: 217; Popova, 1958: 31, 32, fig. 10; K'ung, 1964: 217; Yang *et* K'ung, 1965: 79.

Trichonema (*Cylicostephanus*) *parvibursatum* Vaz, 1930: 150; Vaz, 1934: 71-74.

宿主　马 *Equus caballus*，驴 *Equus asinus*，骡 *Equus caballus* × *Equus asinus*，普氏野马 *Equus przewalskii*。

寄生部位　盲肠、结肠。

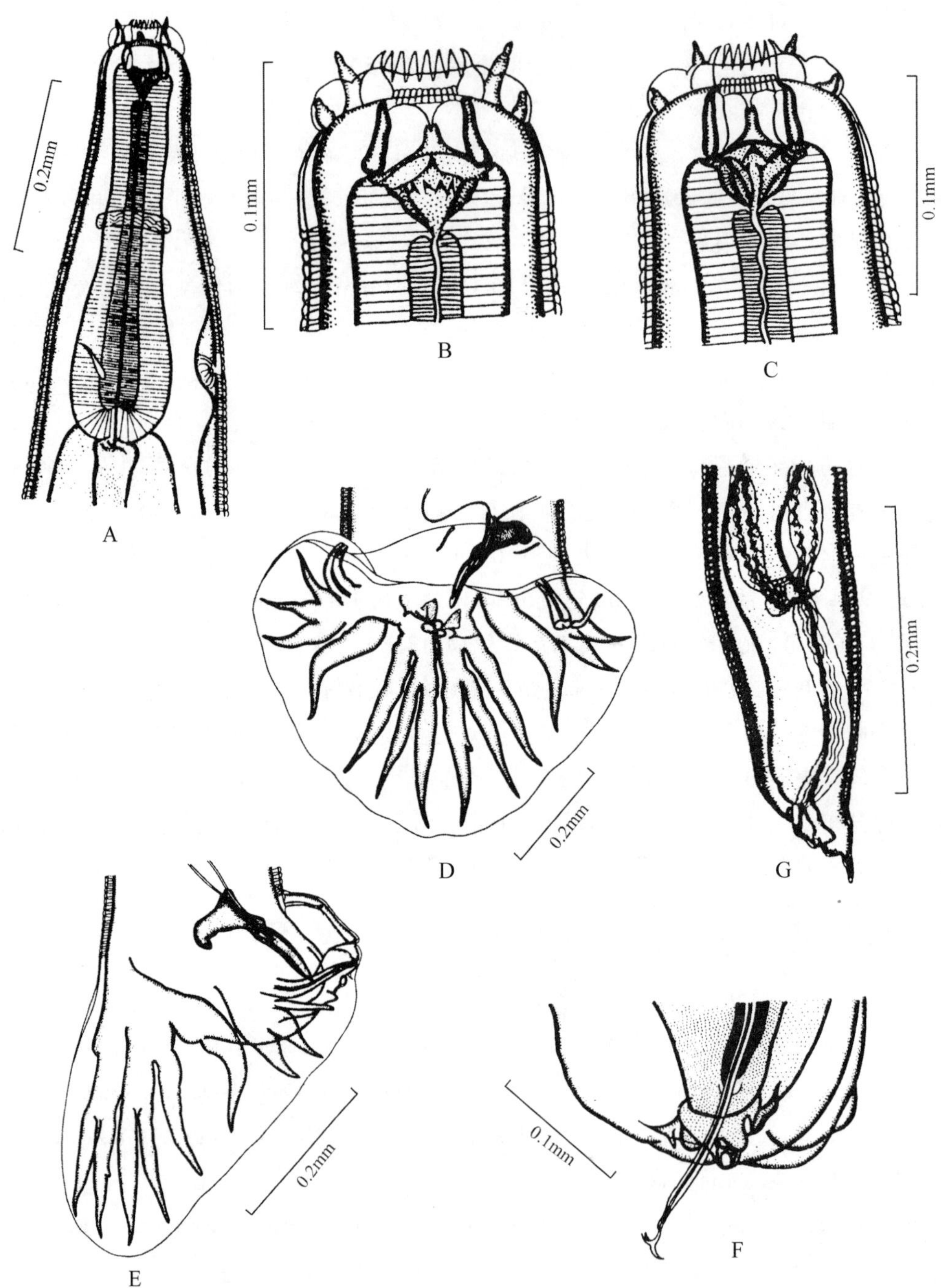

图 50 间生杯冠线虫 *Cylicostephanus hybridus* (Kotlan) (仿齐普生等, 1984)

A. 虫体前部侧面观 (anterior end of body, lateral view)；B, C. 头部腹面观 (cephalic end of body, ventral view)；D. 交合伞腹面观 (copulatory bursa, ventral view)；E. 交合伞侧面观 (copulatory bursa, lateral view)；F. 生殖锥腹面观 (genital cone, ventral view)；G. 雌虫尾部侧面观 (posterior end of female, lateral view)

形态　虫体头端宽 0.115mm，食道末端的体宽 0.196mm。头感器宽而顶端钝圆，亚中乳突长而尖。口领低而圆，高 0.019mm，宽 0.100mm。口领与体部之间有 1 明显的环沟。外叶冠由 16 枚长而尖的小叶组成，内叶冠小叶短而粗。口囊呈梯形，宽 0.050-0.054mm，深 0.025-0.032mm，口囊壁后缘较厚 (据 Lichtenfels 1975 年观察，背面观，口囊壁直，后侧壁稍弯)。背沟较长，食道漏斗发达。颈乳突和排泄孔距头端 0.390mm。

雄虫　体长 7.8-9.5mm，最大宽度 0.300-0.340mm。食道长 0.370-0.400mm，宽 0.085-0.100mm。交合伞背叶短而宽。生殖锥的皮质领发达，其附属物的两边各有 1 乳突状突起。交合刺长 0.820mm。引带呈手枪形，长 0.165mm，最大宽度 0.069mm。

雌虫　体长 9.5-10.5mm，食道长 0.440-0.468mm，宽 0.115mm。尾部在阴门区较圆，后端呈指状突起。阴门距尾端 0.221mm，阴门处体宽 0.170-0.240mm。阴道长 0.340mm。肛门距尾端 0.100mm。卵的长径 0.095mm，辐径 0.050mm。

地理分布　黑龙江、吉林、宁夏、甘肃、青海、新疆、广西、四川；亚洲，欧洲，南美洲，北美洲。

(41) 长伞杯冠线虫 *Cylicostephanus longibursatus* (Yorke *et* Macfie, 1918) (图 51；图版 XVIII)

Cylicostomum longibursatum Yorke *et* Macfie, 1918a: 400-404, figs. 1-7.

Cylicostomum nanum Ihle, 1919: 720.

Cylicostomum calicatiforme Kotlan, 1919: 9.

Cylicostomum (*Cylicostephanus*) *longibursatum*: Ihle, 1922: 70, 71, figs. 93-96.

Cylicostephanus longibursatus: Cram, 1924: 671; Lichtenfels, 1975: 6, 54, figs. 144-146; Qi, Li *et* Cai, 1984: 189, 190, fig. 118; Hartwich, 1986: 92; Li, Li, Zhou, Wang, Han, Wu *et* Huang, 1988: 192, 193, fig. 86; Dvojnos *et* Kharchenko, 1994: 92-96, fig. 24; Guo, Li, Liu *et* Ma 1997: 11; Lichtenfels, Kharchenko, Krecek *et* Gibbons, 1998: 73; Zhang *et* K'ung, 2002a: 88-90, figs. 56, 57; Zhang, 2003: 72; Lichtenfels, Kharchenko *et* Dvojnos, 2008: 72-74, figs. 57, 58.

Trichonema longibursatum: LeRoux; 1924: 118; Skrjabin, Shikhobalova, Schulz, Popova, Boev *et* Delyamure, 1952: 214; Popova, 1958: 15-18, figs. 1, 2; K'ung *et* Yang, 1963: 63, figs. 9, 22, 31; K'ung, 1964: 217; Yang *et* K'ung, 1965: 78; Parasitology Division, Institute of Zoology, Academia Sinica, 1979: 116, 117, fig. 48; Shen *et* Liu, 1990: 14.

宿主　马 *Equus caballus*，驴 *Equus asinus*，骡 *Equus caballus* × *Equus asinus*，藏野驴 *Equus kiang*，斑马 *Equus burchelli*，普氏野马 *Equus przewalskii*，蒙古野驴 *Equus hemionus*。

寄生部位　盲肠、结肠。

观察标本 7♂♂4♀♀，采自河南驴的盲肠，2005.VI.18，卜艳珍。标本保存于河北师范大学生命科学学院。

形态 口领发达，亚中乳突刺状，基部有圆柱形突起；侧乳突稍突出口领之外。外叶冠由 18 叶组成 (图版 XVIII：A-E)。口囊呈梯形，前部稍窄，后部稍宽。口囊壁前部较厚，向后逐渐变薄。背沟很短。雄虫交合伞的背叶特别长，雌虫尾部直。

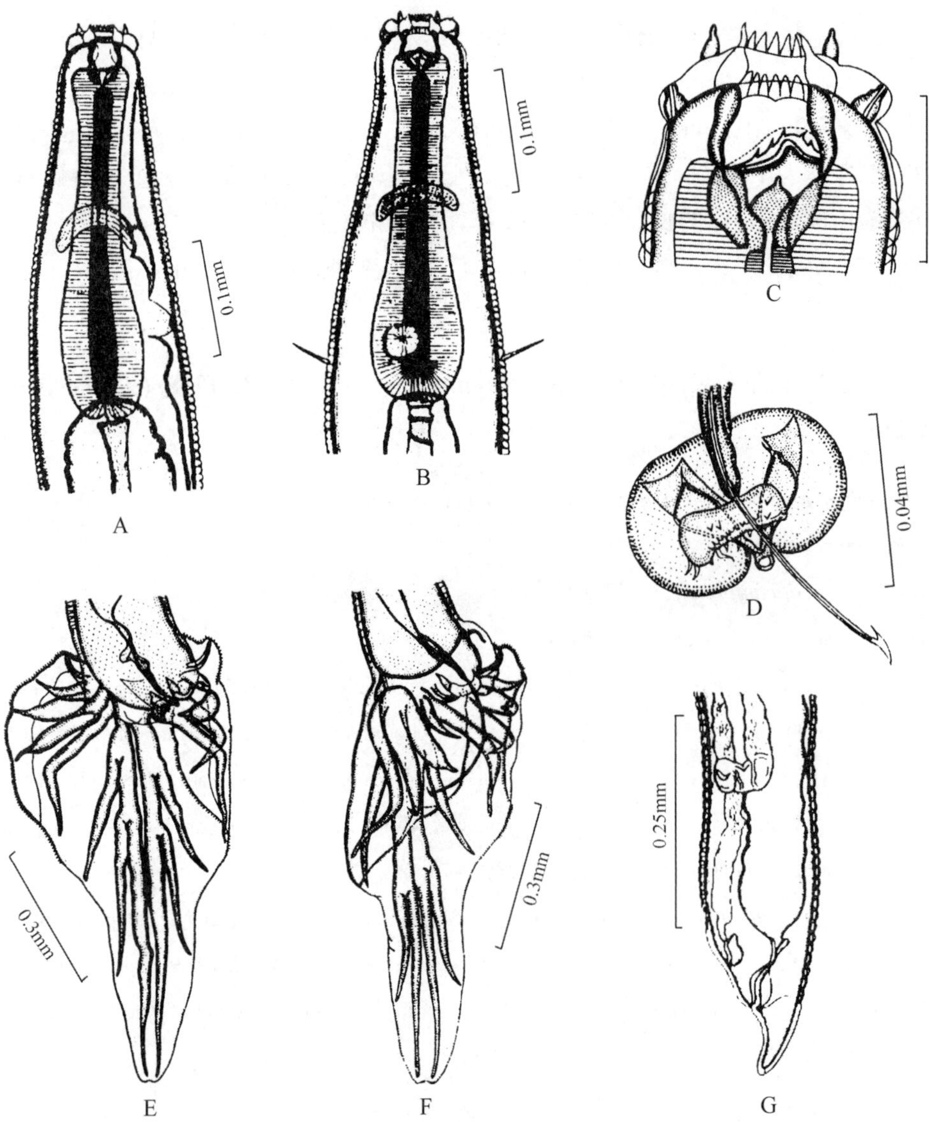

图 51 长伞杯冠线虫 *Cylicostephanus longibursatus* (Yorke *et* Macfie) (仿齐普生等, 1984)

A. 虫体前部侧面观 (anterior end of body, lateral view)；B. 虫体前部腹面观 (anterior end of body, ventral view)；C. 头部腹面观 (cephalic end of body, ventral view)；D. 生殖锥腹面观 (genital cone, ventral view)；E. 交合伞腹面观 (copulatory bursa, ventral view)；F. 交合伞侧面观 (copulatory bursa, lateral view)；G. 雌虫尾部侧面观 (posterior end of female, lateral view)

雄虫　体长 6.2-6.3mm，最大宽度 0.301-0.305mm，口领和体部交界处宽 0.064-0.067mm。口囊内径：前宽 0.021-0.026mm，后宽 0.031-0.033mm；深 0.020mm。口囊壁厚 0.006-0.007mm。食道长 0.280-0.320mm，前端部宽 0.050-0.059mm，后端膨大部宽 0.072-0.082mm。神经环距头端 0.170-0.175mm；排泄孔距头端 0.267-0.275mm；颈乳突距头端 0.280-0.325mm。交合伞的背叶特别长 (图版 XVIII：F)，交合伞自外背肋基部至背肋末端长 0.705-0.752mm。

雌虫　体长 7.8-8.1mm，最大宽度 0.280-0.290mm，口领和体部交界处宽 0.069-0.072mm。口囊内径：前宽 0.021-0.026mm，后宽 0.032-0.037mm；深 0.020-0.022mm。口囊壁厚 0.007-0.010mm。食道长 0.320-0.340mm，前端部宽 0.059mm，后端膨大部宽 0.075-0.093mm。神经环距头端 0.155-0.190mm；排泄孔距头端 0.226-0.302mm；颈乳突距头端 0.290-0.315mm。阴道长 0.290-0.360mm，阴门距肛门 0.050-0.070mm。尾部直，尾长 0.130-0.145mm。

地理分布　黑龙江、吉林、内蒙古、北京、山西、山东、河南、陕西、宁夏、甘肃、青海、新疆、江苏、江西、广西、重庆、四川、贵州、云南；世界各地。

(42) 微小杯冠线虫 *Cylicostephanus minutus* (Yorke *et* Macfie, 1918) (图 52；图版 XIX)

Cylicostomum minutum Yorke *et* Macfie, 1918b: 405-409, figs. 1-7.

Cylicostomum (*Cylicostephanus*) *minutum*: Ihle, 1922: 69, 70, figs. 90-92.

Cylicostephanus minutes: Cram, 1924: 671; Lichtenfels, 1975: 6, 51, figs. 129-131; Qi, Li *et* Cai, 1984: 200, fig. 123; Hartwich, 1986: 92; Li, Li, Zhou, Wang, Han, Wu *et* Huang, 1988: 198, fig. 88; Dvojnos *et* Kharchenko, 1994: 87-89, fig. 22; Guo, Li, Liu *et* Ma, 1997: 11; Lichtenfels, Kharchenko, Krecek *et* Gibbons, 1998: 73; Zhang *et* K'ung, 2002a: 87-88, fig. 55; Lichtenfels, Kharchenko *et* Dvojnos, 2008: 74-76, figs. 59, 60.

Trichonema minutum: LeRoux, 1924: 118; Skrjabin, Shikhobalova, Schulz, Popova, Boev *et* Delyamure, 1952: 217; Popova, 1958: 35-37, fig. 14; K'ung *et* Yang, 1963: 64, figs. 10, 13-16; K'ung, 1964: 217; Yang *et* K'ung, 1965: 79; Parasitology Division, Institute of Zoology, Academia Sinica, 1979: 125, 126, fig. 54; Shen *et* Liu, 1990: 14.

Erschowinema minutum: Tshoijo, 1957, In: Popova, 1958: 381.

宿主　马 *Equus caballus*，驴 *Equus asinus*，骡 *Equus caballus* × *Equus asinus*，斑马 *Equus burchelli*，藏野驴 *Equus kiang*，普氏野马 *Equus przewalskii*，蒙古野驴 *Equus hemionus*。

寄生部位　盲肠、结肠

观察标本　5♂♂10♀♀，采自河南驴的盲肠，2005.VI.18，卜艳珍。标本保存于河北

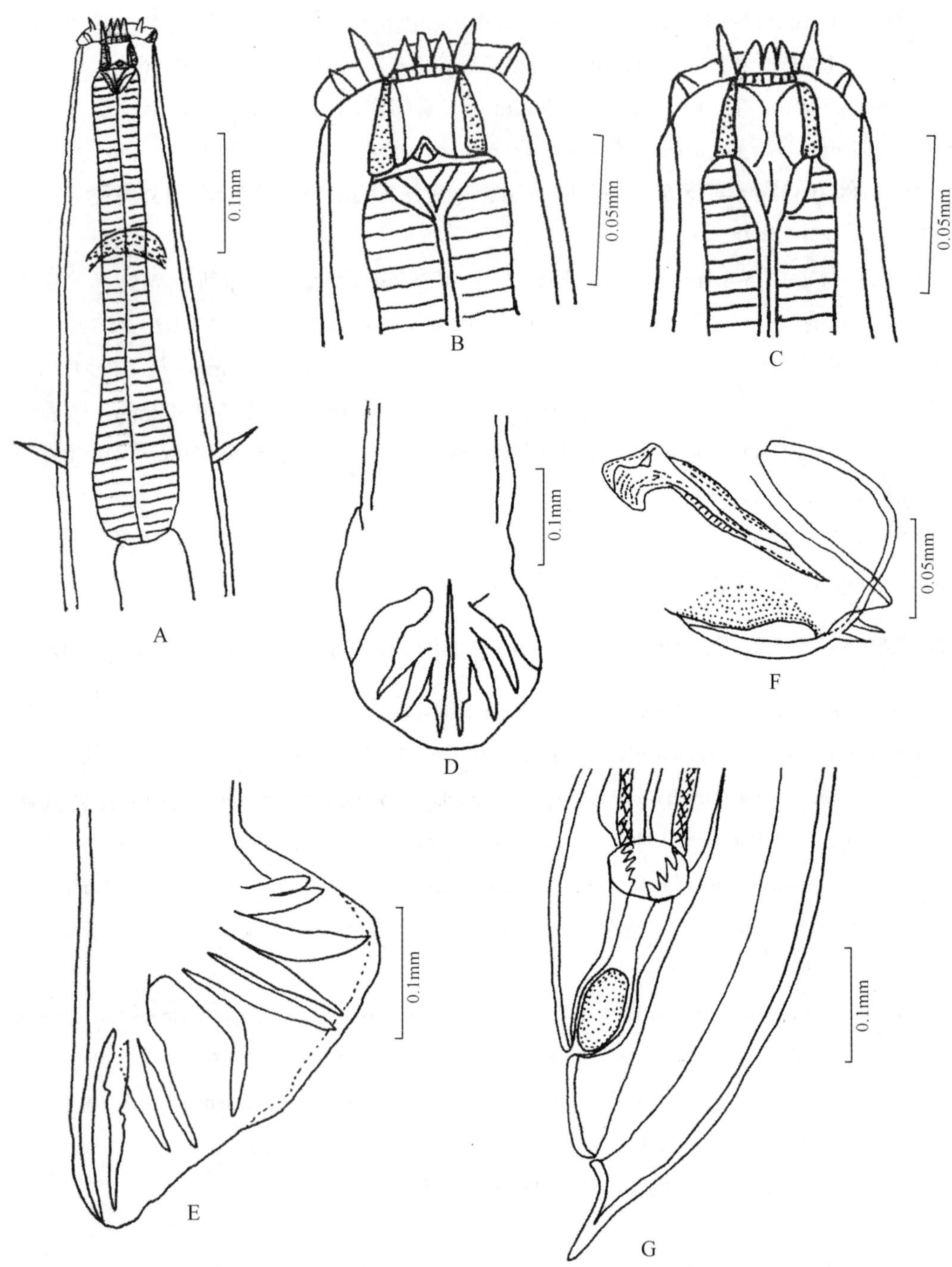

图 52 微小杯冠线虫 *Cylicostephanus minutus* (Yorke *et* Macfie)

A. 虫体前部腹面观（anterior end of body, ventral view）；B. 头部腹面观（cephalic end of body, ventral view）；C. 头部侧面观（anterior end of body, lateral view）；D. 交合伞背面观（copulatory bursa, dorsal view）；E. 交合伞侧面观（copulatory bursa, lateral view）；F. 生殖锥侧面观（genital cone, lateral view）；G. 雌虫尾部侧面观（posterior end of female, lateral view）

师范大学生命科学学院。

形态 体型极小，口领短，亚中乳突相当长而显著。外叶冠 8 叶 (图版 XIX：A-E)，内叶冠数达 20 叶。口囊呈梯形，口囊壁的前后端部分都略向内侧弯曲。背沟发达，伸达口囊壁的前 1/3 范围内。雄虫交合伞的背叶短阔。雌虫尾部的肛门前方部分略显膨大。

雄虫 体长 5.1-5.3mm，最大宽度 0.215-0.230mm，口领和体部交界处宽 0.058-0.060mm。口囊内径：前宽 0.019-0.020mm，后宽 0.020-0.025mm；深 0.024-0.028mm。口囊壁厚 0.006mm。食道长 0.330-0.336mm，前端部宽 0.041-0.044mm，后端膨大部宽 0.064-0.072mm。神经环距头端 0.175-0.205mm；排泄孔距头端 0.253-0.290mm；颈乳突距头端 0.286-0.290mm。交合伞自外背肋基部至背肋末端长 0.163-0.179mm。引带长 0.099-0.118mm，交合刺长 0.500-0.716mm。

雌虫 体长 6.55-6.80mm，最大宽度 0.290-0.310mm，口领和体部交界处宽 0.062-0.066mm。口囊内径：前宽 0.022-0.023mm，后宽 0.025-0.026mm；深 0.027-0.029mm。口囊壁厚 0.006-0.008mm。食道长 0.340-0.390mm，前端部宽 0.044-0.049mm，后端膨大部宽 0.075-0.078mm。神经环距头端 0.182-0.220mm，排泄孔距头端 0.260-0.300mm；颈乳突距头端 0.290-0.300mm。阴道长 0.109-0.185mm，阴门距肛门 0.093-0.110mm，尾长 0.065-0.084mm。

地理分布 黑龙江、吉林、内蒙古、北京、山西、河南、陕西、宁夏、甘肃、青海、新疆、江苏、广西、四川、贵州、云南；世界各地。

15. 斯齿属 *Skrjabinodentus* Tshoijo, 1957

Skrjabinodentus Tshoijo, 1957, In: Popova: 1958: 370, 371; Dvojnos *et* Kharchenko, 1994: 106; Lichtenfels, Kharchenko, Krecek *et* Gibbons, 1998: 74; Zhang *et* K'ung, 2002a: 96; Lichtenfels, Kharchenko *et* Dvojnos, 2008: 79.

Type species: *Skrjabinodentus caragandicus* Tshoijo, 1957.

特征 虫体中等大小。口孔直向前。口领与体部之间有 1 缢缩。侧头乳突短而粗，不伸出口领之外；亚中乳突发达，伸出口领之外。口囊近圆柱形，宽度大于深度。口囊壁在前端部分极度膨大。外叶冠小叶呈三角形；内叶冠小叶短，圆形或三角形，小叶数与外叶冠相等或多于外叶冠。食道漏斗发达，具有 1 个大的背食道齿和 2 个亚腹食道齿。雄虫交合伞背叶中等大小，背肋仅分出 1 个侧支。生殖锥发达，伸出交合伞外。引带柄部退化，远端具翼。

本属线虫全世界共报道 3 种，其中我国报道 1 种。

(43) 陶氏斯齿线虫 *Skrjabinodentus tshoijoi* Dvojnos *et* Kharchenko, 1986 (图 53)

Skrjabinodentus bicoronatus K'ung *et* Yang, 1977: 58-60, figs. 1-8.

Skrjabinodentus tshoijoi Dvojnos *et* Kharchenko, 1986: 13-18; Dvojnos *et* Kharchenko, 1994: 109-111, fig. 29; Lichtenfels, Kharchenko, Krecek *et* Gibbons, 1998: 74; Zhang *et* K'ung, 2002a: 100, 101, fig. 65; Lichtenfels, Kharchenko *et* Dvojnos, 2008: 81-82, figs. 65, 66.

宿主 马 *Equus caballus*。

寄生部位 大肠。

形态 虫体呈细长梭形，体中部最宽，两端均显著的缩细。内外叶冠均由 8 枚宽阔的三角形小叶组成，内外小叶的大小相差不大；内叶冠起始于口囊内壁的中部，其小叶与外叶冠小叶的位置相对应。口领短。口囊近矩形，口囊壁上厚下薄，纵断面近似楔形。口囊的背侧壁上有背食道腺的开口。食道漏斗内具有 1 个背食道齿和 2 个亚腹食道齿，其尖端略伸入口囊之内。侧头乳突、亚中乳突、颈乳突和排泄孔等构造均同于盅口亚科的一般特征。雄虫生殖锥发达，伸出交合伞边缘之外。引带呈长的铲形，近端为 1 结节，向背侧勾曲。交合刺末端为 1 小钩。交合伞的侧叶与背叶之间有深陷的皱褶，背叶中等长度，边缘宽阔。各个肋均伸达伞缘。最为突出的特点是背肋只有 1 个侧支。

雄虫 体长 9.5-10.0mm，最大宽度 0.440mm；交合伞前处宽 0.200-0.250mm；口囊宽 0.052-0.054mm，深 0.035mm。食道长约 0.480mm，前端部宽 0.120mm，最宽部位约 0.170mm。颈乳突距头端约 0.380mm。神经环距头端 0.230-0.240mm。交合刺长 1.380-1.400mm，引带长 0.280-0.330mm。

雌虫 体长 11.7-14.5mm，最大宽度 0.570-0.650mm。口囊宽 0.005-0.070mm，深约 0.035mm。食道长 0.550-0.580mm，前端部宽 0.126-0.140mm，最宽部位约 0.180-0.190mm。颈乳突距头端 0.400-0.440mm。神经环距头端 0.230-0.290mm。阴道长 0.240-0.270mm，阴门距尾端 0.360-0.440mm，尾长 0.100-0.130mm, 肛门区体宽 0.140-0.170mm。虫卵长椭圆形，长 0.130-0.137mm，宽 0.060-0.062mm。

地理分布 青海；蒙古，哈萨克斯坦。

孔繁瑶和杨雨崇 (1977) 对采自青海马大肠的线虫进行研究后描述了 1 新种，双冠斯齿线虫 *Skrjabinodentus bicoronatus*。经对这 2 种线虫进行比较后，作者认为其主要特征是一致的，应为同一种线虫。因为孔繁瑶和杨雨崇描述的新种未在正式刊物上公开发表，只是在中国农业大学的内部资料上报道，所以作者还是采用 Dvojnos 和 Kharchenko (1986) 的命名。

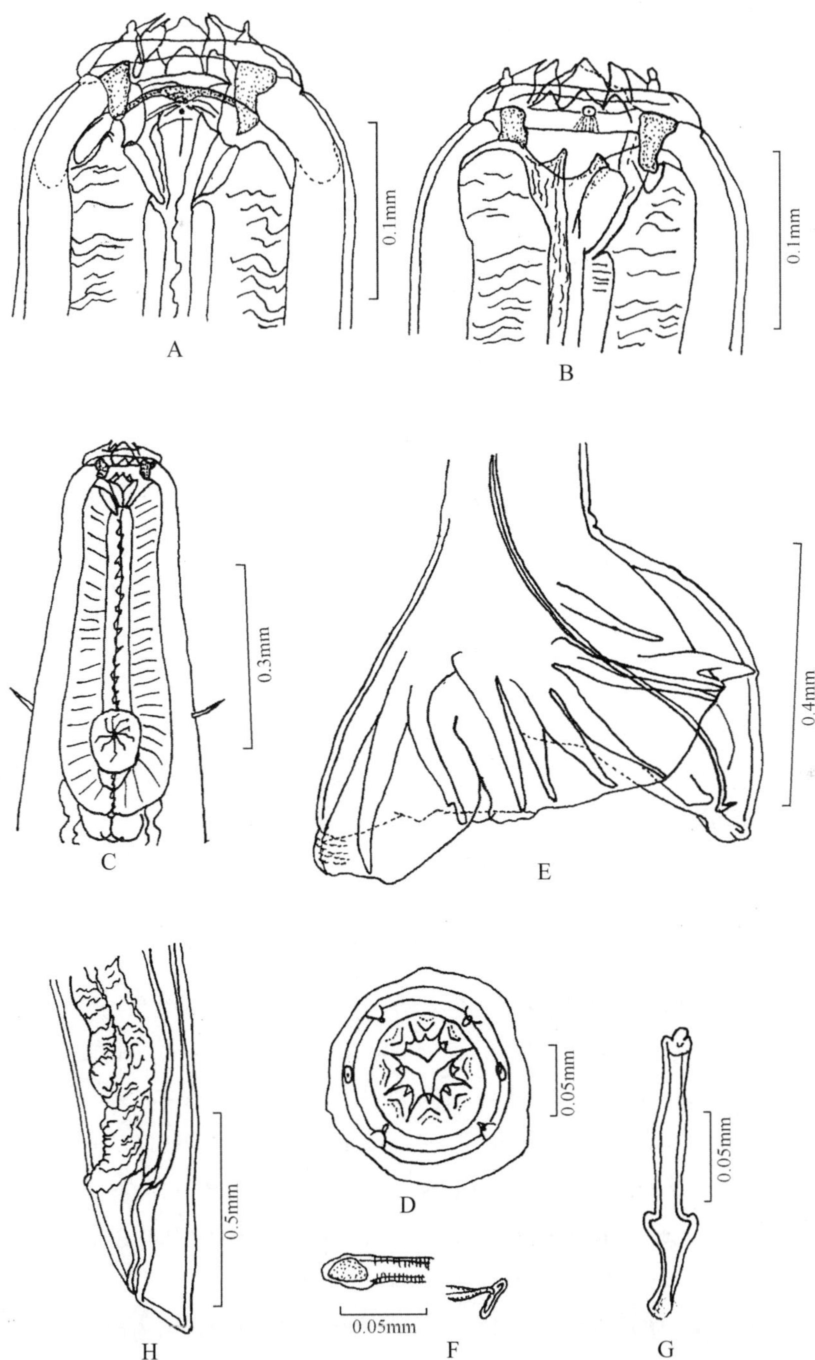

图 53　陶氏斯齿线虫 *Skrjabinodentus tshoijoi* Dvojnos *et* Kharchenko

A. 头部侧面观 (cephalic end of body, lateral view)；B. 头部腹面观 (cephalic end of body, ventral view)；C. 虫体前部腹面观 (anterior end of body, ventral view)；D. 头部顶面观 (cephalic extremity, en face view)；E. 交合伞侧面观 (copulatory bursa, lateral view)；F. 交合刺近端和远端部 (proximal and distal ends of spicule)；G. 引带 (gubernaculum)；H. 雌虫尾部侧面观 (posterior end of female, lateral view)

16. 彼德洛夫属 *Petrovinema* Erschow, 1943

Petrovinema Erschow, 1943: 61-86; Skrjabin, Shikhobalova, Schulz, Popova, Boev *et* Delyamure, 1952: 228; Popova, 1958: 82; Hartwich, 1986: 89; Dvojnos *et* Kharchenko, 1994: 140-142; Lichtenfels, Kharchenko, Krecek *et* Gibbons, 1998: 75; Zhang *et* K'ung, 2002a: 104; Lichtenfels, Kharchenko *et* Dvojnos, 2008: 90-92.

Type species: *Petrovinema skrjabini* (Erschow, 1930).

特征 口囊较长，圆柱形，口囊壁从前向后逐渐加厚。角质支环半环形。外叶冠小叶呈短三角形。雄虫交合伞边缘锯齿状。背肋在前侧支处分开，外背肋起自背肋基部。雌虫尾部直，阴门近肛门。

本属线虫全世界共报道 2 种，这 2 种线虫在我国均有报道。

种 检 索 表

口囊内壁无横膈状突起；食道漏斗浅；交合伞背叶较长；雌虫尾部短，呈指状……**斯氏彼德洛夫线虫 *P. skrjabini***

口囊内壁近中部具横膈状突起；食道漏斗发达；交合伞背叶中等大小；雌虫尾部长，呈圆形…………………………………………………………………………………………………… **杯状彼德洛夫线虫 *P. poculatum***

(44) 斯氏彼德洛夫线虫 *Petrovinema skrjabini* (Erschow, 1930) (图 54)

Trichonema skrjabini Erschow, 1930: 277-279.

Petrovinema skrjabini: Erschow, 1943: 87-96; Skrjabin, Shikhobalova, Schulz, Popova, Boev *et* Delyamure, 1952: 228, fig. 112; Popova, 1958: 90-92, fig. 54; K'ung, 1964: 218; Yang *et* K'ung, 1965: 80; Parasitology Division, Institute of Zoology, Academia Sinica, 1979: 145, 146, fig. 67; Hartwich, 1986: 89; Shen *et* Liu, 1990: 15; Dvojnos *et* Kharchenko, 1994: 142-146, fig. 39; Lichtenfels, Kharchenko, Krecek *et* Gibbons, 1998: 75; Zhang *et* K'ung, 2002a: 104, 105, fig. 68; Lichtenfels, Kharchenko *et* Dvojnos, 2008: 92-94, figs. 73, 74.

Cylicostephanus skrjabini: Lichtenfels, 1975: 7; Li, Li, Zhou, Wang, Han, Wu *et* Huang, 1988: 199, 200, fig. 90; Zhang, 2003: 73.

宿主 马 *Equus caballus*，驴 *Equus asinus*。

寄生部位 盲肠、结肠。

形态 口领明显，亚中乳突不突出于口领之外，口囊发达，呈圆柱状，口囊内壁光滑，无突出的横嵴，口囊底部有 1 圈小突起，约 50 个。外叶冠由 28 枚三角形的小叶组成，内叶冠细长，约 80 叶，起始于口囊前缘。食道短。

雄虫　体长 11.6-13.8mm，最大宽度 0.480-0.640mm，头端宽 0.225-0.255mm，食道末端部的体宽 0.408-0.425mm，泄殖腔区体宽 0.272-0.289mm。口领高 0.003-0.004mm，宽 0.174-0.192mm。口囊深 0.132-0.152，宽 0.170-0.193mm。食道长 0.618-0.661mm，最大宽度 0.209-0.221mm。颈乳突距头端 0.483-0.496mm，排泄孔距头端 0.595mm。交合伞长 0.127-1.158mm，伞边缘呈锯齿状。背叶窄而长。背肋长 0.561-0.612mm。伞前乳突发达，形似附加肋。交合刺长 1.207-1.250mm，宽 0.004-0.006mm。引带长 0.241-0.257mm。生殖锥发达，有 1 个小的皮质领。泄殖腔两边各有 1 个乳突状的突起。

雌虫　体长 14.2mm，最大宽度 (体中 1/3) 0.664mm。头端宽 0.257，口领高 0.004mm，宽 0.209mm。食道长 0.724mm。颈乳突距头端 0.496mm。阴道短，尾端突然缩小，呈指状。阴门距尾端 0.375mm。肛门距尾端 0.146-0.175mm。

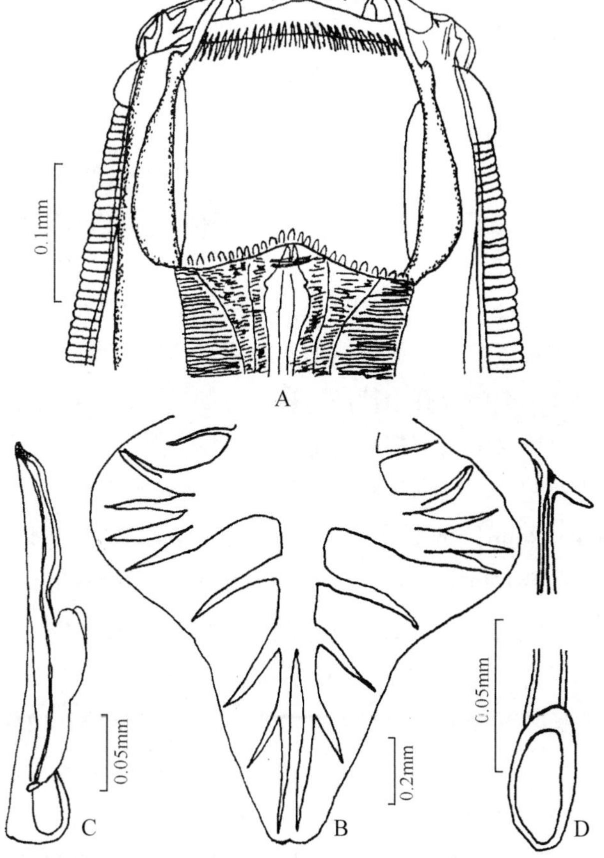

图 54　斯氏彼德洛夫线虫 *Petrovinema skrjabini* (Erschow) (仿 Popova, 1958)

A. 头部背面观 (cephalic end of body, dorsal view); B. 交合伞腹面观 (copulatory bursa, ventral view); C. 引带 (gubernaculum); D. 交合刺近端和远端部 (proximal and distal ends of spicule)

地理分布 吉林、宁夏、青海、江苏、安徽、广西、四川、贵州、云南；苏联。

(45) 杯状彼德洛夫线虫 *Petrovinema poculatum* (Looss, 1900) (图 55)

Cyathostomum poculatum Looss, 1900: 184.

Cylichnostomum poculatum: Looss, 1902: 126

Cylicostomum (*Cylicostephanus*) *poculatum*: Ihle, 1922: 72-74, figs. 97-99.

Trichonema poculatum: LeRoux, 1924: 119.

Cylicostephanus poculatus: Cram, 1924: 671; Lichtenfels, 1975: 6; Qi, Li *et* Cai, 1984: 200, fig. 124; Li, Li, Zhou, Wang, Han, Wu *et* Huang, 1988: 199, fig. 89; Zhang, 2003: 73.

Petrovinema poculatum: Erschow, 1943: 87-96; Skrjabin, Shikhobalova, Schulz, Popova, Boev *et* Delyamure, 1952: 228; Popova, 1958: 92-95, figs. 55, 56; K'ung *et* Yang, 1963: 65, 66, figs. 11, 37, 38; K'ung, 1964: 218; Yang *et* K'ung, 1965: 80; Parasitology Division, Institute of Zoology, Academia Sinica, 1979: 146, 147, fig. 68; Hartwich, 1986: 89; Shen *et* Liu, 1990: 15; Dvojnos *et* Kharchenko, 1994: 146-149, fig. 40; Lichtenfels, Kharchenko, Krecek *et* Gibbons, 1998: 75; Zhang *et* K'ung, 2002a: 105-107, fig. 69; Lichtenfels, Kharchenko *et* Dvojnos, 2008: 94, 95, figs. 75, 76.

宿主 马 *Equus caballus*，驴 *Equus asinus*，骡 *Equus caballus* × *Equus asinus*，斑马 *Equus burchelli*，普氏野马 *Equus przewalskii*，蒙古野驴 *Equus hemionus*。

寄生部位 盲肠、结肠。

形态 口领低而平，亚中乳突显著的突出口领之外。外叶冠约 35 叶；内叶冠起始于口囊前缘的稍后方，数目很多。口囊壁自前向后逐渐弯厚，至后 1/4 左右达到最厚，末端部又转薄。口囊侧壁上的中部有 1 伸向口囊内腔的横嵴。口囊呈柱状，深度稍大于宽度。口囊的前后宽度大体相等，前端部稍缩窄，而以中央稍偏前方的部分为最宽。食道长。雄虫的生殖锥特别发达，突出于伞膜以外。

雄虫 体长 8.1-9.8mm，最大宽度 0.380-0.400mm，口领和体部交界处宽 0.095-0.099mm。口囊内径最宽 0.070mm，深 0.075-0.077mm。口囊壁厚 0.015mm。食道长 0.790-0.804mm，前端部宽 0.100-0.110mm，后端膨大部宽 0.165-0.168mm。神经环距头端 0.440mm；排泄孔距头端 0.485-0.509mm；颈乳突距头端 0.485-0.509mm。交合伞自外背肋基部至背肋末端长 0.405mm。交合刺长 0.780mm，引带长 0.125mm。

雌虫 体长 9.3-12.5mm，最大宽 0.480-0.520mm，口领和体部交界处宽 0.112mm。口囊内径:前宽 0.055mm，后宽 0.060mm，最大宽度 0.074mm；深 0.083mm。口囊壁厚 0.017mm。食道长 0.830mm，前端部宽 0.113mm，后端膨大部宽 0.180mm。神经环距头端 0.410mm；排泄孔距头端 0.500mm；颈乳突距头端 0.500mm。阴门距肛门 0.130mm，尾长 0.310mm。

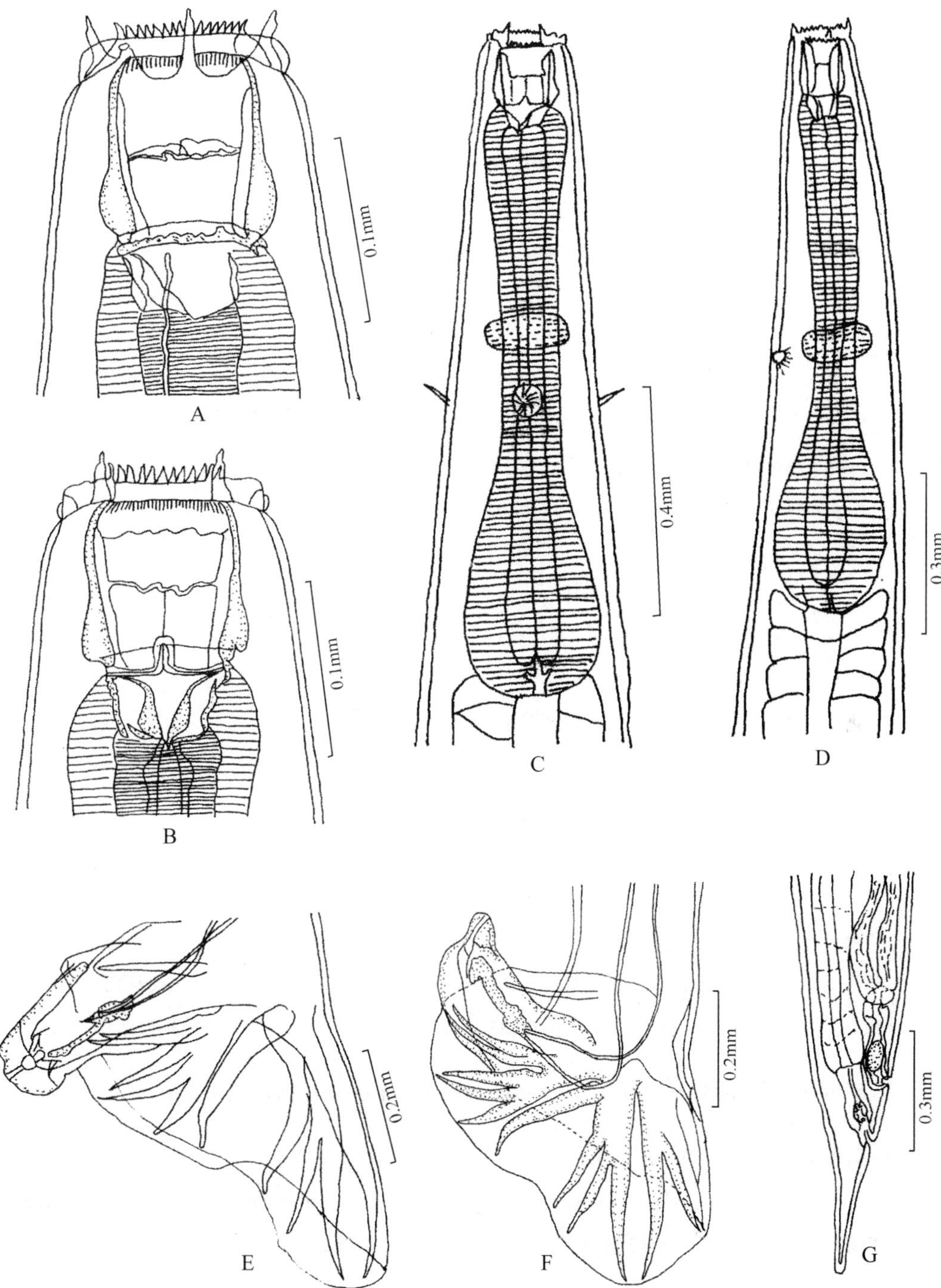

图 55　杯状彼德洛夫线虫 *Petrovinema poculatum* (Looss)

A. 头部侧面观 (cephalic end of body, lateral view)；B. 头部背面观 (cephalic end of body, dorsal view)；C. 虫体前部腹面观 (anterior end of body, ventral view)；D. 虫体前部侧面观 (anterior end of body, lateral view)；E. 交合伞侧面观 (copulatory bursa, lateral view)；F. 交合伞背侧面观 (copulatory bursa, dorso-lateral view)；G. 雌虫尾部侧面观 (posterior end of female, lateral view)

地理分布 吉林、辽宁、内蒙古、北京、陕西、宁夏、甘肃、青海、新疆、江苏、安徽、四川、贵州、云南；印度，欧洲，澳大利亚，非洲，加拿大，美国。

17. 杯口属 *Poteriostomum* Quiel, 1919

Poteriostomum Quiel, 1919: 466; Yorke *et* Macfie, 1920: 159; Ihle, 1920f: 271; Ihle, 1922: 86, 87; Skrjabin, Shikhobalova, Schulz, Popova, Boev *et* Delyamure, 1952: 232; Popova, 1958: 97; Lichtenfels, 1975: 22; Parasitology Division, Institute of Zoology, Academia Sinica, 1979: 147; Dvojnos *et* Kharchenko, 1994: 162; Lichtenfels, Kharchenko, Krecek *et* Gibbons, 1998: 75; Zhang *et* K'ung, 2002a: 107; Lichtenfels, Kharchenko *et* Dvojnos, 2008: 124-128.

Hexodontostomum Ihle, 1920: 43.

Type species: *Poteriostomum imparidentatum* Quiel, 1919.

特征 口孔直向前，具有 2 圈叶冠。外叶冠小叶小且数目多；内叶冠小叶大。角质支环半环行。口囊呈短圆柱状。口囊壁后部加厚，前部较薄。口囊和食道相连处有 1 狭圆圈。雄虫交合伞呈锯齿状，外背肋起自背肋主干，背肋仅远端分为 2 支，每支再分为 3 小支。雌虫尾部直而长，阴门距肛门较远。

本属线虫全世界共报道 3 种，我国也报道 3 种。

种 检 索 表

1. 内叶冠有 6 枚小叶，明显比其他小叶长……………………………**不等齿杯口线虫 *P. imparidentatum***
   内叶冠小叶全部等长……………………………………………………………………………………2
2. 内叶冠由 42-48 枚小叶组成；雌虫尾长 0.848-1.139mm ………………………**拉氏杯口线虫 *P. ratzii***
   内叶冠由 36-38 枚小叶组成；雌虫尾长 0.233-0.307mm ……………………**斯氏杯口线虫 *P. skrjabini***

(46) 不等齿杯口线虫 *Poteriostomum imparidentatum* Quiel, 1919 (图 56)

Poteriostomum imparidentatum Quiel, 1919: 467; Ihle, 1920f: 272; Ihle, 1922: 87-90, figs. 118-121; Yorke *et* Macfie, 1920: 161; Boulenger, 1921: 319; Skrjabin, Shikhobalova, Schulz, Popova, Boev *et* Delyamure, 1952: 232, figs.114, 115; Popova, 1958: 98-102, figs. 58-60; K'ung, Yeh *et* Liu, 1959: 35, 36, plate II, figs. 20-24; Lichtenfels, 1975: 7, 22, 55, figs. 30-33, 150-152; Yang *et* K'ung, 1965: 82; Parasitology Division, Institute of Zoology, Academia Sinica, 1979: 147, 148, fig. 69; Qi, Li *et* Cai, 1984: 212, fig. 127; Hartwich, 1986: 93; Li, Li, Zhou, Wang, Han, Wu *et* Huang, 1988: 202, 203, fig. 94; Shen *et* Liu, 1990: 15; Dvojnos *et* Kharchenko, 1994: 162-166, fig. 45; Lichtenfels, Kharchenko, Krecek *et* Gibbons, 1998: 75; Zhang *et* K'ung, 2002a: 107, 108, fig. 70; Zhang, 2003: 73; Lichtenfels,

Kharchenko *et* Dvojnos, 2008: 128, figs. 103, 104.

Poteriostomum pluridentatum Quiel, 1919: 469.

Cylicostomum zebrae Turner, 1920: 445.

Hexodontostomum markusi Ihle, 1920: 43.

宿主　马 *Equus caballus*，驴 *Equus asinus*，骡 *Equus caballus* × *Equus asinus*，斑马 *Equus burchelli*，普氏野马 *Equus przewalskii*，蒙古野驴 *Equus hemionus*。

寄生部位　大肠、盲肠。

形态　口领明显。亚中乳突细长，顶端尖，伸达外叶冠前缘。侧乳突扁宽。外叶冠由 78-84 枚小叶组成；内叶冠由 2 种长短不齐的 42-46 枚小叶组成，6 枚长的小叶，两侧各 1 个，背、腹各 2 个。每两枚长的内叶冠小叶体间有 6 或 7 枚短的内叶冠小叶。口囊短，宽大于深，背腹径大于侧径，底部和食道相连处有 1 狭小的圆圈，背面有弧形结构，连接背沟于口囊前缘，背沟短。口囊壁前端较薄，后端加厚。食道漏斗发达。神经环位于食道中部；排泄孔和颈乳突几乎在同一水平面上，位于食道中部稍后方。雄虫交合伞短宽，伞缘锯齿状。背肋主干由基部伸出后下行相继分出外背肋，背肋 I 和背肋 II 各 1 对后，才分成 2 支，形成背肋 III。外背肋，背肋 I 和背肋 II 相互之间以近乎平行的角度向两侧伸展。交合刺 1 对，等长，线状，末端具倒钩。雌虫尾部直，末端钝圆，阴门距肛门较远，阴道短。

雄虫　体长 12.0-15.5 mm，最大宽度 0.651-0.813mm，口领与体部交界处背腹径宽 0.209-0.238mm，侧径宽 0.203-0.225mm。食道基部处体宽 0.378-0.462mm，交合前宽 0.428-0.519mm。口领高 0.043-0.056mm。口囊内径:背腹径宽 0.140-0.168mm，侧径宽 0.119-0.154mm; 口囊深 0.056-0.067mm。食道长 0.686-0.735mm，上端部宽 0.167-0.211mm，后端膨大部宽 0.231-0.280mm。颈乳突距头端 0.479-0.658mm。排泄孔距头端 0.479-0.588mm。神经环距头端 0.364-0.406mm。交合刺长 1.060-1.230mm。引带长 0.231-0.294mm，宽 0.049-0.105mm。

雌虫　体长 16.1-19.1mm，最大宽度 0.869-1.148mm，口领与体部交界处背腹径宽 0.252-0.288mm，侧径宽 0.238-0.288mm，食道基部处体宽 0.504-0.679mm，阴门处体宽 0.489-0.588mm。口领高 0.042-0.057mm。口囊内径:背腹径宽 0.168-0.189mm，侧径宽 0.147-0.183mm; 口囊深 0.056-0.084mm。食道长 0.756-0.826mm，上端部宽 0.182-0.238mm，后端膨大部宽 0.266-0.323mm。颈乳突距头端 0.574-0.721mm。排泄孔距头端 0.518-0.685mm。神经环距头端 0.378-0.420mm。阴门距尾端 1.500-2.190mm。肛门距尾端 0.784-1.135mm。虫卵长径 0.070-0.098mm，辐径 0.042-0.056mm。

地理分布　吉林、北京、陕西、宁夏、甘肃、青海、新疆、福建、广西、重庆、四川、贵州、云南；世界各地。

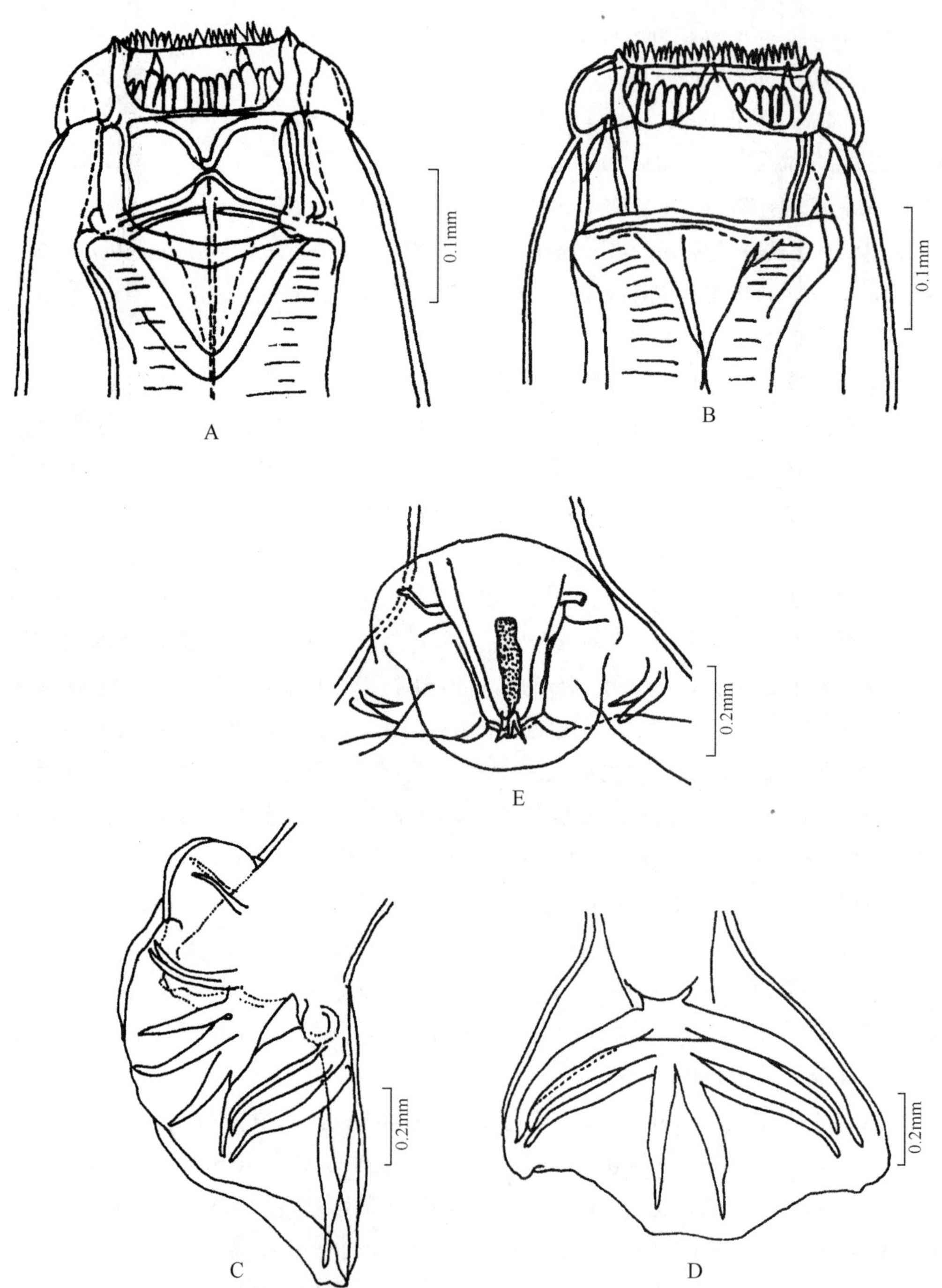

图 56 不等齿杯口线虫 *Poteriostomum imparidentatum* Quiel

A. 头部背面观 (cephalic end of body, dorsal view); B. 头部侧面观 (cephalic end of body, lateral view); C. 交合伞侧面观 (copulatory bursa, lateral view); D. 交合伞背叶腹面观 (dorsal lobe of copulatory bursa, ventral view); E. 生殖锥腹面观 (genital cone, ventral view)

(47) 拉氏杯口线虫 *Poteriostomum ratzii* (Kotlan, 1919) (图 57)

Cylicostomum ratzii Kotlan, 1919: 13.

Poteriostomum ratzii: Ihle, 1920f: 272; Ihle, 1922: 90, 91; Skrjabin, Shikhobalova, Schulz, Popova, Boev *et* Delyamure, 1952: 234; Popova, 1958: 102-105, figs. 61, 62; Yang *et* K'ung, 1965: 82; Lichtenfels, 1975: 7, 56, figs. 153-155; Qi, Li *et* Cai, 1984: 212, fig. 128; Hartwich, 1986: 93; Li, Li, Zhou, Wang, Han, Wu *et* Huang, 1988: 203, fig. 95; Dvojnos *et* Kharchenko, 1994: 166, 167, fig. 46; Lichtenfels, Kharchenko, Krecek *et* Gibbons, 1998: 75; Zhang *et* K'ung, 2002a: 108-110, figs. 71, 72; Zhang, 2003: 73; Lichtenfels, Kharchenko *et* Dvojnos, 2008: 128, figs. 105, 106.

Poteriostomum ratzii nanum Theiler, 1923: 67, 68.

宿主　马 *Equus caballus*，驴 *Equus asinus*，骡 *Equus caballus* × *Equus asinus*，斑马 *Equus burchelli*，普氏野马 *Equus przewalskii*，蒙古野驴 *Equus hemionus*。

寄生部位　盲肠、大肠。

形态　口孔呈椭圆形。亚中乳突细长，圆锥形，伸达外叶冠前缘。侧乳突基部宽阔，顶部钝圆。外叶冠由 60-76 枚小叶组成；内叶冠由 42-48 枚宽大的小叶组成，内叶冠小叶等长，始于口囊前缘；内叶冠小叶比外叶冠的小叶宽 1 倍。口囊壁厚，向后逐渐变宽。背沟粗短，抵达口囊背壁的中部。食道在食道漏斗之后收缩，而在末端部又变粗，食道呈棒状。排泄孔和颈乳突位于食道中部的水平线上。雄虫交合伞背叶短宽，伞缘锯齿状。背肋系统主干由基部伸出后下行相继分出外背肋、背肋 I 后，分成 2 支，每支又分成 2 小支。交合伞前乳突发达，辐肋状。交合刺 1 对，等长，线状，末端具倒钩。雌虫肛门之后逐渐变细，尾部直，尾尖呈指状。

雄虫　体长 12.9-14.0 mm，最大宽度 0.644-0.805mm，口领与体部交界处背腹径宽 0.238-0.273mm，侧径宽 0.245-0.280mm，食道基部处体宽 0.350-0.378mm，交合伞前宽 0.420-0.588mm。口领高 0.056-0.063mm。口囊内径：背腹径宽 0.140-0.168mm，侧径宽 0.161-0.176mm；口囊深 0.049-0.057mm。食道长 0.672-0.742mm，上端部宽 0.126-0.224mm，后端膨大部宽 0.232-0.294mm。颈乳突距头端 0.490-0.577mm。排泄孔距头端 0.476-0.547mm。神经环距头端 0.350-0.399mm。交合刺长 1.580-1.620mm。引带长 0.252-0.281mm，宽 0.096-0.099mm。

雌虫　体长 17.0-21.2mm，最大宽度 1.014-1.187mm，口领与体部交界处背腹径宽 0.245-0.287mm，侧径宽 0.249-0.308mm，食道基部处体宽 0.588-0.644mm。口领高 0.049-0.070mm。口囊内径:背腹径宽 0.141-0.183mm，侧径宽 0.168-0.196mm；口囊深 0.056-0.070mm。食道长 0.756-0.812mm，上端部宽 0.183-0.252mm，后端膨大部宽 0.266-0.392mm。颈乳突距头端 0.553-0.644mm。排泄孔距头端 0.483-0.560mm。神经环

距头端 0.371-0.406mm。阴门距尾端 1.700-2.300mm。肛门距尾端 0.848-1.139mm。虫卵长径 0.098-0.133mm，辐径 0.063mm。

地理分布 吉林、北京、宁夏、甘肃、青海、新疆、福建、广西、重庆、四川、贵州；世界各地。

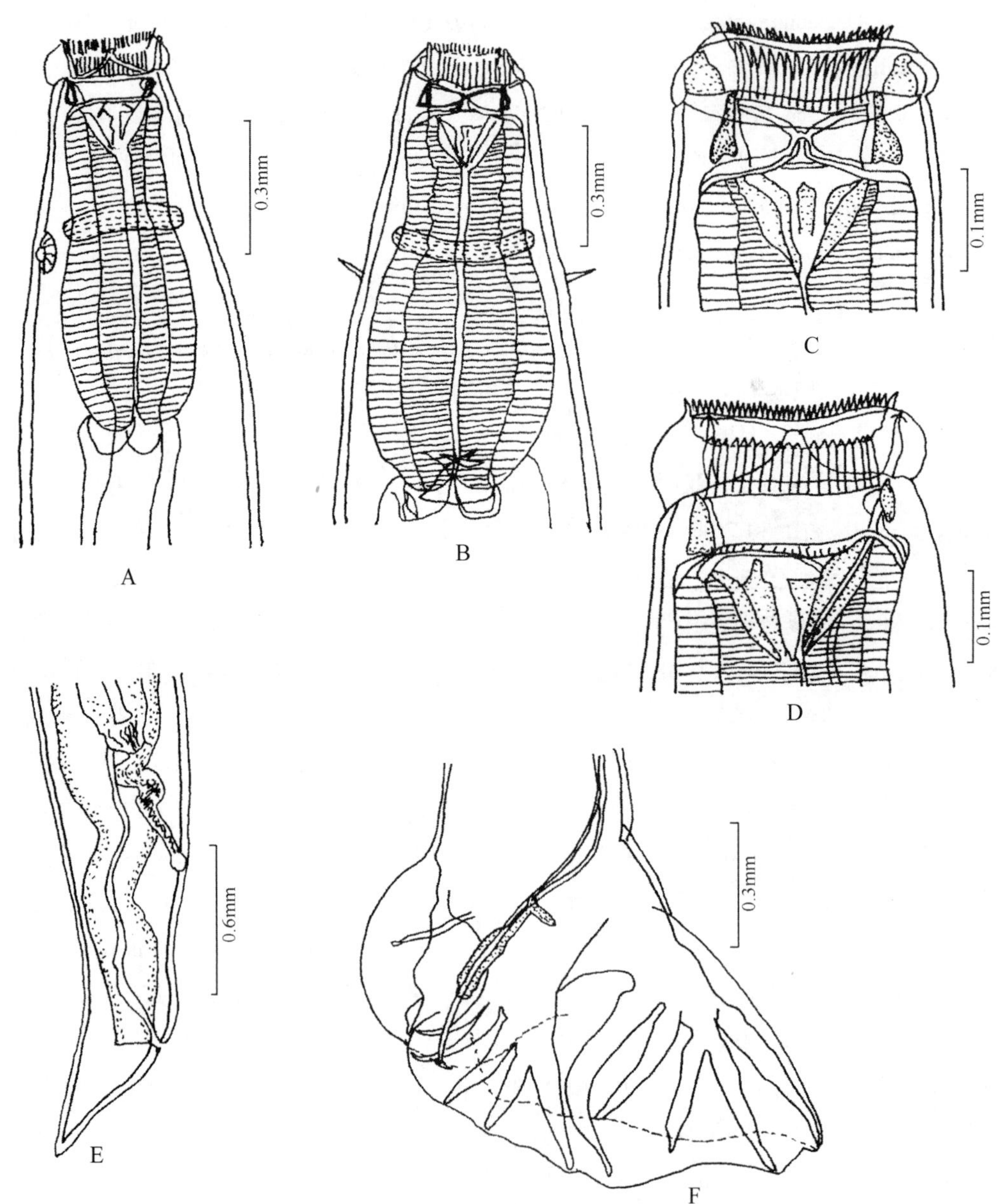

图 57 拉氏杯口线虫 *Poteriostomum ratzii* (Kotlan)

A. 虫体前部侧面观 (anterior end of body, lateral view)；B. 虫体前部背面观 (anterior end of body, dorsal view)；C. 头部背面观 (cephalic end of body, dorsal view)；D. 头部侧面观 (cephalic end of body, lateral view)；E. 雌虫尾部侧面观 (posterior end of female, lateral view)；F. 交合伞侧面观 (copulatory bursa, lateral view)

(48) 斯氏杯口线虫 *Poteriostomum skrjabini* Erschow, 1939 (图 58)

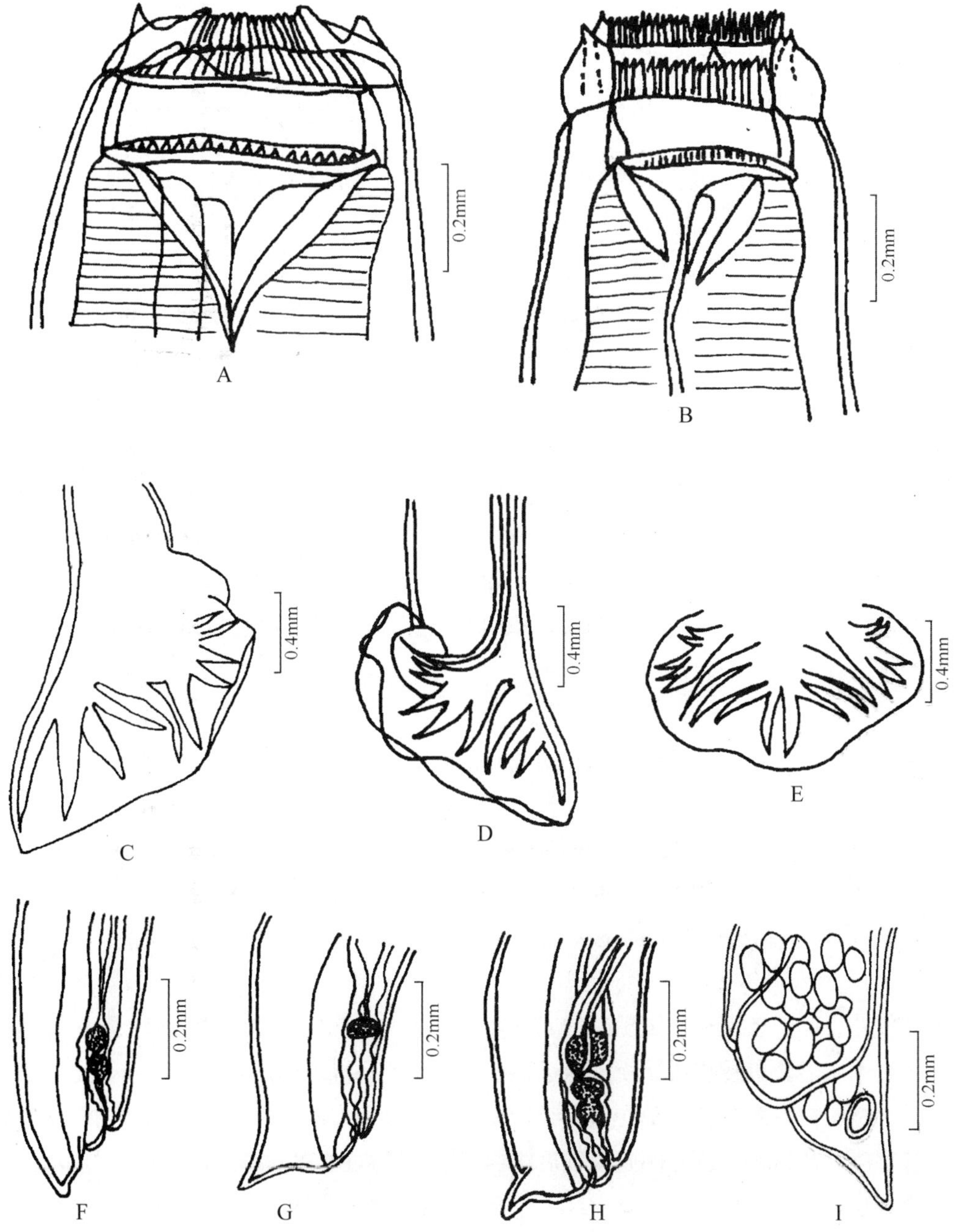

图 58 斯氏杯口线虫 *Poteriostomum skrjabini* Erschow

A. 头部侧面观 (cephalic end of body, lateral view)；B. 头部腹面观 (cephalic end of body, ventral view)；C，D. 交合伞侧面观 (copulatory bursa, lateral view)；E. 交合伞腹面观 (copulatory bursa, ventral view)；F-I. 雌虫尾部侧面观 (posterior end of female, lateral view)

Poteriostomum skrjabini Erschow, 1939: 49-56; Skrjabin, Shikhobalova, Schulz, Popova, Boev *et* Delyamure, 1952: 234; Popova, 1958: 105-107, fig. 63; Lichtenfels, 1975: 7; Parasitology Division, Institute of Zoology, Academia Sinica, 1979: 148, 149, fig. 70; Hartwich, 1986: 93; Li, Li, Zhou, Wang, Han, Wu *et* Huang, 1988: 210, fig. 96; Shen *et* Liu, 1990: 15; Dvojnos *et* Kharchenko, 1994: 167-169; Zhang *et* K'ung, 2002a: 111, 112, fig. 73; Zhang, 2003: 73.

宿主 马 *Equus caballus*，驴 *Equus asinus*，斑马 *Equus burchelli*。

寄生部位 盲肠、大肠。

形态 口孔呈椭圆形，背腹面长于侧面。口孔周围具有 2 圈叶冠，外叶冠的小叶细长，数目多达 76-78 枚；内叶冠的小叶较宽，共有 36-38 枚，全部内叶冠的小叶长度相等。口囊柱状，囊壁后缘较厚。食道漏斗内有深的间隔。

雄虫 体长 13.2mm，最大宽度 0.520mm。交合伞短宽，伞缘锯齿状。背肋系统主干由基部伸出后下行相继分出外背肋，背肋 I 和背肋 II 各 1 对后，才分成 2 支，形成背肋 III。外背肋，背肋 I 和背肋 II 相互之间以近乎平行的角度向两侧伸展。交合刺 1 对，等长，长 1.207-1.250mm，末端呈钩状。引带长 0.241-0.257mm，宽 0.048-0.057mm。

雌虫 体长 13.4-18.8mm，宽 0.680-0.800mm，尾部短，尾端细如指状且向背面弯曲。阴门与肛门距离较近，阴门距尾端 0.384-0.483mm。肛门距尾端 0.233-0.307mm。

地理分布 宁夏、四川；苏联。

18. 副杯口属 *Parapoteriostomum* Hartwich, 1986

Parapoteriostomum Hartwich，1986: 93, 96, 97; Lichtenfels, Kharchenko, Krecek *et* Gibbons, 1998: 75, 76; Zhang *et* K'ung, 2002a: 112; Lichtenfels, Kharchenko *et* Dvojnos, 2008: 128-130.

Type species: *Parapoteriostomum mettami* (Leiper, 1913).

特征 虫体中等大小。口领高。亚中乳突发达，基部位于口领的隆起上，呈锥形。侧头乳突不明显。口孔和口囊横截面近似圆形，有的呈椭圆形。口囊宽大于长，从前向后略有加宽。口囊壁厚度几乎均匀一致，后缘处明显内卷或外卷。无背沟。角质支环窄或中等宽度，从口囊前缘外侧向口领后缘伸展。外叶冠由 38-60 枚尖的小叶组成，明显的比内叶冠短。内叶冠位于口囊前缘上，由 30-46 枚中等宽度、逐渐变尖的小叶组成。食道短而粗壮，食道漏斗内有 3 个食道齿。排泄孔和颈乳突位于食道的后半部。雄虫交合伞背肋分为 3 个侧支。外背肋源于背肋主干。伞前乳突存在。交合刺远端具钩，引带呈简单的凹槽状。雌虫尾部直，阴门近肛门。尾长大于阴门与肛门之间的距离。

本属线虫全世界共报道 5 种，其中我国报道 2 种。

种检索表

内叶冠长度不及外叶冠的 2 倍；内叶冠起始于口囊前缘稍下方同一水平上……麦氏副杯口线虫 *P. mettami*

内叶冠长度为外叶冠的 2 倍；内叶冠不在同一水平上………………………真臂副杯口线虫 *P. euproctus*

(49) 麦氏副杯口线虫 *Parapoteriostomum mettami* (Leiper, 1913) (图 59)

Cylicostoma mettami Leiper, 1913: 460.

Cylicostomum ihlei Kotlan, 1921: 300.

Cylicostomum (*Cylicocercus*) *mettami*: Ihle, 1922: 52, figs. 63, 64.

Trichonema mettami: LeRoux, 1924: 126.

Cylicocercus mettami: Cram, 1924: 669.

Cylicodontophorus mettami: Erschow, 1939: 49-56; Skrjabin, Shikhobalova, Schulz, Popova, Boev *et* Delyamure, 1952: 228; Popova, 1958: 76-78, fig.45; Yang *et* K'ung, 1965: 79; Lichtenfels, 1975: 5, 50, figs. 124, 125; Dvojnos *et* Kharchenko, 1994: 155-158, fig. 43.

Parapoteriostomum mettami: Hartwich, 1986: 94; Lichtenfels, Kharchenko, Krecek *et* Gibbons, 1998: 76; Zhang *et* K'ung, 2002a: 112-114, fig. 74; Zhang, 2003: 73; Lichtenfels, Kharchenko *et* Dvojnos, 2008: 132, 133, figs. 107, 108.

Cylicodontophorus zhongweiensis Li *et* Li, 1993: 10-12, figs. 1-7.

Parapoteriostomum zhongweiensis: Zhang *et* K'ung, 2002a: 119, 120, fig. 78.

宿主 马 *Equus caballus*，驴 *Equus asinus*，骡 *Equus caballus* × *Equus asinus*，普氏野马 *Equus przewalskii*，蒙古野驴 *Equus hemionus*。

寄生部位 大肠、盲肠。

形态 (据李学文和李秀群，1993) 虫体中等大小，线状，体表有横纹。口领明显，高 0.0272-0.0340mm，与虫体之间有明显的环沟隔开，分界处体宽 0.140-0.189mm。口孔周围有 2 圈叶冠，外叶冠细短，顶端尖细，由 62-68 枚小叶组成，内叶冠细长，但不及外叶冠长度的 2 倍，较外叶冠小叶宽大，顶端尖细，由 40-46 枚小叶组成，起始于口囊前缘稍下方同一水平上。头部 4 个亚中乳突，细长，顶端稍膨大，呈小球状，与外叶冠同高。2 个侧乳突短阔，基部较宽。口领前缘平直。口囊短，上部稍窄，底部略宽，背腹径和侧径相等。无背沟。口囊壁厚薄较一致。口囊底部背侧平直，腹侧中部向下凹陷，故腹侧较深，背侧较浅。底部有 1 圈小的点块状突出物。食道棒状，漏斗大，明显，内壁上有 3 个小齿。神经环位于食道中部。排泄孔位于食道末端稍前方腹面。颈乳突 1 对，细小刺状，位于排泄孔同一水平线的体表两侧。

雄虫 体长 9.0-10.7mm，最大宽度 0.462-0.588mm，位于体中部。交合伞前处体宽 0.280-0.308mm。外叶冠高 0.014-0.017mm，内叶冠高 0.034mm，亚中乳突高 0.037-0.041mm。侧乳突距口领基部 0.017-0.020mm。口囊上宽 0.099-0.123mm，下宽 0.107-0.137mm，背侧深 0.035-0.041mm，腹侧深 0.041-0.042mm。食道长 0.518-0.630mm，最大宽度 0.182-0.302mm。神经环距头端 0.308-0.343mm；排泄孔距头端 0.490-0.560mm；颈乳突距头端 0.490-0.595mm。交合伞背叶中等长度，背叶与侧叶分界清楚，伞缘光滑。腹肋和侧肋由同一主干伸出。2 腹肋并列下行，末端分开伸达伞缘。前、中侧肋并列下行，前侧肋不达伞缘，中侧肋达伞缘，后侧肋由基部伸出后独立下行达伞缘。外背肋由背肋基部伸出，基部粗壮，端部稍细不达伞缘。背肋伸出后即分为 2 支，每支在其外侧方又

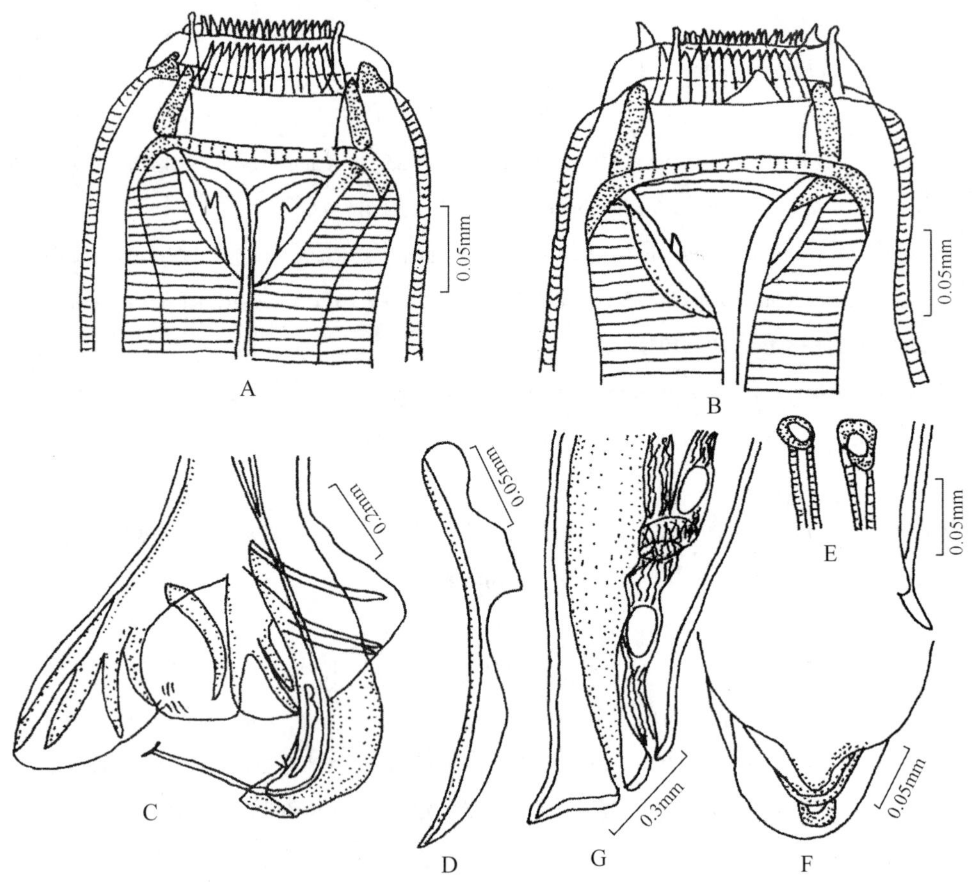

图 59 麦氏副杯口线虫 *Parapoteriostomum mettami* (Leiper) (仿李学文和李秀群，1993)

A. 头部背面观 (cephalic end of body, dorsal view)；B. 头部侧面观 (cephalic end of body, lateral view)；C. 交合伞侧面观 (copulatory bursa, lateral view)；D. 引带侧面观 (gubernaculum, lateral view)；E. 交合刺近端和远端部 (proximal and distal ends of spicule)；F. 生殖锥腹面观 (genital cone, ventral view)；G. 雌虫尾部侧面观 (posterior end of female, lateral view)

先后分出 2 侧支，形成背肋 I、II、III 总 3 支。伞前乳突发达，粗长，辐肋状。交合刺 1 对，线状，棕黄色，长 2.100-2.394mm，宽 0.021-0.024mm，末端具倒钩。引带长 0.238-0.287mm，宽 0.028-0.056mm。生殖锥长、大，突出于伞缘之外，长 0.630-0.816mm (腹肋基部至锥体末端)。腹唇长，末端钝圆，上有 2 块长条状角质板；背唇短，距末端 0.112-0.140mm 处有 2 个刺状突起，长 0.027-0.051mm。

雌虫　体长 13.0-16.5mm，最大宽度 0.847-0.980mm。口囊上宽 0.112-0.126mm，下宽 0.126-0.140mm，背侧深 0.042-0.045mm，腹侧深 0.044-0.056mm。食道长 0.672-0.756mm，最大宽度 0.224-0.280mm。神经环距头端 0.335-0.406mm；排泄孔距头端 0.574-0.673mm；颈乳突距头端 0.574-0.672mm。阴道长 0.210-0.826mm。阴门距尾端 0.385-0.560mm，肛门距尾端 0.259-0.392mm。尾端呈指状。子宫内虫卵长椭圆形，长径 0.112-0.168mm，辐径 0.056-0.070mm。

地理分布　黑龙江、吉林、北京、宁夏、青海、四川、贵州；亚洲，非洲，美洲。

李学文和李秀群 (1993) 报道了马的寄生线虫 1 新种，中卫双冠线虫 *Cylicodontophorus zhongweiensis*。张路平和孔繁瑶 (2002b) 将该种线虫移到副杯口属，但 Lichtenfels 等 (1998，2008) 认为该种线虫为麦氏副杯口线虫的同物异名。该种线虫与麦氏副杯口线虫的主要区别是食道漏斗齿的有无，交合刺的长度，以及生殖锥附属物的结构。但从 Lichtenfels 等 (2008) 的描述和绘图看，麦氏副杯口线虫也存在食道漏斗齿，交合刺的长度为 1.95-2.30mm (李学文和李秀群报道交合刺长度为 1.950mm)，生殖锥附属物为指状突，无泡状突起 (李学文和李秀群报道为刺状突起)。因此，中卫双冠线虫与麦氏副杯口线虫没有明显的差别，应为同一个种。

(50) 真臂副杯口线虫 *Parapoteriostomum euproctus* (Boulenger, 1917) (图 60)

Cylichnostomum euproctus Boulenger, 1917: 204-206, figs.1, 2.

Cylichnostomum (*Cylicodontophorus*) *euproctus*: Ihle, 1922: 77-79, figs. 103-105.

Trichonema euproctus: LeRoux, 1924: 126.

Cylicodontophorus euproctus: Erschow, 1939: 49-56; Skrjabin, Shikhobalova, Schulz, Popova, Boev *et* Delyamure, 1952: 226; Popova, 1958: 75, 76, fig. 44; K'ung *et* Yang, 1964: 36, 37, plates I- III, figs.7, 17, 19; Yang *et* K'ung, 1965: 79; Lichtenfels, 1975: 5, 49, figs. 122, 123; Parasitology Division, Institute of Zoology, Academia Sinica, 1979: 143, 144, fig. 66; Qi, Li *et* Cai, 1984: 189, fig. 117; Li, Li, Zhou, Wang, Han, Wu *et* Huang, 1988: 190, 191, fig. 84; Dvojnos *et* Kharchenko, 1994: 152-155, fig. 42; Guo, Li, Liu *et* Ma 1997: 11; Lichtenfels, Kharchenko *et* Dvojnos, 2008: 133-135, figs. 109, 110.

Parapoteriostomum euproctus: Hartwich, 1986: 94; Lichtenfels, Kharchenko, Krecek *et* Gibbons, 1998: 76; Zhang *et* K'ung, 2002a: 114, 115, fig. 75.

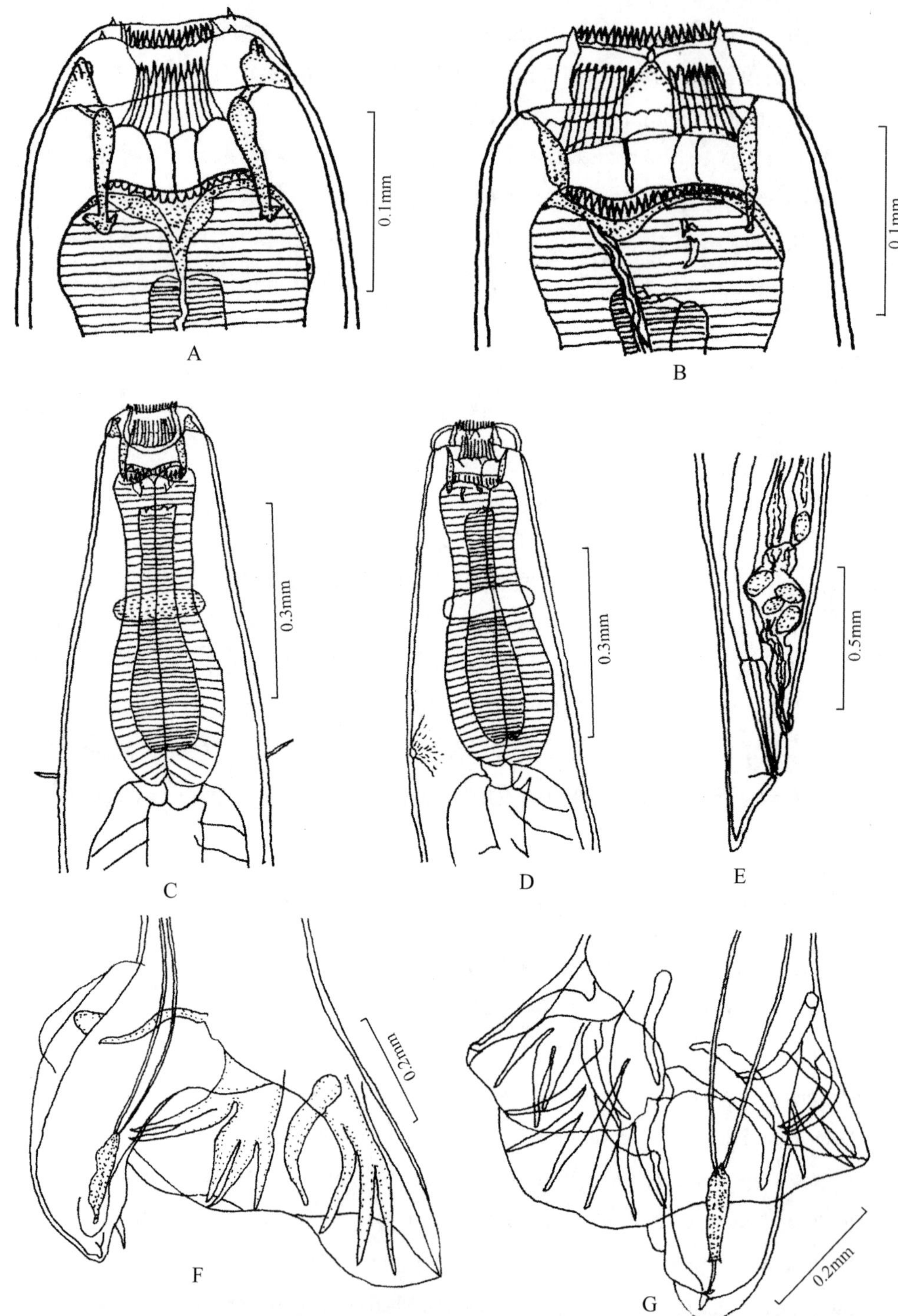

图 60 真臂副杯口线虫 *Parapoteriostomum euproctus* (Boulenger)

A. 头部背面观 (cephalic end of body, dorsal view)；B. 头部侧面观 (cephalic end of body, lateral view)；C. 虫体前部背面观 (anterior end of body, dorsal view)；D. 虫体前部侧面观 (anterior end of body, lateral view)；E. 雌虫尾部侧面观 (posterior end of female, lateral view)；F. 交合伞侧面观 (copulatory bursa, lateral view)；G. 交合伞腹面观 (copulatory bursa, ventral view)

宿主　马 *Equus caballus*，驴 *Equus asinus*，骡 *Equus caballus* × *Equus asinus*，斑马 *Equus burchelli*，普氏野马 *Equus przewalskii*，蒙古野驴 *Equus hemionus*。

寄生部位　大肠、盲肠。

形态　环口乳突短，顶端钝圆，呈小球状。外叶冠的叶长而尖，共 34-38 枚。内叶冠的小叶较外叶冠的小叶长 1 倍，内叶冠小叶数目为 30-34 枚，内叶冠小叶的起始部位不在同一水平，背腹面比侧面深。口囊呈梯形。口囊壁前厚而后薄。雄虫交合伞的背叶中等长度；生殖锥发达，突出于伞膜以外，其后方两侧各有 1 长形的指形突起。雌虫尾部直。

雄虫　体长 7.1-8.3mm，最大宽度 0.450-0.460mm。口领与体部交界处宽 0.119-0.130mm。口囊内径：前宽 0.068-0.090mm，后宽 0.075-0.089mm；深 0.400-0.053mm。口囊壁厚 0.011-0.014mm。食道长 0.380-0.425mm，前端部宽 0.114-0.133mm，后端膨大部宽 0.144-0.174mm。神经环距头端 0.230-0.265mm；排泄孔距头端 0.440-0.500mm，颈乳突距头端 0.420-0.465mm。交合伞自外背肋基部至背肋末端长 0.300-0.380mm。交合刺长 1.870-2.240mm。引带长 0.220-0.225mm。

雌虫　体长 8.6-9.7mm，最大宽度 0.575-0.600mm。口领与体部交界处宽 0.130-0.144mm。口囊内径：前宽 0.072-0.099mm；后宽 0.090-0.095mm；深 0.044-0.048mm。口囊壁厚 0.010-0.014mm。食道长 0.440-0.460mm，前端部宽 0.135-0.137mm，后端膨大部宽 0.171mm。神经环距头端 0.260-0.265mm；排泄孔距头端 0.508-0.550mm；颈乳突距头端 0.485-0.510mm。阴道长 0.335mm。阴门距肛门 0.158-0.230mm。尾长 0.170-0.280mm。

地理分布　黑龙江、吉林、北京、陕西、宁夏、甘肃、青海、新疆、广西、重庆、四川、云南；世界各地。

19. 熊氏属 *Hsiungia* K'ung *et* Yang, 1964

Hsiungia K'ung *et* Yang, 1964，396; Dvojnos *et* Kharchenko, 1988: 22; 1994: 170-172; Lichtenfels, Kharchenko, Krecek *et* Gibbons, 1998: 76; Zhang *et* K'ung, 2002a: 120, 121; Lichtenfels, Kharchenko *et* Dvojnos, 2008: 17-139.

Type species: *Hsiungia pekingensis* (K'ung *et* Yang, 1964).

简史　孔繁瑶和杨年合 (1964a) 描述寄生于北京驴体内的线虫 1 新种，北京杯环线虫 *Cylicocyclus pekingensis*，并建立了 1 新亚属，熊氏亚属 *Hsiungia*。Dvojnos 和 Kharchenko (1988) 在苏联的马属动物体内也发现该种线虫，并将熊氏亚属提到属的阶元。该属线虫与其他属的重要区别是该线虫具有非常短的阴道。该属线虫与其他属的亲缘关系还需要进一步的研究。作者按照 Lichtenfels 等 (1998b) 的意见，将该属放在盅口族的最后加以描述。

特征 虫体比较粗壮。头端部的横断面近于圆形，口领和体部之间的界限不甚明显。在侧乳突和亚中乳突的所在部位均形成稍凸的唇形隆起。侧乳突不突出于口领之外；亚中乳突突出于口领之外。外叶冠由 80 枚左右的长而尖的小叶组成；内叶冠起始于口囊壁的前缘，小叶数和外叶冠的数目相等，长度稍长于外叶冠。口囊的横断面近于圆形，有时背腹径稍宽；自背面或腹面观察时，口囊前部稍窄，侧面观察时，前后宽度近相等。口囊壁的后缘增厚为 1 明显的环箍。有背沟。雄虫交合伞较圆阔，背叶与侧叶之间有明显的皱襞为界；背叶短。背肋由 1 总干起始，向下分为 2 支，几乎在同一水平线上，每支各自向外侧生出 1 个侧支。2 支背肋继续下行，在其全长的下 1/3 左右，再各自分为对等的 2 个小支。没有观察到伞前肋。交合刺有翼膜，末端无锚状钩。引带的构造如常。生殖锥的腹唇较窄；背唇宽阔，分为左右 2 叶。雌虫尾部呈圆锥形，微向背侧弯曲，尾端有 1 小结节。阴道极短，直接与 2 个平行向前的排卵器相连。

本属线虫全世界仅报道 1 种。

(51) 北京熊氏线虫 *Hsiungia pekingensis* (K'ung *et* Yang, 1964) (图 61)

Cylicocyclus pekingensis K'ung *et* Yang, 1964: 393-395, figs. 1, 2; Li, Li, Zhou, Wang, Han, Wu *et* Huang, 1988: 185, fig. 79; Parasitology Division, Institute of Zoology, Academia Sinica, 1979: 283, 284, fig. 134.

Hsiungia pekingensis: Dvojnos *et* Kharchenko, 1988: 22-24, fig. 1; Dvojnos *et* Kharchenko, 1994: 172-174, fig. 48; Lichtenfels, Kharchenko, Krecek *et* Gibbons, 1998: 76; Zhang *et* K'ung, 2002a: 121, 122, fig. 79; Lichtenfels, Kharchenko *et* Dvojnos, 2008: 139, 140, figs. 115, 116.

宿主 马 *Equus caballus*，驴 *Equus asinus*。

寄生部位 大肠。

观察标本 5♂♂3♀♀。标本保存于中国农业大学动物医学院。

形态 虫体比较粗壮。口领和体部之间的界限不甚明显。在头感器和亚中乳突所在部位均形成稍凸的隆起，头感器不向外侧突出，亚中乳突如常。外叶冠由 88 枚左右长而尖的小叶组成；内叶冠起始于口囊壁的前缘，小叶数和外叶冠的相等，长度稍逊于外叶冠，口囊呈矩形，有时背腹径稍宽；自背面或腹面观察时，口囊前部稍窄，侧面观察时，前后宽度约相等。口囊壁的后缘增厚为 1 明显的环箍。有背沟。

雄虫交合伞较圆阔，背叶与侧叶之间有明显的皱襞为界；背叶短。肋的排列：腹肋如常；前侧肋短，不伸达伞边缘，中侧肋伸达伞边缘，以二者平行密接，有时前侧肋的末端部微向后方弯曲。后侧肋伸达接近伞边缘的地方，与中侧肋间构成很大的分歧角。外背肋如常。背肋由 1 总干起始，向下分为 2 支，几乎在同一水平线上，每支各自向外

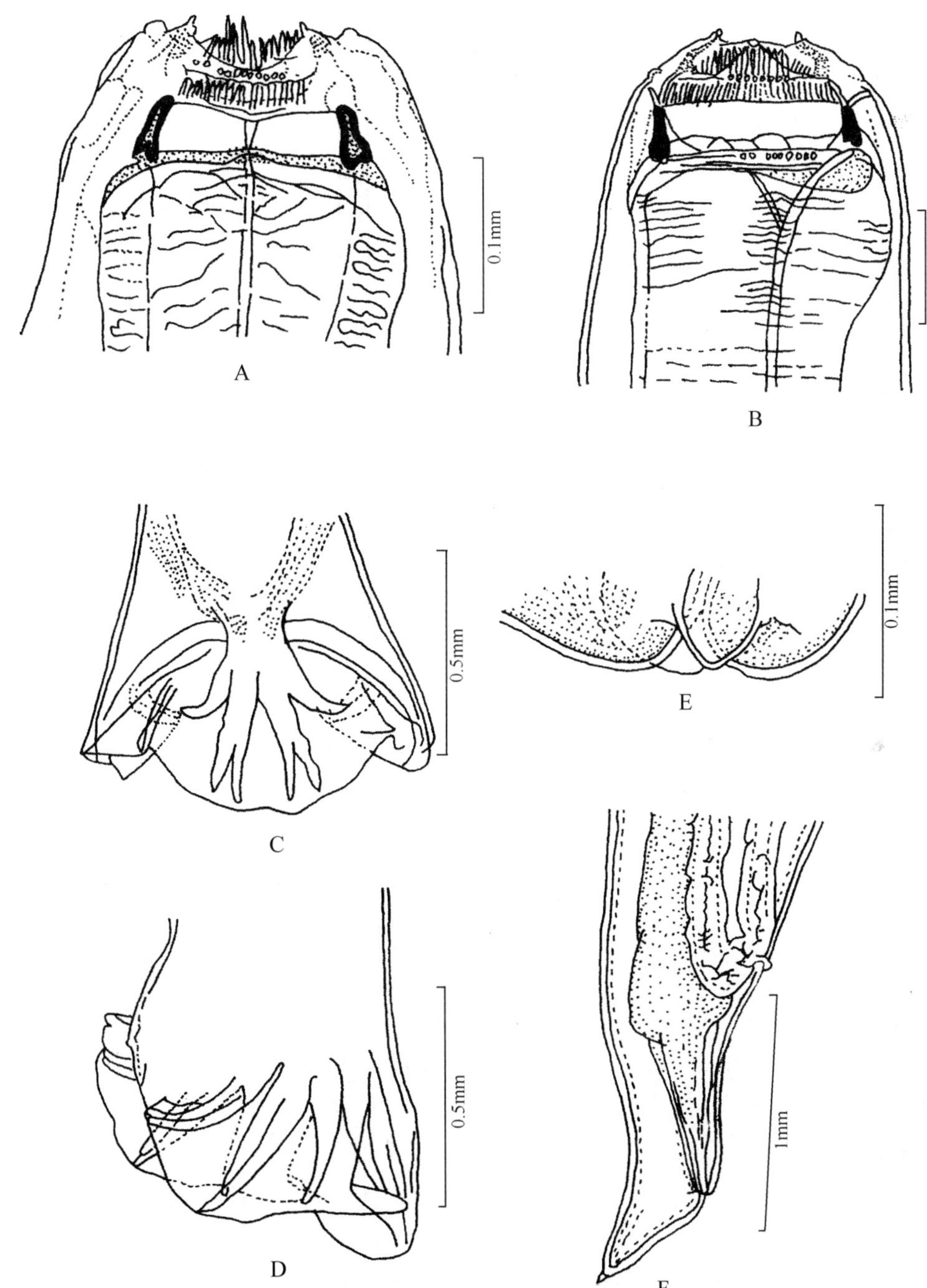

图 61　北京熊氏线虫 *Hsiungia pekingensis* (K'ung *et* Yang)

A. 头部背面观 (cephalic end of body, dorsal view); B. 头部侧面观 (cephalic end of body, lateral view); C. 交合伞背叶背面观 (dorsal lobe of copulatory bursa, dorsal view); D. 交合伞侧面观 (copulatory bursa, lateral view); E. 生殖锥 (genital cone); F. 雌虫尾部侧面观 (posterior end of female, lateral view)

侧生出 1 个侧支。1 支背肋继续下行，在其全长的下 1/3 左右，再各自分为对等的 2 个小支。背肋的这种分支方式与本属其他各种的背肋截然不同。没有观察到伞前肋。交合刺与引带的构造如常。生殖锥的腹唇较窄；背唇宽阔，分为左右 2 叶。在背唇的后方生有左右对称的 2 个近似圆锥形的附属物，附属物的顶端有时有小的分叶。雌虫尾部呈圆锥形，微向背侧弯曲，尾端有 1 小结节。阴道极短，直接与 2 个平行向前的排卵器相连。

雄虫 体长 15.8-17.0mm，最大宽度 0.840-1.000mm。口领基部宽 0.175-0.219mm，口囊内径：前宽 0.110-0.162mm，后宽 0.119-0.152mm；深 0.040-0.049mm。食道长 0.755-0.982mm，前端部宽 0.195-0.215mm，后端膨大部宽 0.265-0.340mm。神经环距头端 0.460-0.480mm，排泄孔距头端 0.650-0.740mm，颈乳突距头端 0.623-0.702mm。交合伞背肋长 0.392-0.475mm。交合刺长 1.065-1.175mm。引带长 0.255mm。

雌虫 体长 18.5-20.0mm，最大宽度 1.070-1.110mm。口领基部宽 0.228-0.255mm。口囊内径：前宽 0.156-0.202mm，后宽 0.178-0.202mm；深 0.048mm。食道长 1.05-1.162mm，前端部宽 0.275-0.300mm，后端膨大部宽 0.405-0.452mm。神经环距头端 0.498-0.520mm，排泄孔距头端 0.570-0.680mm，颈乳突距头端 0.550-0.572mm。阴门距肛门 0.815-1.043mm，尾长 0.440-0.652mm。

地理分布 北京、宁夏、青海、新疆；苏联。

柱咽族 Cylindropharyngea Popova, 1952

Cylindropharyngea Popova, 1952, In: Skrjabin, Shikhobalova, Schulz, Popova, Boev *et* Delyamure, 1952: 240; Popova, 1958: 114; Zhang *et* K'ung, 2002a: 444.

简史 Popova (1958) 建立了柱咽族，包括 2 属，柱咽属和马线虫属。但 Lichtenfels 等将这 2 属线虫放入盅口族 (Lichtenfels, 1975，1980; Lichtenfels *et al*., 1998a，2008)。张路平和孔繁瑶 (2002b) 认为这 2 属线虫具有长圆柱形口囊和较少的叶冠，与其他的盅口类线虫有明显的不同，因此同意 Popova 的观点，将这 2 属归入柱咽族。

特征 口孔周围具有 2 圈叶冠，叶冠数目较少。口囊呈长圆柱形。背肋深度分裂。

本族线虫共包括 2 属 8 种，其中我国报道 1 属 1 种。

20. 马线虫属 *Caballonema* Abuladze, 1937

Caballonema Abuladze, 1937: 1; Popova, 1958: 124, 125; Dvojnos *et* Kharchenko, 1994: 178; Lichtenfels, Kharchenko, Krecek *et* Gibbons, 1998: 77; Zhang *et* K'ung, 2002a: 125; Lichtenfels, Kharchenko *et* Dvojnos, 2008: 147.

Type species: *Caballonema longicapsulatum* Abuladze, 1937.

特征　小型或中型虫体，口孔开向前方。口领高。头乳突长，头感器短而不明显。外叶冠由 8 枚宽的小叶组成，前缘呈齿状，突出于口领之外；内叶冠不明显。口囊圆柱形，很深，深度为宽度的约 3 倍 (300μm×120μm)。背沟很发达，长 170μm。食道漏斗浅，内有 3 个圆锥形小齿，不突出口囊中。食道呈柱状，雄虫交合伞背叶很长。背肋亦长，在靠近基部处分为平行的 2 支，外背肋自背肋基部分出。交合伞伞缘呈锯齿状。交合刺细长，末端有倒钩。引带呈匙状。雌虫阴门距肛门较远，其距离约为尾长的 2 倍。

本属线虫全世界仅报道 1 种。

(52) 长口囊马线虫 *Caballonema longicapsulatum* Abuladze, 1937 (图 62)

Caballonema longicapsulatum Abuladze, 1937: 1-4; Skrjabin, Shikhobalova, Schulz, Popova, Boev *et* Delyamure, 1952: 243; Popova, 1958: 125-131, figs. 76-80; Yang *et* K'ung, 1965: 82; Lichtenfels, 1975: 7; Dvojnos *et* Kharchenko, 1994: 178-180, fig. 50; Lichtenfels, Kharchenko, Krecek *et* Gibbons, 1998: 77; Zhang *et* K'ung, 2002a: 125, 126, fig. 82; Lichtenfels, Kharchenko *et* Dvojnos, 2008: 147, figs. 123, 124.

Caballonema longispiculata: Copirin *et* Burikova, 1940: 31.

Sinostrongylus longibursatus Hsiung *et* Chao, 1949: 9-12; Qi, Li *et* Cai, 1984: 221, fig. 129.

宿主　马 *Equus caballus*。

寄生部位　大肠。

形态　(据熊大仕和赵辉元，1949) 虫体口领具有圆形的边缘，与体部以横沟相隔，口领的高度一致，头乳突大而突出；头感器不明显，很少突出口领之外，基部宽，末端呈圆锥形。口囊很长，囊壁厚，几乎是平行的，且厚度一致。背沟为一垂直的沟，位口囊的背壁，末端抵达口囊的前 1/3 处。外叶冠的小叶宽大，小叶 8 枚，明显突出于口孔之外。内叶冠的小叶粗而短，起始于口囊的前缘。食道短而宽，神经环距头端近，排泄孔位食道末端部。紧靠排泄孔之前为颈乳突，左侧颈乳突比右侧颈乳突稍偏前。

雄虫　体长 10.0-11.0mm，最大宽度 0.480-0.570mm。食道长 0.460-0.470mm，宽 0.170-0.180mm。交合伞背叶长。背肋长，为 1.250-1.570mm，在其基部分为 2 支，每支在其起始处先分出 1 短的侧支，后又分出 1 长而细的第二侧支。腹肋分 2 支。3 个侧肋起始于同一主干，前侧肋和中侧肋靠近。外背肋在背肋的基部分开。有 1 明显的长而细的伞前肋。生殖锥短而粗，在其两侧各有 1 个指状突，交合刺长 1.420-1.557mm。

雌虫　体长 12.0-12.5mm，宽 0.540-0.560mm。口囊深 0.280-0.510mm，宽 0.170-0.200mm。食道长 0.500-0.540mm，宽 0.200mm。阴门距尾端 1.070-1.260mm。肛门距尾

端 0.500-0.550mm。虫体后部细缩，稍弯向背侧，尾部呈圆锥形。

地理分布 新疆、四川；苏联。

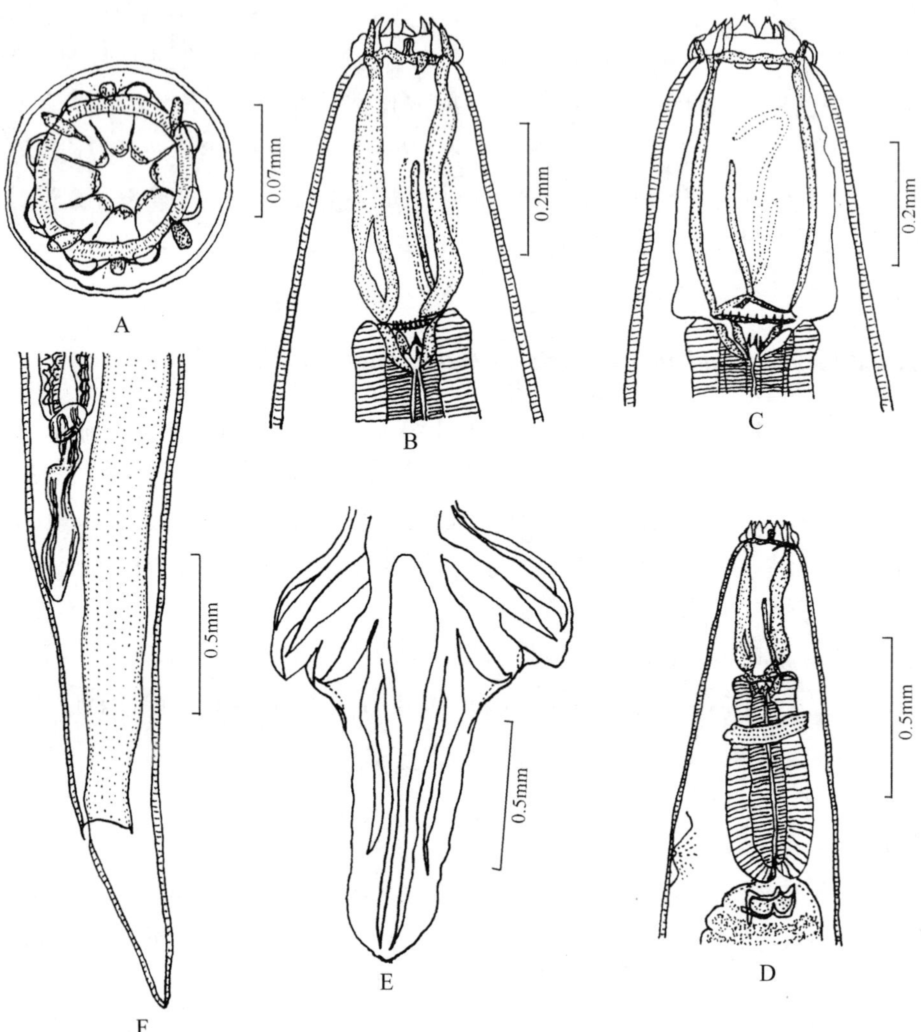

图 62 长口囊马线虫 *Caballonema longicapsulatum* Abuladze (仿熊大仕和赵辉元, 1949)

A. 头部顶面观 (cephalic extremity, en face view); B. 头部侧面观 (cephalic end of body, lateral view); C. 头部腹面观 (cephalic end of body, ventral view); D. 虫体前部侧面观 (anterior end of body, lateral view); E. 交合伞背面观 (copulatory bursa, dorsal view); F. 雌虫尾部侧面观 (posterior end of female, lateral view)

辐首族 Gyalocephalea Popova, 1952

Gyalocephalea Popova, 1952, In: Skrjabin, Shikhobalova, Schulz, Popova, Boev *et* Delyamure, 1952: 244; Popova, 1958: 131; Hartwich, 1986: 100.

特征　口孔周围具有 2 圈叶冠。口囊环状，食道漏斗特别发达，内有食道齿。食道前部膨大。

分布　本族线虫仅包括 1 属 1 种。

21. 辐首属 *Gyalocephalus* Looss, 1900

Gyalocephalus Looss, 1900: 191; 1902: 132; Yorke *et* Macfie, 1918d: 79; Ihle, 1922: 93; Lichtenfels, 1975: 17; Parasitology Division, Institute of Zoology, Academia Sinica, 1979: 153; Dvojnos *et* Kharchenko, 1994: 174, 175; Zhang *et* K'ung, 2002b: 122; Lichtenfels, Kharchenko *et* Dvojnos, 2008: 147-151.

Type species: *Gyalocephalus capitatus* Looss, 1900.

特征　本属线虫外叶冠由口孔内向外突出，内叶冠分布在口囊的内缘。口囊短。食道的前端膨大，呈漏斗状。在食道漏斗基部有 6 个半月形、放射状排列的间隔，它以齿状突起伸入后缘。每间隔的基部有 1 个小齿。雄虫腹肋和侧肋起始于同一主干。外背肋起于背部。背肋分为 2 支，每支又分为 3 支。在腹肋与伞前乳突之间，两侧各有 1 附加肋。伞前乳突发达。交合刺 1 对，等长，具引带。雌虫阴门位于肛门附近。尾部直，呈圆锥形。

本属线虫全世界仅报道 1 种。

(53) 头似辐首线虫 *Gyalocephalus capitatus* Looss, 1900 (图 63)

Gyalocephalus capitatus Looss, 1900: 191, 192; Yorke *et* Macfie, 1918: 79-90, fig. 1-9; Ihle, 1922: 93-95, figs. 126-129; Skrjabin, Shikhobalova, Schulz, Popova, Boev *et* Delyamure, 1952: 244; Popova, 1958: 132-135, figs.81, 82; K'ung *et* Yang, 1964: 33, 34, plates I, II, figs. 2, 3, 9-11; Yang *et* K'ung, 1965: 82; Lichtenfels, 1975: 7, 17, figs. 10-13; Parasitology Division, Institute of Zoology, Academia Sinica, 1979: 153, 154, fig. 74; Qi, Li *et* Cai, 1984: 211, fig. 126; Li, Li, Zhou, Wang, Han, Wu *et* Huang, 1988: 201, 202, fig. 93; Dvojnos *et* Kharchenko, 1994: 176-178, fig. 49; Guo, Li, Liu *et* Ma, 1997: 11; Zhang *et* K'ung, 2002a: 122-124, figs. 80, 81; Lichtenfels, Kharchenko *et* Dvojnos, 2008:151, 152, figs. 125-127.

Gyalocephalus equi Yorke *et* Macfie, 1918d: 91, 92, fig. 1-3.

宿主　马 *Equus caballus*，驴 *Equus asinus*，骡 *Equus caballus* × *Equus asinus*，藏野驴 *Equus kiang*，斑马 *Equus burchelli*，普氏野马 *Equus przewalskii*，蒙古野驴 *Equus hemionus*。

寄生部位　大肠、盲肠。

观察标本　1♀，采自河北驴的大肠，1992.I.29，张路平。标本保存于河北师范大学生命科学学院。

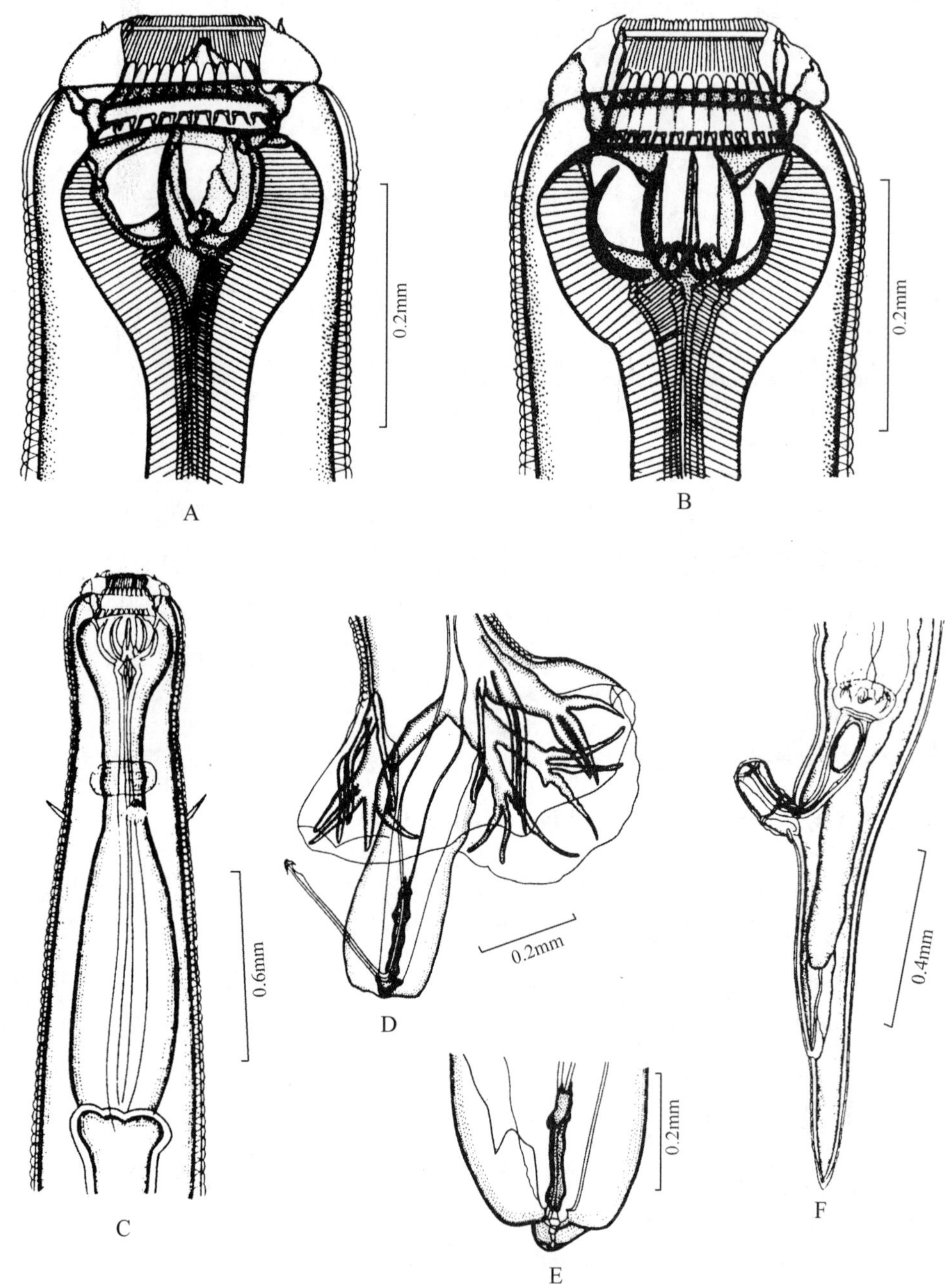

图 63　头似辐首线虫 *Gyalocephalus capitatus* Looss (仿齐普生等, 1984)

A. 头部侧面观 (cephalic end of body, lateral view)；B. 头部腹面观 (cephalic end of body, ventral view)；C. 虫体前部腹面观 (anterior end of body, ventral view)；D. 交合伞腹面观 (copulatory bursa, ventral view)；E. 生殖锥 (genital cone)；F. 雌虫尾部侧面观 (posterior end of female, lateral view)

形态　口领显著。外叶冠的小叶细长，共 90 枚左右；内叶冠的小叶宽大，共 30-32 枚。口囊呈杯形，口囊短，囊壁厚。具有 1 个庞大的食道漏斗，呈半圆形，里面含有构造复杂的角质板。食道前端部膨大，后接 1 个细缩部，自中央向后又渐膨大，使全形呈花瓶状。雄虫交合伞的背叶相当长。有 1 十分发达的生殖锥，几与背肋主干的长度相等。雌虫尾部直。

雄虫　体长 8.4-9.3mm，最大宽度 0.340-0.390mm。口领与体部交界处宽 0.180-0.190mm。口囊内径：宽 0.116-0.140mm，深 0.0380-0.040mm。口囊壁厚 0.015-0.022mm。食道长 0.920-1.010mm，前端部宽 0.180-0.196mm，后端膨大部宽 0.188-0.211mm。食道漏斗宽 0.125-0.135mm，深 0.090-0.096mm。神经环距头端 0.370-0.440mm；排泄孔距头端 0.450-0.510mm；颈乳突距头端 0.480-0.530mm。交合伞自外背肋基部至背肋末端长 0.390-0.505mm。交合刺长 1.100-1.320mm。引带长 0.180-0.205mm。

雌虫　体长 10.7-12.1mm，最大宽度 0.490-0.570mm。口领与体部交界处宽 0.185-0.215mm。口囊内径：宽 0.135-0.155mm，深 0.038-0.045mm。口囊壁厚 0.019-0.023mm。食道长 1.045-1.145mm，前端部宽 0.212-0.225mm，后端膨大部宽 0.239-0.256mm。食道漏斗宽 0.140-0.152mm，深 0.099-0.133mm。神经环距头端 0.400-0.490mm；排泄孔距头端 0.505-0.550mm；颈乳突距头端 0.545-0.595mm。阴道长 0.180mm。阴门距肛门 0.440-0.530mm，尾长 0.235-0.325mm。

地理分布　黑龙江、吉林、内蒙古、北京、陕西、宁夏、甘肃、青海、新疆、广西、重庆、四川、贵州、云南；世界各地。

缪西德族 Murshidiinea Popova, 1952

Murshidiinea Popova, 1952, In: Skrjabin, Shikhobalova, Schulz, Popova, Boev *et* Delyamure, 1952: 273, 274; Popova, 1958:147; Lichtenfels, 1980: 24, 25.

简史　Popova (1952) (见 Skrjabin *et al*., 1952) 建立缪西德族，包括 3 属，缪西德属 *Murshidia*，奎隆属 *Quilonia* 和 *Buissonia*。但在 Lichtenfels (1980) 的分类系统中，这个类群被分为 2 族，缪西德族和奎隆族。缪西德族包括 3 属，缪西德属 *Murshidia*，凯利属 *Khalilia* 和 *Neomurshidia*。奎隆族包括 2 属，奎隆属 *Quilonia* 和 *Theileriana*。本卷动物志中，作者仍采用 Popova 的分类系统，但包括 Lichtenfels (1980)的 2 族 5 属。

特征　虫体角皮不膨大。口囊具有 1 圈叶冠，叶冠数目众多。排卵器通常平行排列，排卵器长而弱肌肉质化；少数种类排卵器小，相对排列。

本族线虫共 5 属 44 种，其中我国报道 3 属 9 种。

属 检 索 表

1. 排卵器小，相对排列……………………………………………………………… 奎隆属 ***Quilonia***
   排卵器“Y”形，起始部平行排列………………………………………………………………2
2. 叶冠起始于口囊上缘，口囊壁较薄………………………………………………… 凯利属 ***Khalilia***
   叶冠起始于口囊内壁，口囊壁较厚……………………………………………… 缪西德属 ***Murshidia***

22. 缪西德属 *Murshidia* Lane, 1914

Murshidia Lane, 1914: 388; Yorke *et* Maplestone, 1926: 78, 79; Skrjabin, Shikhobalova, Schulz, Popova, Boev *et* Delyamure, 1952: 274-276; Chabaud, 1957: 116-126; Popova, 1958: 147, 148; Lichtenfels, 1980: 25, 26.

Pteridopharynx Lane, 1921: 165.

Memphisia Khalil, 1922: 213.

Henryella Neveu-Lemaire, 1924: 139.

Buissonia Neveu-Lemaire, 1924: 143.

Type species: *Murshidia* (*Murshidia*) *murshida* Lane, 1914.

简史 Lane (1914) 建立 1 新属，缪西德属 *Murshidia*，并描述了 1 新种，缪氏缪西德线虫 *Murshidia murshida*。1921 年，Lane 描述了另外 1 新种，并为之建立了 1 新属，*Pteridopharynx*，该属与缪西德属的主要区别为食道前部内腔具有斜向排列的角质板，雄虫背肋的外侧支融合。Khalil (1922a) 对属 *Pteridopharynx* 进行了详细的描述，他认为食道前部的角质板有可能缺失，本属的重要特征为外侧肋的后缘有 1 个附属的小支，以及背肋的外侧支完全融合。1922 年，Khalil 又建立 1 新属，*Memphisia*，该属的主要特征为虫体前部具有角质口领，外背肋上有 1 个小的分支。Neveu-Lemaire (1924a) 认为外背肋上的小分支是种的特征而不是属的特征。同年，他又建立了 2 新属，一个是 *Henryella*，该属与缪西德属的主要区别为交合伞肋的排列；另外一个属是 *Buissonia*，这个属与其他属的主要区别为叶冠明显地突出前端，亚中乳突缺失或萎缩。

Neveu-Lemaire (1928) 认为 *Murshidia* 和 *Pteridopharynx* 是两个不同的属，它们的主要区别有两点: 一是背肋的分支不同 (*Murshidia* 有 3 个分支，*Pteridopharynx* 有 2 个分支)；二是雌虫阴门到肛门的距离 (*Murshidia* 的种类阴门到肛门的距离较远，而 *Pteridopharynx* 的种类阴门到肛门的距离较近)。

Travassos (1929) 不同意 Neveu-Lemaire (1928) 的观点，他认为 *Pteridopharynx*，*Henryella*，*Buissonia* 3 属是一样的，而且与缪西德属也没有明显的区别，但他认为

Memphisia 是一个有效的属，包括 *Memphisia memphisia* 和 *Memphisia rhinocerotis* 2 种。

Yorke 和 Maplestone (1926) 对以上各属的大量种类进行了研究，根据研究结果，他们认为 *Pteridopharynx*, *Memphisia* 和 *Henryella* 为缪西德属的同物异名，而 *Buissonia* 仍是一个有效的属。这种观点得到了几位学者的支持 (Baylis *et* Daubney, 1926; Ershov, 1933; Baylis, 1936; Popova, 1958)。

Chabaud (1957) 对缪西德属进行了重新修订，将 *Pteridopharynx*, *Memphisia*, *Buissonia* 和 *Henryella* 均作为缪西德属的同物异名，并对本属已报道的种类进行了比较。将 *Murshidia rhinocerotis* 作为 *Murshidia memphisia* 的同物异名；将 *Murshidia raillieti*, *Murshidia zeltmeri*, *Murshidia didieri*, *Murshidia loxodontae*, *Buissonia rhinocerotis* 和 *Buissonia africana* 的雄虫作为 *Murshidia aziza* 的同物异名。将 *Buissonia africana* 的雌虫和 *Buissonia longibursa* 列为 *Memphisia bozasi* 的同物异名；将 *Murshidia brevicauda* 作为 *Murshidia soudanensis* 的同物异名；将 *Murshidia elephasi* 作为 *Murshidia neveu-lemaire* 的同物异名；将 *Murshidia hadia* 作为 *Murshidia linstowi* 的同物异名；将 *Murshidia lanei* 作为 *Murshidia murshida* 的同物异名。Chabaud (1957) 将缪西德属分为两个亚属，翼咽亚属 *Pteridopharynx* 和缪西德亚属 *Murshidia*，并开列了种的检索表。Compana-Rouget (1959) 为寄生于非洲野猪的寄生虫建立了 1 新亚属，*Chabaudia*。

Lichtenfels (1980)在其分类检索表中，采纳了 Chabaud (1957) 和 Compana-Rouget (1959) 的观点，将缪西德属分为 3 个亚属。本卷动物志中，作者采用 Lichtenfels (1980) 的分类系统。

特征　口孔开向前方。口领向两侧突起，背腹面凹陷。叶冠起自口囊内侧，由数目众多的叶瓣组成，叶瓣的长短变化很大。背腹面的叶瓣明显短于侧面的叶瓣，因此，口孔看起来呈背腹裂缝状。口囊近圆柱形，有些种类底部有 2 个或多个齿。食道短粗，有些种类在食道前部有斜列的角质板。

雄虫交合伞背叶发育良好。腹肋和侧肋起源于共同的主干。前侧肋和其他侧肋分开，中、后侧肋在远端部分开。外背肋起自背肋的基部。后侧肋和外背肋通常有背侧突起或小的分支。背肋在主干的近中部分裂为二，每支又接着分出 2 个侧支。有时 2 个侧支部分融合。交合刺细长，长度相等。引带存在。雌虫阴门近肛门。排卵器为“Y”形。本属线虫为象、犀牛和非洲野猪的寄生虫。

本属线虫共分为 3 个亚属，其中我国报道 2 个亚属。

亚属检索表

叶冠数目少于 40 枚，口孔圆形或卵圆形；交合伞背肋长 ························ **翼咽亚属 *Pteridopharynx***

叶冠数目多于 40 枚，口孔侧扁；交合伞背肋短 ··· **缪西德亚属 *Murshidia***

1) 缪西德亚属 *Murshidia* Lane, 1914

Murshidia Lane, 1914. emend. Chabaud, 1957: 121; Lichtenfels, 1980: 26.

特征 叶冠数目较多，通常在 40 枚以上。口孔侧扁。背肋较短，与侧肋等长或稍长于侧肋。阴门距肛门较远。寄生于亚洲象和非洲象。

本亚属线虫全世界已报道 10 种，其中我国报道 3 种。

种检索表

1. 叶冠数目 41-43 枚 ……………………………………………… 尼氏缪西德线虫 ***M. (M.) neveu-lemairei***
   叶冠数目 50 枚以上 ……………………………………………………………………………………… 2
2. 叶冠 53-60 枚 ………………………………………………………… 缪氏缪西德线虫 ***M. (M.) murshida***
   叶冠 80-85 枚 ………………………………………………………… 镰刀缪西德线虫 ***M. (M.) falcifera***

(54) 缪氏缪西德线虫 *Murshidia* (*Murshidia*) *murshida* Lane, 1914 (图 64)

Murshidia murshida Lane, 1914: 388, figs. 25-32; Wu, 1934: 521, 522, fig. 13; Popova, 1958: 150-153, figs. 92-96; Wu, He, Zhao *et* Huang, 1986: 28, 40; Zhang, Xie, Li *et* Lan, 1991: 93, 94; Hu, Huang, Zhao *et* Wu, 1993: 317.

Murshidia lanei Witenberg, 1925: 290-292; Popova, 1958: 179, 180, fig. 116.

Murshidia (*Murshidia*) *murshida*: Chabaud, 1957: 124.

宿主 亚洲象 *Elephas maximus*。

寄生部位 大肠。

观察标本 2♂♂1♀，采自河北亚洲象的大肠，1985.IX.1，张路平。标本保存于河北师范大学生命科学学院。

形态 虫体较细小，两端变尖。角皮具有明显的横纹。口领与体部有明显的缢缩，具 2 个侧乳突和 4 个亚中乳突。口孔近圆形，有 1 圈叶冠围绕，叶冠起自口囊内侧中部，叶冠的末端不突出于口领之外。叶冠的数目在不同作者的报道中有些差异，Lane (1914) 报道叶冠数目为 60 枚；伍献文报道为 58 枚 (Wu, 1934)；张路平等 (1991) 报道有 53 枚。口囊圆柱形，具厚的口囊壁，口囊壁的底部较厚，向顶端逐渐变细。食道漏斗三角形，向后逐渐变细。食道圆柱形，后部稍膨大。神经环位于食道前部。排泄孔位于食道之后；颈乳突和神经环约在同一水平上。

雄虫 体长 17.2mm，最大宽度 0.450mm。口领高 0.035mm。口囊深 0.048mm，最

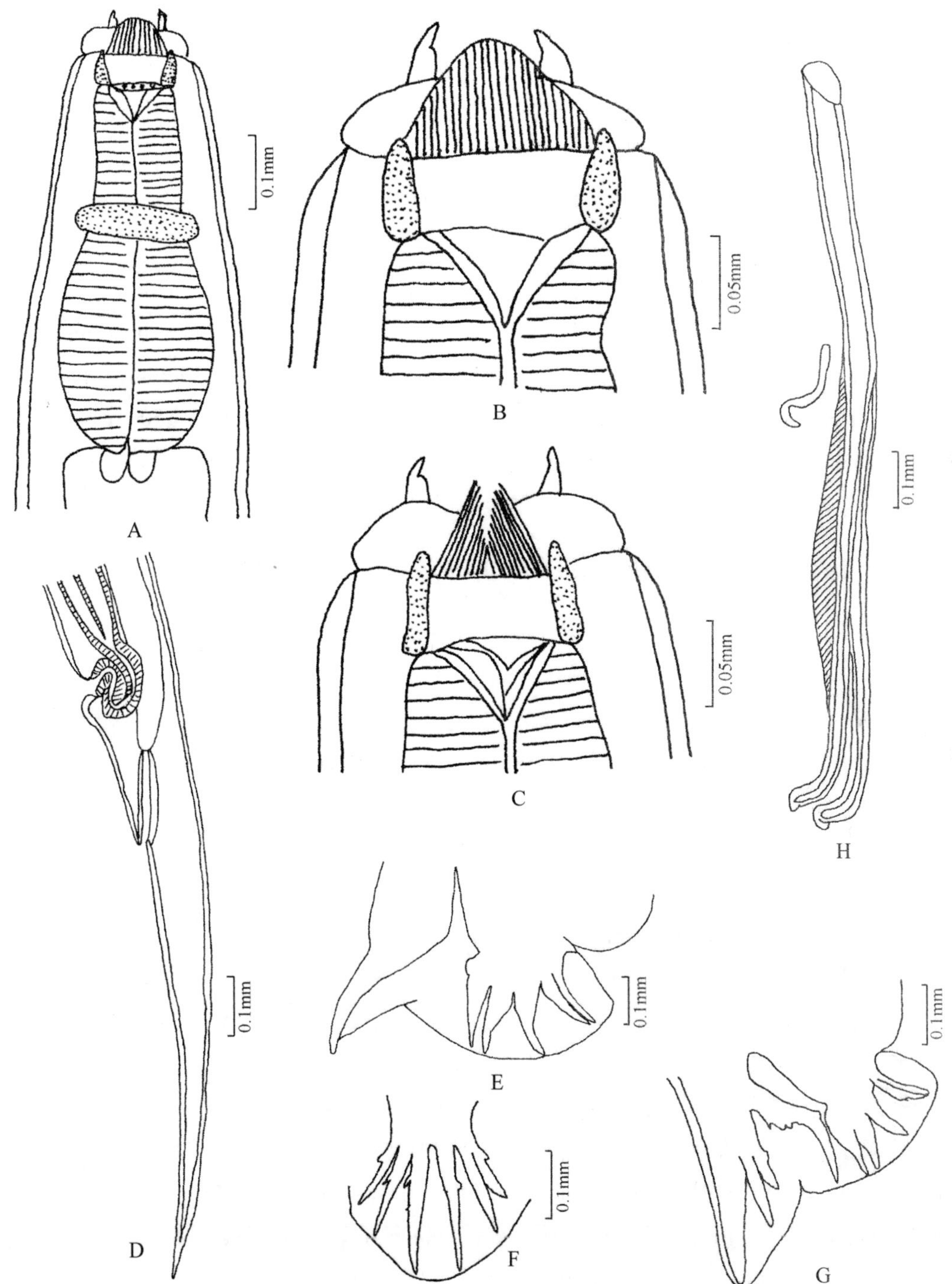

图 64　缪氏缪西德线虫 *Murshidia* (*Murshidia*) *murshida* Lane

A. 虫体前部侧面观 (anterior end of body, lateral view)；B. 头部侧面观 (cephalic end of body, lateral view)；C. 头部腹面观 (cephalic end of body, ventral view)；D. 雌虫尾部侧面观 (posterior end of female, lateral view)；E. 交合伞侧叶 (lateral lobe of copulatory bursa)；F. 交合伞背叶 (dorsal lobe of copulatory bursa)；G. 交合伞侧面观 (copulatory bursa, lateral view)；H. 交合刺和引带 (spicule and gubernaculum)

大内径 0.075mm。食道长 0.425-0.450mm，最大宽度 0.150mm。神经环距头端 0.200mm；排泄孔距头端 0.700-0.750mm；颈乳突距头端 0.770mm。交合伞侧叶和背叶之间有明显的缺刻，背叶较短。两个腹肋紧贴在一起；侧肋起于同一主干，前侧肋和中后侧肋分开，中后侧肋几乎平行，在后侧肋的基部有小的圆形突起。外背肋起自背肋主干，近基部处有几个小的突起。背肋较短，在距背肋基部不远处分出 2 支，每支又分为 3 个侧支，侧突上有小的突起。交合刺 1 对，形状相似，长度相等，具翼，末端弯曲呈鸟喙状，长 1.250-1.350mm。引带侧面观呈钩状，长 0.190mm。

雌虫 体长 18.7mm，最大宽度 0.550mm。口领高 0.035mm。口囊深 0.052mm，内径 0.075mm。食道长 0.425mm，最大宽度 0.150mm。神经环距头端 0.190mm；排泄孔距头端 0.735mm；颈乳突距头端 0.760mm。阴门距尾端 1.650mm。尾长 1.150mm。虫卵长径 0.051mm，辐径 0.031mm。

地理分布 河北、江苏、重庆；印度，斯里兰卡。

(55) 镰刀缪西德线虫 *Murshidia (Murshidia) falcifera* (Cobbold, 1882) (图 65)

Strongylus falcifera Cobbold, 1882: 234, plates XXIII, XXIV, figs. 1-3, 14.

Cylicostomum falciferum: Railliet, Henry *et* Bauche, 1914: 207.

Murshidia falcifera: Lane, 1914: 389, plates LIX-LV, figs. 33-42; Wu, 1934: 522, 523; Popova, 1958: 169-172, figs.108, 109; K'ung *et* Yin, 1958: 20, 21; Wu, He, Zhao *et* Huang, 1986: 40; Zhang, Xie, Li *et* Lan, 1991: 93; Hu, Huang, Zhao *et* Wu, 1993: 317.

Murshidia (*Murshidia*) *falcifera*: Chabaud, 1957: 126.

宿主 亚洲象 *Elephas maximus*。

寄生部位 大肠。

观察标本 2♂♂3♀♀，采自河北亚洲象的大肠，1985.IX.1，张路平。标本保存于河北师范大学生命科学学院。

形态 虫体中等大小，两端变尖。角皮具有明显的横纹。口领与体部有明显的缢缩，具 2 个侧乳突和 4 个亚中乳突，侧乳突扁平，亚中乳突细长，近末端有 1 缢缩。口孔近圆形，有 80-85 枚叶冠围绕，叶冠起自口囊内侧前 1/3，叶冠的末端突出于口领之外。口囊上宽下窄，具厚的口囊壁，口囊壁的底部较厚，向顶端逐渐变细。食道漏斗三角形，向后逐渐变细。食道圆柱形，后部稍膨大。神经环位于食道前部。排泄孔位于食道之后。

雄虫 体长 21.2-21.3mm，最大宽度 0.730-0.820mm。口领高 0.050-0.060mm。口囊深 0.050-0.055mm，口囊前部内径 0.150-0.155mm；口囊后部内径 0.110-0.115mm。食道长 0.750-0.780mm，最大宽度 0.250-0.280mm。神经环距头端 0.370-0.390mm；排泄孔距头端 1.100-1.150mm。交合伞侧叶和背叶之间有明显的缺刻，背叶较短。两个腹肋紧贴

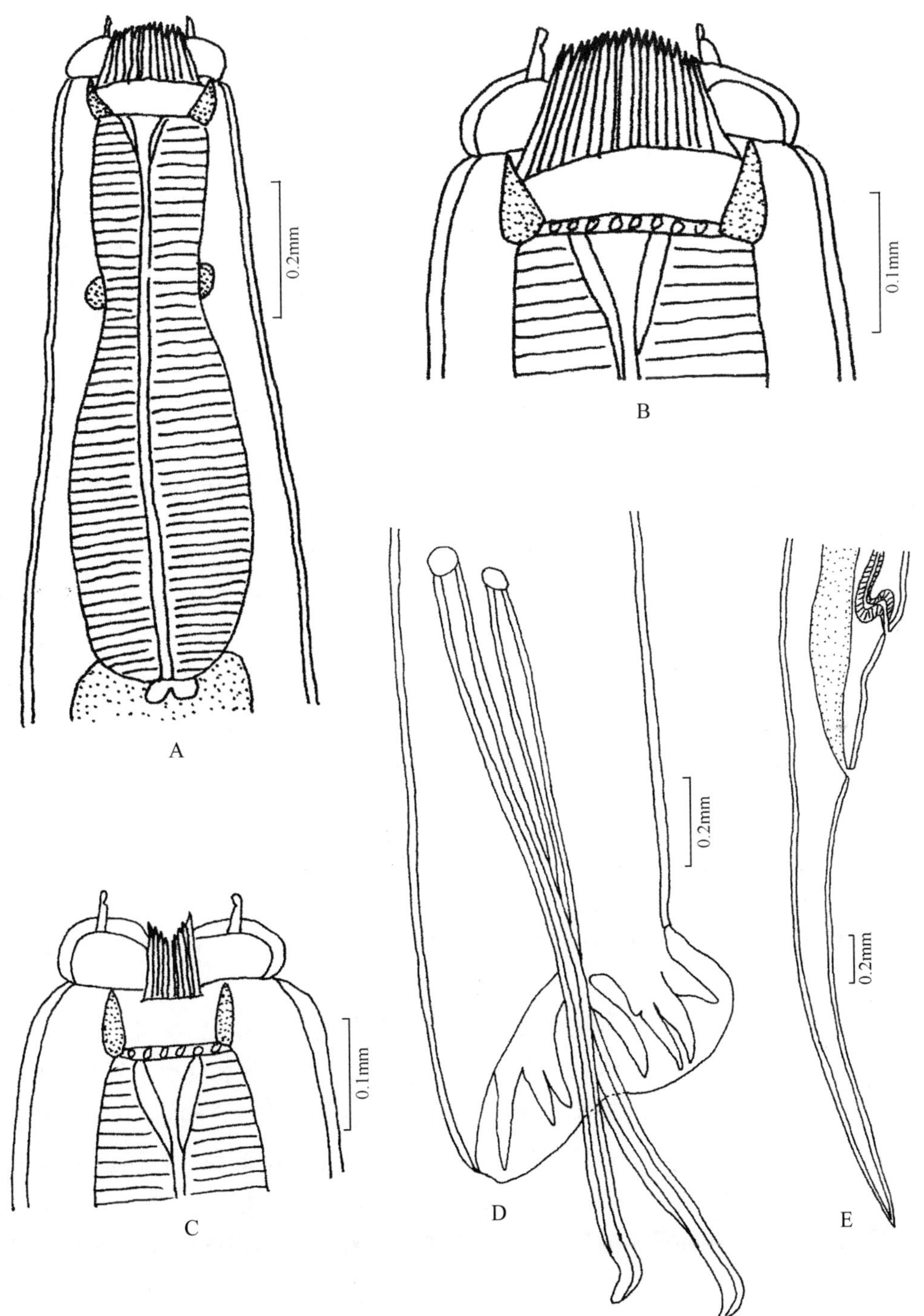

图 65　镰刀缪西德线虫 *Murshidia* (*Murshidia*) *falcifera* (Cobbold)

A. 虫体前部侧面观 (anterior end of body, lateral view)；B. 头部侧面观 (cephalic end of body, lateral view)；C. 头部腹面观 (cephalic end of body, ventral view)；D. 雄虫尾部侧面观 (posterior end of male, lateral view)；E. 雌虫尾部侧面观 (posterior end of female, lateral view)

在一起；侧肋起于同一主干，前侧肋和中后侧肋分开，中后侧肋几乎平行，在后侧肋的基部有小的圆形突起。外背肋起自背肋主干，近基部处有几个小的突起。背肋较短，在距背肋基部不远处分出 2 支，每支又分为 3 个侧支。交合刺 1 对，形状相似，长度相等，具翼，末端弯向背面，长 1.690-1.760mm。引带呈“S”形，长 0.050mm。

雌虫 体长 23.8-25.8mm，最大宽度 0.700-0.850mm。口领高 0.065-0.070mm。口囊深 0.050-0.055mm，口囊前部内径 0.175-0.180mm；口囊后部内径 0.125-0.135mm。食道长 0.880-0.980mm，最大宽度 0.280-0.300mm。神经环距头端 0.460-0.480mm；排泄孔距头端 1.200-1.300mm。阴门距尾端 2.570-2.650mm。尾长 1.950-2.000mm。虫卵长径 0.048-0.073mm，辐径 0.029-0.037mm。

地理分布 北京、河北、江苏、重庆；印度，缅甸，斯里兰卡。

(56) 尼氏缪西德线虫 *Murshidia* (*Murshidia*) *neveu-lemairei* (Witenberg, 1925) (图 66)

Pteridopharynx neveu-lemairei Witenberg, 1925: 292-294.

Murshidia neveu-lemairei: Yorke *et* Maplestone, 1926: 80; Popova, 1958: 190, 192; fig. 128; Zhang, Xie, Li *et* Lan, 1991: 94.

Murshidia elephasi Wu, 1934: 523-527, figs. 14-20; Popova, 1958: 167-169, fig. 107; Huang *et* Li, 2002: 15.

Murshidia (*Murshidia*) *neveu-lemairei*: Chabaud, 1957: 122.

宿主 亚洲象 *Elephas maximus*，非洲象 *Loxodonta africana*。

寄生部位 大肠。

观察标本 1♂1♀，采自河北亚洲象的大肠，1985.IX.1，张路平。标本保存于河北师范大学生命科学学院。

形态 虫体圆柱形，雄虫前端变尖，雌虫前后部均变尖。角质横纹明显，仅口领、交合伞和雌虫尾部无横纹。口领与体部有明显的缢缩，具 2 个侧乳突和 4 个亚中乳突。侧乳突基部粗大，不突出口领表面；亚中乳突细长，游离端具有 1 个缢缩。口孔近圆形，有 41-43 枚叶冠围绕，叶冠起自口囊的前端，每个叶冠的末端圆形；最长的叶冠位于口囊侧面中部，向背腹面方向逐渐变短。口囊圆柱形，具厚的口囊壁。食道漏斗三角形，向后逐渐变细。食道由短而窄的前部和卵圆形的后部组成。神经环位于这 2 部分之间。食道前部内腔具有 13 排斜向排列具弹性的角质板，横切面观呈成排的锯齿状。食道中部内腔具有窄的板状加厚包埋在食道肌中，与食道腺相连。排泄孔位于肠的前部，距食道和肠连接处 0.159-0.32mm。

雄虫 体长 18.0-23.0mm，最大宽度 0.540-0.837mm。口领高 0.032-0.043mm。口囊深 0.065-0.076mm，最大内径 0.054-0.076mm。食道长 0.608-0.739mm，最大宽度

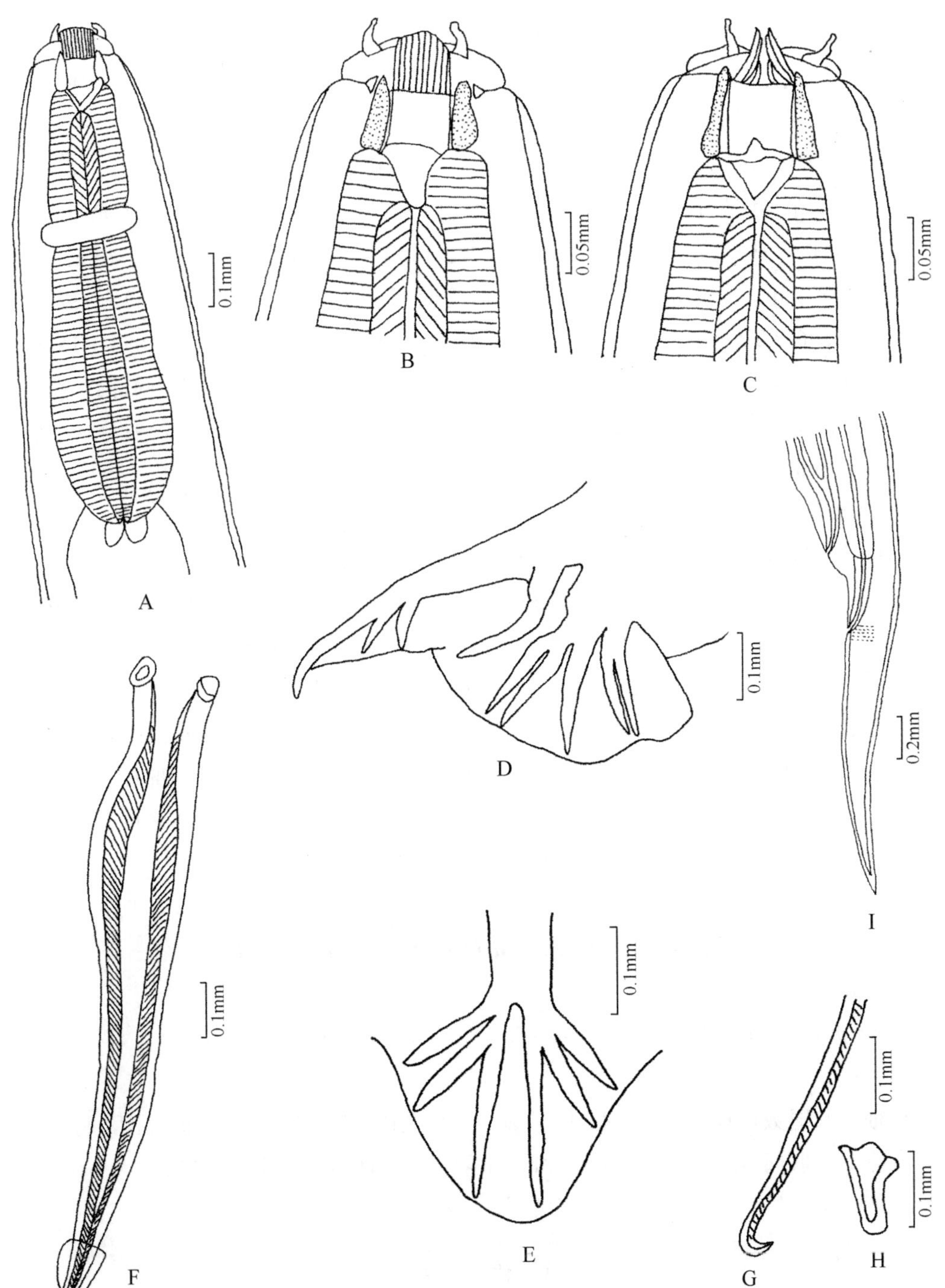

图 66　尼氏缪西德线虫 *Murshidia* (*Murshidia*) *neveu-lemairei* (Witenberg)

A. 虫体前部侧面观 (anterior end of body, lateral view)；B. 头部侧面观 (cephalic end of body, lateral view)；C. 头部腹面观 (cephalic end of body, ventral view)；D. 交合伞侧面观 (copulatory bursa, lateral view)；E. 交合伞背叶 (dorsal lobe of copulatory bursa)；F. 交合刺 (spicule)；G. 交合刺末端 (distal end of spicule)；H. 引带腹面观 (gubernaculum, ventral view)；I. 雌虫尾部侧面观 (posterior end of female, lateral view)

0.173-0.210mm。神经环距头端 0.336-0.391mm；排泄孔距头端 0.915-1.032mm。交合伞不折叠，背叶明显长于侧叶。所有肋均光滑，基部无明显的突起，仅背肋主干外侧有不规则的突起。外背肋靠近前侧肋，前侧肋和中侧肋几乎平行。背肋发达，约在远端 1/2 处分出 2 支，每支又分为 3 个侧支。交合刺 1 对，形状相似，长度相等，长 0.861-0.941mm；交合刺的近端粗，远端逐渐变细；每个交合刺具有 2 个翼膜，一个具斜纹，一个光滑无纹。

雌虫 体长 21.0-27.0mm，最大宽度 0.760-1.087mm。口领高 0.043-0.054mm。口囊深 0.065-0.087mm，内径 0.054-0.076mm，口囊壁厚 0.016mm。食道长 0.587-0.782mm，最大宽度 0.206-0.239mm。神经环距头端 0.348-0. 424mm；排泄孔距头端 0.854-1.154mm。尾部直，末端尖，尾长 0.760-1.413mm；肛门无突起的唇保护。阴门靠近肛门，距肛门 0.315-0.435mm。阴门具有突起的后唇。阴道长 0.249-0.275mm。虫卵大小为 (0.046-0.053)mm × (0.024-0.031)mm。

地理分布 河北、江苏、云南；非洲。

伍献文 (Wu，1934) 报道了南京动物园亚洲象寄生的线虫 1 新种，象缪西德线虫 *Murshidia elephasi* 。伍献文认为该新种与尼氏缪西德线虫 *Murshidia* (*Murshidia*) *neveu-lemairei* 非常相似，只是交合刺的长度不同。但从 Witenberg (1925) 的绘图看，他所报道的交合刺长度明显与图中的长度不同，因此交合刺长度的描述是有误的。Chabaud (1957) 将象缪西德线虫列为尼氏缪西德线虫的同物异名。过去，尼氏缪西德线虫仅分布于非洲象，在亚洲象中没有报道，但张路平等 (1991) 从石家庄市动物园的亚洲象中采集到尼氏缪西德线虫，通过比较，认为与象缪西德线虫没有明显的区别。因此，作者同意 Chabaud (1957) 的意见，将象缪西德线虫列为尼氏缪西德线虫的同物异名。

2) 翼咽亚属 *Pteridopharynx* Lane, 1921

Pteridopharynx Lane, 1921. emend. Chabaud, 1957: 117; Lichtenfels, 1980: 25.

特征 叶冠数目较少，通常在 40 枚以下。口孔圆形或卵圆形。背肋较长，明显长于侧肋。阴门距肛门较近。寄生于犀牛和非洲象，少数种类寄生于亚洲象。

本亚属全世界共报道 12 种，其中我国报道 2 种。

种 检 索 表

口领与体部分界不明显；食道前部无斜向排列的角质板……**伍氏缪西德线虫，新种 *M.* (*P.*) *wui* sp. nov.**

口领与体部分界明显；食道前部具有斜向排列的角质板……………………**印度缪西德线虫 *M.* (*P.*) *indica***

(57) 印度缪西德线虫 *Mushidia* (*Pteridopharynx*) *indica* (Ware, 1924) (图 67)

Pteridopharynx indica Ware, 1924: 278-282.

Murshidia indica: Yorke *et* Maplestone, 1926: 79; Popova, 1958: 177-179, figs. 113-115; Wu, He, Zhao *et* Huang, 1986: 28; Hu, Huang, Zhao *et* Wu, 1993: 324.

Mushidia (*Pteridopharynx*) *indica*: Chabaud, 1957: 118.

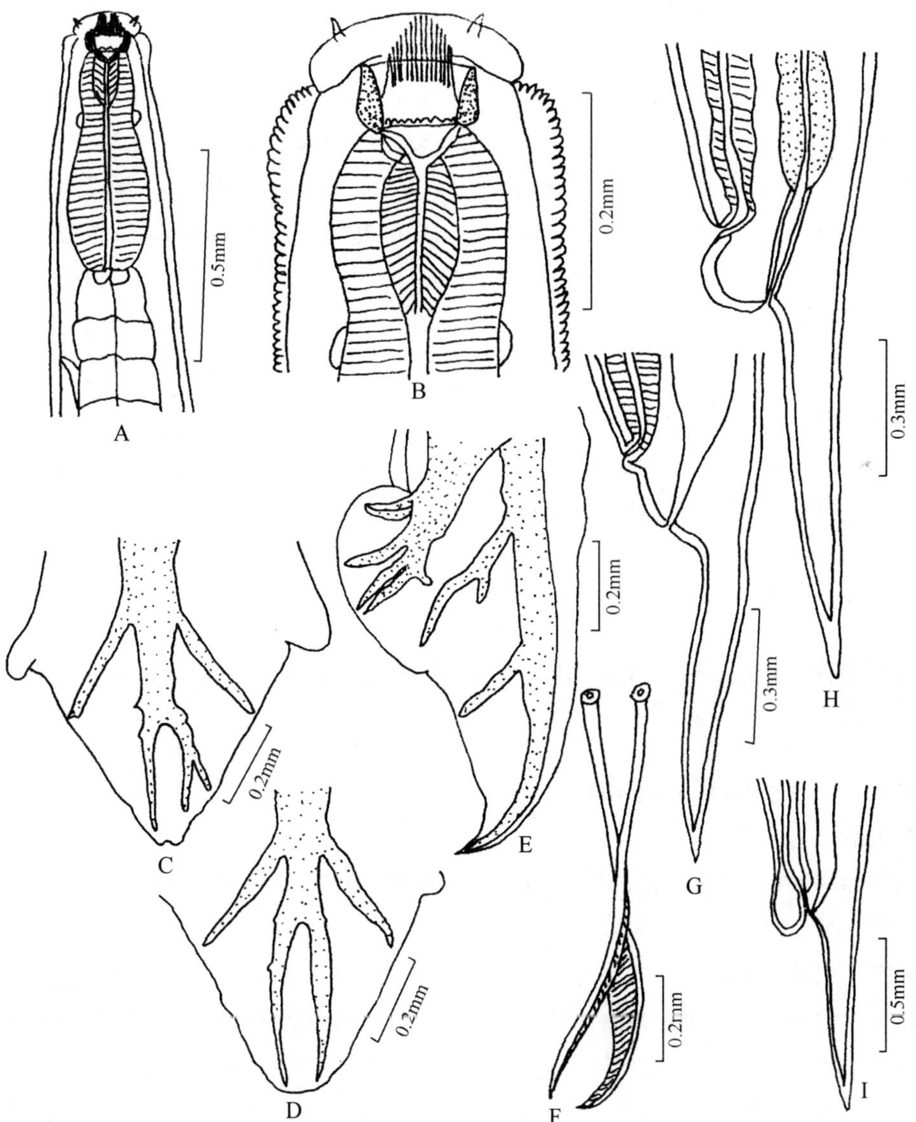

图 67 印度缪西德线虫 *Mushidia* (*Pteridopharynx*) *indica* (Ware) (仿 Popova, 1958)

A. 虫体前部侧面观 (anterior end of body, lateral view)；B. 头部侧面观 (cephalic end of body, lateral view)；C, D. 交合伞背叶 (dorsal lobe of copulatory bursa)；E. 交合伞侧面观 (copulatory bursa, lateral view)；F. 交合刺 (spicule)；G-I. 雌虫尾部侧面观 (posterior end of female, lateral view)

宿主　亚洲象 *Elephas maximus*。

寄生部位　大肠、胃。

形态　虫体较细小且直，两端变尖。角皮具有明显的横纹。口领与体部有明显的缢缩，具 2 个侧乳突和 4 个亚中乳突。口孔近圆形，有 40 枚叶冠围绕，叶冠起自口囊内侧中部，叶冠的末端不突出于口领之外。口囊圆柱形，具厚的口囊壁，口囊壁的底部较厚，向顶端逐渐变细。食道漏斗三角形，向后逐渐变细。食道圆柱形，后部稍膨大。食道前部内腔具有众多斜向排列具弹性的角质板。神经环位于食道前部。排泄孔位于肠的前部；颈乳突和神经环位于同一水平上。

雄虫　(据邬捷等，1986) 体长 13.0-14.0mm，最大宽度 0.594-0.636mm。口囊深 0.055-0.067mm，最大内径 0.066mm。食道长 0.526-0.559mm，最大宽度 0.208-0.241mm。神经环距头端 0.252-0.263mm；排泄孔距头端 0.866-1.008mm；颈乳突距头端 0.932-1.085mm。交合伞背叶发达。背肋长 0.603-0.778mm，在距背肋基部 0.362-0.395mm 处分出 2 支，主干向后又分为 2 支，分支上有小的侧支或侧突。外背肋起自背肋主干，中部分出 1 小的侧支。前侧肋和中、后侧肋分开，中、后侧肋几乎平行，在后侧肋的基部有小的突起。交合刺 1 对，形状相似，长度相等，具翼，长 0.861-0.941mm。

雌虫　体长 19.0-21.0mm，最大宽度 0.810mm。口囊深 0.055-0.066mm，内径 0.077mm，口囊壁厚 0.016mm。食道长 0.604-0.646mm，最大宽度 0.241-0.263mm。神经环距头端 0.252-0.272mm；排泄孔距头端 1.030-1.150mm；颈乳突距头端 1.085-1.293mm。阴门距尾端 0.669-0.898mm，阴门部膨大，下垂。尾长 0.648-0.811mm。

地理分布　重庆；印度。

(58) 伍氏缪西德线虫，新种 *Murshidia* (*Pteridopharynx*) *wui* Zhang *et* K'ung, sp. nov.

(图 68)

宿主　亚洲象 *Elephas maximus*。

寄生部位　大肠。

观察标本　1♂，holotype；1♂，paratype，1985.IX.1，张路平。标本保存于河北师范大学生命科学学院。

形态　虫体圆柱形。口领不发达，口领与体部无明显的缢缩，具 2 个侧乳突和 4 个亚中乳突，均突出于口领之外。口孔近圆形，有 18-20 枚叶冠围绕，叶冠起自口囊内壁的前 1/3，每个叶冠的末端圆形；最长的叶冠位于口囊侧面中部，向背腹面方向逐渐变短。口囊圆柱形，具厚的口囊壁。食道棒状，后部稍膨大。食道前部内腔具有厚的角质层但不具有斜向排列的角质板。神经环位于食道的前部；排泄孔和颈乳突位于食道的后部。

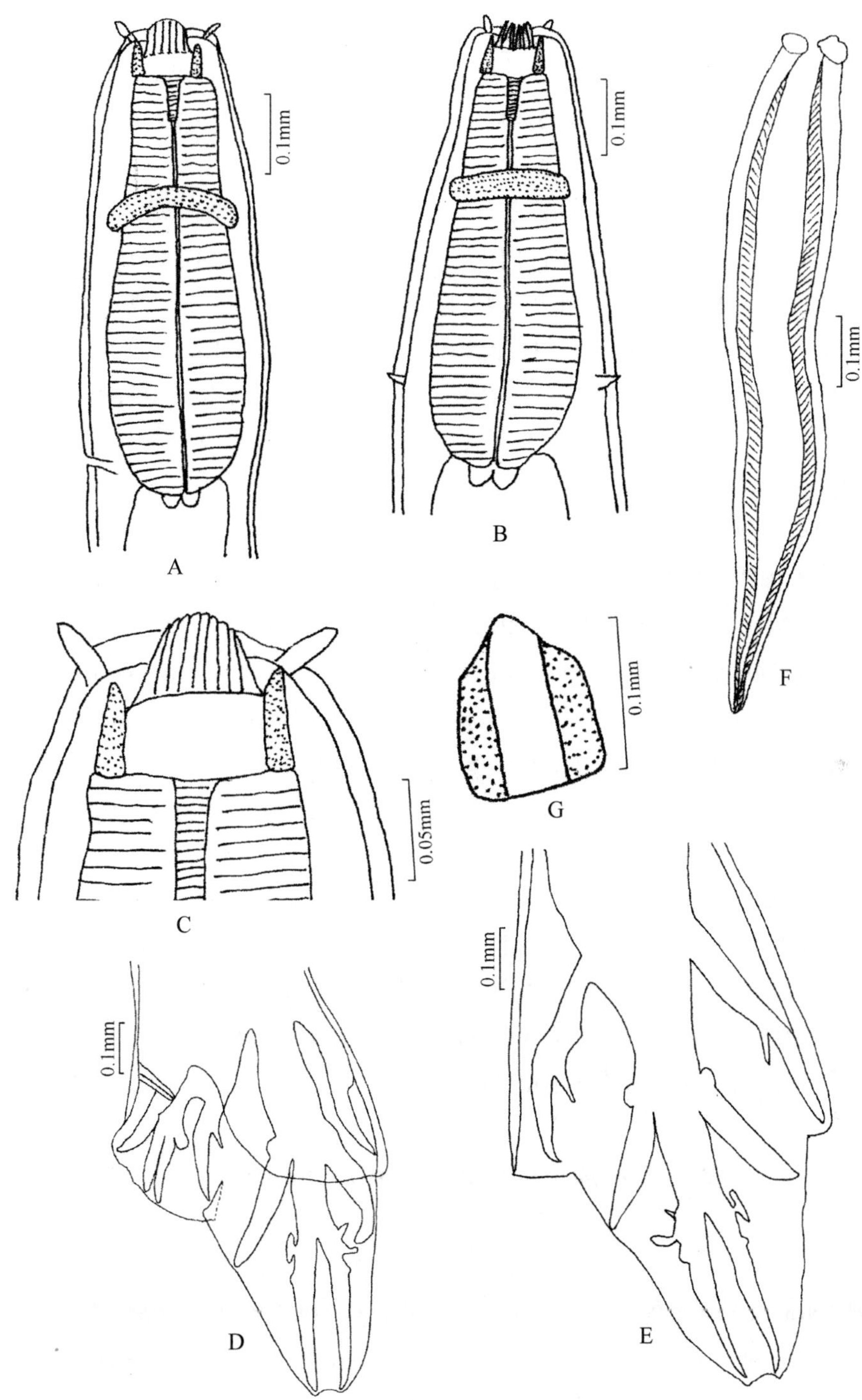

图 68　伍氏缪西德线虫，新种 *Murshidia* (*Pteridopharynx*) *wui* Zhang *et* K'ung, sp. nov.

A. 虫体前部侧面观 (anterior end of body, lateral view)；B. 虫体前部腹面观 (anterior end of body, ventral view)；C. 头部侧面观 (cephalic end of body, lateral view)；D. 交合伞背侧面观 (copulatory bursa, dorso-lateral view)；E. 交合伞背叶 (dorsal lobe of copulatory bursa)；F. 交合刺 (spicule)；G. 引带腹面观 (gubernaculum, ventral view)

雄虫 体长 17.2-17.5mm，最大宽度 0.505-0.592mm。口囊深 0.048-0.053mm，内径 0.063-0.065mm。食道长 0.515-0.539mm，最大宽度 0.162-0.172mm。神经环距头端 0.221-0.245mm；排泄孔距头端 0.529-0.539mm；颈乳突距头端 0.456-0.466mm。交合伞不折叠，背叶明显长于侧叶。2 腹肋紧贴在一起。前侧肋和中、后侧肋在基部分开，中、后侧肋并行，末端稍分开。后侧肋的基部有 1 个圆形的突起。外背肋与背肋起自同一主干，向外伸向侧叶，在外背肋近中部向内分出 1 个小的侧支。背肋发达，约在近端 1/3 处分出 1 对侧支，背肋主干下行至远端近 1/3 处分为左右 2 支，每支近基部处有 1 或 2 个小的突起。交合刺 1 对，形状相似，长度相等，长 0.863-0.931mm；交合刺的近端粗，远端逐渐变细；每个交合刺具有 1 个翼膜，其上具斜纹。引带长 0.089-0.108mm，宽 0.084mm。

雌虫 未知。

采集地点 河北 (石家庄市动物园，由云南省引进)。

讨论 本种线虫口孔近圆形；叶冠数目为 18-20 枚；交合伞背肋较长。因此，该种线虫隶属于翼咽亚属。本亚属目前已报道 11 种, 其中 *Murshidia* (*Pteridopharynx*) *aziza*，*Murshidia* (*Pteridopharynx*) *brevicapsulatus*，*Murshidia* (*Pteridopharynx*) *bozasi*，*Murshidia* (*Pteridopharynx*) *indica*，*Murshidia* (*Pteridopharynx*) *memphisia*，*Murshidia* (*Pteridopharynx*) *omoensis*，*Murshidia* (*Pteridopharynx*) *soundanensis*，*Murshidia* (*Pteridopharynx*) *vuystekae*，*Murshidia* (*Pteridopharynx*) *witenbergi* 具有 29 枚以上的叶冠而与新种有明显的区别。新种与 *Murshidia* (*Pteridopharynx*) *anisa* 和 *Murshidia* (*Pteridopharynx*) *africana* 叶冠数目相似，但 *Murshidia* (*Pteridopharynx*) *anisa* 的排泄孔和颈乳突位于肠的前部，外背肋上无突起，背肋的外侧支分叉，交合刺无翼膜，且与新种明显不同；*Murshidia* (*Pteridopharynx*) *africana* 的排泄孔和颈乳突位于肠的前部，外背肋上没有分出小的侧支，食道前部具有斜向排列的角质板，与新种有显著的差别。因此，本种线虫为 1 新种。

词源 新种以我国著名的寄生虫学家伍献文教授的名字命名，以示纪念。

23. 凯利属 *Khalilia* Neveu-Lemaire, 1924

Amira Lane, 1914: 394; Baylis *et* Daubney, 1926: 159; Yorke *et* Maplestone, 1926: 82, 83; Skrjabin, Shikhobalova, Schulz, Popova, Boev *et* Delyamure, 1952: 219, 220; Popova, 1958: 39.

Khalilia Neveu-Lemaire, 1924: 130; Baylis, 1936: 282; Skrjabin, Shikhobalova, Schulz, Popova, Boev *et* Delyamure, 1952: 229, 230; Popova, 1958: 83. Ogden, 1966: 472; Lichtenfels, 1980: 25.

Amiroides Strand, 1929: 4.

Type species: *Khalilia sameera* (Khalil, 1922).

简史　Neveu-Lemaire (1924b) 为寄生于非洲犀牛大肠的寄生线虫建立 1 新属，凯利属 *Khalilia*，虽然凯利属与属 *Amira* 非常相似，但有两个非常重要的区别特征：一是凯利属的头部稍微弯向背面，而属 *Amira* 的头部是直的；二是前者的交合伞背叶短，而后者的背叶长。因此，Neveu-Lemaire (1924) 将 *Amira sameera* 移入凯利属 *Khalilia*。然而，Khalil (1922) 在描述 *Amira sameera* 时，已经与 *Amira pileata* 的标本进行了比较，发现这两种线虫的重要区别是交合伞的形状。

Baylis 和 Daubney (1926)，Yorke 和 Maplestone (1926) 都将凯利属 *Khalilia* 作为 *Amira* 的同物异名。而 Strand (1929) 指出 *Amira* 是一个无效的属，因为这个名字已经被昆虫占有 (*Amira* Girault, 1913)。因而，他又建立 1 个新属 *Amiroides* 来替代 *Amira*。随后，Baylis (1936) 把属 *Amira* 和 *Amiroides* 均列为凯利属的同物异名。Skrjabin 等(1952) 和 Popova (1958) 认为 2 个属均为有效的属。

Ogden (1966) 对凯利属 *Khalilia* 进行了修订，他同意 Baylis (1936) 的观点，把属 *Amira* 和 *Amiroides* 均作为凯利属的同物异名。在对该属报道的 5 个种的标本进行了研究后，承认了该属有 2 个有效的种，*Khalilia sameera* 和 *Khalilia pileata*；*Amira straelini* 为 1 个待考种。同时，Ogden (1966) 详细研究了头部的结构，证明了凯利属线虫只有外叶冠，没有内叶冠。因此，Lichenfels (1980) 将凯利属放在缪西德族。

特征　角质层厚；头部指向前方；口孔周围有 1 圈外叶冠，外叶冠起自口孔的前缘，由众多的小叶瓣组成；口囊呈浅圆柱形。食道花瓶状，内壁有厚的角质层。雄虫：伞前突起可能存在；伞前乳突长；交合伞背叶可能很长。交合刺等长，线状；有引带。雌虫：阴门靠近肛门，阴道很长，子宫平行。象和犀牛的寄生虫。

本属线虫全世界共发现 2 种，其中我国报道 1 种。

(59) 帽状凯利线虫 *Khalilia pileata* (Railliet, Henry *et* Bauche, 1914) (图 69)

Cyclicostomum pileata Railliet, Henry *et* Bauche, 1914: 208, 209.

Amira omra Lane, 1914: 394-398.

Amira pileata: Yorke *et* Maplestone, 1926: 82-84; Skrjabin, Shikhobalova, Schulz, Popova, Boev *et* Delyamure, 1952: 217; Popova, 1958: 39-42, figs. 16-18.

Amiroides pileata: Strand, 1929: 3; Fan *et* Zhou, 1986: 206.

Khalilia pileata: Baylis, 1936: 282-284; Ogden, 1966: 476-478, figs. 8-10.

宿主　亚洲象 *Elephas maximus*。

寄生部位　盲肠。

形态　(据 Ogden, 1966) 口孔指向前方，由 4 个亚中乳突和 1 对头感器围绕。外叶冠小叶数目雌雄虫有所不同，雄虫的外叶冠数目为 32 枚；雌虫的外叶冠数目为 36 枚。

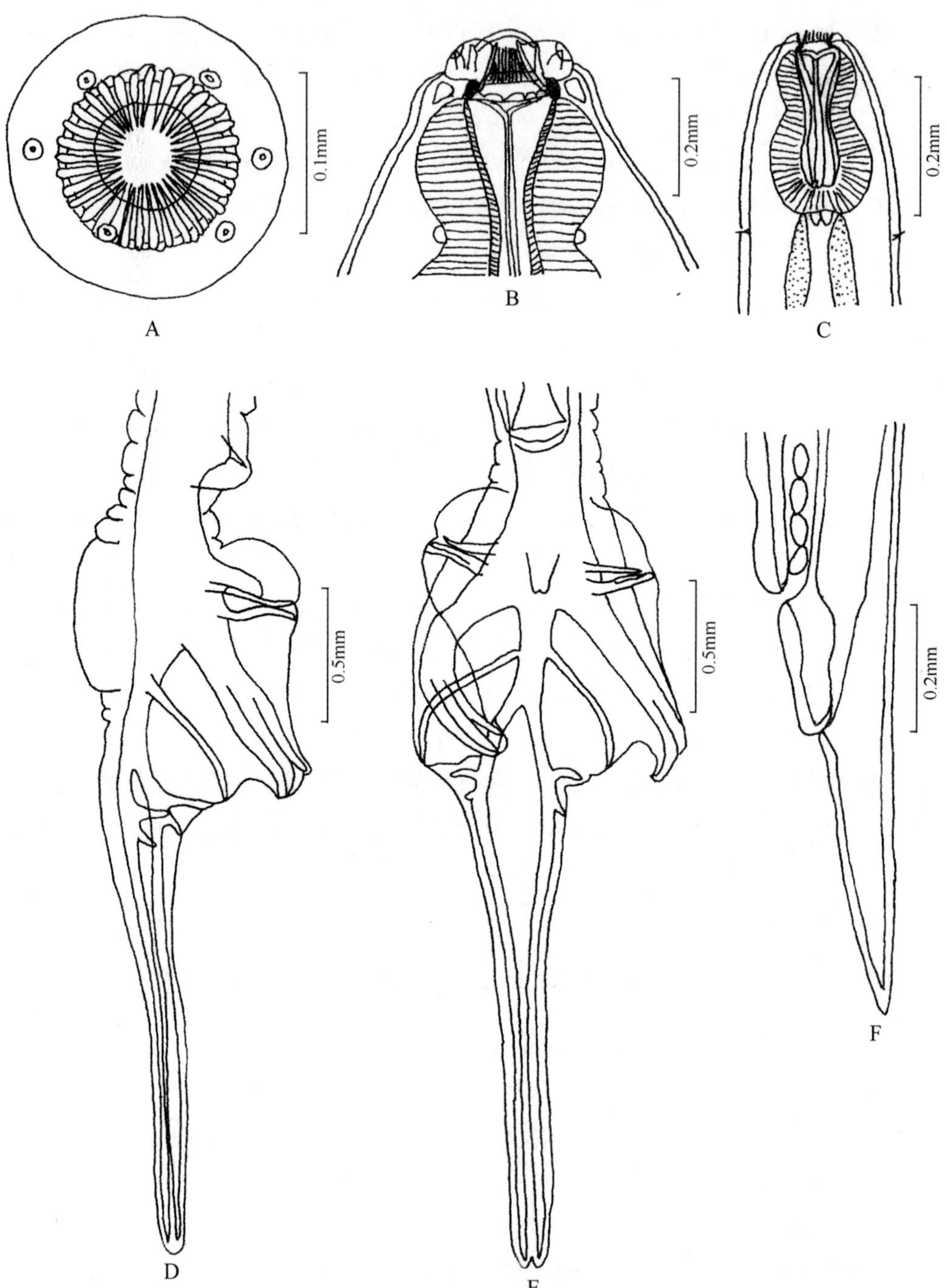

图 69 帽状凯利线虫 *Khalilia pileata* (Railliet, Henry *et* Bauche)
(A, D, E 仿 Ogden, 1966; B, C, F 仿 Popova, 1958)

A. 头部顶面观 (cephalic extremity, en face view)；B. 头部背面观 (cephalic end of body, dorsal view)；C. 虫体前部背面观 (anterior end of body, dorsal view)；D. 交合伞侧面观 (copulatory bursa, lateral view)；E. 交合伞腹面观 (copulatory bursa, ventral view)；F. 雌虫尾部侧面观 (posterior end of female, lateral view)

口囊呈浅圆柱形。食道花瓶状，内壁有厚的角质层。

雄虫　体长 11.2-11.5mm，最大宽度 0.477-0.586mm。食道前端至猛缩部长 0.221-0.239mm，食道总长 0.573-0.607mm。头部宽 0.178-0.186mm。口囊深 0.044-0.047mm，内径 0.124-0.125mm。叶冠长 0.053-0.058mm。神经环距头端 0.298-0.317mm；排泄孔距头端 0.62-0.65mm；颈乳突距头端 0.730-0.810mm。交合伞前腹面的角皮有 2 个突起，前一个突起较大；后一个突起较小，形成横嵴。突起距体后端 2.870-3.160mm；角质横嵴距体末端 2.310-2.550mm。交合伞分为 3 叶，背叶特别长。背肋起始部为 1 个短而粗的主干，随后分为 2 个长而细的分支。外背肋细长，起自背肋分支之前。每个背肋分支在背叶和腹叶结合处分出 2 个小侧支。生殖锥明显，长 0.143-0.169mm。交合刺细长，末端尖，交合伞长 3.720-3.770mm。引带长 0.128-0.130mm。

雌虫　体长 11.5-14.4mm，最大宽度 0.702-0.790mm。食道前端至猛缩部长 0.195-0.239mm，食道总长 0.536-0.646mm。头部宽 0.208-0.223mm。口囊深 0.045-0.064mm，内径 0.140-0.174mm。叶冠长 0.054-0.067mm。神经环距头端 0.307-0.354mm；排泄孔距头端 0.647-0.738mm；颈乳突距头端 0.69-0.80mm。阴门距尾端 0.564-0.770mm。尾长 0.389-0.508mm。虫卵大小为(0.057-0.075)mm × (0.028-0.035)mm。

地理分布　上海；印度。

24. 奎隆属 *Quilonia* Lane, 1914

Quilonia Lane, 1914: 392; Yorke *et* Maplestone, 1926: 71-73; Skrjabin, Shikhobalova, Schulz, Popova, Boev *et* Delyamure, 1952: 282; Chabaud, 1957: 110, 111; Popova, 1958: 209, 210; Lichtenfels, 1980: 25.

Type species: *Quilonia renniei* (Railliet, Henry *et* Joyeur, 1913).

特征　头部具有口领，其上有 4 个亚中乳突和 1 对头感器。口囊壁没有附着在口腔壁上，口腔比口囊窄。口囊短，呈圆环形。叶冠 1 圈，起自口腔内。雄虫交合伞分为 3 叶，背叶较长，侧叶短。背肋通常分为 6 支。雌虫阴门位于体后 1/3 处，阴道短。寄生于象和犀牛的肠道。

该属线虫全世界共报道 16 种，其中我国报道 3 种。

种 检 索 表

1. 叶冠数目为 10 枚 ································ **特拉凡奎隆线虫 *Q. travancra***
   叶冠数目大于 17 枚 ································ 2
2. 叶冠数目 17 或 18 枚；食道亚腹侧有 2 个锥形齿突入口腔中 ················ **瑞氏奎隆线虫 *Q. renniei***
   叶冠数目 20 枚；无食道齿 ································ **无齿奎隆线虫 *Q. edentata***

(60) 瑞氏奎隆线虫 *Quilonia renniei* (Railliet, Henry *et* Joyeur, 1913) (图 70)

Evansia renniei Railliet, Henry *et* Joyeur, 1913: 264.

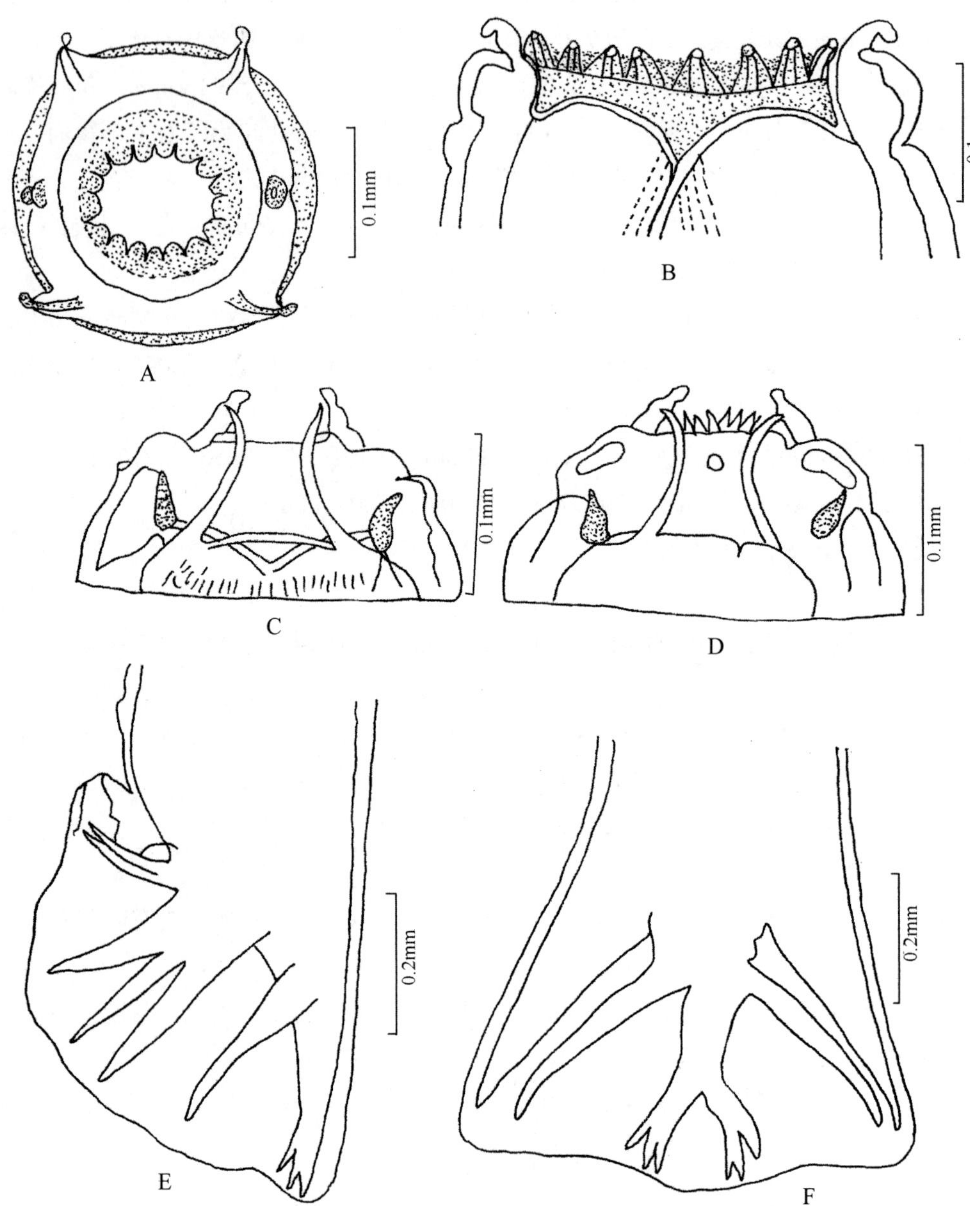

图 70 瑞氏奎隆线虫 *Quilonia renniei* (Railliet, Henry *et* Joyeur)
(A, B 仿 Wu, 1934；C-F 仿 Lane, 1914)

A. 头部顶面观 (cephalic extremity, en face view)；B. 头部侧面观，示叶冠内面 (cephalic end of body, lateral view, showing the internal surface of leaf-crown)；C. 头部背面观 (cephalic end of body, dorsal view)；D. 头部侧面观 (cephalic end of body, lateral view)；E. 交合伞侧面观 (copulatory bursa, lateral view)；F. 交合伞背叶背面观 (dorsal lope of copulatory bursa, dorsal view)

Quilonia quilona Lane, 1914: 392, plate 36, figs. 43-51.

Nematevansia renniei: Ihle, 1919: 550.

Quilonia renniei: Wu, 1934: 518, 519, figs. 10, 11.

宿主　亚洲象 *Elephas maximus*。

寄生部位　大肠。

形态　(据 Wu, 1934)叶冠由 17 或 18 枚小叶组成，叶冠起自口领顶部，此处口领明显加厚，口领与食道前端有 1 个深沟。叶冠基部相互联结在一起，外部由口领的角质层包围。每个叶冠小叶呈矛形，中间厚，两侧薄，因此，口腔内面横切面为“Z”字形。叶冠小叶远端突然变细，并逐渐弯向外侧。食道亚腹侧有 2 个锥形齿突入口腔中。头乳突 3 对，侧乳突大于亚中乳突而亚中乳突细，游离端有 1 缢缩。食道前端的角质层与口腔内面和叶冠相联系。

雄虫　体长 15.0-18.5mm，最大宽度 0.529-0.627mm。口领和叶冠高 0.058-0.078mm；神经环距头端 0.294-0.333mm。食道长 0.568-0.627mm，最大宽度 0.328-0.431mm。虫体中部角质横纹间距为 0.026-0.035mm。交合刺长 0.548-0.684mm。交合伞长 0.588-0.705mm，背肋内支长 0.086-0.116mm。

雌虫　体长 21.0-27.8mm，最大宽度 0.940-0.980mm。口领和叶冠高 0.049-0.078mm。神经环距头端 0.333-0.352mm；排泄孔距头端 0.688mm。食道长 0.724-0.842mm，最大宽度 0.254mm。虫体中部角质横纹间距为 0.029-0.041mm。尾长 1.176-1.802mm；肛门距阴门 3.528-4.802mm。虫卵大小为 (0.032-0.037)mm ×0.069mm。

地理分布　江苏；印度。

(61) 无齿奎隆线虫 *Quilonia edentata* Zhang *et* Xie, 1992 (图 71)

Quilonia edentata Zhang *et* Xie, 1992: 151-155, fig. 1.

宿主　亚洲象 *Elephas maximus*。

寄生部位　消化道。

观察标本　1♂，holotype；1♀，allotype；2♂♂5♀♀，paratypes，1985.IX.1，张路平。标本保存于河北师范大学生命科学学院。

形态　虫体粗大圆柱状，体表具有宽而清晰的横纹。口领发达，头端具 2 对显著的亚中乳突和 1 对头感器，口囊圆柱形，极短，底部无齿。叶冠 20 枚自口囊基部伸到口领，每个叶冠瓣的基部宽而顶端细。食道近圆柱形，后端略膨大，食道与肠之间有瓣膜。神经环位于食道前约 1/3 处；排泄孔位于食道后 1/3 处；颈乳突呈刚毛状，位于食道后部或肠的前部。

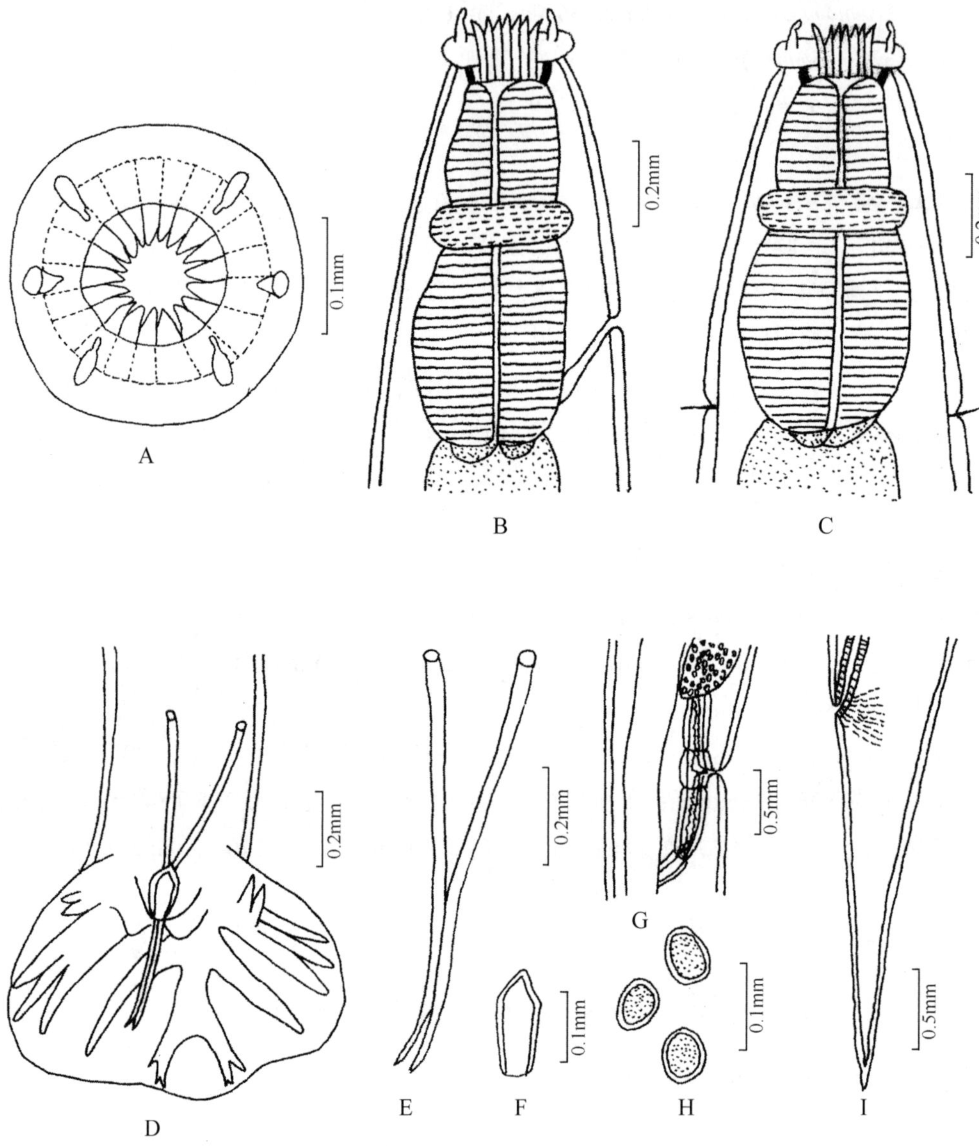

图 71 无齿奎隆线虫 *Quilonia edentate* Zhang *et* Xie

A. 头部顶面观 (cephalic extremity, en face view)；B. 虫体前部侧面观 (anterior end of body, lateral view)；C. 虫体前部腹面观 (anterior end of body, ventral view)；D. 交合伞腹面观 (copulatory bursa, ventral view)；E. 交合刺 (spicule)；F. 引带 (gubernaculum)；G. 雌虫阴门 (vulva of female)；H. 虫卵 (egg)；I. 雌虫尾部侧面观 (posterior end of female, lateral view)

雄虫 体长 15.0-16.8mm，最大宽度 0.578-0.675mm。虫体中部角质横纹间距为 0.029-0.031mm。口囊深 0.021-0.031mm，内径 0.14-0.153mm，口囊壁厚 0.015mm。食道长 0.659-0.742mm，最大宽度 0.227-0.237mm。神经环距头端 0.330-0.361mm；排泄孔距头端 0.517-0.544mm；颈乳突距头端 0.667-0.872mm。生殖锥发达，乳头状，发育良好。2 腹肋紧贴在一起，并行向前末端不达伞缘。3 侧肋起源于共同的主干，前侧肋和中侧肋末端达伞缘，后侧肋末端不达伞缘。外背肋自背肋基部不远处分出，伸至侧叶。背肋发达，约在远端 1/3 处分出 2 支，每支又分为 3 个侧支，其中外侧支较长，内、中侧支较短而细。交合刺 1 对，等长，线状，长 0.861-0.941mm。引带呈铲状，长 0.114-0.151mm，宽 0.052-0.068mm。

雌虫　体长 24.0-27.5mm，最大宽度 0.898-1.242mm。虫体中部角质横纹间距为 0.035-0.039mm。口囊深 0.031-0.041mm，内径 0.177-0.198mm，口囊壁厚 0.016mm。食道长 0.787-0.959mm，最大宽度 0.295-0.412mm。神经环距头端 0.412-0.422mm；排泄孔距头端 0.578-0.701mm；颈乳突距头端 0.820-1.026mm。尾长 1.718-2.282mm；阴门位于虫体后部，距肛门 4.051-4.949mm。虫卵大小为(0.062-0.072)mm ×(0.034-0.046)mm。

地理分布　河北。

(62) 特拉凡奎隆线虫 *Quilonia travancra* Lane, 1914 (图 72)

Quilonia travancra Lane, 1914: 393, figs. 52-58; Wu, 1934: 519-521, fig. 12; Zhang, Xie, Li *et* Lan, 1991: 94.

Evansia travancra: Railliet, Henry *et* Bauche, 1915: 118.

Nematevansia travancra: Ihle, 1919: 550.

宿主　亚洲象 *Elephas maximus*。

寄生部位　大肠。

观察标本　5♂♂5♀♀，1985.IX.1，张路平。标本保存于河北师范大学生命科学学院。

形态　叶冠由 10 枚小叶组成，叶冠起自口囊内面，不突出头部之外。叶冠向外弯曲，每个叶冠小叶呈刀片状，远端部突然变窄。食道亚腹侧有 2 个长的齿伸入口腔中，齿的基部膨大。头乳突 3 对，侧乳突大于亚中乳突而亚中乳突细，游离端有 1 缢缩。

雄虫　体长 17.3-23.0mm，最大宽度 0.548-0.862mm。口领高 0.078-0.098mm；神经环距头端 0.431-0.490mm；排泄孔距头端 0.921-1.391mm。食道长 0.664-1.058mm，最大宽度 0.176-0.216mm。虫体中部角质横纹间距为 0.033-0.042mm。交合刺长 0.588-1.038mm。交合伞长 0.98-1.274mm，背肋内支长 0.254-0.333mm。

雌虫　体长 25.5-38.5mm，最大宽度 0.882-1.528mm。口领高 0.078-0.127mm。神经环距头端 0.431-0.568mm；排泄孔距头端 0.980-1.842mm。食道长 0.862-1.372mm，最大宽度 0.196-0.313mm。虫体中部角质横纹间距为 0.039-0.057mm。尾长 1.195-2.783mm；肛门距阴门 3.861-7.089mm。虫卵大小为(0.0317-0.0470)mm × (0.063-0.074)mm。

地理分布　河北、江苏；印度。

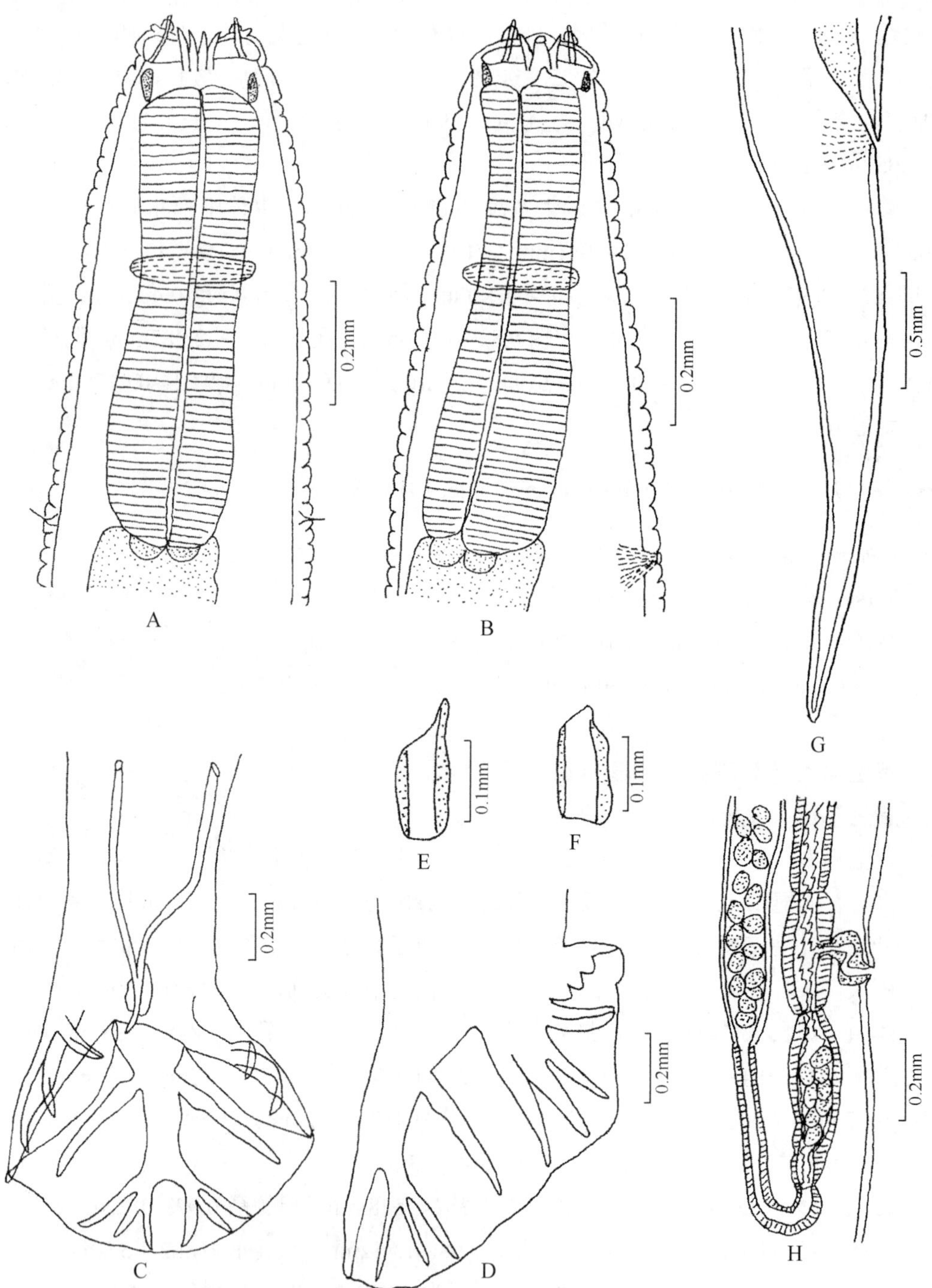

图 72 特拉凡奎隆线虫 *Quilonia travancra* Lane

A. 虫体前部腹面观 (anterior end of body, ventral view); B. 虫体前部侧面观 (anterior end of body, lateral view); C. 交合伞腹面观 (copulatory bursa, ventral view); D. 交合伞侧面观 (copulatory bursa, ventral view); E. 引带侧面观 (gubernaculum, lateral view); F. 引带腹面观 (gubernaculum, ventral view); G. 雌虫尾部侧面观 (posterior end of female, lateral view); H. 雌虫阴门 (vulva of female)

二、夏柏特科 Chabertiidae Lichtenfels, 1980

Chabertidae Lichtenfels, 1980: 10; Shen *et* Huang, 2004: 82.

Type genus: *Chabertia* Railliet *et* Henry, 1909.

特征　口孔圆形或卵圆形，叶冠发育良好或退化。头部有 4 个亚中乳突和 2 个侧乳突。雌虫排卵器为“J”形，即生殖管道开始相对，但后肌肉壁弯向前方。雄虫背肋分为 2 支，每支又分为 2 个小支。偶蹄类、啮齿类或灵长类的寄生虫。

全世界记载 2 亚科 18 属 88 种，其中我国报道 2 亚科 6 属 25 种。

亚科检索表

口囊大，壁厚，球形或亚球形……………………………………………………**夏柏特亚科 Chabertiinae**

口囊小，壁较薄，圆柱状、漏斗状或环状……………………………**食道口亚科 Oesophagostomatinae**

(三) 夏柏特亚科 Chabertiinae Popova, 1952

Chabertiinae Popova, 1952, In: Skrjabin, Shikhobalova, Schulz, Popova, Boev *et* Delyamure, 1952: 71, 72; Popova, 1955: 145; Lichtenfels, 1980: 10, 29.

Type genus: *Chabertia* Railliet *et* Henry, 1909.

特征　口囊发达，壁厚，球形或亚球形。叶冠 2 圈或 1 圈，有些种类无叶冠而形成钩状齿。反刍类、灵长类或啮齿类的寄生虫。

本亚科全世界记载 9 属 21 种，其中我国报道 3 属 6 种。

属 检 索 表

1. 具有内外叶冠……………………………………………………………**夏柏特属 *Chabertia***
   仅具有 1 圈叶冠或钩状齿………………………………………………………………2
2. 口孔周围具有成对的钩状齿…………………………………………………**旷口属 *Agriostomum***
   内叶冠缺失，外叶冠由众多的小叶瓣组成……………………………**兰塞姆属 *Ransomus***

25. 夏柏特属 *Chabertia* Railliet *et* Henry, 1909

Chabertia Railliet *et* Henry, 1909: 168; Yorke *et* Maplestone, 1926: 89; Skrjabin, Shikhobalova, Schulz,

Popova, Boev *et* Delyamure, 1952: 72; Popova, 1955: 146; Yamaguti, 1961: 397; Lichtenfels, 1980: 29.

Type species: *Chabertia ovina* (Fabricius, 1788).

特征 口孔开口于前腹面，有 2 圈小的叶冠。口囊亚球形，底部无齿。食道漏斗无齿。颈腹沟存在或缺。雄虫交合伞发达，前侧肋和其他侧肋分开。中、后侧肋紧连在一起。外背肋和背肋起于同一主干。背肋分为 2 支，每支又分为 2 个小支。雌虫阴门靠近肛门。偶蹄动物、啮齿类或灵长类的寄生虫。

本属线虫在全世界发现 6 种，其中我国报道 4 种。

种检索表

1. 外叶冠小叶呈三角形……………………………………………………**绵羊夏柏特线虫 *C. ovina***
   外叶冠小叶呈圆锥状………………………………………………………………………………2
2. 缺颈腹沟………………………………………………………………**叶氏夏柏特线虫 *C. ercshowi***
   具有颈腹沟……………………………………………………………………………………………3
3. 2 腹肋等长；牛的寄生虫……………………………………………**陕西夏柏特线虫 *C. shaanxiensis***
   腹腹肋短，侧腹肋长；羊的寄生虫…………………………………**高寒夏柏特线虫 *C. gaohanensis***

(63) 绵羊夏柏特线虫 *Chabertia ovina* (Fabricius, 1788) (图 73)

Strongylus ovinus Fabricius, 1788.

Chabertia ovina: Railliet *et* Henry, 1909: 168-171; Yorke *et* Maplestone, 1926: 89; Skrjabin, Shikhobalova, Schulz, Popova, Boev *et* Delyamure, 1952: 72; Popova, 1955: 146-149, figs. 58, 59; Yamaguti, 1961: 397, plate 73, fig. 677; Qi, Li *et* Cai, 1984: 230, fig. 136; Zhang, 2003: 68; Shen *et* Huang, 2004: 82.

宿主 绵羊 *Ovis aries*，山羊 *Capra hircas*，黄牛 *Bos taurus*，骆驼 *Camelus bactrianus*，水牛 *Bubalus arnee*，牦牛 *Bos mutus*，狍 *Capreolus capreolus*，西伯利亚狍 *Capreolus pygargus*，黇鹿 *Dama dama*，鹿羚 *Gazella dorcas*，盘羊 *Ovis ammon*，*Ovis poloi karelini*，岩羚 *Rupicapra rupicapra*，*Capra egagrus*，东高加索山羊 *Capra cylindricornis*，斑羚 *Nemorhaedus goral*。

寄生部位 盲肠、结肠。

观察标本 1♂3♀♀，采自内蒙古。标本保存于内蒙古农业大学兽医学院。

形态 虫体圆柱形，整个虫体的宽度变化不大，两端稍细，有向腹面弯曲的现象。头端削平，稍向腹面倾斜，口孔圆形，开口偏向前腹面。围绕着口端有 2 圈叶冠，外叶冠起自口囊的前缘，由 44-46 枚三角形小叶组成；内叶冠数目与外叶冠相同，形状为细长的三角形，明显比外叶冠小，镶嵌于外叶冠的基部。环口乳突的突出部分不甚显著。口囊很大，呈亚圆形。口囊壁后，缺齿。口囊底平滑，无刺。食道呈棒槌状，食道前部紧接口囊，食道漏斗明显，食道漏斗壁为半月形。神经环位于食道中段的前端，在排泄孔水平线稍后。缺颈乳突。

雄虫 体长 13.0-21.5mm，体宽 0.566-0.837mm。交合伞较短，背叶比侧叶稍长。交合伞的腹肋的大部分紧密并列，远端稍微分开；末端几达伞缘。侧肋起自同一主干，前侧肋较粗短，与中后侧肋分开，末端不达伞缘；中侧肋与后侧肋紧密并列，末端同达伞缘。背肋出于同一主干，约在基部 1/3 处分出较粗的外背肋。外背肋远端钝，距伞缘甚远。背肋主干在分出外背肋之后突然变小，约相当于原来宽度的 1/3，在距离伞缘的 1/3 处分为左右 2 小支，每支再分为 2 小支。内侧支长，末端达伞缘；外侧支约为内侧支长度的 1/2，末端不达伞缘。伞前乳突明显。交合刺长 1.300-2.460mm。棕色，具横纹, 每根交合刺有薄膜包被。引带长 0.080-0.250mm，宽 0.020-0.090mm。

雌虫 体长 21.3-23.5mm，体宽 0.850-0.800mm。口囊深 0.420-0.450mm，宽 0.450-0.500mm。食道长 1.500-1.600mm，宽 0.300-0.350mm。神经环距头端 0.950-1.050mm；排泄孔距头端 0.900-1.050mm。身体后部到阴门处逐渐变细，阴门后身体向腹面弯曲，至肛门以后骤然变细，成一短尾。尾尖向背面弯曲。阴唇稍微隆起，阴门呈圆形或略呈椭圆形，阴门距肛门 0.200-0.280mm。肛门呈弯月状，距尾端 0.250-0.300mm。阴道长 0.550-0.720mm，一直伸向前方排卵器中部。排卵器由前庭、括约肌和漏斗 3 部分组成。前庭肾形，长 0.300-0.320mm。括约肌圆柱形，长 0.300-0.350mm。漏斗很短，具薄壁，长约 0.050mm。虫卵椭圆形，长径 0.082-0.090mm，辐径 0.040-0.049mm。

地理分布 黑龙江、吉林、辽宁、内蒙古、天津、河北、山西、河南、陕西、宁夏、甘肃、青海、新疆、江苏、安徽、浙江、江西、湖南、福建、台湾、重庆、四川、贵州、云南、西藏；世界各地。

发育 绵羊夏柏特线虫寄生于骆驼、牛、羊等食草动物体内。成虫附着在终宿主的肠黏膜上，成虫可吸食血液 (Gordon *et* Graham, 1933；Ross *et* Kauzal, 1933)。虫卵在雌虫体内通常发育为 16 个细胞阶段，但从粪便中排出时经常发育到桑椹期。虫卵在外界环境中经过 24-28 小时孵化出第一期幼虫，长 250μm (Threlkeld, 1948)。第一期幼虫经过 36 小时完成第一次退皮而发育成第二期幼虫，第二期幼虫的长度为 350μm，到第 6 天体长达到 650μm，第 7 天第二次蜕皮，发育为第三期幼虫，体长为 750μm，第三期幼虫依然保留第二期幼虫的鞘。

根据 Crofton (1965) 报道，虫卵在 6-36℃条件下可以发育。36℃条件下需要 17 小时孵化出第一期幼虫；26℃条件下需要 24 小时；16℃条件下需要 48 小时。Crofton (1963) 指出，大量的绵羊夏柏特线虫在温暖和寒冷的气候条件下均有发现。虫卵和幼虫均具有

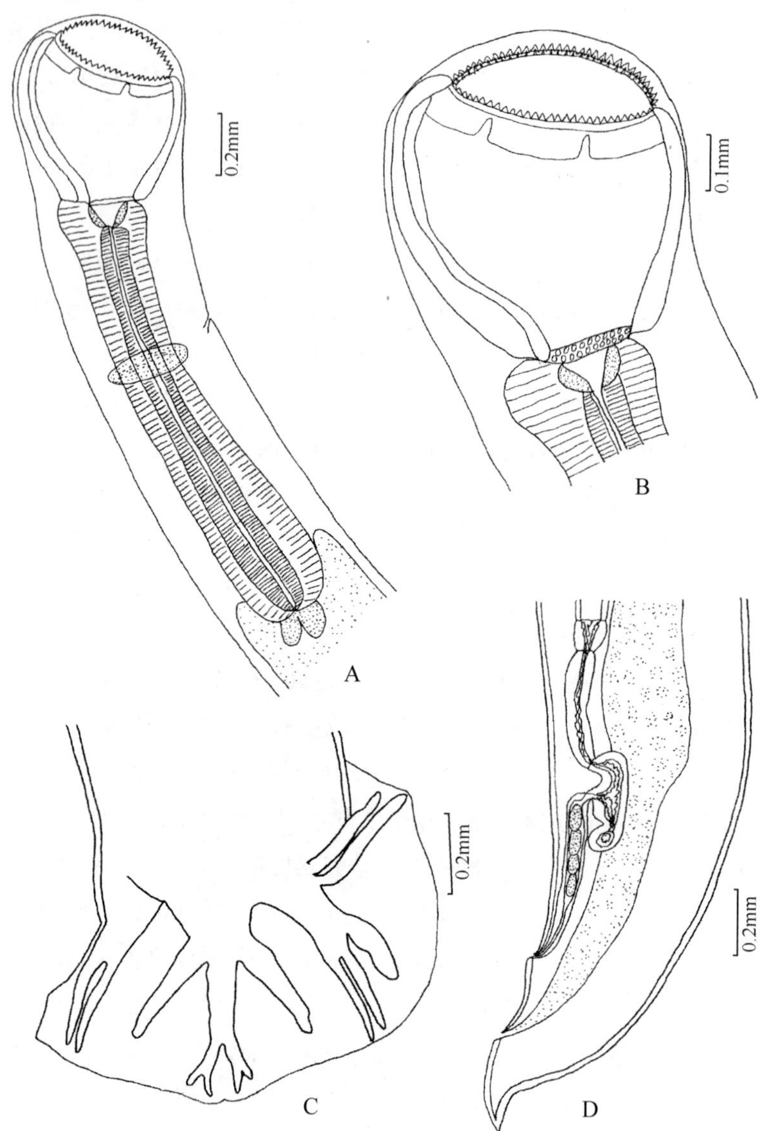

图 73 绵羊夏柏特线虫 *Chabertia ovina* (Fabricius)

A. 雌虫前部侧面观 (anterior end of female, lateral view)；B. 雌虫头部侧面观 (cephalic end of female, lateral view)；C. 雄虫尾部腹面观 (posterior end of male, ventral view)；D. 雌虫尾部侧面观 (posterior end of female, lateral view)

抗寒冷的能力 (Ross *et* Kauzal, 1933)。虫卵可在 4-6℃条件下发育为感染期幼虫。

Andrews (1934) 做了人工感染实验，给羔羊喂食 1000 条感染期幼虫，并在随后的 73 天，79 天和 96 天分别再喂食 1000 条感染期幼虫，在第一次感染的 52 天后，从羔羊的粪便中检测到虫卵，排卵时间可达 102 天。Threlkeld (1947, 1948) 用感染期幼虫分别感染几只羔羊，并在不同时间进行解剖观察，在感染后 90 小时发现，幼虫已经蜕去外鞘，并开始转入盲肠的肠壁。96 小时后在肠腔中观察到幼虫。在第 6 天，幼虫已经发育为第四期幼虫。在第 23 天，幼虫进行了最后一次蜕皮，在第 25 天基本发育为成虫，雄虫 3mm，雌虫 4mm。感染后 47-54 天在粪便中发现虫卵。

(64) 叶氏夏柏特线虫 *Chabertia ercshowi* Hsiung *et* K'ung, 1956 (图 74)

Chabertia ercshowi Hsiung *et* K'ung, 1956: 115-122, plates I-III, figs. 1-4; Qi, Li *et* Cai, 1984: 230, 239, fig. 137; Li, Li, Zhou, Wang, Han, Wu *et* Huang, 1988: 214, fig. 214; Zhang, 2003: 68; Shen *et* Huang, 2004: 82.

宿主　绵羊 *Ovis aries*，山羊 *Capra hircas*，黄牛 *Bos taurus*，骆驼 *Camelus bactrianus*，水牛 *Bubalus arnee*，牦牛 *Bos mutus*。

寄生部位　盲肠、结肠。

观察标本　11♂♂10♀♀，采自青海和内蒙古。标本保存于中国农业大学动物医学院。

形态　虫体圆柱形，整个虫体的宽度变化不大，两端稍细，有向腹面弯曲的现象。头端削平，因其开口偏向前腹面，稍向腹面倾斜。围绕着口端有 2 圈叶冠，外叶冠包括很多的圆锥状叶体，顶端骤变尖细，与绵羊夏柏特线虫 (*Chabertia ovina*) 的三角形小叶不同；内叶冠不很显著，为口囊顶部的一种狭长体，只尖端突出，位于外叶冠基部的下方。环口乳突的突出部分不甚显著。口囊很大，近于圆形。口囊壁厚，缺齿。口囊底间呈高低不平状，无刺。口囊后腹侧外表皮上并未见颈沟 (在活体和固定后的虫体上均无)，亦未见此处表皮有膨大部分，但稍显皱纹。口囊腹侧不远处有明显的排泄孔。食道呈棒槌状，食道前部紧接口囊，食道漏斗明显。食道显现环层 (lamella)，肌层和非肌层分明。神经环位于食道中段的前端，在排泄孔水平线后。缺颈乳突。

雄虫　体长 14.2-17.5 (15.4)mm，　体宽 0.480-0.600 (0.540)mm。最大宽度在身体的前半部。口囊高 0.400-0.520 (0.460)mm，宽 0.400-0.520 (0.460)mm。食道长 1.100-1.400 (1.230)mm，宽 0.290-0.410 (0.340)mm。交合伞的背叶和侧叶区分不很明显。交合伞的辐肋排列一般如绵羊夏柏特线虫，但仍有其特异处。腹肋的大部分紧密并列，远端稍微分开；侧腹肋尖端几达伞缘，但腹腹肋稍短，不达伞缘。侧肋起自同一主干，中侧肋与后侧肋紧密并列，尖端同达伞缘；但前侧肋较粗钝、较短，一般紧靠中侧肋，尖端不达伞缘。背肋出于同一主干，约在基部 1/3 处分出较粗的外背肋。外背肋远端钝，距伞缘甚远。背肋主干在分出外背肋之后突然变小，约相当于原来宽度的 1/3，在距离伞缘的半途中分为左右 2 小支，每支再分为 2 小支。2 小支分裂的变化很大，再度分支处的高矮有时不同，一般是在左右支的中段；有时小支没有粗细之别，有时显出外宽、内细，末端同达伞缘；有时外小支较短，不达伞缘；有些个别的在左右支的末端每支再分为很短的 3 小支。伞前乳突明显。交合刺长 2.150-2.480 (2.320)mm，棕色，管状，末端翼膜显著。引带呈铲状，无柄，大部分较厚，后部稍薄，长 0.120-0.170 (0.150)mm。生殖锥与

食道口线虫 (*Oesophagostomum*) 基本相似。下唇中部呈三角形，两旁有扁圆泡状乳突；上唇狭小，两旁有椭圆形泡状乳突，中呈小棒状实心。

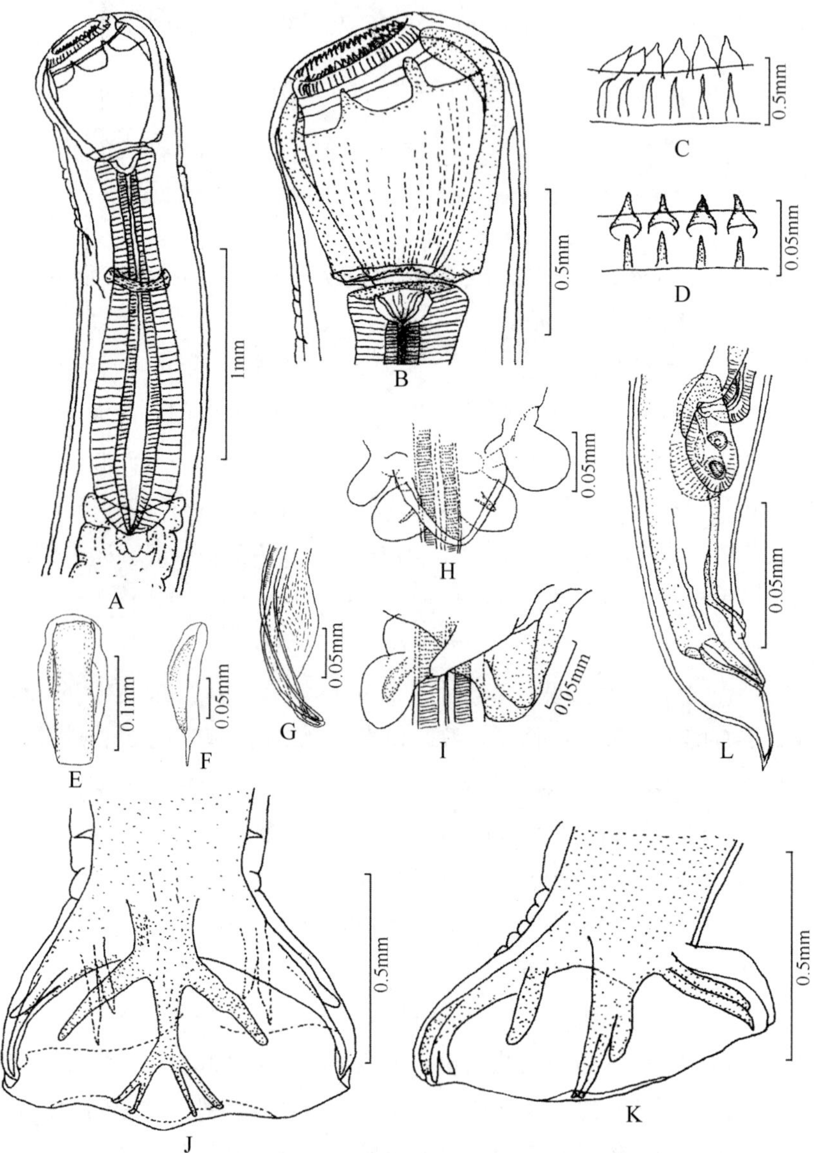

图 74 叶氏夏柏特线虫 *Chabertia ercshowi* Hsiung *et* K'ung

A. 虫体前部侧面观 (anterior end of body, lateral view)；B. 头部侧面观 (cephalic end of body, lateral view)；C. 在甘油酒精液中固定的叶冠 (partial leaf-crown, deposited body)；D. 活体的叶冠 (partial leaf-crown, living body)；E. 引带背面观 (gubernaculum, dorsal view)；F. 引带侧面观 (gubernaculum, lateral view)；G. 交合刺末端 (distal end of spicule)；H. 生殖锥腹面观 (genital cone, ventral view)；I. 生殖锥侧面观 (genital cone, lateral view)；J. 交合伞背面观 (copulatory bursa, dorsal view)；K. 交合伞侧面观 (copulatory bursa, ventral view)；L. 雌虫尾部侧面观 (posterior end of female, lateral view)

雌虫　体长 17.0-25.0 (20.5)mm, 体宽 0.570-0.830 (0.640)mm。口囊高 0.480-0.630 (0.556)mm，宽 0.500-0.580 (0.553)mm。食道长 1.330-1.650 (1.450)mm，宽 0.340-0.420 (0.367)mm。身体后部到阴门处逐渐变细，阴门后身体向腹面弯曲，至肛门以后骤然变细，成 1 短尾。尾尖向背面弯曲。阴唇稍微凸出，阴门呈圆形或略呈椭圆形，阴门距肛门 0.170-0.260 (0.197)mm。肛门呈弯月状，距尾尖 0.190-0.300 (0.254)mm。阴道长 0.400-0.560 (0.490)mm，近阴门 1/5 部分稍向前斜，其余部分一直伸向前方排卵器中部。排卵器由前庭、括约肌和漏斗 3 部分组成。前庭肾形，长 0.330-0.370 (0.340)mm。直肠长 0.170-0.230 (0.200)mm。

地理分布　内蒙古、天津、河北、山西、河南、陕西、宁夏、甘肃、青海、新疆、江苏、上海、江西、重庆、四川、贵州、云南、西藏。

发育　我国学者刘文道和李闻 (1986) 对该种线虫的发育进行了研究报道。下面对其发育过程进行介绍。

虫卵在 25-28℃潮湿环境中经 18-36 小时发育为幼虫，幼虫从卵壳内逸出。第一期幼虫较粗短，大小为 (0.47-0.56)mm × (0.027-0.032)mm。头端呈截锥形。口腔简单呈直筒状。食道杆状，长 0.118-0.131mm，前半部管身稍膨大，中后部为狭小颈部，后部膨大，在活体状态下可见食道收缩活动。神经环围绕食道中部稍后。肠管弯曲而清晰。生殖原基呈椭圆形，位于体中部稍后的腹侧，距离头端 0.247-0.37mm。尾端尖细，肛门距离尾端 0.049-0.079mm。第一期幼虫比较活跃，约经 13 小时后大部分幼虫处于休眠状态，又经过 8 小时左右便可完成第一次蜕皮发育为第二期幼虫。

第二期幼虫仍较粗短，大小为 (0.78-0.82)mm × (0.034-0.037)mm。头端圆。口腔简单呈直筒状。食道呈杆状，长 0.143-0.148mm。神经环围绕食道中部稍后。生殖原基距离头端 0.40-0.45mm。尾端呈钝锥形，肛门距离尾端 0.061-0.079mm，肛门距离鞘末尾端 0.123-0.128mm。第二期幼虫再经过一次休眠之后，经过 48-120 小时即可完成第二次蜕皮，发育为第三期幼虫。

第三期幼虫较细长而透明，大小为 (0.81-0.82)mm×(0.034-0.037)mm (不含鞘体长为 0.69-0.73mm)。头端钝圆。口腔模糊不清。食道细杆状。肠细胞 16 对，矩形，大小为 0.0244-0.073mm，细胞核位于中部。生殖原基距离头端 0.42mm。肛门距离尾端 0.059-0.064mm，尾端钝，鞘尾长度为 0.106-0.160mm。第三期幼虫极为活跃，为侵袭性幼虫，在 0-2℃水中活动性有所减弱，在此温度冰箱中能够存活 410 天以上。

侵袭性幼虫经口感染无虫羔羊后，第 6 天剖检出现 72%的幼虫侵入肠胃黏膜，由真胃黏膜中检获的幼虫仍为未蜕皮的侵袭性幼虫；从小肠、盲肠、结肠黏膜内检获的幼虫均已蜕去鞘皮发育为第四期幼虫。而有 28%的幼虫存在于真胃和肠腔内，真胃腔的幼虫仍为未脱鞘的侵袭性幼虫，肠腔内的已完成第三次蜕皮，发育为第四期幼虫。在感染后的第 18 天剖检，由盲肠、结肠及小肠腔内检获的幼虫占 92.3%，而仅有 7.7%的幼虫全部存在于盲肠、结肠内。人工感染羔羊剖检结果表明，叶氏夏柏特线虫侵袭性幼虫经口侵入宿主体内，主要由盲肠和结肠钻入其黏膜层，也可以由真胃及小肠钻入其黏膜层，在肠黏膜内完成第三次蜕皮。然后，又陆续返回肠腔，在盲肠、结肠内继续发育。这一移行过程需 6-18 天。

从感染后第 6 天剖检羊只体内获得的第四早期幼虫，长度为 0.75-1.21mm，可以看到临时性口囊发育的雏形，但模糊不清。第 12-18 天，幼虫长度为 1.4-2.2mm。临时性口囊发育趋于完全。尾端有的尖，有的钝，性别不易辨认，说明幼虫发育到了第四中期。第 25 天以后直到第 73 天 (在有的羊体内到第 106 天)，全部幼虫仍为第四中期，说明叶氏夏柏特线虫的发育过程中，在第四中期幼虫阶段其发育是缓慢的。在第 99 天 (所检测的那只羊为第 98 天最早从粪便中发现的虫卵)，有 77%的幼虫仍处于第四中期，有 15%发育到第四晚期，有 1 条发育到成虫 (♀，子宫内有稀疏的卵)。第 119 天第四晚期幼虫占 11.1%，第五期幼虫和成虫各占 44.4%。第 154 天，94%为成虫，6%为第五期幼虫，这时的第五期幼虫体长 12mm 左右。人工感染羊只粪便内虫卵最早出现的时间为感染后的第 98 天，最晚时间为第 154 天；粪便内虫卵消失时间是在感染后的第 413 天，在第 414 天剖检这只羊，仅检获雌性成虫 2 条，子宫内尚有少数虫卵。上述研究结果表明，叶氏夏柏特线虫从侵袭性幼虫感染到雌虫性成熟产卵需要经过 98-154 天，虫卵散播期可达 260 天。

(65) 高寒夏柏特线虫 *Chabertia gaohanensis* Zhang, Lu *et* Jin, 1998 (图 75)

Chabertia gaohanensis Zhang, Lu *et* Jin, 1998: 43-45, fig. 1.

宿主 羊。

寄生部位 大肠。

观察标本 22♂♂22♀♀。标本保存于中国农业科学院兰州兽医研究所寄生虫标本室。

形态 这是一种较大的乳白色线虫，肉眼能区分形态大小不一的雌、雄虫体，并能看到雄虫的交合伞和细长的交合刺。前端稍向腹面弯曲，头端呈斜切状。口囊大，略呈半球形，底部无齿，口囊深大于宽，深 0.432-0.648 (0.5733)mm，宽 0.367-0.432 (0.399)mm。口孔周围有 2 圈叶冠，雄虫外叶冠为 48-50 个，外叶冠为圆锥形，尖端骤然变尖细并保持圆锥形；内叶冠不明显，为尖细的锯齿状，尖端突出，位于外叶冠基部的下方。颈腹沟至头端长 0.810-1.080 (0.932)mm。头端无头泡，缺颈乳突。神经环距头端 0.940-1.188 (0.997)mm。

雄虫 体长 11.4-19.9 (17.4)mm，最大宽度 0.432-0.594 (0.479)mm。食道长 1.091-1.620 (1.351)mm。交合伞短，2 支背肋长于侧叶。伞肋式为 2 支腹肋相互平行，伸向背肋基部，前腹肋长 0.209-0.216 (0.211)mm，后腹肋长 0.238-0.259 (0.249)mm 且达伞缘；

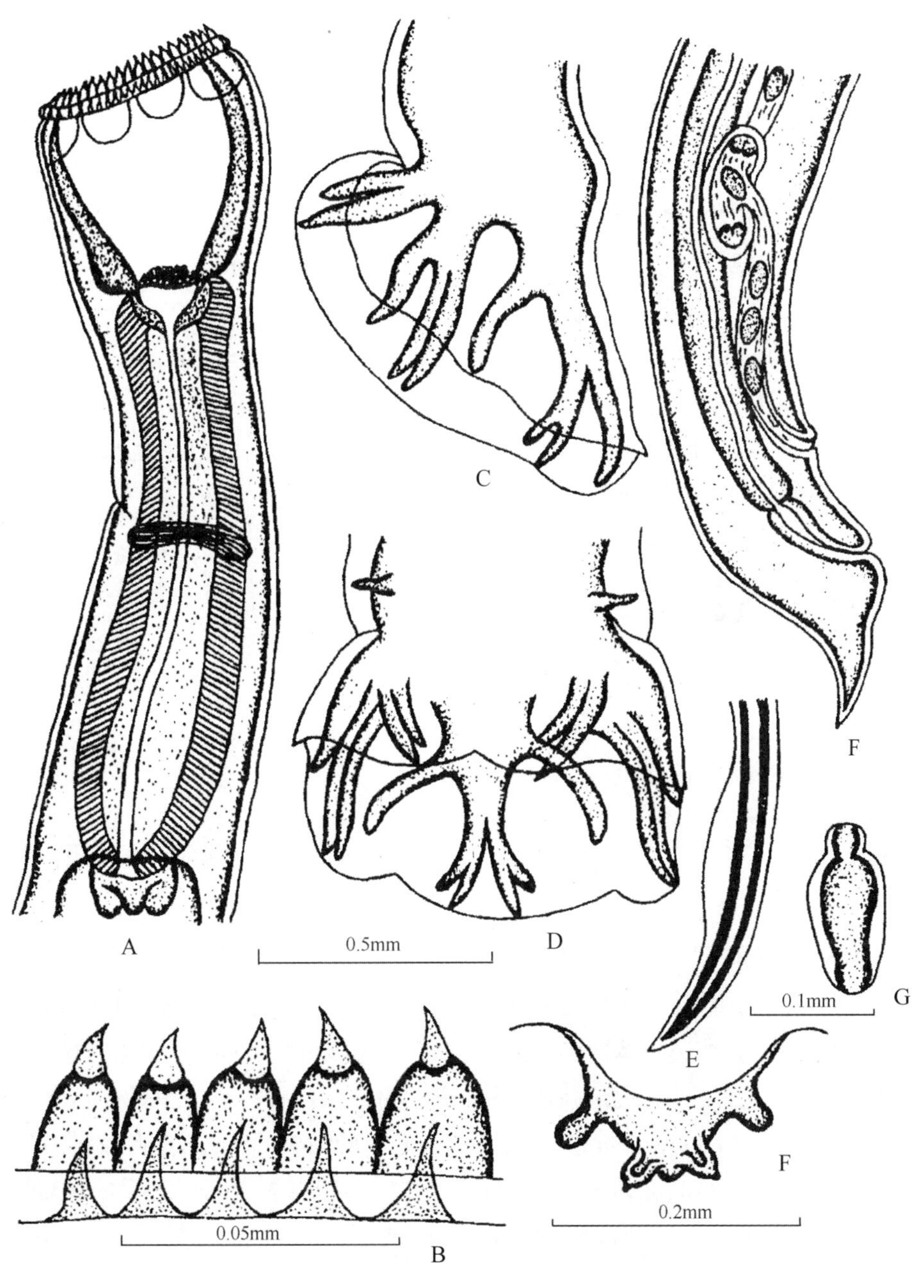

图 75　高寒夏柏特线虫 *Chabertia gaohanensis* Zhang, Lu *et* Jin (仿张林等, 1998)

A. 虫体前部侧面观 (anterior end of body, lateral view)；B. 叶冠 (partial leaf-crown)；C. 雄虫尾部侧面观 (posterior end of male, lateral view)；D. 雄虫尾部腹面观 (posterior end of male, ventral view)；E. 雄虫交合刺末端 (distal end of spicule)；F. 生殖锥 (genital cone)；G. 雌虫尾部侧面观 (posterior end of female, lateral view)；H. 引带 (gubernaculum)

前侧肋与中、后侧肋相互平行，伸向伞缘，中、后侧肋并列且达伞缘；外背肋从背肋主干的近端 1/3 处分出，外背肋粗细均匀，仅在远端稍变细；外背肋在近端处就逐渐弯向背肋呈弓状，长 0.281-0.292 (0.286)mm。背肋基部较宽，至其分支处长 0.216mm，在近端的 1/3 处变细并分裂成 2 支均向外背肋弯曲的分支，每个分支又在其远端 1/3 处各分为内、外两芽支，其内芽支长 0.108mm，达伞缘，外芽支长 0.086mm, 不达伞缘。交合刺 1 对，等长，较细，长 2.160-2.484 (2.326)mm，近端处宽 0.043-0.054 (0.049)mm，远端变细，呈锥形，在交合刺外被有鞘膜。引带呈鞋底状，长 0.130-0.173 (0.147)mm，宽 0.076mm。伞前乳突明显，其乳突至远端的距离为 0.756-0.778mm。

雌虫 体长 17.3-28.5 (22.0)mm， 最大宽度 0.378-0.810 (0.609)mm。食道长 1.296-1.836 (1.580)mm。排卵器由前庭、括约肌和漏斗 3 部分组成。前庭呈肾形，长 0.389-0.432mm。阴门呈裂缝状，开口于虫体后部，距尾端 0.410-0.486 (0.439)mm。尾部骤然变细，尖锐并向背面弯曲，尾部呈有凹陷的斜切状。肛门距尾端 0.205-0.248 (0.439)mm。虫卵长径 0.068mm，辐径 0.054mm。

地理分布 内蒙古、青海、新疆。

(66) 陕西夏柏特线虫 *Chabertia shaanxiensis* Zhang, 1985 (图 76)

Chabertia shaanxiensis Zhang, 1985: 137-140, figs. 1-3.

宿主 黄牛 *Bos taurus*，牦牛 *Bos mutus*。

寄生部位 大肠、盲肠。

观察标本 7♂♂5♀♀，采自陕西。标本保存于西北农林科技大学动物医学院。

形态 虫体呈圆柱状，整个虫体宽度变化不大，两端稍细。头端削平，并因其口孔偏向前腹面，略向腹侧倾斜。口孔由 2 圈叶冠环绕，外叶冠呈圆锥状叶体，顶端突然变细。内叶冠不很明显，在高倍镜下观察，由许多长狭形的小叶片组成，位于外叶冠基部的下方。口囊壁后，牙齿缺如。虫体口囊部膨大。口囊后距头端 0.686-0.798mm 处腹侧有明显的颈沟。食道棒槌状，上细下粗，食道漏斗明显。神经环距头端 0.819-1.120mm。无颈乳突。

雄虫 体长 9.9-14.6 (12.3)mm，最大体宽 0.500-0.620 (0.560)mm。口囊深 0.400- 0.510 (0.440)mm，宽 0.250-0.310 (0.280)mm。食道长 1.160-1.520 (1.290)mm，最大宽 0.280-0.360 (0.320)mm。交合伞短小，背叶稍长于侧叶，背叶被一切迹分为两部分。腹肋，中、后侧肋和背肋均达伞缘。前侧肋和外背肋粗短，不达伞缘。腹腹肋和外背肋紧紧相连，远端稍有分开。侧肋起于同一主干，前侧肋在侧肋主干 1/3 处分出，中、后侧肋又彼此相连，其末端稍有分离。外背肋对称，从背肋系统的 1/5 处分为左右 2 支，左右 2 支在其 1/2 处再分为内外 2 支，内支末端达伞缘。伞前乳突明显。交合刺 2 根，管状，等长、棕色，长 1.310-1.520 (1.400)mm，近端处宽 0.021-0.028 (0.025)mm，交合刺远端逐渐变细，末端稍弯曲并有翼膜。引带椭圆形，黑棕色，长 0.130-0.160 (0.140)mm。生殖锥的背突部和腹突部均呈舌状，腹突部略小，背突部两旁有椭圆形的泡状构造。腹突部顶端有 2 个

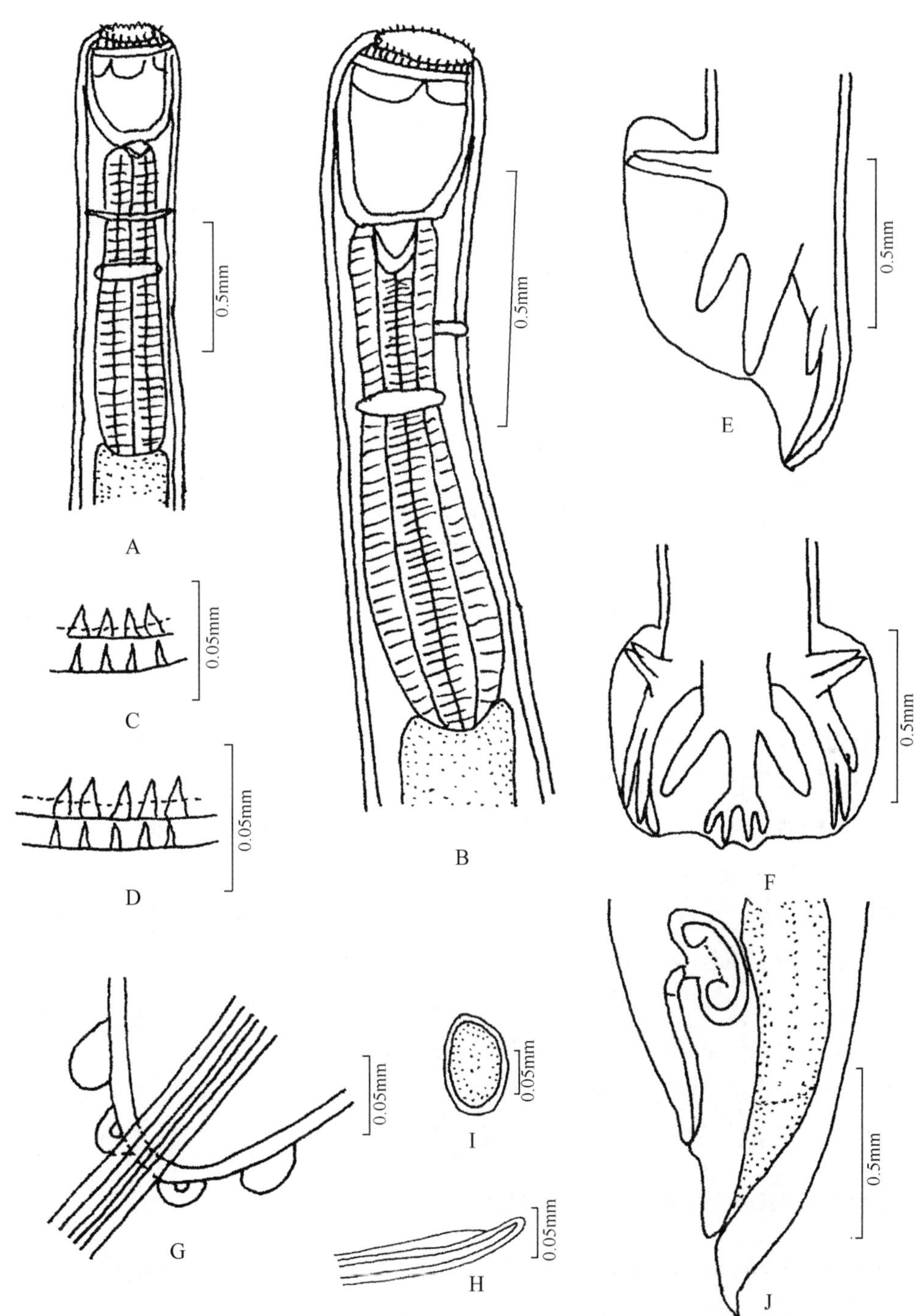

图 76　陕西夏柏特线虫 *Chabertia shaaxiensis* Zhang (仿张继亮, 1985)

A. 虫体前部腹面观 (anterior end of body, ventral view)；B. 虫体前部侧面观 (anterior end of body, lateral view)；C. 活体的叶冠 (partial leaf-crown, living body)；D. 在热巴氏液中固定的叶冠 (partial leaf-crown, deposited body)；E. 雄虫尾部侧面观 (posterior end of male, lateral view)；F. 雄虫尾部腹面观 (posterior end of male, ventral view)；G. 生殖锥 (genital cone)；H. 雄虫交合刺末端 (distal end of spicule)；I. 引带 (gubernaculum)；J. 雌虫尾部侧面观 (posterior end of female, lateral view)

椭圆形泡状突起。

雌虫 体长 14.3-18.0 (16.1)mm，最大宽度 0.650-0.770 (0.720)mm。口囊深 0.500-0.530 (0.520)mm，宽 0.290-0.370 (0.330)mm。食道长 1.590-2.020 (1.760)mm。阴唇稍突出体外，阴门呈横缝状开口于虫体后部，距尾端 0.380-0.520 (0.430)mm。阴道向前行，长 0.190-0.420 (0.300)mm，引入直列的排卵器。排卵器由前庭、括约肌和漏斗 3 部分组成。前庭呈蚕豆形，长 0.240-0.270 (0.260)mm。虫卵椭圆形，大小为(0.077-0.099)mm×(0.049-0.056)mm。肛门距尾端 0.150-0.270 (0.190)mm。虫体尾端弯向背侧。

地理分布 陕西、青海。

26. 旷口属 *Agriostomum* Railliet, 1902

Agriostomum Railliet, 1902: 107; Yorke *et* Maplestone, 1926: 95; Skrjabin, Shikhobalova, Schulz, Popova, Boev *et* Delyamure, 1952: 123; Yamaguti, 1961: 363; Lichtenfels, 1980: 10, 30.

Type species: *Agriostomum vryburgi* Railliet, 1902.

简史 Railliet 和 Henry (1902) 建立旷口属 *Agriostomum*，在随后的近 80 年中，该属线虫一直归属于钩口科 (Skrjabin *et al*., 1952；Yamaguti, 1961a)。但 Lichtenfels (1980) 认为旷口属应为夏柏特科的一个成员，背肋的形态、阴门的位置和排卵器的结构等特征均与夏柏特的一些属征相似，并认为旷口属的钩状齿与夏柏特科某些种的内叶冠是同源的。因此，将旷口属移入夏柏特亚科。

特征 虫体前端弯向腹面，口囊浅，类圆柱形。口缘具有 4 对钩状齿，腹侧有 1 个刀状齿。食道前端显著膨大呈漏斗状，头部腹面有明显的颈沟。雄虫交合伞发达对称，腹肋 2 支并行，呈裂状，侧肋起于同一主干，各侧肋接近。外背肋从背肋基部分出，背肋末端呈 2 指状分支。交合刺等长，具翼膜。有引带。雌虫生殖孔近肛门，排卵器为“J”形。反刍类肠道寄生虫。

目前该属在全世界共报道 5 种，其中我国发现 1 种。

(67) 莱氏旷口虫 *Agriostomum vryburgi* Railliet, 1902 (图 77)

Agriostomum vryburgi Railliet, 1902: 107; Lane, 1923: 351-353, figs. 20-29; Schwartz, 1926: 1-10; Zhu *et* Zhang, 1958: 659-666; Wu, Yen, Shen, Tong *et* Zhou, 1965: 69-79; Jian, 1981: 62-72.

宿主 野牛 *Bibos indicus*，印度瘤牛 *Bos indicus*，中国瘤牛 *Bos zebu*，黄牛 *Bos taurus*。

寄生部位 小肠。

形态 虫体粗大，头部弯向背面。口囊圆柱形，具食道钩，口缘周围有 4 对钩状齿。

口囊后的体表具有颈沟。食道前端稍膨大，向后缩小，至亚末端复膨大，整个食道呈花瓶状。神经环位于食道管腰处，排泄孔开口于神经环的前方。

雄虫　体长 10.5-11.6mm，最大体宽 0.386-0.400mm。颈沟距头端 0.320mm。口囊深 0.320mm，宽 0.160mm。食道长 1.200-1.280m，最大宽度 0.256-0.304mm。神经环距头端 0.580mm。交合伞发达，大小为 0.320mm × 0.560mm。背叶大，伞前乳突距伞缘 0.480mm。2 腹肋基部合并，后部并行，末端达交合伞的边缘。侧肋发自同一主干，前侧肋短，末端不及伞的边缘。中侧肋和后侧肋并行，末端达到伞的边缘。外背肋从背肋基部发出，末端不达伞边缘。背肋在中部分为 2 支，2 分支亚末端又分为 2 支。外支短，末端不达伞缘；内支长，末端达伞缘。交合刺 1 对，粗壮，长 0.880-0.960mm，后半部具有翼膜。引带铲状，长 0.122mm，宽 0.105mm。

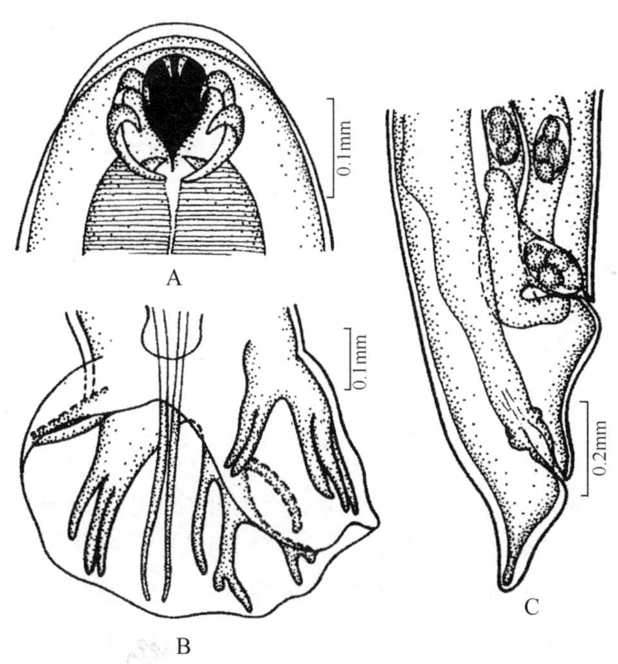

图 77　莱氏旷口线虫 *Agriostomum vryburgi* Railliet

A. 头部背面观（cephalic end of body, dorsal view）；B. 交合伞腹侧面观（copulatory bursa, ventro-lateral view）；C. 雌虫尾部侧面观（posterior end of female, lateral view）

雌虫　体长 14.1-16.0mm，最大体宽 0.400-0.420mm。颈沟距头端 0.400mm。口囊深 0.288-0.320mm，宽 0.160mm。食道长 1.280-1.300mm。神经环距头端 0.560-0.640mm。尾部长 0.192-0.288mm，尾端削尖。阴门接近肛门，距尾端 0.480-0.660mm，排卵器长 0.400mm，宽 0.080mm。子宫内的虫卵，长径 0.148-0.158mm，辐径 0.070-0.078mm。

地理分布　甘肃、江苏、福建、云南；非洲。

27. 兰塞姆属 *Ransomus* Hall, 1916

Ransomus Hall, 1916: 116; Yorke *et* Maplestone, 1926: 41, 42; Skrjabin, Shikhobalova, Schulz, Popova, Boev *et* Delyamure, 1952: 72; Popova, 1955: 196; Yamaguti, 1961: 356; Lichtenfels, 1980: 31.

Type species: *Ransomus rodentarum* Hall, 1916.

特征 头端平截、圆形，口孔开向前背面，口孔边缘具有 1 圈叶冠，由数目众多，三角形的小叶瓣组成。口囊发达，内部无齿。雄虫交合伞的背叶比侧叶长，2 腹肋相互紧贴，平行排列。中侧肋和后侧肋分开。外背肋从背肋基部分出，不达伞缘。背肋主干分出 2 个支，每支末端形成 2 或 3 个指状突。交合刺细长，管状，具翼膜。有引带。雌虫阴门近肛门。啮齿类寄生虫。

本属线虫在全世界发现 2 种，其中我国报道 1 种。

(68) 青海兰塞姆线虫 *Ransomus qinghaiensis* Kang, Luo, Chen *et* Bai, 2004 (图 78)

Ransomus qinghaiensis Kang, Luo, Chen *et* Bai, 2004: 119, 120, figs. 1-7.

宿主 高原鼢鼠 *Myospalax baileyi*。

寄生部位 盲肠。

观察标本 1♂，holotype；1♀，allotype；5♂♂5♀♀，paratypes，采自青海。标本保存于青海大学农牧学院。

形态 虫体口孔朝向前背面，口囊球形，内无齿。外叶冠 38-44 片，发育较弱，内叶冠缺失。食道杆形，虫体体表有明显的纵条纹和横纹。雄虫伞前乳突明显。

雄虫 体长 6.6-7.9 (7.5)mm，颈部体宽 0.258-0.387 (0.328)mm。食道长 0.579-0.684 (0.629)mm，宽 0.145-0.184 (0.164)mm。神经环距头端 0.342-0.368 (0.353)mm。排泄孔距头端 0.438-0.526 (0.485)mm。交合伞的侧叶较大，而背叶较小且细长。交合伞腹肋细长，2 腹肋长度相等，平行伸展至交合伞的边缘。侧肋发自同一主干。前侧肋较短，不及伞的边缘，但稍粗且弯向腹肋一侧。中侧肋和后侧肋相靠近，达到伞的边缘，但弯向背肋一侧。中侧肋明显比其他侧肋细。外背肋从背肋基部发出，不及伞边缘。背肋长 0.158-0.165 (0.162)mm，在远端 1/3 处分为 2 支，长 0.046-0.056 (0.053)mm，2 分支末端又分为 3 个指状突起，其中 2 个内侧指状突起较外侧指状突起粗且长。因此，背肋末端止于 6 个指状突起。交合刺 1 对，等长，似管状，有翼膜，末端分叉，长 0.987-1.184 (1.079)mm。引带“V”字形，长 0.049-0.063 (0.054)mm，宽 0.016-0.020 (0.019)mm。

雌虫 体长 9.4-11.2 (10.5)mm，颈部体宽 0.419-0.516 (0.452)mm。食道长 0.671-0.776

(0.735)mm，宽 0.184-0.224 (0.202)mm。神经环距头端 0.368-0.421 (0.408)mm。排泄孔距头端 0.500-0.632 (0.556)mm。阴门裂缝状，有阴门盖。阴道长 0.395-0.461 (0.428)mm，排卵器包括括约肌长 0.526-0.579 (0.555)mm。肛门距尾端 0.368-0.394 (0.390)mm，尾部逐渐变细长并弯向背侧。子宫中的虫卵大小为[0.102-0.115 (0.108)] mm× [0.059-0.066 (0.062)] mm。

地理分布　青海。

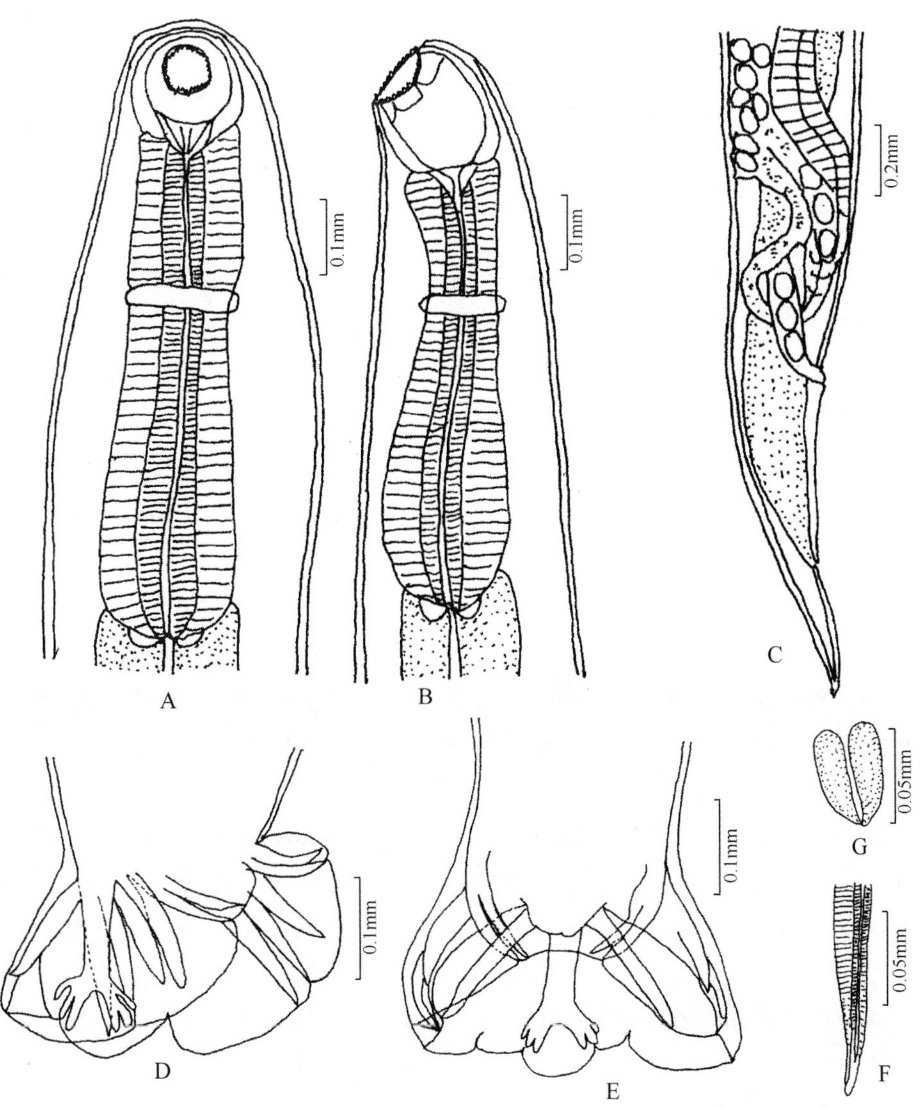

图 78　青海兰塞姆线虫 *Ransomus qinghaiensis* Kang, Luo, Chen *et* Bai (仿康明等, 2004)

A. 虫体前部背面观 (anterior end of body, dorsal view)；B. 虫体前部侧面观 (anterior end of body, lateral view)；C. 雌虫尾部侧面观 (posterior end of female, lateral view)；D. 交合伞侧面观 (copulatory bursa, lateral view)；E. 交合伞背面观 (copulatory bursa, dorsal view)；F. 交合刺末端 (distal end of spicule)；G. 引带 (gubernaculum)

(四) 食道口亚科 Oesophagostomatinae Railliet, 1916

Oesophagostomatinae Railliet, 1916: 517; Yorke *et* Maplestone, 1926: Skrjabin, Shikhobalova, Schulz, Popova, Boev *et* Delyamure, 1952: 247; Yamaguti, 1961: 393; Lichtenfels, 1980: 28.

Type genus: *Oesophagostomum* Molin, 1861.

特征 口囊小，圆柱形、漏斗状或环状。叶冠 2 圈或 1 圈。通常在排泄孔部位有颈横沟。外背肋和背肋起自同一主干。反刍类、灵长类、狐猴、猪或啮齿类的寄生虫。

本亚科共有 9 属 67 种，其中我国报道 3 属 19 种。

属 检 索 表

1. 颈部膨大，在与排泄孔同一水平处有颈部横沟……………………………**食道口属 *Oesophagostomum***
   颈部无膨大或稍有膨大，无颈沟……………………………………………………………………2
2. 无角质支环，内外叶冠等宽，无背沟…………………………………………**库兹圆属 *Kuntzistrongylus***
   具有角质支环，外叶冠的宽度是内叶冠的 2 倍，有背沟…………………………**鲍吉属 *Bourgelatia***

28. 食道口属 *Oesophagostomum* Molin, 1861

Oesophagostomum Molin, 1861: 427; Railliet *et* Henry, 1913: 506; Ihle, 1922: 89; Skrjabin, Shikhobalova, Schulz, Popova, Boev *et* Delyamure, 1952: 248; Popova, 1958: 269; Yamaguti, 1961: 393, 394; Chabaud *et* Durette-Desste, 1973: 1421, 1422; Lichtenfels, 1980: 35; Lu *et* Jin, 2002: 162.

Type species: *Oesophagostomum* (*Oesophagostomum*) *dentatum* (Rudophi, 1803).

简史 Molin (1861) 建立了食道口属 *Oesophagostomum*。Railliet 和 Henry (1913) 和 Ihle (1922) 将该属分为 4 亚属，分别为食道口亚属 *Oesophagostomum*，后突亚属 *Hysteracrum*，前突亚属 *Proteracrum* 和康诺维亚属 *Conoveberia*。Travassos 和 Vogelsang (1932)建立另外的 2 亚属：伊列亚属 *Ihlea* 和布氏亚属 *Bosicola*。Chabaud 和 Durette-Desste (1973) 对食道口属进行了进一步的修订，将该属线虫分为 7 亚属。

特征 口孔朝向前方，或开口稍微朝向背面或腹面，由口领围绕，具有 6 个头乳突。头端具有角质头泡，头泡和身体由腹沟分开。排泄孔在腹沟的水平位置。颈乳突在食道部位或在食道之后。侧翼发达或不发达。口孔圆形或椭圆形，由 1 圈或 2 圈叶冠围绕。口囊环状，宽度大于深度。食道球棒状；食道漏斗存在，有时具齿。雄虫交合伞背叶不发达。腹肋紧贴一起，平行伸达伞缘。前侧肋与中、后侧肋分开，末端不达伞缘；中、后侧肋紧贴一起，平行伸达伞缘。外背肋起自背肋主干；背肋主干在大约中部位置分为2支，每支又分为2支。伞前乳突存在 (有少数种类退化或消失)。交合刺等长，具翼。引带结构复杂。雌虫阴门位于肛门之前，排卵器“Y”形。脊椎动物肠道的寄生虫。

该属线虫全世界记载7亚属48种，其中我国报道5亚属17种。

亚属检索表

1. 食道漏斗内无齿和突起……2
   食道漏斗内有齿和突起……**康诺维亚属 *Conoveberia***
2. 具有2圈叶冠……3
   仅有1圈内叶冠……**布氏亚属 *Bosicola***
3. 食道漏斗发育良好，口囊浅，通常为圆柱形；猪科动物的寄生虫……
   ……**食道口亚属 *Oesophagostomum***
   食道漏斗简单或小；反刍类的寄生虫……4
4. 颈乳突位于食道末端之前……**前突亚属 *Proteracrum***
   颈乳突位于食道末端之后……**后突亚属 *Hysteracrum***

3) 食道口亚属 *Oesophagostomum* Molin, 1861

Oesophagostomum Molin, 1861: 427; Railliet *et* Henry, 1913: 506; Skrjabin, Shikhobalova, Schulz, Popova, Boev *et* Delyamure, 1952: 248; Popova, 1958: 271; Chabaud *et* Durette-Desste, 1973: 1422; Lichtenfels, 1980: 35; Lu *et* Jin, 2002: 165.

特征　颈乳突位于食道膨大部。食道漏斗内无齿，食道漏斗具有圆锥形内腔和凸形壁。具有2圈叶冠。猪科动物的寄生虫。

本亚属线虫全世界共发现11种，其中我国报道4种。

种检索表

1. 外叶冠28-31枚……**瓦氏食道口线虫 *O.* (*O.*) *watanabei***
   外叶冠16枚以下……2
2. 外叶冠14-16枚；雌虫尾部较短……**短尾食道口线虫 *O.* (*O.*) *brevicaudatum***
   外叶冠9枚；雌虫尾部较长……3
3. 引带呈铲状，柄部与铲部等长……**有齿食道口线虫 *O.* (*O.*) *dentatum***
   引带呈铲状，柄部长度只及铲部的1/2……**四刺食道口线虫 *O.* (*O.*) *quadrispinulatum***

(69) 有齿食道口线虫 *Oesophagostomum* (*Oesophagostomum*) *dentatum* (Rudophi, 1803) (图 79)

Strongylus dentatus Rudophi, 1803: 12.

Sclerostomum dentatum: Diesing, 1851: 305.

Oesophagostomum subulatum Molin, 1861: 427.

Oesophagostomum (*Oesophagostomum*) *dentatum*: Molin, 1861: 427; Skrjabin, Shikhobalova, Schulz, Popova, Boev *et* Delyamure, 1952: 251, figs.124, 125; Hsiung *et* K'ung, 1955: 148, 149, plates I, II, figs. 1, 5-8; Popova, 1958: 271-276, figs. 182-185; Qi, Li *et* Cai, 1984: 212, fig. 98; Li, Li, Zhou, Wang, Han, Wu *et* Huang, 1988: 212, fig. 98; Lu *et* Jin, 2002: 165, fig. 133; Zhang, 2003: 69; Shen *et* Huang, 2004: 83.

宿主　家猪 *Sus scrofa domestica*, *Tayassus labiatus*, *T. torquatus*.

寄生部位　大肠、小肠、盲肠。

观察标本　3♂♂2♀♀，采自河北，1999.I.20，张路平。标本保存于河北师范大学生命科学学院。

形态　口领膨起，环口乳突 6 个，其中侧乳突 2 个，短而粗，呈三角形；亚中乳突 4 个，上部较细，顶端钝圆，突出口领之外。外叶冠 9 枚，内叶冠 18 枚。口囊很浅，宽度相当于深度的 4 倍左右，囊壁平行。颈沟环绕腹面及两侧面。头囊膨大。食道漏斗小，食道后部膨大，中部两壁平行成柱状，前部稍膨大。神经环位于颈沟水平线上或稍偏前方。颈乳突位于食道膨大部的体表两侧。没有侧翼膜。

雄虫　体长 8.0-9.0mm，体宽 0.140-0.370mm。交合伞上的伞肋排列如下：腹肋是紧密并行的，末端同达伞缘。侧肋起于同一主干，前侧肋与其他两侧肋分离，末端相距更远，不达伞缘。中侧肋和后侧肋相靠近，末端同达伞缘。背肋基部很粗，分出外背肋后，稍微变细。外背肋不达伞缘。背肋向后延伸至约 1/2 处分为左右 2 支，各支下部再分为 2 小支，外侧支较短，末端不达伞缘，内侧支较长，末端达伞缘。伞前乳突相当发达。交合刺长 1.000-1.140mm。引带呈铲状，柄部与铲部等长，长 0.115mm，宽 0.050mm。生殖锥左右对称，由背唇和腹唇 2 部分组成，腹唇正中为 1 锥形突起，侧缘向上先形成 1 凹痕，再向下形成 2 个较短的钝圆形突起。背唇下缘近于平直，比腹唇短而窄。在背唇的腹面稍偏两侧各连有 1 个圆形泡状突起，内有 1 实质芯。

雌虫　体长 8.0-11.3 (10.0)mm，体宽 0.416-0.566 (0.477)mm。尾部直，末端尖。自尾尖至肛门的距离为 0.117-0.374 (0.282)mm。自肛门至阴门的距离为 0.208-0.388 (0.279)mm。直肠长 0.150-0.180mm。阴唇稍微隆起。阴道向前，中部略微弯曲，长 0.100-0.150mm。排卵器倾斜。

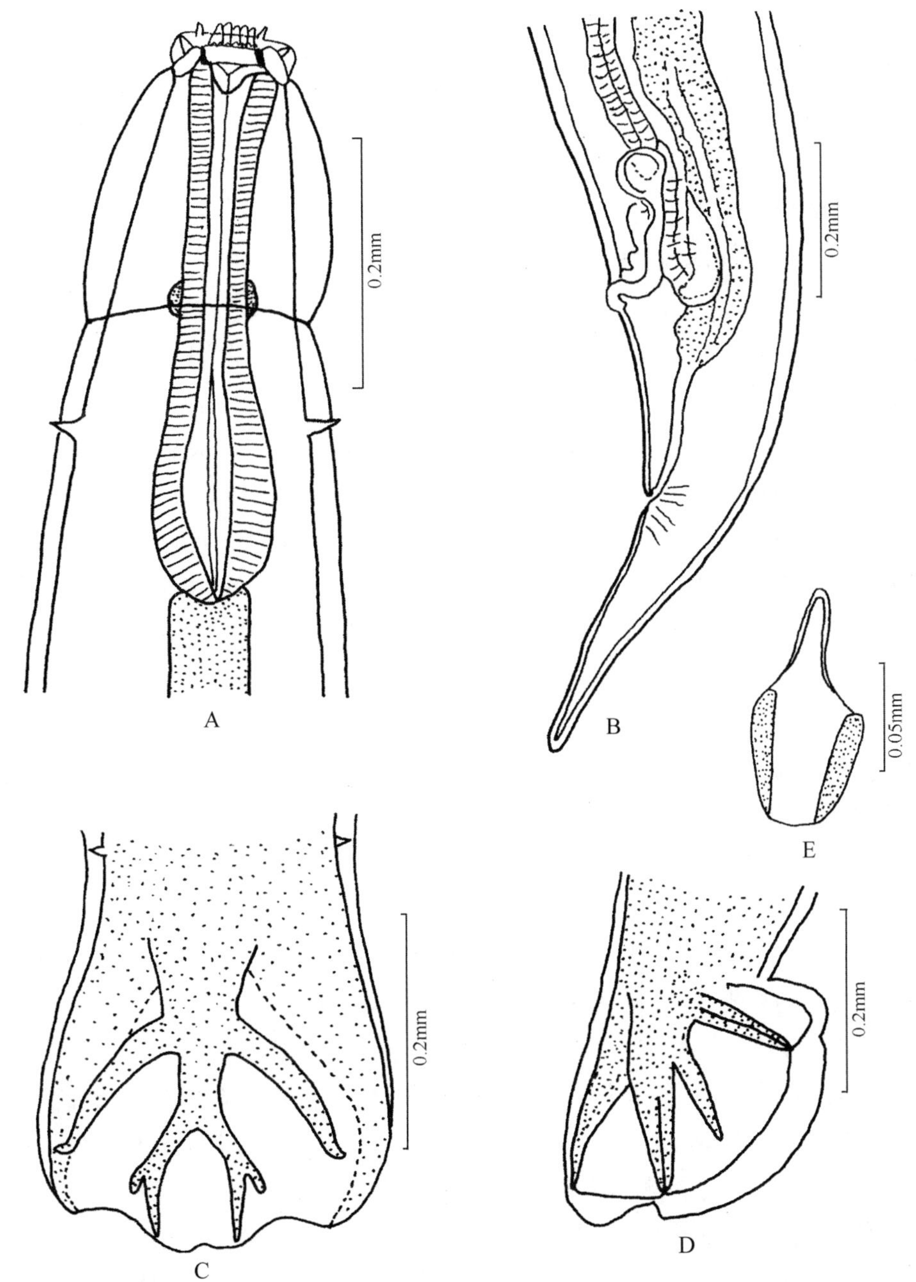

图 79　有齿食道口线虫 *Oesophagostomum* (*Oesophagostomum*) *dentatum* (Rudophi)

A. 虫体前部腹面观 (anterior end of body, ventral view)；B. 雌虫尾部侧面观 (posterior end of female, lateral view)；C. 交合伞背面观 (copulatory bursa, dorsal view)；D. 交合伞侧面观 (copulatory bursa, lateral view)；E. 引带腹面观 (gubernaculum, ventral view)

地理分布　黑龙江、吉林、辽宁、内蒙古、北京、天津、河北、山西、山东、陕西、宁夏、甘肃、青海、江苏、上海、安徽、浙江、湖北、湖南、福建、台湾、广东、广西、重庆、四川、贵州、云南；世界各地。

发育　雌虫在宿主的肠道内产卵，虫卵随粪便排出体外。据 Myasnikova (1946) 报道，虫卵从宿主体内排出时，已经发育为含有 8-18 个细胞的虫卵。在 20-24℃的外界条件下，经过 42 小时完成幼虫的发育；在 35-40℃时发育减缓；而在 45-50℃时虫卵死亡。在 3℃时幼虫的发育受阻。干燥条件下，19 小时以上虫卵死亡。

孵化出的幼虫长 0.187-0.255mm (Myasnikova, 1946)。食道杆形 (rhabditiform)，尾部长而尖。3-4 天后幼虫进行第一次蜕皮，旧的角皮从虫体的两端脱落。角皮 2 天后脱落。在第 6 天虫体进行第二次蜕皮，形成第三期幼虫，旧角皮不再脱落，第三期幼虫包在旧角皮中。

Alicata (1935) 对有齿食道口线虫进行了早期发育的研究，结果显示，23 小时后第一期幼虫从虫卵中孵出；50 小时后完成第一次蜕皮，形成第二期幼虫；第 5 天幼虫进行第二次蜕皮，形成第三期幼虫。第一期幼虫长 0.304-0.433mm，宽 0.015-0.019mm。口腔长并具有平行的壁。食道杆形，尾部长而尖。第二期幼虫长 0.440-0.655mm，宽 0.021-0.032mm。口腔和食道与第一期幼虫相似。第三期幼虫长 0.500-0.535mm，宽 0.026mm。头端具有 3 个小的唇片。口腔短，食道圆线形 (strongiliform)。尾部短，圆锥形，尾尖钝圆。整个幼虫呈缢缩状。

第三期幼虫通过取食进入消化道，钻入肠黏膜中。48 小时后形成结节 (Myasnikova, 1946)。幼虫在结节内存留 23 天，之后从结节中出来进入肠腔，发育成成虫。幼虫在宿主中要经过 2 次蜕皮。幼虫从结节进入肠腔 15 天后，雌虫体内开始形成虫卵。感染后第 43 天可以在粪便中发现虫卵。

Goodey (1924) 用有齿食道口线虫幼虫进行了实验，结果发现幼虫钻入肠黏膜内形成结节，在结节内蜕皮 2 次，转移到肠腔后发育至性成熟。

据 Spindler (1931) 的研究，幼虫 48 小时内在肠壁上形成结节，17 天后从结节移行到肠腔。侵染后第 30 天结节消失，在幼虫聚集的部位肠黏膜明显加厚。感染后第 50 天在粪便中发现虫卵。Alicata (1932, 1935) 用有齿食道口线虫的感染性幼虫感染豚鼠，14 天后在大肠黏膜和淋巴结检测到幼虫，在肠壁和肝包膜下也可检测到幼虫。因此，作者认为幼虫在猪体内也可能移行到肝脏并在此停留。

Kotlan (1948) 将有齿食道口线虫的胚后发育分为两个阶段：①幼虫钻入肠黏膜表皮中，侵入表皮后第 4 天进行第三次蜕皮。②第二阶段在肠腔中。感染 20-30 天后，幼虫在肠腔中进行第四次蜕皮。雌虫在感染后第 49 天开始产卵。Kotlan 发现，许多幼虫的第三次蜕皮会延迟，因此，它们不移行到肠腔。

McCracken 和 Ross (1970) 进行了人工感染实验，他们的观察结果显示，在感染后的 3-5 天内，90%的幼虫在肠黏膜中，并处于第三期幼虫阶段。7 天后大部分幼虫形成第三期幼虫，只有 20%的幼虫在肠壁中，而 80%的幼虫在大肠的肠腔。雄虫幼虫体长 2mm，雌虫幼虫体长 4mm。第 14 天时，所有幼虫均为第四期幼虫，并位于肠腔中。第 28 天时，发育为成虫。潜在期为 35 天。

(70) 短尾食道口线虫 *Oesophagostomum* (*Oesophagostomum*) *brevicaudatum* Schwartz *et* Alicata, 1930 (图 80)

Oesophagostomum (*Oesophagostomum*) *brevicaudatum* Schwartz *et* Alicata, 1930: 517-520, figs. 1-7; Skrjabin, Shikhobalova, Schulz, Popova, Boev *et* Delyamure, 1952: 252; Hsiung *et* K'ung, 1955: 150, 151, plate II, figs. 3-5; Popova, 1958: 278-281, fig.187; Lu *et* Jin, 2002: 166, 167, fig. 134; Zhang, 2003: 69; Shen *et* Huang, 2004: 83.

宿主　家猪 *Sus scrofa domestica*。

寄生部位　大肠。

形态　口孔开在口领的中央，环口乳突 6 个，其中侧乳突 2 个，亚中乳突 4 个。外叶冠 14-16 枚，内叶冠 28-32 枚。口囊小，囊壁上尖下圆。头囊膨大，前有头沟，后有颈沟。头沟在腹面显著，背部缺如。头囊膨大直到食道中部。食道呈短棒状，前部稍大。颈乳突位于食道后 1/3 之前。没有侧翼膜。

雄虫　体长 6.2-6.8mm，体宽 0.310-0.449mm。食道长 0.363-0.449mm，宽 0.124-0.139mm。交合伞上的伞肋排列如下：腹肋是紧密并行的，末端同达伞缘。侧肋起于同一主干，前侧肋与其他两侧肋分离，末端相距更远，不达伞缘。中侧肋和后侧肋相靠近，末端同达伞缘。背肋基部很粗，分出外背肋后，稍微变细。外背肋不达伞缘。背肋向后延伸至约 1/2 处分为左右 2 支，各支下部再分为 2 小支，外侧支较短小，末端不达伞缘，内侧支较长，末端达伞缘。伞前乳突相当发达。交合刺长 1.050-1.230mm。引带长 0.098-0.110mm，宽 0.038-0.045mm。

雌虫　体长 8.2-9.4mm，体宽 0.400-0.480mm。食道长 0.434-0.465mm，宽 0.120-0.157mm。阴唇隆起，距尾尖 0.190-0.225mm。阴道前行，长 0.218-0.285mm。尾细小，长 0.081-0.120mm。

地理分布　黑龙江、吉林、辽宁、内蒙古、北京、天津、河北、山西、山东、陕西、宁夏、甘肃、青海、江苏、上海、安徽、浙江、湖北、湖南、福建、台湾、广东、广西、重庆、四川、贵州、云南；世界各地。

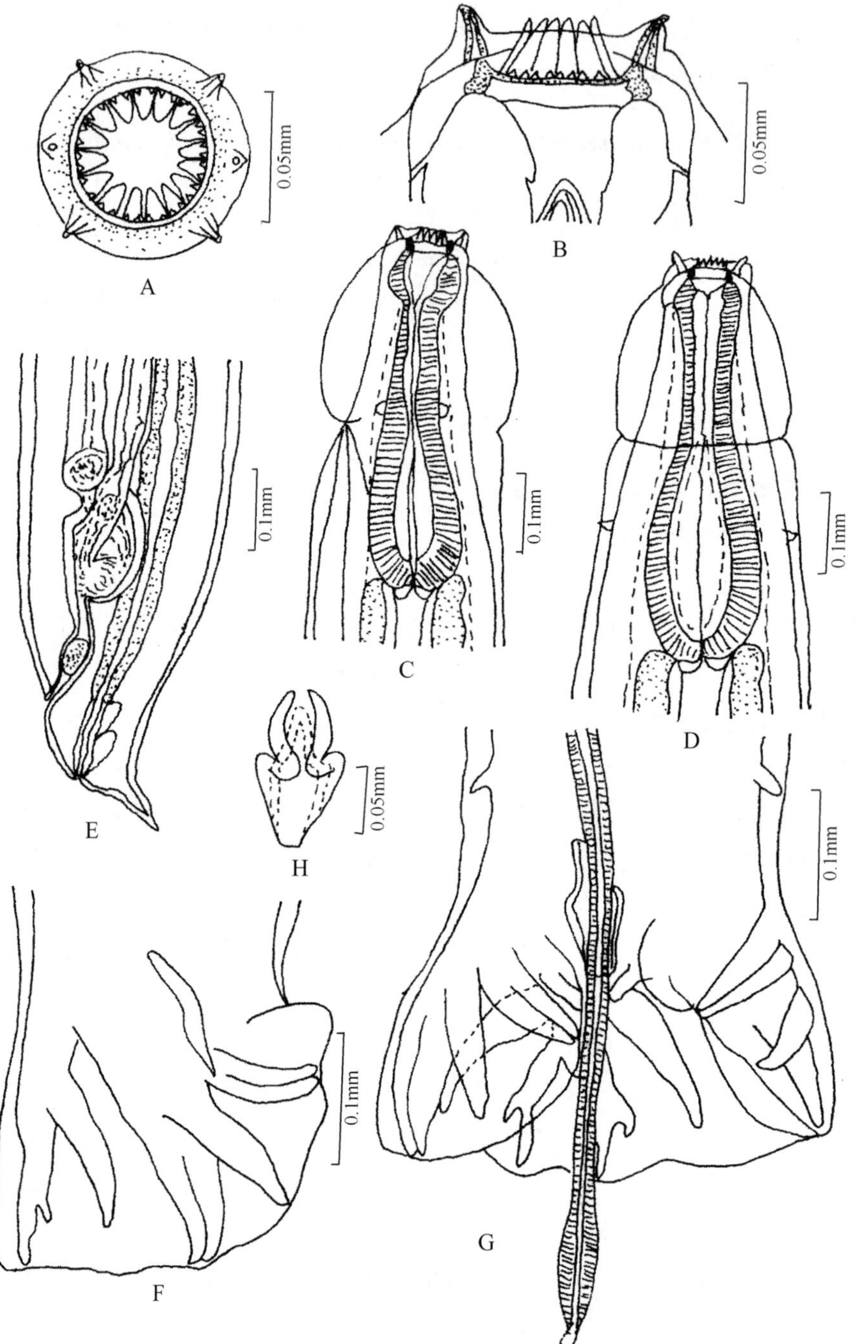

图 80　短尾食道口线虫 *Oesophagostomum* (*Oesophagostomum*) *brevicaudatum* Schwartz *et* Alicata
(仿 Schwartz and Alicata, 1930)

A. 头部顶面观 (cephalic extremity, en face view)；B. 头部侧面观 (cephalic end of body, lateral view)；C. 虫体前部侧面观 (anterior end of body, lateral view)；D. 虫体前部腹面观 (anterior end of body, ventral view)；E. 雌虫尾部侧面观 (posterior end of female, lateral view)；F. 交合伞侧面观 (copulatory bursa, lateral view)；G. 交合伞腹面观 (copulatory bursa, ventral view)；H. 引带 (gubernaculum)

(71) 四刺食道口线虫 *Oesophagostomum* (*Oesophagostomum*) *quadrispinulatum* (Marcone, 1901) (图 81)

Oesophagostomum dentatum quadrispinulatum Marcone, 1901: 3.

Oesophagostomum (*Oesophagostomum*) *longicaudum* Goodey, 1925: 45-50; Skrjabin, Shikhobalova, Schulz, Popova, Boev *et* Delyamure, 1952: 252; Hsiung *et* K'ung, 1955: 149, 150, plates I, II, figs. 1-4; Popova, 1958: 282-284, fig. 190; Li, Li, Zhou, Wang, Han, Wu *et* Huang, 1988: 212, 213, fig. 99; Lu *et* Jin, 2002: 169, fig. 137; Shen et Huang, 2004: 83.

Oesophagostomum (*Oesophagostomum*) *quadrispinulatum*: Alicata, 1935: 215, 216; Chabaud *et* Durette-Desset, 1973: 1422.

宿主　家猪 *Sus scrofa domestica*。

寄生部位　大肠。

观察标本　10♂♂10♀♀，采自福建，1986.X.10，张路平。标本保存于河北师范大学生命科学学院。

形态　口领膨起，环口乳突 6 个，其中侧乳突 2 个，短而粗，呈三角形；亚中乳突 4 个，上部较细，顶端钝圆，突出口领之外。外叶冠 9 枚，内叶冠 18 枚。口囊壁的下部向外部倾斜。头囊膨大，前有头沟，后有颈沟。食道前部显著膨大，全形略似花瓶。神经环位于颈沟水平线的稍后方。颈乳突位于食道膨大部的体表两侧。没有侧翼膜。

雄虫　体长 6.5-8.5mm，体宽 0.280-0.400mm。交合伞上的伞肋排列如下：腹肋是紧密并行的，末端同达伞缘。侧肋起于同一主干，前侧肋与其他两侧肋分离，末端相距更远，不达伞缘。中侧肋和后侧肋相靠近，末端同达伞缘。背肋基部很粗，分出外背肋后，稍微变细。外背肋不达伞缘。背肋向后延伸至约 1/2 处分为左右 2 支，各支下部再分为 2 小支，外侧支较短小，末端不达伞缘，内侧支较长，末端达伞缘。伞前乳突相当发达。交合刺长 0.875-0.900mm。引带呈铲状，长 0.105mm，宽 0.049mm，柄部长度只及铲部的 1/2。生殖锥左右对称，由背唇和腹唇 2 部分组成，腹唇正中为 1 锥形突起，侧缘向上先形成 1 凹痕，再向下形成 2 个较短的钝圆形突起。背唇下缘近于平直，比腹唇短而窄。在背唇的腹面稍偏两侧各连有 1 个圆形泡状突起，内有 1 实质芯。

雌虫　体长 8.2-9.4 (8.7)mm，体宽 0.400-0.480mm。尾部自阴门开始即逐渐变细，向后逐渐缩细，末端长而尖。自尾端至肛门的距离为 0.340-0.516 (0.415)mm。自肛门至阴门的距离为 0.255-0.444 (0.353)mm。直肠长 0.15-0.25mm。阴唇隆起。阴道横向内行，中部向后弯曲，长约 0.070mm。也有少数个体阴道前行，如同 Goodey (1925) 所述，与有齿食道口线虫的阴道相同。

地理分布　黑龙江、吉林、辽宁、内蒙古、北京、山西、河南、陕西、宁夏、甘肃、江苏、安徽、浙江、湖北、江西、湖南、福建、广东、广西、重庆、四川、贵州、云南；世界各地。

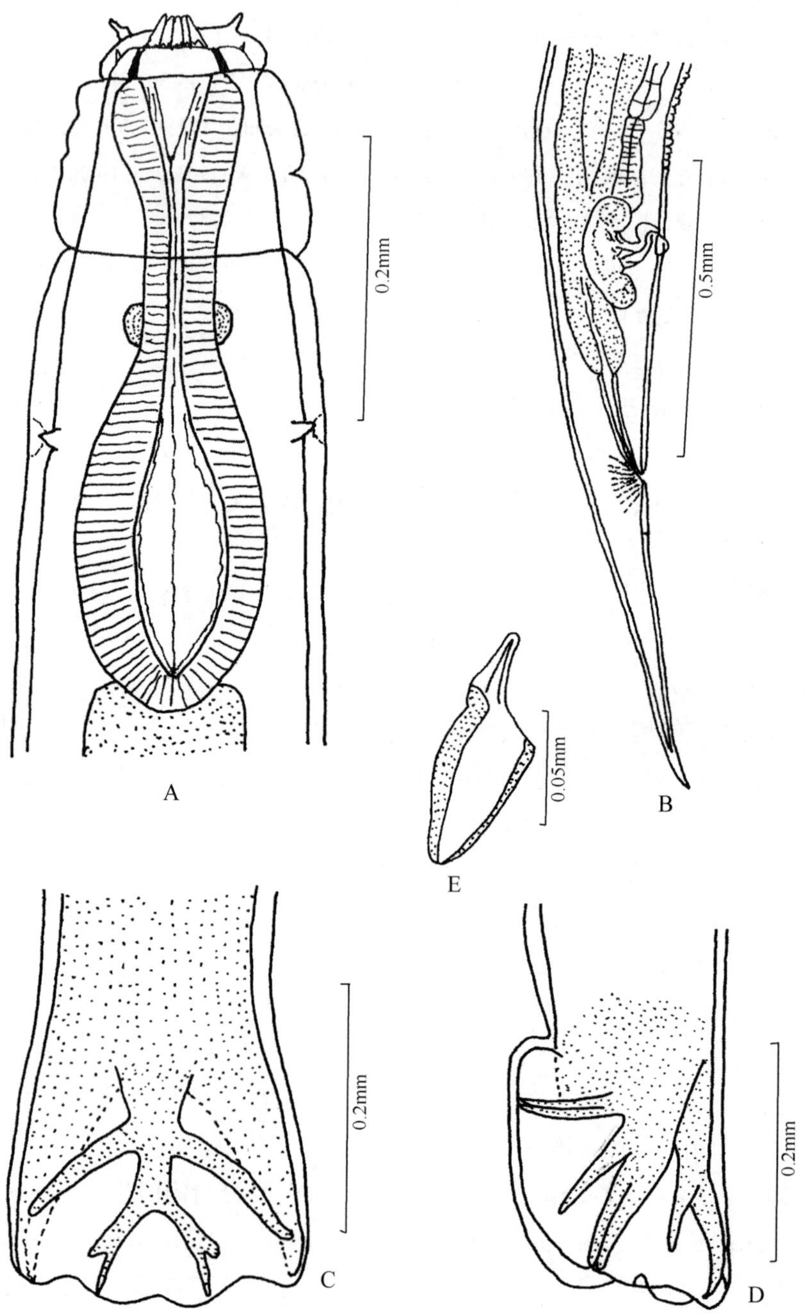

图 81　四刺食道口线虫 *Oesophagostomum* (*Oesophagostomum*) *quadrispinulatum* (Marcone)

A. 虫体前部腹面观 (anterior end of body, ventral view)；B. 雌虫尾部侧面观 (posterior end of female, lateral view)；C. 交合伞背面观 (copulatory bursa, dorsal view)；D. 交合伞侧面观 (copulatory bursa, lateral view)；E. 引带腹面观 (gubernaculum, ventral view)

发育　据 Sonntag (1991) 报道，虫卵在 10-40℃时可以发育为第三期幼虫。发育的时间与温度成正比，然而在 20-25℃条件下由虫卵发育成幼虫的数量最多。在 4℃时虫卵不发育，在-5℃条件下，虫卵可存活 5-10 天。湿度对发育速度没有影响，但明显影响幼虫的存活，幼虫存活的最佳湿度为 75%-100%。感染性幼虫在 15-25℃，100%湿度条件下，5-6 天后离开粪便。

据 Spindler (1933) 报道，感染期幼虫包括外鞘长为 645-650μm。感染猪后，48 小时在结肠发现带鞘的第三期幼虫。感染后第 17 天在盲肠和结肠的肠腔中发现第四期幼虫和早期的第五期幼虫，并观察到第四期幼虫从结节中钻出。35 天后，结节中没有幼虫。潜在期为 50-53 天。在不同学者的研究中四刺食道口线虫的发育有很大的差异。Nickel 和 Haupt (1969) 发现四刺食道口线虫在猪体内发育成熟需要 3 周时间；而 Kendall 等 (1977) 在感染后第 4 天就发现了第四期幼虫，第 14 天就发现成虫，第 33 天在粪便中发现虫卵。

(72) 瓦氏食道口线虫 *Oesophagostomum* (*Oesophagostomum*) *watanabei* Yamaguti, 1961 (图 82)

Oesophagostomum (*Oesophagostomum*) *watanabei* Yamaguti, 1961: 203-206, figs. 1-3; Shen *et* Huang, 2004: 84.

宿主　家猪 *Sus scrofa domestica*。

寄生部位　大肠。

形态　(据 Yamaguti, 1961b) 口领明显，4 个亚中乳突稍突出体表，但不如有齿食道口线虫明显。外叶冠 28-31 枚，内叶冠 56-62 枚。颈腹沟前角皮膨大，具有极细的横纹，但不形成明显的头泡。颈沟在腹部明显，到背部逐渐形成 1 浅的缩痕。口囊环状。食道瓶状。

雄虫　体长 7.0-8.5mm，体宽 0.430-0.470mm。口领基部宽 0.160mm。口囊外径 0.100-0.120mm。颈沟距头端 0.170-0.220mm；神经环距头端 0.220-0.250mm；颈乳突距头端约 0.400mm。食道长 0.530-0.570mm，前部膨大处宽 0.140-0.160mm；后部膨大处宽 0.170-0.200mm。伞前乳突细。交合伞较短，由宽而圆的背叶和半圆形的侧叶组成；背叶和侧叶之间有明显的缺刻。腹肋基部裂开；3 个侧肋起于同一主干，前侧肋和中侧肋分开，末端不达伞缘，中、后侧肋紧贴在一起，末端达伞缘；后侧肋基部分出 1 个小支，伸向后背面。外背肋起自背肋主干，伸达侧叶的亚边缘。背肋在中部分为 2 支，每支在近末端分为 2 小支。交合刺相等，细长，具翼膜，长 0.803-0.900mm，宽 0.040-0.050mm。引带长约 0.150mm，前部分骨质化强，后部分骨质化弱。

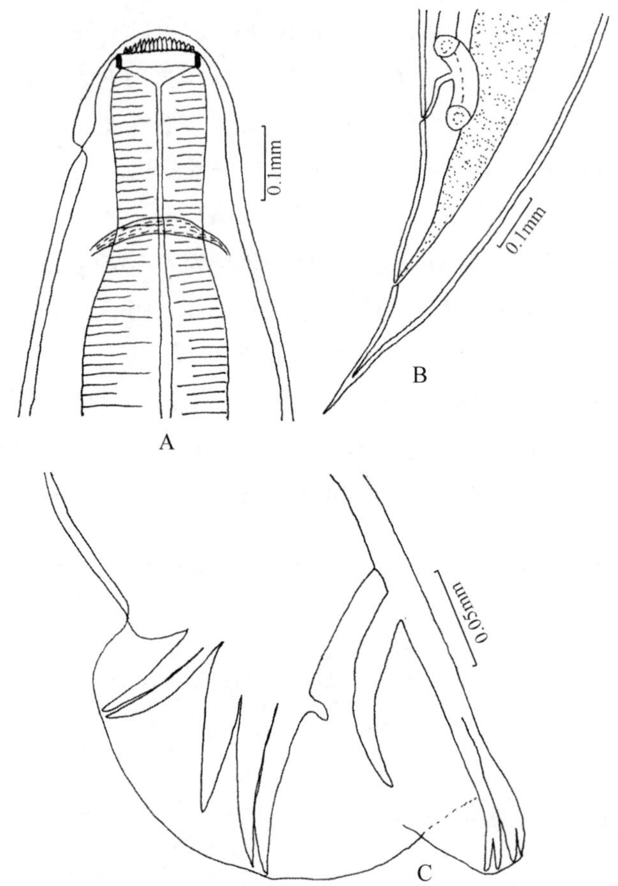

图 82 瓦氏食道口线虫 *Oesophagostomum* (*Oesophagostomum*) *watanabei* Yamaguti

A. 头部侧面观 (cephalic end of body, lateral view)；B. 雌虫尾部侧面观 (posterior end of female, lateral view)；C. 交合伞侧面观 (copulatory bursa, lateral view)

雌虫 体长 6.9-8.0mm，体宽 0.380-0.500mm。口领基部宽 0.160-0.180mm。口囊外径 0.110-0.120mm。排泄孔距头端 0.140-0.180mm；神经环距头端 0.230-0.280mm；颈乳突距头端约 0.400mm。食道长 0.530-0.600mm，前部膨大处宽 0.140-0.160mm；后部膨大处宽 0.170-0.200mm。成对的排卵器长约 0.050mm，阴道长 0.120mm。有些标本的阴门突出，距肛门 0.270-0.350mm。尾长 0.230-0.270mm，肛门之后尾部突然变细，尾部直，末端尖细。虫卵椭圆形，长径 0.075-0.088mm，辐径 0.032-0.038mm。

地理分布 河南、安徽、浙江、湖北、福建、广东、广西、重庆、云南；日本。

4) 布氏亚属 *Bosicola* Sandground, 1929

Bosicola Sandground, 1929: 516; Travassos *et* Vogelsang, 1932: 270; Skrjabin, Shikhobalova, Schulz,

Popova, Boev *et* Delyamure, 1952: 254; Popova, 1958: 296; Chabaud *et* Durette-Desste, 1973: 1423.

特征　颈乳突在食道末端之前。侧翼发达。外叶冠缺失，仅有 1 圈内叶冠。食道漏斗存在，强角质化，横断面似星形。头泡发达，中间有 1 横沟将头泡分为两部分。反刍类的寄生虫。

本亚属线虫全世界共报道 4 种，其中我国报道 2 种。

种检索表

引带缺，食道漏斗有 3 个矛状突起……………………………………………**梅花鹿食道口线虫 *O.* (*B.*) *sikae***
具引带，食道漏斗没有矛状突起……………………………………………**辐射食道口线虫 *O.* (*B.*) *radiatum***

(73) 辐射食道口线虫 *Oesophagostomum* (*Bosicola*) *radiatum* (Rudolphi, 1803) (图 83)

Strongylus radiatus Rudolphi, 1803: 13.

Strongylus inflatus Schneider, 1866: 141.

Strongylus dilatatus Railliet, 1884: 452-454.

Oesophagostomum inflatum: Railliet, 1885: 345.

Oesophagostomum dilatatum: Railliet, 1896: 449.

Oesophagostomum bovis Schnyder, 1906: 182.

Oesophagostomum (*Proteracrum*) *radiatum*: Railliet *et* Henry, 1913: 507.

Bosicola tricollaris Sandground, 1929: 516.

Oesophagostomum (*Bosicola*) *radiatum*: Travassos *et* Vogelsang, 1932: 270; Skrjabin, Shikhobalova, Schulz, Popova, Boev *et* Delyamure, 1952: 254, fig. 127; Hsiung *et* K'ung, 1955: 158, 159, plate IV, figs. 4-7; Popova, 1958: 296-300, figs. 201-203; Qi, Li *et* Cai, 1984: 229, fig. 134; Lu *et* Jin, 2002: 173, fig. 142; Zhang, 2003: 69; Shen *et* Huang, 2004: 83.

宿主　绵羊 *Ovis aries*，山羊 *Capra hircas*，黄牛 *Bos taurus*，水牛 *Bubalus arnee*，牦牛 *Bos mutus*，瘤牛 *Bos indicus*，印度水牛 *Bubalus bubalus*，欧洲野牛 *Bos bonasus*，梅花鹿 *Cervus nippon*，马鹿 *Cervus canadensis*，天祝白牦牛 *Poephagus grunniens*。

寄生部位　结肠、盲肠。

观察标本　10♂♂10♀♀，采自河北，1999.I.20，张路平。标本保存于河北师范大学生命科学学院。

形态　身体前部弯曲，口领厚，除少数呈圆边外，大多呈半截圆锥形，其后有头沟。环口乳突如常。口孔圆形，开口于口领内。无外叶冠，内叶冠为口囊前缘 1 圈细小的突起，由 38-40 枚小叶组成，有少数标本叶冠的数目是 32 枚。口囊宽度超过深度的 2 倍，

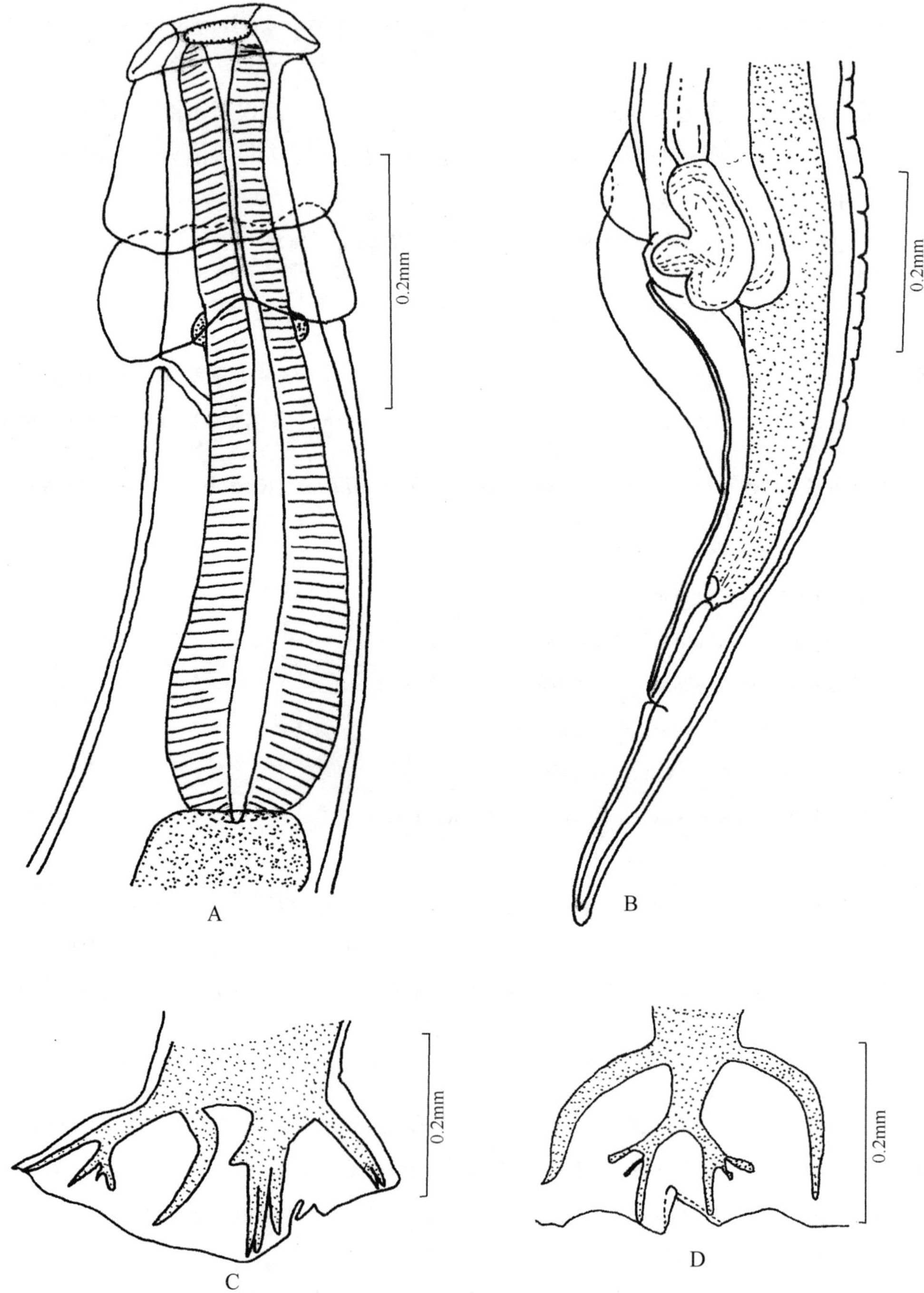

图 83 辐射食道口线虫 *Oesophagostomum* (*Bosicola*) *radiatum* (Rudolphi)

A. 虫体前部腹面观 (anterior end of body, ventral view)；B. 雌虫尾部侧面观 (posterior end of female, lateral view)；C. 交合伞侧面观 (copulatory bursa, lateral view)；D. 交合伞背肋腹面观 (dorsal ray of copulatory bursa, ventral view)

位于口领的中央。头囊膨大，在后部 2/3 处另有 1 沟，环绕全囊。颈沟明显，环绕背面和腹面，侧面的缺口绕过翼膜前端。侧翼膜发达。颈乳突 1 对，位于侧翼膜前部，在颈乳突部位可见侧翼膜明显加厚，在颈乳突伸出部位有 1 凹陷，颈乳突呈刺状。食道前端伸入口领，接口囊后，食道漏斗发达。食道自前向后逐渐变粗，全形呈火棒状。神经环与颈沟在同一水平上。

雄虫　体长 13.9-15.2 (14.4)mm，体宽 0.290-0.370 (0.327)mm。食道长 0.570-0.700 (0.637)mm，宽 0.120-0.140 (0.131)mm。交合伞分叶不明显，背叶边缘中间有 1 似缺口形的皱褶。腹肋如常。侧肋的主干有 1 尖形突起。外背肋较为弯曲，从主干分出的角度较大。背肋向下再分为左右 2 主支，在分支后约 1/2 距离处再分为外短内长 2 小支，在 2 小支之间有 1 个细小的突起。交合刺 1 对，长 0.650-0.750 (0.690)mm。生殖锥发达，分背腹 2 个唇片，腹唇较发达，呈圆锥形。背唇半圆形，末端有 2 个球形突起。

雌虫　体长 14.7-18.0 (16.3)mm，体宽 0.270-0.400 (0.322)mm。食道长 0.580-0.740 (0.669)mm，宽 0.120-0.150 (0.136)mm。尾部自阴门后急剧变细，向腹侧弯曲。阴唇隆起，两旁尚显侧翼膜。阴道短，横列，同直列的排卵器相连。阴门至肛门的距离为 0.520-0.660 (0.555)mm。肛门至尾端的距离为 0.250-0.330 (0.296)mm。直肠平均长 0.141mm。

地理分布　黑龙江、吉林、辽宁、内蒙古、北京、天津、河北、河南、陕西、宁夏、甘肃、青海、新疆、江苏、上海、安徽、浙江、湖北、湖南、福建、广东、广西、重庆、四川、贵州、云南、西藏；世界各地。

(74) 梅花鹿食道口线虫 *Oesophagostomum* (*Bosicola*) *sikae* Comeron *et* Parnell, 1933 (图 84)

Oesophagostomum (*Bosicola*) *sikae* Comeron *et* Parnell, 1933: 140; Yamaguti, 1935: 441, 442; Skrjabin, Shikhobalova, Schulz, Popova, Boev *et* Delyamure, 1952: 254; Popova, 1958: 301, 302, fig. 205; Yen, 1973: 356; 1980: 23.

宿主　梅花鹿 *Cervus nippon*，麂 *Muntiacus muntjak*，赤麂 *Muntiacus muntjak vaginlis*，林麝 *Moschus berezovskii*。

寄生部位　大肠、盲肠

观察标本　2♂♂7♀♀，采自云南。标本保存于中国科学院动物研究所。

形态　虫体前部向腹面卷曲。角皮具有细的纵纹和横纹。口领具有 2 个侧乳突和 4 个亚中乳突，口囊前缘不突出。头囊在中部之前开始变窄。排泄孔在头囊后缘之前。食道漏斗有 3 个矛状突起。食道长，棒状。

雄虫　体长 7.0-7.1mm，体宽 0.194-0.214mm。口囊深 0.012-0.014mm，内径 0.019-0.022mm。神经环距头端 0.127-0.132mm；排泄孔距头端 0.152-0.157mm；颈乳突距头端

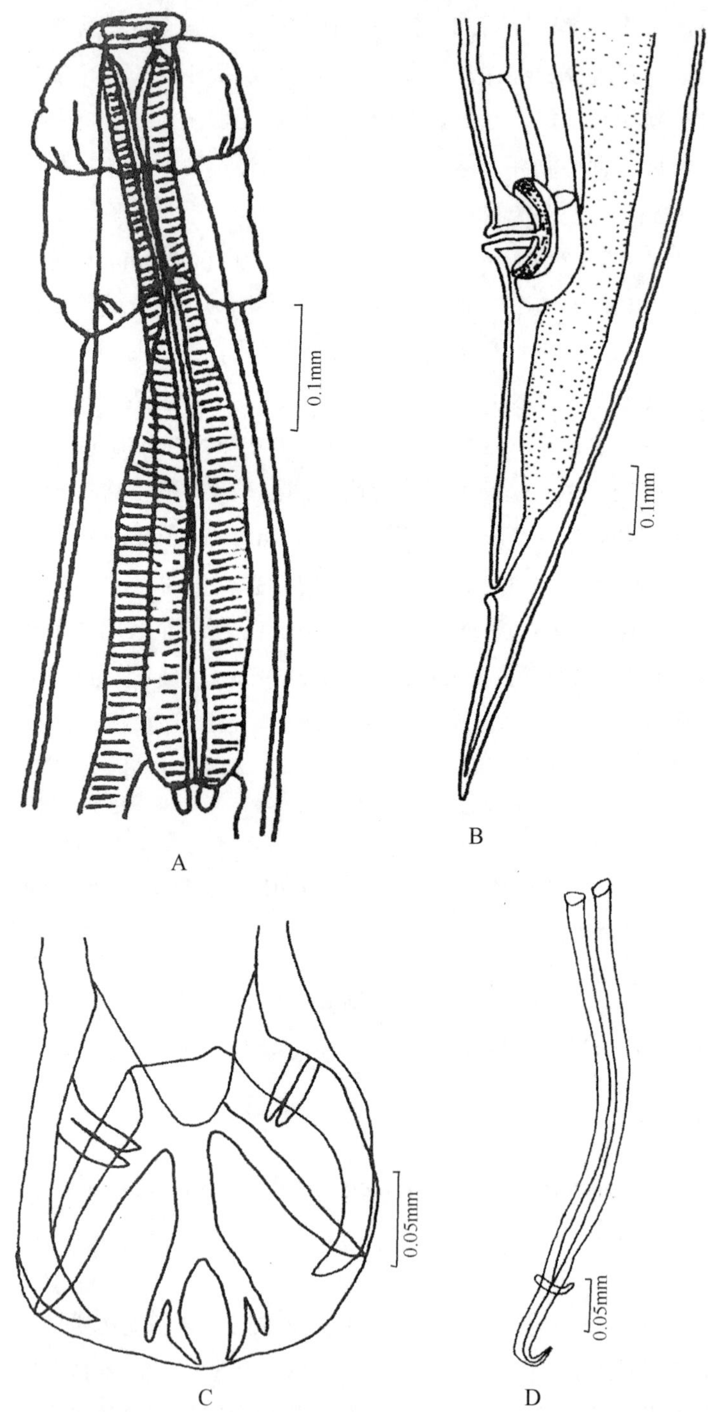

图 84 梅花鹿食道口线虫 *Oesophagostomum* (*Bosicola*) *sikae* Comeron *et* Parnell

A. 虫体前部腹面观 (anterior end of body, ventral view); B. 雌虫尾部侧面观 (posterior end of female, lateral view); C. 交合伞腹面观 (copulatory bursa, ventral view); D. 交合刺和引带 (spicule and gubernaculum)

0.206mm。食道长 0.353-0.363mm，宽 0.069-0.078mm。交合伞背叶和侧叶分界不明显。具有伞前乳突。腹肋紧密联合在一起。中、后侧肋并行。外背肋弓形，与背肋起于同一主干。背肋分为 2 支，每支又分为内长外短的 2 个小支。交合刺长 0.505-0.515mm，具翼。交合刺一般等长，但有时 2 个交合刺长度稍有不同。引带呈月牙形。

雌虫　体长 9.6-12.6mm，体宽 0.291-0.417mm。口囊深 0.019-0.022mm，内径 0.022-0.032mm。神经环距头端 0.098-0.186mm；排泄孔距头端 0.167-0.211mm；颈乳突距头端 0.196-0.265mm。食道长 0.392-0.466mm，宽 0.093-0.118mm。尾部尖，末端有 1 对尾感器，尾长 0.211-0.304mm。阴门发育良好，阴门距肛门 0.699-0.903mm。虫卵具有薄壳，长 0.069-0.081mm，宽 0.036-0.042mm。

地理分布　陕西、云南；日本，英国。

5) 康诺维亚属 *Conoveberia* Ihle, 1922

Conoveberia Ihle, 1922: 89; Skrjabin, Shikhobalova, Schulz, Popova, Boev *et* Delyamure, 1952: 255; Popova, 1958: 302; Chabaud *et* Durette-Desste, 1973: 1423; Lu *et* Jin, 2002: 173.

特征　颈乳突位于食道中部之后。食道漏斗大，具有凹形壁。食道漏斗内有 3 个齿，不突入口囊。具有 2 圈内叶冠。灵长类的寄生虫。

本亚属线虫全世界共发现 9 种，其中我国报道 3 种。

种 检 索 表

1. 交合刺长度小于 1mm；颈沟距头端 0.16mm ························ **双叉食道口线虫 *O. (C.) bifurcum***
   交合刺长度大于 1.3mm ·· 2
2. 内叶冠数目是外叶冠的2倍，背肋外侧支无突起 ···················· **尖形食道口线虫*O. (C.) aculeatum***
   内叶冠数目超过外叶冠的 2 倍，背肋外侧支有一小的突起 ······ **布氏食道口线虫 *O. (C.) blanchardi***

(75) 布氏食道口线虫 *Oesophagostomum* (*Conoveberia*) *blanchardi* Railliet *et* Henry, 1912 (图 85)

Oesophagostomum (*Conoveberia*) *blanchardi* Railliet *et* Henry, 1912: 572; Travassos *et* Vogelsang, 1932: 286-289; Baylis, 1936: 300; Popova, 1958: 303-307, figs. 206-208; Yen, 1980: 23.

宿主　白眉长臂猿 *Hylobates hoolock*，灰叶猴 *Presbytis phayrei crepusculus*，猩猩 *Simia satyrus*。

寄生部位　胃、大肠、盲肠。

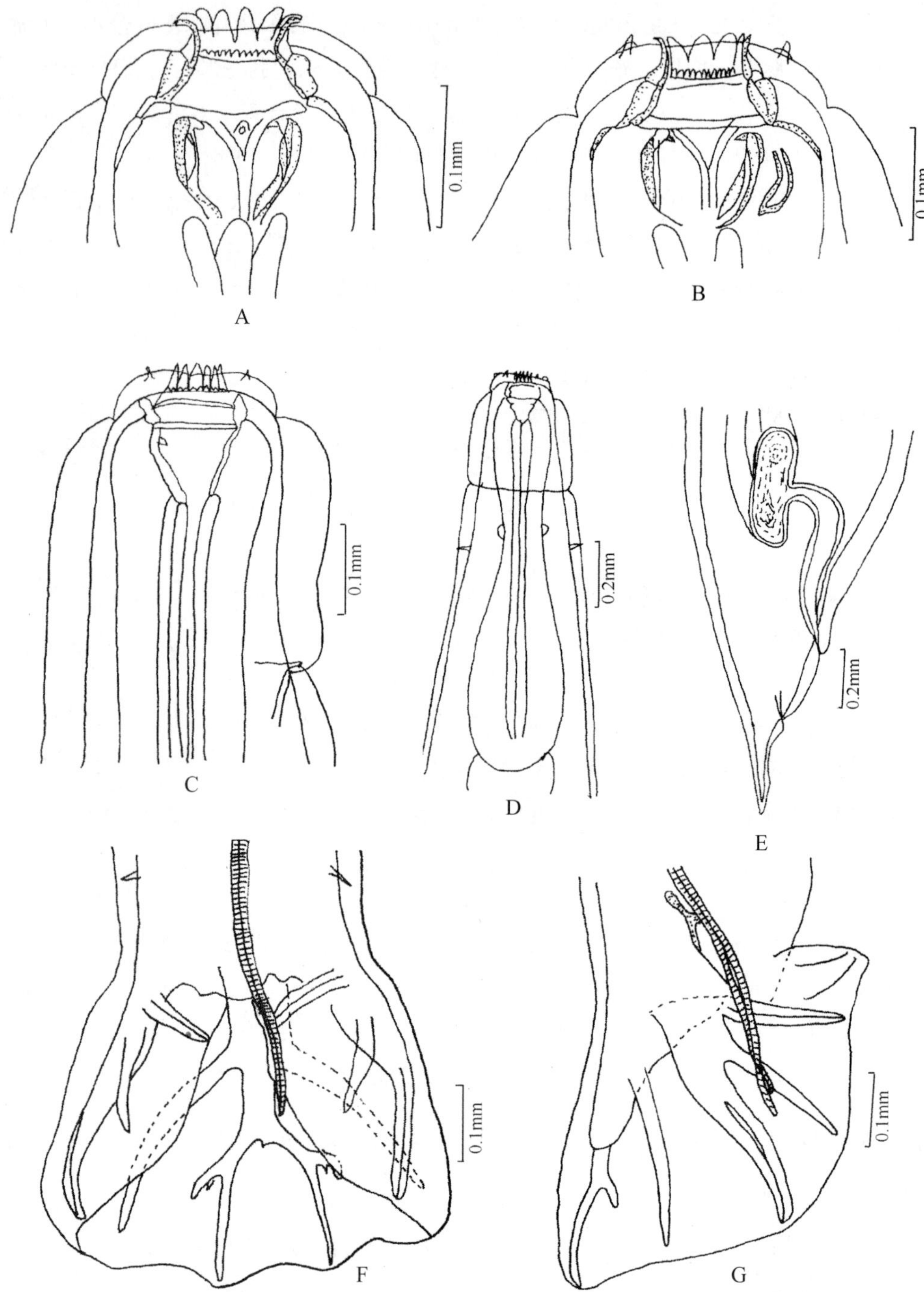

图 85　布氏食道口线虫 *Oesophagostomum* (*Conoveberia*) *blanchardi* Railliet *et* Henry
(仿 Popova，1958)

A. 头部背腹面观 (cephalic end of body, dorso-ventral view)；B，C. 头部侧面观 (cephalic end of body, lateral view)；D. 虫体前部腹面观 (anterior end of body, ventral view)；E. 雌虫尾部侧面观 (posterior end of female, lateral view)；F. 交合伞腹面观 (copulatory bursa, ventral view)；G. 交合伞侧面观 (copulatory bursa, lateral view)

观察标本　2♂♂2♀♀，采自云南。标本保存于中国科学院动物研究所。

形态　虫体粗大，两端变尖，虫体中部有宽的角质横纹。头端膨大形成头泡，颈沟距头端 0.22-0.30mm。外叶冠由 10 枚小叶组成，内叶冠由众多小叶组成。口囊呈环状。食道漏斗略呈三角形，顶端比口囊略窄，但不突出于口囊。食道棒状。神经环和排泄孔位于颈沟部位；颈乳突细长，位于食道中部，几乎呈对称排列。

雄虫　体长 15.0-16.9mm，最大体宽 0.631-0.854mm。口囊顶部的宽度为 0.065-0.067mm；口囊底部的宽度为 0.084mm；口囊深 0.024mm。食道长 0.711-0.809mm，后膨大部的宽度为 0.196mm。神经环距头端 0.217-0.225mm；排泄孔距头端 0.304-0.314mm；颈乳突距头端 0.353-0.363mm。交合伞宽大，背叶不明显，侧叶发达。2 腹肋紧贴在一起并行，末端达伞缘。前侧肋和中、后侧肋分开，中、后侧肋紧贴在一起，并行达伞缘。外背肋与背肋起自同一主干，背肋分为 2 支，每支又分为 2 支，其中内侧支较长，外侧支较短，在外侧支的中部有 1 个小的突起。交合刺细长，具翼，长 1.505-1.553mm。引带背部强角质化，远端尖，近端钝，其他部分角质化很轻，不易观察。

雌虫　体长 19.1-19.5mm，最大体宽 0.874-0.951mm。口囊顶部的宽度为 0.063-0.065mm；口囊底部的宽度为 0.080-0.84mm；口囊深 0.029-0.034mm。食道长 0.833-0.882mm，后膨大部的宽度为 0.206-0.225mm。神经环距头端 0.233-0.274mm；排泄孔距头端 0.318mm；颈乳突距头端 0.402-0.441mm。尾长 0.175-0.194mm。阴门至尾端的距离为 0.485-0.495mm。

地理分布　云南；印度，马来西亚，印度尼西亚。

(76) 尖形食道口线虫 *Oesophagostomum* (*Conoveberia*) *aculeatum* (Linstow, 1879) (图 86)

Strongylus aculeatus Linstow, 1879: 333.

Sclerostomum apiostomum Willach, 1891: 108.

Oesophagostomum apiostomum: Railliet *et* Henry, 1905: 645; Shi, Zhou, Fu *et* Lin, 1990: 72; Hu, Huang, Zhao *et* Wu, 1993: 317.

Sclerostomum aculeatum: Smidt, 1906: 651.

Oesophagostomum (*Conoveberia*) *aculeatum*: Ihle, 1922: 91; Skrjabin, Shikhobalova, Schulz, Popova, Boev *et* Delyamure, 1952: 255; Popova, 1958: 307-310, figs. 209-211; K'ung *et* Yin, 1958: 19, 20; Yen, 1973: 355; Lai, Sha, Zhang, Yang, Tian, Zhang, He *et* Zhang, 1982: 22; Wei, Jiang, Han, Yang *et* Liao, 1990: 4.

宿主　广西猴 *Macaca mulatta*，四川猴 *Macaca thibetana*，熊猴 *Macaca assamensis*，金丝猴 *Rhinopithecus roxellanae*，黑叶猴 *Presbytis francoisi*，猕猴 *Macacus cynomolgus*，中国猴 *Macacus sinicus*，豚尾猴 *Macaca nemestrina*，恒河猴 *Macacus rhesus*，卷尾猴 *Cebus* *capucinus*。

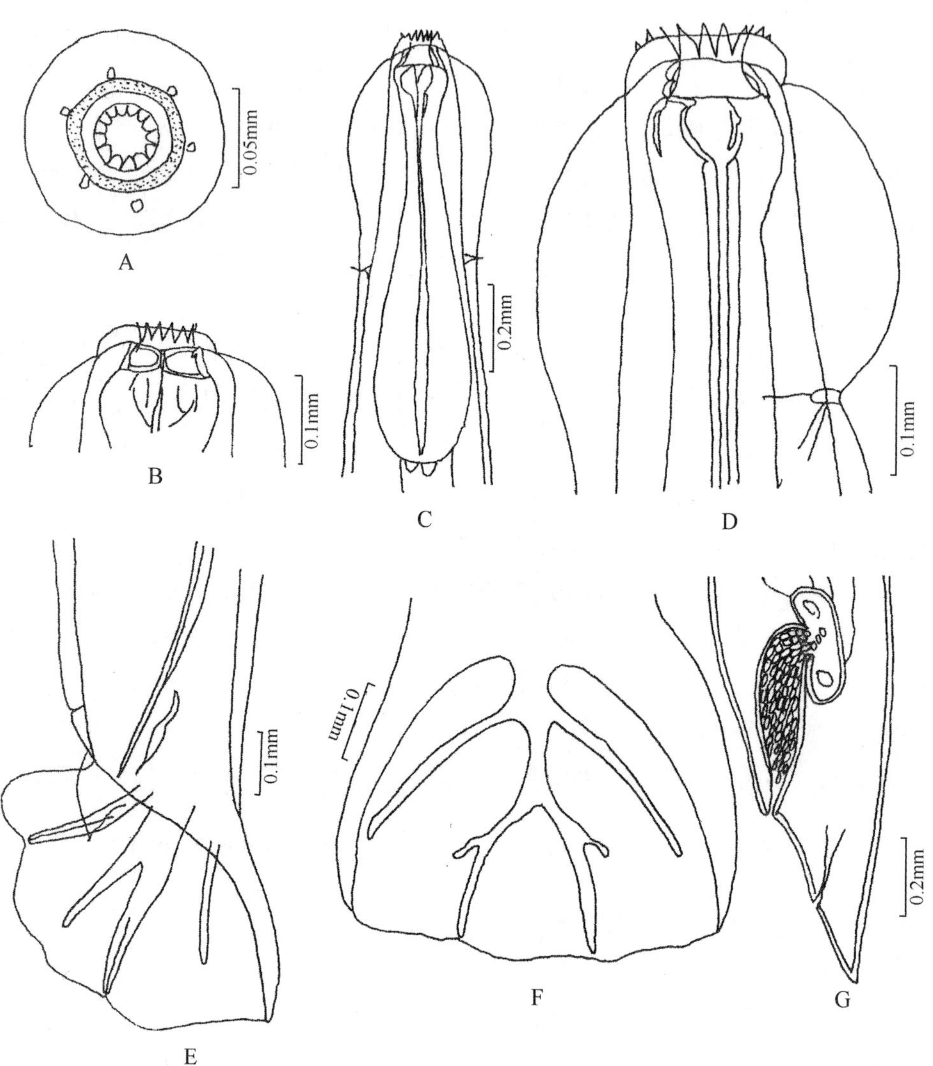

图 86 尖形食道口线虫 *Oesophagostomum* (*Conoveberia*) *aculeatum* (Linstow)
(仿 Popova, 1958)

A. 头部顶面观 (cephalic extremity, en face view)；B. 头部腹面观 (cephalic end of body, ventral view)；C. 虫体前部腹面观 (anterior end of body, ventral view)；D. 头部侧面观 (cephalic end of body, lateral view)；E. 交合伞侧面观 (copulatory bursa, lateral view)；F. 交合伞背叶 (dorsal lobe of copulatory bursa)；G. 雌虫尾部侧面观 (posterior end of female, lateral view)

寄生部位 盲肠。

形态 外叶冠由 10 枚小叶组成，内叶冠由 20 枚小叶组成，在每个外叶冠的基部两侧各有 1 个内叶冠小叶。颈乳突位于食道中央之后的部位，距头端约 0.5mm。食道漏斗深约 0.05mm，顶部的宽度与深度大致相等。食道漏斗的内腔呈三角形轮廓，腔壁由 3

个扇形角质板围成，其中 1 个扇形板位于背侧，另外 2 个位于亚腹侧。扇形板向外侧弓隆，板与板相接的地方向外弯曲且彼此结合。在每个扇形板的正中部分均生有 1 个横断面为三角形的角质齿，即 1 个背齿，2 个亚腹侧齿，伸入食道漏斗的内腔。口囊腹壁和两侧壁的上部较厚，向下逐渐变薄，纵断面呈楔形，并向外侧倾斜。因此，自背腹面观察时，口囊的形状近似一个两边对称的梯形，上下宽度的差异并不十分显著。在口囊的背壁上有背沟，向上达叶冠的基部，因此，口囊的背壁中央加厚，从侧面观察时，口囊的背壁与口囊底部垂直而不倾斜，并较短，使口囊的形状成为一个两侧不对称的梯形。

雄虫　体长 10.0-13.0mm，最大体宽 0.460-0.550mm。口囊底部的宽度为 0.056-0.075mm，深 0.025-0.037mm。食道长 0.700-0.910mm，食道漏斗部的宽度为 0.122-0.137mm；后膨大部的宽度为 0.175-0.224mm。颈沟距头端 0.216-0.316mm。交合刺长 1.400-1.749mm。引带长 0.138-0.175mm。生殖锥：腹唇较长，呈乳房状，基部两侧各连 1 半圆形突起。背唇短，正中为 1 短而平直的边缘，两侧各连 1 下垂的乳房状突起。

雌虫　体长 14.6-16.8mm，最大体宽 0.550-0.690mm。口囊底部的宽度为 0.075-0.080mm，深 0.025-0.035mm。食道长 0.850-1.000mm，食道漏斗部的宽度为 0.125-0.150mm；后膨大部的宽度为 0.200-0.288mm。颈沟距头端 0.232-0.350mm。尾长 0.200-0.275mm。阴门至肛门的距离为 0.225-0.300mm。阴道长 0.270-0.350mm。直肠长 0.150-0.188mm。

地理分布　上海、湖北、广西、云南；东南亚。

(77) 双叉食道口线虫 *Oesophagostomum* (*Conoveberia*) *bifurcum* (Creplin, 1849) (图 87)

Strongylus bifurcus Creplin, 1849: 54

Strongylus attenuatus Leidy, 1856: 100

Strongylus cynocephali Molin, 1861: 516.

Oesophagostomum attenuatum Railliet *et* Henry, 1906: 448, 449.

Oesophagostomum maurum Hung, 1926: 426.

Oesophagostomum (*Conoveberia*) *bifurcum*: Ihle, 1922: 91; Skrjabin, Shikhobalova, Schulz, Popova, Boev *et* Delyamure, 1952: 256; Popova, 1958: 310-315, figs.212-215; K'ung *et* Zhang, 1965: 30, 31, fig. 2; Lai, Sha, Zhang, Yang, Tian, Zhang, He *et* Zhang, 1982: 22.

宿主　西非长尾猴 *Cercopithecus ruber*，大狒狒 *Papio porcarius*，山魈 *Papio sphinx*，黄狒狒 *Papio cynocephalus*，阿拉伯狒狒 *Papio hamadryas*，*Papio maimon*，*Papio langheldi*，恒河猴 *Macacus rhesus*，猴 *Macacus* sp.，广西猴 *Macaca mulatta*，红面猴 *Macaca speciosa melli*，婆罗黑尾猴 *Macacus maurus*，黑猩猩 *Anthropopitecus troglodytes*。

寄生部位　小肠、大肠。

形态　虫体较粗壮，两端变细。角质横纹在虫体中部明显。体表有 14 条纵线，对称

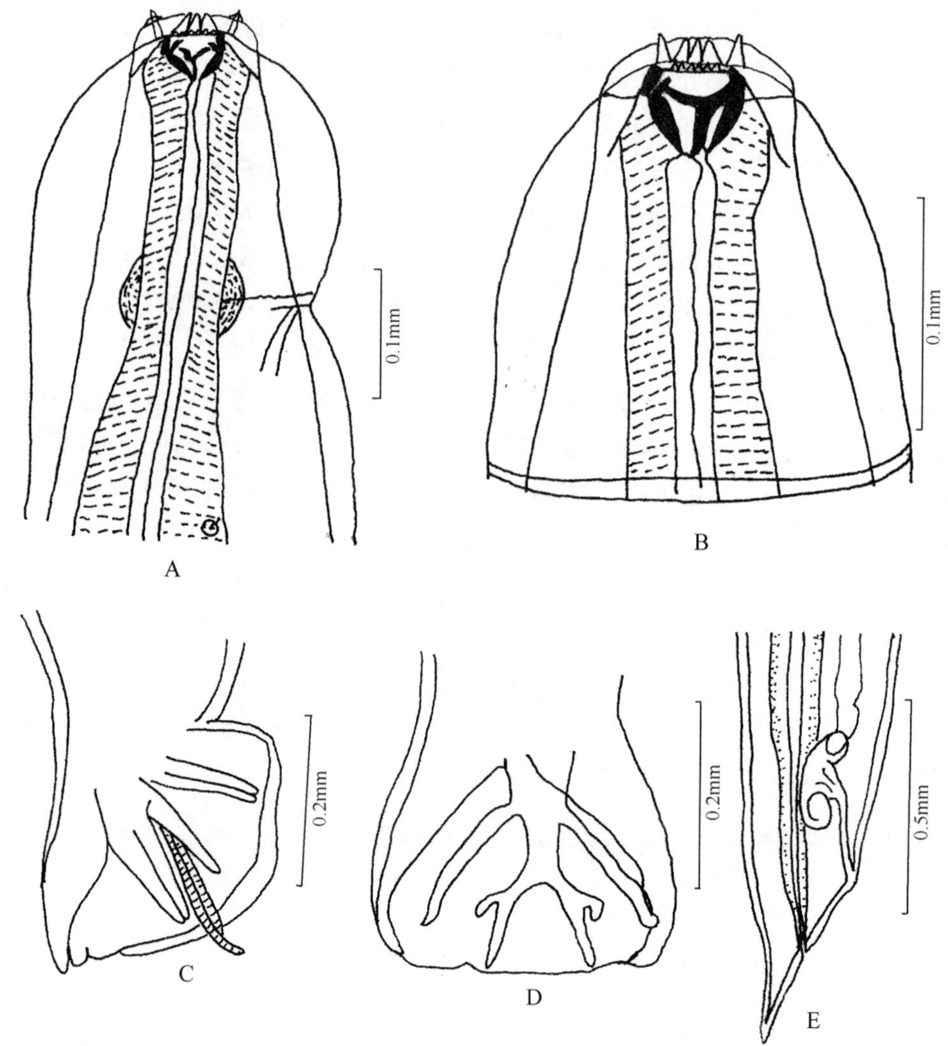

图 87 双叉食道口线虫 *Oesophagostomum* (*Conoveberia*) *bifurcum* (Creplin)

A. 头部侧面观 (cephalic end of body, lateral view)；B. 头部腹面观 (cephalic end of body, ventral view)；C. 交合伞侧面观 (copulatory bursa, lateral view)；D. 交合伞背叶 (dorsal lobe of copulatory bursa)；E. 雌虫尾部侧面观 (posterior end of female, lateral view)

排列。头端具有头囊，头囊的前部光滑，后部有细的横纹。颈沟在腹面明显，到背面逐渐消失。颈沟距头端 0.190-0.240mm。排泄孔位于颈沟的底部。口孔周围有 1 环状突起，好像一连续的唇片，高 0.020-0.032mm，其上有 4 个对称的亚中乳突和 2 个扁的侧乳突。颈乳突位于食道后部，距头端 0.290-0.380mm。口孔近圆形，通向小的口囊。外叶冠小叶 10 枚，高 0.012-0.017mm，基部有小的内叶冠。口囊深 0.010-0.013mm，前部宽 0.029-0.035mm，后部宽 0.042-0.048mm。食道棒状，长 0.500-0.600mm，最大宽度 0.120-0.150mm。食道漏斗长 0.030-0.038mm，由 3 个凹形的角质壁包裹，形成锥形的腔，顶部突入食道内，基部突入口囊内，基部具有尖而弯曲的钩状突起。神经环距头端0.120-0.210mm。

雄虫　体长9.8-12.3mm，最大宽度0.350-0.352mm。交合伞宽，分为3叶，背叶和侧叶之间由小的缺刻分开。腹肋并行，伸达伞缘。侧肋起于同一主干，前侧肋与其他侧肋分开，不伸达伞缘；中、后侧肋紧贴并行，末端伸达伞缘。后侧肋基部无突起。背肋起自同一主干，外背肋细，末端不达伞缘。背肋分支2次，第一次在背肋的中部分支，接着每支又分出1个小的外侧支。伞前乳突紧靠交合伞之前。生殖锥呈圆锥形，腹唇有1个大的三角形突起和2个小的圆锥形突起；背唇有2个圆形突起，每个突起上有1个乳头状突起。交合刺长0.920-0.950mm。交合刺上有横纹，一侧有翼膜。

雌虫　体长11.7-13.5mm，最大宽度0.470-0.560mm。尾部圆锥形，末端尖，肛门距尾端0.190-0.230mm。阴门距尾端0.400-0.440mm。排卵器为“T”形。虫卵长0.051-0.072mm，宽0.029-0.040mm。

地理分布　广西、四川；南亚，非洲。

6) 后突亚属 *Hysteracrum* Railliet *et* Henry, 1913

Hysteracrum Railliet *et* Henry, 1913: 507; Skrjabin, Shikhobalova, Schulz, Popova, Boev *et* Delyamure, 1952: 259; Popova, 1958: 330, 331; Chabaud *et* Durette-Desste, 1973: 1422; Lu *et* Jin, 2002: 165.

特征　颈乳突位于食道末端之后。食道漏斗简单或很小。交合刺较长，大于1mm。具有2圈叶冠。反刍类的寄生虫。

本亚属线虫全世界共报道12种，其中我国报道6种。

种 检 索 表

1. 无内叶冠……………………………………………………………细小道口线虫 ***O. (H.) pavula***
   具内叶冠…………………………………………………………………………………………2
2. 外叶冠10-12枚…………………………………………………………………………………3
   外叶冠16-20枚…………………………………………………………………………………5
3. 外叶冠10-12枚，交合刺长1.40-1.70mm……………………粗纹食道口线虫 ***O. (H.) asperum***
   外叶冠10枚；交合刺长0.41-0.44 mm……………………麂食道口线虫 ***O. (H.) muntiacum***
4. 外叶冠10-12 枚；交合刺长1.41-1.70mm……………………粗玟食道口线虫 ***O. (H.) asperum***
   外叶冠11-12 枚；交合刺长0.94-1.08 mm……………………甘肃食道口线虫 ***O. (H.) kansuensis***
5. 交合刺长1.1-1.2mm………………………………………微管食道口线虫 ***O. (H.) venulosum***
   交合刺长1.362-1.539mm……………………………………新疆食道口线虫 ***O. (H.) sinkiangensis***

(78) 微管食道口线虫 *Oesophagostomum* (*Hysteracrum*) *venulosum* (Rudolphi, 1808) (图 88)

Strongylus venulosum Rudolphi, 1808: 221.

Oesophagostomum acutum Molin, 1861: 449.

Oesophagostomum (*Hysteracrum*) *venulosum*: Railliet *et* Henry, 1913: 507; Skrjabin, Shikhobalova, Schulz, Popova, Boev *et* Delyamure, 1952: 259; Hsiung *et* K'ung, 1955: 151-153, plate IV, figs. 1-3; Popova, 1958: 230-235, fig. 224; Qi, Li *et* Cai, 1984: 229, 230, fig. 135; Lu *et* Jin, 2002: 175, fig. 144; Zhang, 2003: 69; Shen *et* Huang, 2004: 84.

宿主　绵羊 *Ovis aries*，山羊 *Capra hircas*，黄牛 *Bos taurus*，骆驼 *Camelus bactrianus*，单峰驼 *Camelus dromedaries*，梅花鹿 *Cervus nippon*，马鹿 *Cervus canadensis*，塔里木马鹿 *Cervus elaphus*，黇鹿 *Dama dama*，盘羊 *Ovis ammon*，欧洲盘羊 *Ovis musimon*，岩羚 *Rupicapra rupicapra*，斑羚 *Nemorhaedus goral*，瑞典驼鹿 *Alces alces*。

寄生部位　小肠、大肠、盲肠。

观察标本　5♂♂5♀♀，采自河北，1999.I.20，张路平。标本保存于河北师范大学生命科学学院。

形态　口领如半截圆形，后有明显的头沟。环口乳突的位置如常。头囊膨大，到颈沟前稍窄。颈沟到侧线后不显著。口孔圆形，外叶冠由 18 枚小叶组成，内叶冠由 36 枚小叶组成，在每个外叶冠基部有 2 个内叶冠小叶。口囊宽度等于深度的 5 倍。食道漏斗小。食道呈火棒状。颈乳突位于食道之后，距头端约 1.25mm。神经环与颈沟位于同一水平上。没有侧翼膜。

雄虫　体长 12.0-14.0mm，体宽 0.300-0.400mm。交合伞较宽大，前侧肋距中侧肋较远。背肋在基部分出外背肋后变细，但仍为一主干，此后再分为左右 2 主支。该 2 主支再分为外短内长 2 小支，外侧小支较短，末端不达伞缘。生殖锥：腹唇中央锥形，两旁各接 1 较短而宽的钝圆形隆起，两侧隆起与中央锥形部之间形成凹痕。背唇的中央部分较短而窄，两侧各接 1 囊泡状乳突，内有实质芯，它的下腹侧各连有 1 个小的乳突状突起。交合刺 1 对，长 1.100-1.200mm。引带长约 0.120mm，铲形，柄短。

雌虫　体长 16.0-20.0mm，　体宽 0.500-0.600mm。尾长 0.170mm。肛门向后逐渐变细。直肠长 0.200mm，阴门至肛门的距离为 0.310mm。阴唇隆起，阴道向前行，长 0.500-0.600mm。

地理分布　吉林、内蒙古、天津、河北、山西、河南、陕西、宁夏、甘肃、江苏、上海、浙江、福建、广东、广西、重庆、贵州、云南、西藏；世界各地。

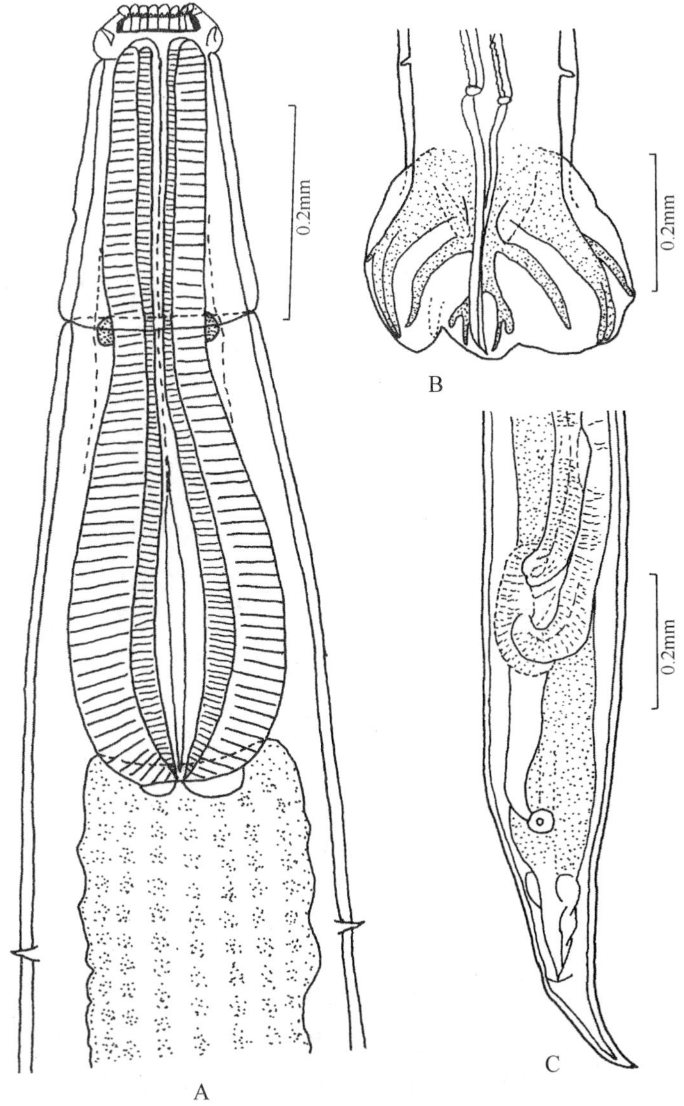

图 88　微管食道口线虫 *Oesophagostomum* (*Hysteracrum*) *venulosum* (Rudolphi)

A. 虫体前部腹面观 (anterior end of body, ventral view)；B. 交合伞腹面观 (copulatory bursa, ventral view)；C. 雌虫尾部侧面观 (posterior end of female, lateral view)

(79) 粗纹食道口线虫 *Oesophagostomum* (*Hysteracrum*) *asperum* Railliet *et* Henry, 1913 (图 89)

Oesophagostomum (*Hysteracrum*) *asperum* Railliet *et* Henry, 1913: 507-509; Skrjabin, Shikhobalova, Schulz, Popova, Boev *et* Delyamure, 1952: 259; Hsiung *et* K'ung, 1955: 153, 154, plate III, figs. 1-4; Popova, 1958: 335, 336, fig. 225; Qi, Li *et* Cai, 1984: 221, fig. 130; Hu, Huang, Zhao *et* Wu, 1993: 317; Lu *et* Jin, 2002: 175, fig. 145; Zhang, 2003: 69; Shen *et* Huang, 2004: 82, 83.

宿主　绵羊 *Ovis aries*，山羊 *Capra hircas*，黄牛 *Bos taurus*，水牛 *Bubalus arnee*，牦牛 *Bos mutus*，岩羚 *Rupicapra rupicapra*，斑羚 *Nemorhaedus goral*，梅花鹿 *Cervus nippon*，瑞典驼鹿 *Alces alces*。

寄生部位　结肠、盲肠。

观察标本　2♂♂2♀♀，采自河北，1999.I.20，张路平。标本保存于河北师范大学生命科学学院。

形态　口领很发达，环口乳突的位置如常。口囊较深，宽度相当于深度的 1.9-2.9 倍 (2.2 倍)。外叶冠由 10-12 枚小叶组成，内叶冠由 20-24 枚小叶组成，在每个外叶冠基部有 2 个小钝叶。头囊显著膨大。颈乳突位于食道末端较远的后方，雌虫的颈乳突距头端平均 1.15mm，雄虫为 1.12mm。食道漏斗小。食道壁的前部平行，呈圆柱状；后部膨大。神经环围绕食道，位于颈沟水平线的稍后方。没有侧翼膜。

雄虫　体长 13.0-15.0 (14.1)mm，体宽 0.400-0.520 (0.440)mm。食道长 0.650-0.800 (0.700)mm。伞肋排列如下：腹肋并列，远端部稍微分开，末端同达伞缘。侧肋起于同一主干，前侧肋先与其他两侧肋分离，前侧肋的末端不达伞缘。中侧肋和后侧肋相并行，末端都达伞缘。外背肋从背肋基部后 0.040-0.050mm 处分出，再向后经 0.040-0.050mm 主干即分为左右 2 主支 (据 Goody 1924 年记载，外背肋从靠近背肋基部分出，接着背肋主干亦立即分为 2 主支)。该 2 主支再分为外短内长 2 小支，末端均达伞缘。交合刺 1 对，长 1.401-1.700 (1.560)mm。生殖锥：腹唇中央锥形，两旁各接 1 较短而宽的钝圆形隆起，两侧隆起与中央锥形部之间形成凹痕。背唇的中央部分较短而窄，两侧各接 1 泡囊状乳突，内有实质芯，它的下腹侧各连有 1 个小的乳突状突起。

雌虫　体长 17.3-20.3 (18.8)mm，体宽 0.500-0.700 (0.580)mm。食道长 0.700-0.880 (0.780)mm。阴门至肛门的距离为 0.180-0.270 (0.200)mm。尾部自肛门以后，急剧变细，并稍弯向背侧。肛门至尾尖的距离为 0.100-0.230 (0.150)mm。直肠长 0.170-0.240 (0.190)mm。排卵器的下端一般稍斜向背侧，也有一些是直列。阴道自阴门直向上行，通入排卵器，长 0.470-0.970 (0.65)mm。

地理分布　黑龙江、吉林、辽宁、内蒙古、北京、天津、河北、山西、河南、陕西、宁夏、甘肃、青海、新疆、江苏、上海、安徽、浙江、湖北、江西、湖南、福建、广东、广西、重庆、四川、贵州、云南、西藏；世界各地。

发育　据 Rao 和 Venkataratnam (1977) 的研究，在室温 (13.6-37.4℃) 条件下，经过 60 小时，虫卵发育为第一期幼虫，第一期幼虫长 0.390-0.461mm，食道有 8-10 个细胞组成。70 小时后进行第一次蜕皮，第二期幼虫长 0.687-0.722mm。在 122-150 小时进行第二次蜕皮形成感染性幼虫，感染性幼虫长 0.895-0.920mm。感染性幼虫在水中活动 20 天，幼虫可存活 45 天。Rao 和 Venkataratnam (1977) 用感染性幼虫人工饲喂羊羔，在感染后第 22 天和第 29 天分别从 2 只羊羔的大肠中收集到第四期幼虫。感染后第 8 周从 1 只羊羔中发现第五期幼虫。幼虫发育的潜在期为 48 天。

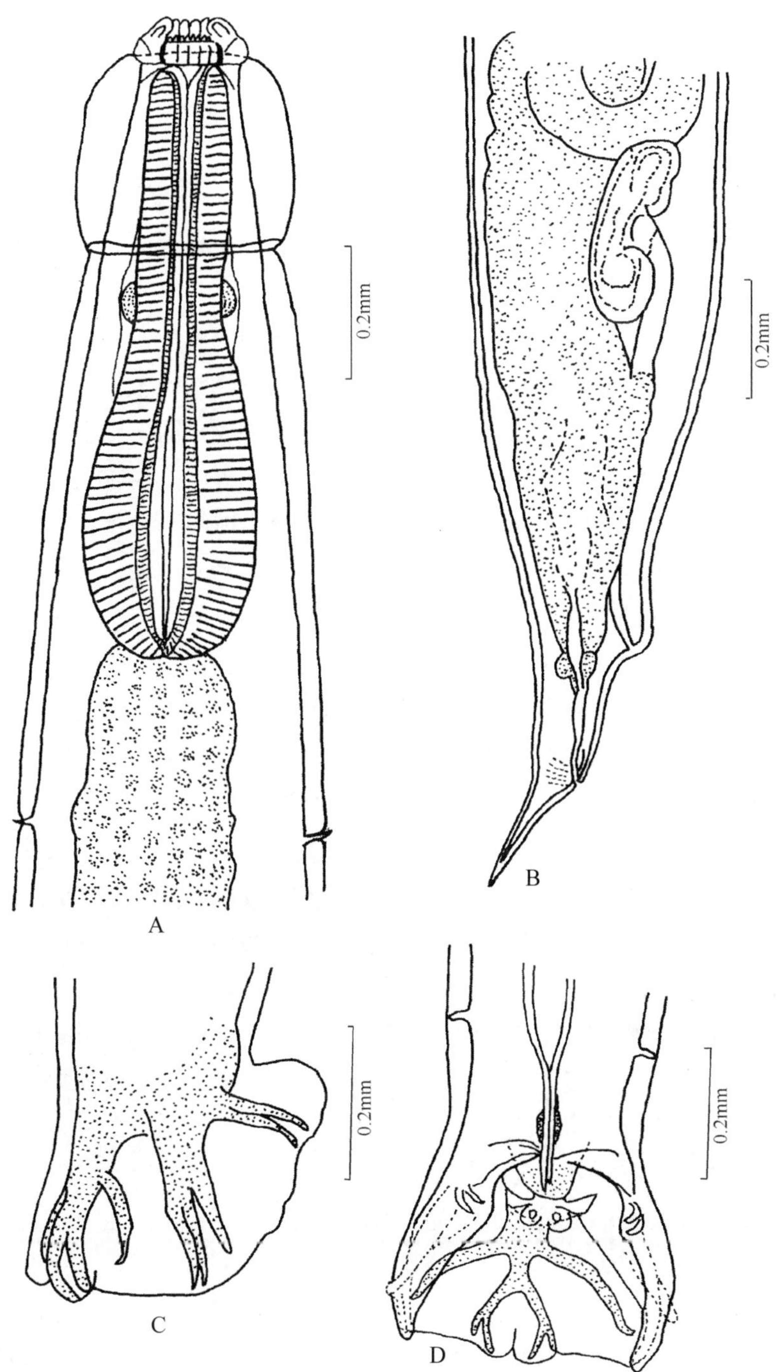

图 89　粗纹食道口线虫 *Oesophagostomum* (*Hysteracrum*) *asperum* Railliet *et* Henry

A. 虫体前部腹面观 (anterior end of body, ventral view); B. 雌虫尾部侧面观 (posterior end of female, lateral view); C. 交合伞侧面观 (copulatory bursa, lateral view); D. 交合伞腹面观 (copulatory bursa, ventral view)

(80) 甘肃食道口线虫 *Oesophagostomum* (*Hysteracrum*) *kansuensis* Hsiung *et* K'ung, 1955 (图 90)

Oesophagostomum (*Hysteracrum*) *kansuensis* Hsiung *et* K'ung, 1955: 156-157, plate VI, figs. 1-7; Popova, 1958: 372-374; Qi, Li *et* Cai, 1984: 222, 229, fig. 133; Lu *et* Jin, 2002: 176, 177, figs. 147a, 147b; Zhang, 2003: 69; Shen *et* Huang, 2004: 83.

宿主 绵羊 *Ovis aries*，山羊 *Capra hircas*，黄牛 *Bos taurus*。

寄生部位 大肠。

观察标本 10♂♂10♀♀，采自甘肃。标本保存于中国农业大学动物医学院。

形态 雌、雄体前部弯曲如钩，有侧翼膜。口领为截圆锥形，底部下垂，盖着头沟。环口乳突不显著，两侧乳突为扁三角形，下宽上钝，顶端仅稍露出皮层下凹处。4 个亚中乳突较细长，上端更为尖细，在皮层下凹处突出体外。外叶冠由 11-12 枚叶片组成；内叶冠由 22-24 枚叶片组成，每个外叶冠的基部有 2 个小钝叶。头囊膨大，长 0.20-0.28 (0.24)mm，宽 0.17-0.21 (0.185)mm；后端遮盖着头沟。头囊后 1/3 处有腹沟，截然把头囊分为 2 部分，前膨胀部含有液体，后部稍显透明。颈沟仅限于腹面，两侧延伸至侧翼膜。侧翼膜从头沟起，向后延伸至雄虫交合伞或雌虫阴唇的前边。颈乳突位于食道末端或前或后的部位，为细长三角形，尖端在侧翼膜宽度 3/4 处上部突出膜外少许，仍不及膜的边缘。神经环在颈沟的后面，食道的中部。

雄虫 体长 14.5-16.5 (15.4)mm，体宽 0.360-0.400 (0.377)mm。交合伞较小，背叶和侧叶由较浅的缺凹分开。背叶边缘中间也由小的缺口分为 2 部分。侧叶在生殖锥上部结合，从腹面看，2 侧叶不甚开展。伞前乳突明显，相当发达。底部宽，逐渐变细，尖端仍变粗，止于侧翼膜边缘，并不突出。伞肋排列如下：腹肋如常，前端稍微分开，末端同达伞缘。侧肋起于同一主干，前侧肋先分开，与其他两侧肋间的距离不大，末端不达伞缘。中侧肋和后侧肋相并行，末端同达伞缘。背肋基部起自同一主干，相当粗；分出外背肋后，主干即缩小为原来的 1/2，同外背肋的粗细几乎相等。外背肋的末端不达伞缘。此后，经过与分出外背肋之前相等的一段距离，再分支为左右 2 背肋；在分支末端 1/3 处又分为外短内长 2 小支。内长小支等于外短小支的 2 倍长度，但较细。内长小支末端达伞缘。外短小支末端位于交合伞背叶和侧叶缺凹分界处，亦达伞缘。生殖锥：腹唇中央为锥形突起，顶部尖，向下弯，两旁稍后扁平。背唇与腹唇宽度几乎相等，后端两旁有圆形泡囊状乳突，后半部与背唇连接，乳突中有长形实心，前端连接背唇，后端几乎穿出泡囊之外。交合刺长 0.940-1.080 (1.022)mm。交合刺中空，两旁有翼膜，至尖端时逐渐变窄，包裹刺尖。引带呈铲状，周边较厚，铲柄仅现 1 小结节。

雌虫 体长 18.0-22.0 (19.5)mm，体宽 0.410-0.500 (0.46)mm。尾部自阴门开始即逐

渐变细，向后逐渐缩细，末端长而尖。尾部稍向腹面弯曲，逐渐变窄。前阴唇皮层显著增大，后阴唇不显著。自阴门至肛门逐渐变细，长 0.220-0.270 (0.245)mm。肛门之后，突然变细，稍转向上弯。自肛门至尾尖的距离为 0.150-0.240 (0.189)mm。肛门后尾部最后 1/3 处有环沟，这是由尾端常向上或左右弯曲造成的。阴道长 0.200-0.260 (0.225)mm，向前引入斜列的排卵器中部。直肠长 0.190-0.270 (0.219)mm。与唇部连接处在阴唇水平之后。

地理分布 山西、河南、宁夏、甘肃、青海、新疆、安徽、浙江、江西、重庆、四川、贵州、云南、西藏。

发育 肖兵南 (1988)，肖兵南和孔繁瑶 (1987) 对甘肃食道口线虫的发育过程进行了研究。刚排出的虫卵形态不十分规则，有椭圆形、长椭圆形、卵圆形、瓜子形等，大小为 (0.089-0.121)mm × (0.049-0.057)mm。卵壳 2 层，厚约 2μm，有时在一端或 2 端的 2 层卵壳分离形成空隙。胚细胞 8-23 个，灰黑或略带褐色。

胚胎发育：在前述条件下，虫卵经 2-3 小时进入桑椹期；8-10 小时进入囊胚期；12-13 小时到达蝌蚪期，子虫形成，折叠成“U”字形或“8”字形，缓慢地翻动；18-19 小时子虫增长呈 3 圈盘曲，活动加剧，翻动频繁，属所谓的“子虫期”；29-30 小时幼虫是卵长的 4-5 倍，强烈翻动，有的破壳而出，孵化持续 12-14 小时。

第一期幼虫：刚孵出的幼虫长 0.430-0.500mm，宽 0.026-0.032mm，前端粗圆，尾细长。口囊管状，长 0.014-0.018mm，口缘有 2 对唇状突起。杆状食道。8-9 对三角形肠细胞，后 2 对之间有深的凹陷，颗粒深灰色。它们以粪末和微小生物为食。采食 15-18 小时后，活动开始减弱，进入第一次休眠期。转入粪末培养基 20-23 小时后，活动停止；24-26 小时后开始蜕皮，做缓慢运动；26-28 小时后形成第二期幼虫。

第二期幼虫：第一次蜕皮后幼虫长 0.600-0.730mm，形态与第一期相似，但尾部变粗，后食道球渐次变小；前端呈现 6 片唇状突起，上有淡黄色圆点状乳突；肠细胞界限较清楚，且颗粒增多。幼虫活跃，采食力强，以微生物及其分解产物为食，采食 30-32 小时后，活动减弱，开始第二次蜕皮。转移后 60 小时，部分幼虫完成第二次蜕皮，体表被有剥离的角质膜，但形态结构没有什么变化。脱皮 6-10 小时后停止运动，开始体形变态。口囊逐步封闭，后食道球拉长变小，尾增长且变得钝圆，排泄孔显现，肠细胞分裂增多等。转移后第 85-90 小时第三期幼虫形成。

第三期幼虫：长 0.650-0.823mm，宽 0.028-0.035mm；鞘膜松离虫体，呈波浪状皱褶；口囊封闭；丝状食道；神经环位于食道较窄部；排泄孔在神经环稍后方的腹面；13-16 对三角形肠细胞，颗粒淡黄灰色，肠腔比第二期窄；生殖原基呈蚕豆形，常位于腹面正中的肠细胞腹面；尾钝圆，尾鞘细长。此期幼虫极为活跃，在培养基上到处游行；在水中，室温条件下保存 2 个月仍有很强的感染力。

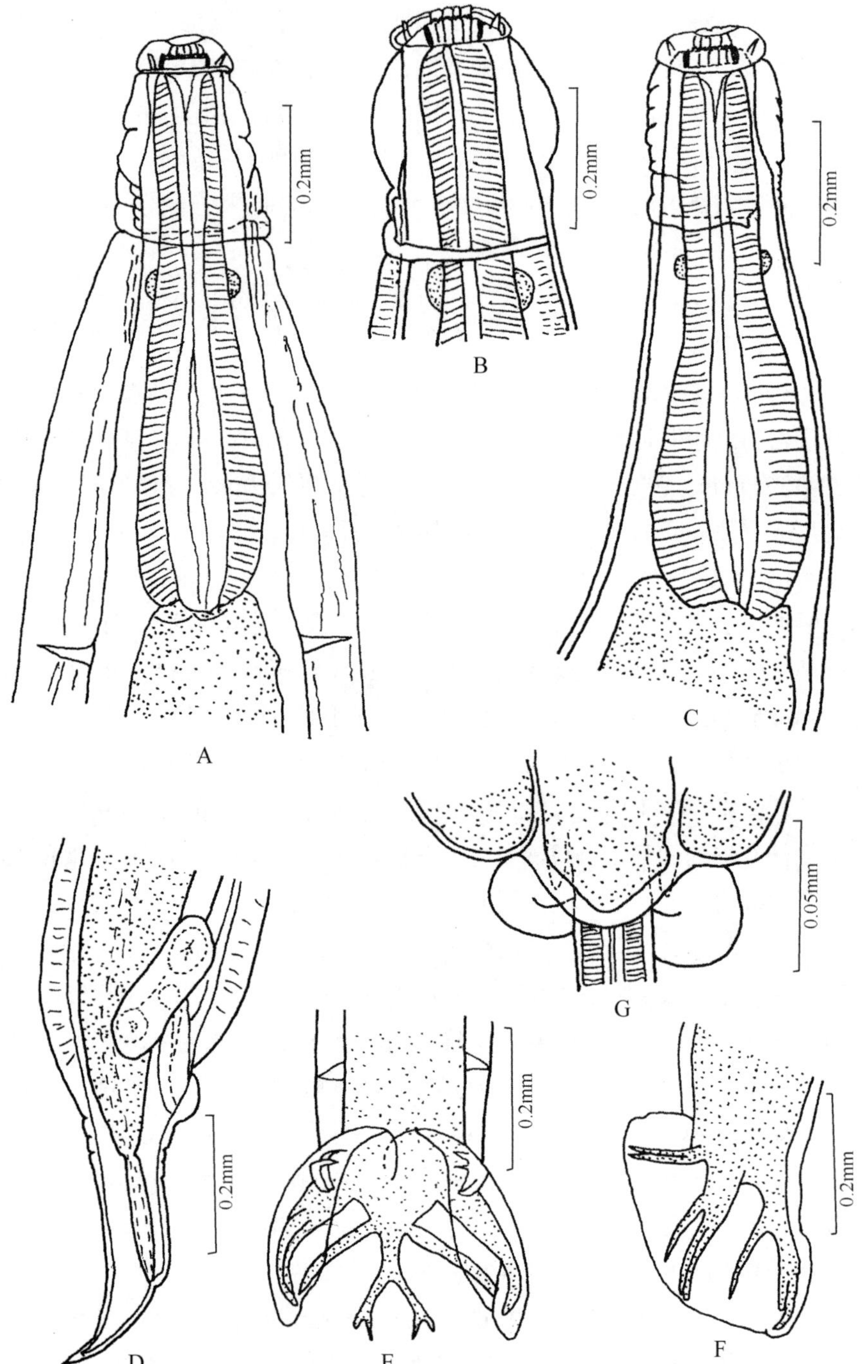

图 90 甘肃食道口线虫 *Oesophagostomum* (*Hysteracrum*) *kansuensis* Hsiung *et* K'ung

A. 虫体前部腹面观 (anterior end of body, ventral view)；B.头部侧面观 (cephalic end of body, lateral view)；C. 虫体前部侧面观 (anterior end of body, lateral view)；D. 雌虫尾部侧面观 (posterior end of female, lateral view)；E. 交合伞腹面观 (copulatory bursa, ventral view)；F. 交合伞侧面观 (copulatory bursa, lateral view)；G. 生殖锥腹面观 (genital cone, ventral view)

用2个月龄的绵羊感染第三期幼虫，感染后第24小时99.2%幼虫进入了小肠和大肠，且脱掉了鞘膜，但口孔关闭。第48小时，几乎全部幼虫进入了大肠，62.5%处于第三期，多数口孔开启，有的在口囊后方出现空隙。其中3.5%发现于结肠前段与中段肠壁的消化液中。第72小时，仅9个幼虫为第三期。在第48小时，37.5%的幼虫开始第三次蜕皮，其中47.3%发现于盲肠、结肠前中段肠壁的消化液中。第3天，仅有3.5%幼虫处在第三次蜕皮中。

第四期幼虫：典型的特征是有1个杯形或球形的暂时性的口囊，口缘有1圈细小的叶冠。根据其发育情况，可将其分为早、中、后3个阶段。

早期。体长在1mm以下，性别不明显，98%以上寄生在结肠中段。感染后第3天，头端呈棒状，口囊杯形，神经环位于食道较细处，由神经环向食道的背腹面发出2列神经细胞，向前后两方伸出。第5天，颈沟出现，其前生有1小泡，生殖原基增长，达0.25mm。

中期。体长1.0-2.5mm，有性别的分化，且生殖系统逐步形成雏形，并从结肠中段回到结肠前段。第8天，大部分幼虫进入此阶段。口囊似球形，神经细胞长成2条通至后部的索状神经链，每条含有12个左右的神经节。雌虫在后段肠管的腹面出现1团生殖细胞。雄虫在直肠周围生有少量颗粒状的生殖细胞。第11天，神经链消失。雌虫的生殖细胞团构成排卵器的形状，产生管状或瓶状空隙的原始阴道，向前长出颗粒状子宫芽体。第15天，雌虫子宫芽体向前延长成皱曲的管子；雄虫直肠基部两侧产生椭圆形交合刺芽体。第19天，雌虫子宫管增长与生殖原基；雄虫生殖细胞构成交合刺的形状，交合刺芽体向前长出颗粒状突起。

后期。最早出现在感染后第22天，主要寄生在结肠前段，长2.5-4.0mm，口囊后方渐次产生第五期幼虫的永久性口囊，颈沟前小泡拉长成条状。雌虫的排卵器完善，隙状阴道变为管状，子宫呈细管状。雄虫交合伞和交合刺近乎成形。

第五期幼虫：幼虫完成最后一次蜕皮后形成第五期幼虫，该幼虫已具有与成虫相似的形态结构，但某些器官尚未发育成熟，根据其发育情况可分为早、中、后3个阶段。

早期。体长3-6mm，开始（第24天）头端直没有头泡，仅在颈沟前有1小的泡，几天后小泡拉长，头稍向腹面弯曲。雌虫尾部平直，阴门不明显。雄虫交合伞肋细长，交合刺无色。

中期。接近成熟阶段，体长8-12mm，头泡开始膨大，头部较为弯曲。雌虫尾部逐渐向腹面弯曲。雄虫交合伞肋增粗，交合刺呈棕色。

后期。为性成熟阶段，生殖系统发育成熟，并开始生殖活动，头泡膨大，头端弯曲如钩。第55天，雌虫子宫内有长方形未成熟的卵，雄虫精管和精囊里充满圆颗粒状的精子。第62天，雌虫后段生殖道内有成熟的卵。

春夏季感染最早排卵时间是60-61天，冬季感染约3个月或更长时间。

(81) 鹿食道口线虫 *Oesophagostomum* (*Hysteracrum*) *muntiacum* Jian, 1989 (图 91)

Oesophagostomum (*Hysteracrum*) sp. Yen, 1973: 358, 359, figs. 10-13.

Oesophagostomum (*Hysteracrum*) *muntiacum* Jian, 1989: 20-24, figs. 1-9.

宿主 小麂 *Muntiacus reevesii*，赤麂 *Muntiamus muntjak vaginalis*。

寄生部位 大肠、盲肠。

观察标本 1♂，holotype；1♀，allotype；118♂♂106♀♀，paratypes。标本保存于陕西省动物研究所。

形态 虫体细小且笔直，呈乳白色；体表有细的横纹。头囊膨大呈椭圆形。侧翼发达，其上具有角质小点构成的细腻纵线，自颈沟沿体测向后延伸至体中部或后部。头领呈半截锥状；头端有 1 对头感器和 4 个亚种乳突。口孔圆形，口缘有内外 2 层叶冠。外叶冠 10 叶，较宽短，顶端钝圆；每个外叶冠基部有 2 个短小的内叶冠。口囊梯形，其宽度与深度之比约为 2∶1。食道漏斗不显著。颈乳突显著，位于食道末端之前和食道末端。

雄虫 体长 3.8-4.3 (4.0)mm，最大体宽 0.150-0.190 (0.168)mm。头囊长 0.110-0.123 (0.114)mm，宽 0.100-0.108 (0.105)mm。侧翼长 1.550-2.620 (2.120)mm，宽 0.010-0.011mm。食道长 0.180-0.200 (0.195)mm。头端至神经环 0.105-0.110 (0.109)mm。头端至颈乳突：左侧为 0.195-0.250 (0.224)mm，右侧为 0.210-0.255 (0.227)mm。交合伞发达，背叶与侧叶由浅的凹痕分开。腹肋并行，不达伞缘，弯向背方。侧肋为同一主干，前侧肋粗短，与其余两侧肋分离，几达伞缘。中侧肋和后侧肋并行，同达伞缘。背肋长 0.150-0.160 (0.154)mm，在距基部 0.045-0.060 (0.50)mm 处伸出外背肋，其末端未达伞缘。背肋在外背肋分出后变细，在距基部 0.090-0.120 (0.101)mm 处分为左右 2 支，每支约在其中部分出 1 个较粗短的外侧支，其长度不及内侧支长度的 1/2，不达伞缘；内侧支细长，伸达伞缘。生殖锥显著突出，其背唇和腹唇的中央突起不在同一水平。腹唇突起较长，呈圆锥形；背唇突起短而较平缓，其宽度稍大于腹唇，在两侧缘各有 1 个长乳突状的突起。伞前乳突距伞末端 0.230-0.240 (0.235)mm。2 根交合刺等长且形状相似，具有显著翼膜，末端稍呈弧状弯曲，刺末端钝圆，长 0.410-0.440 (0.424)mm，其与体长之比为 1∶9.5。引带大小为[0.031-0.038 (0.033)] mm × [0.021-0.030 (0.025)] mm。

雌虫 体长 4.3-4.5 (4.4)mm，体宽 0.080-0.100 (0.094)mm。食道长 0.190-0.200 (0.197)mm。头囊长 0.105-0.118 (0.113)mm，宽 0.065-0.100 (0.076)mm。侧翼长 2.253-3.090 (2.745)mm，宽 0.011-0.021 (0.017)mm。头端至神经环 0.110-0.120 (0.116)mm。头端至颈乳突：左侧为 0.193-0.238 (0.223)mm，右侧为 0.205-0.245 (0.225)mm。虫体至阴门后逐渐变细，尾细长而直。阴门距尾端 0.500-0.550 (0.540)mm。肛门距尾端 0.290-0.330 (0.320)mm。

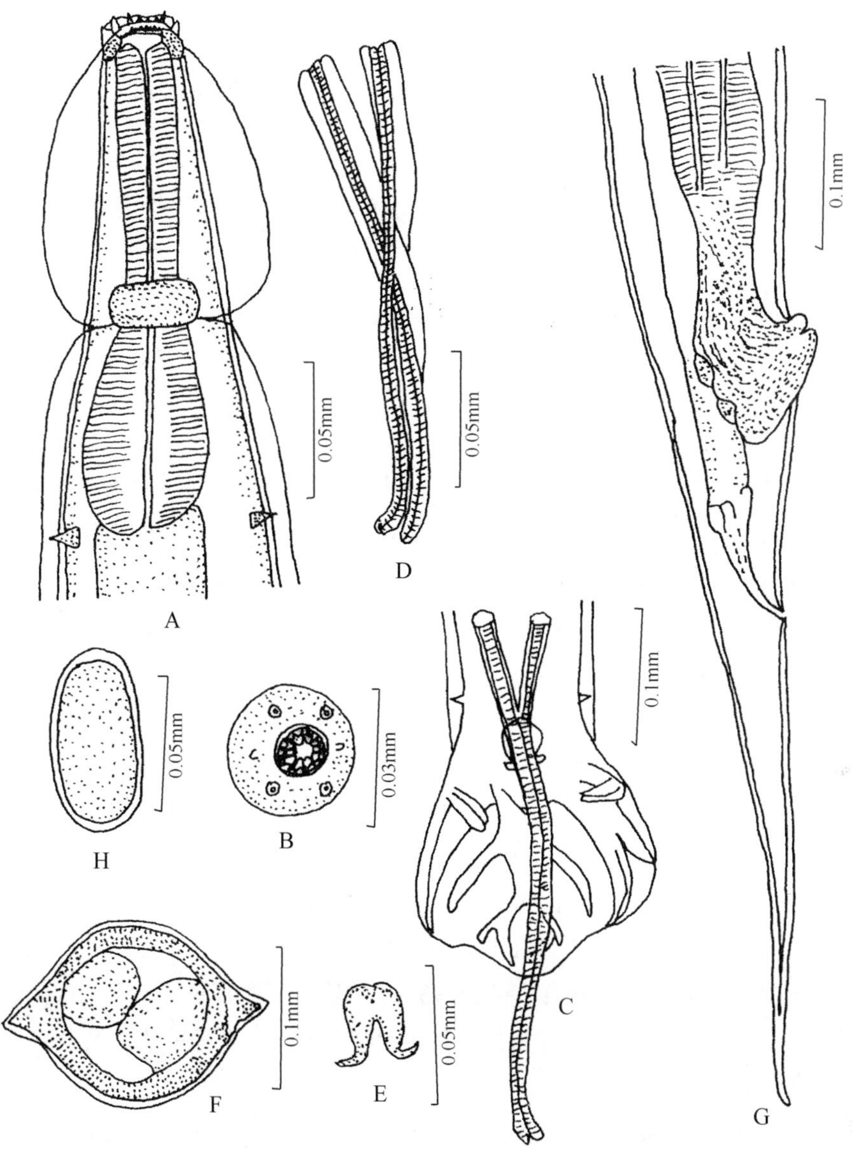

图 91　麂食道口线虫 *Oesophagostomum* (*Hysteracrum*) *muntiacum* Jian (仿简世才，1989)

A. 雌虫头部腹面观 (anterior end of female, ventral view)；B. 雌虫头端顶面观 (anterior extremity of female, en face view)；C. 雄虫尾部腹面观 (posterior end of male, ventral view)；D. 交合刺 (spicule)；E. 引带 (gubernaculum)；F. 雌虫颈乳突后横切面观 (transverse section posterior to cervical papillae of female)；G. 雌虫尾部侧面观 (posterior end of female, lateral view)；H. 虫卵 (egg)

尾长与体长之比为 1∶14。子宫分 2 支，其靠近阴门侧的 1 支伸达阴门水平线稍后，再向内侧面盘曲弯回；靠内侧 1 支伸至阴门水平线后呈弧形弯曲。2 支子宫末端在阴道底部共同形成结构复杂的排卵器。阴道横向，稍向后倾斜，长 0.023-0.040 (0.033)mm。子宫末端虫卵长椭圆形，长径 0.055-0.063 (0.061)mm，辐径 0.028-0.030 (0.029)mm。

地理分布　陕西、云南。

(82) 细小食道口线虫 *Oesophagostomum* (*Hysteracrum*) *pavula* Sha, Zhang, Cai *et* Wang, 1995 (图 92)

Oesophagostomum (*Hysteracrum*) *pavula* Sha, Zhang, Cai *et* Wang, 1995: 93-95, figs. 1-10.

宿主　林麝 *Moschus berezovskii*。

寄生部位　大肠。

观察标本　1♂，holotype；1♀，allotype；9♂♂4♀♀，paratypes。标本保存于四川省都江堰市四川省养猪研究所。

形态　虫体白色，细小，线状。头直，口孔呈三角辐射形。口囊浅，宽度相当于深度的 2.3 倍。口领似半截锥形，与体分界处有 1 明显的横沟，口领基部有 4 个亚种乳突和 2 个侧乳突。从口领到颈沟之间的体表角皮膨大，到颈沟前稍狭，无侧翼。口缘有外叶冠 16-18 枚，叶片不整齐，缺乏内叶冠。神经环位于颈沟水平线上。颈乳突位于食道后方。

雄虫　体长 6.9-9.2mm，体宽 0.280-0.300mm。食道长 0.310-0.370mm。颈乳突至头端的距离为 0.410-0.480mm。尾部具有伞前乳突。交合伞发达，由 3 叶组成，背叶与侧叶分界不明显。前、后腹肋并行，末端达伞缘。侧肋均发于同一主干上，前侧肋与中、后侧肋分离，末端距伞缘较远。中、后侧肋并行，末端达伞缘。外背肋起源于背肋近 1/3 处，比较发达，末端未达伞缘；背肋远端 1/3 处分为左右 2 支，末端各再分为 2 小支，内侧支细长，末端达伞缘；外侧支粗壮，末端不达伞缘。生殖锥左右对称，由背、腹唇组成，腹唇正中为锥形，两侧各有 1 钝圆形突起。背唇比腹唇略短，中央部分较平直，两侧各有 1 个乳突状突起物。交合刺长 0.790-0.880mm。引带呈铲状，具有 1 短于铲部的柄部，长 0.070-0.082mm。

雌虫　体长 9.9-10.2mm，体宽 0.400-0.420mm。食道长 0.370-0.410mm。颈乳突至头端的距离为 0.480-0.510mm。尾直，末端较尖。肛门距尾端 0.340-0.420mm。阴门位于肛门的前方，距尾端 0.660-0.750mm。虫卵椭圆形，浅灰色，大小为(0.063- 0.072)mm × (0.032-0.042)mm，壳薄，内含卵裂细胞 8-10 个。

地理分布　四川。

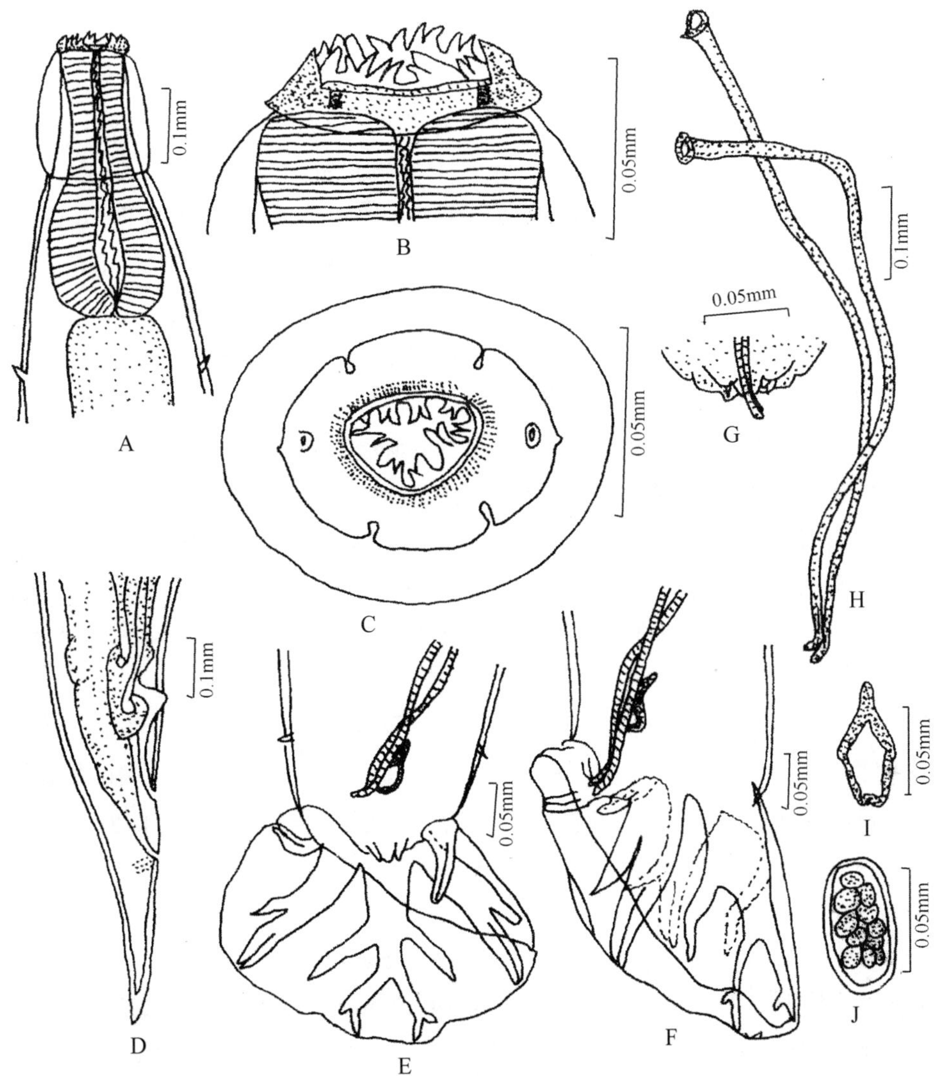

图 92 细小食道口线虫 *Oesophagostomum* (*Hysteracrum*) *pavula* Sha, Zhang, Cai *et* Wang
(仿沙国润等，1995)

A. 虫体前部腹面观 (anterior end of body, ventral view); B. 头部腹面观 (cephalic end of body, ventral view); C. 头部顶面观 (cephalic extremity, en face view); D. 雌虫尾部侧面观 (posterior end of female, lateral view); E. 雄虫尾部腹面观 (posterior end of male, ventral view); F. 雄虫尾部侧面观 (posterior end of male, lateral view); G. 生殖锥(genital cone); H. 交合刺 (spicule); I. 引带 (gubernaculum); J. 虫卵 (egg)

(83) 新疆食道口线虫 *Oesophagostomum* (*Hysteracrum*) *sinkiangensis* Hu, 1990 (图 93)

Oesophagostomum (*Hysteracrum*) *sinkiangensis* Hu, 1990: 47, 48, figs. 1-12; Shen *et* Huang, 2004: 83, 84.

宿主 绵羊 *Ovis aries*。

寄生部位 盲肠。

观察标本 55♂♂65♀♀。标本保存于新疆石河子农业大学畜牧兽医系寄生虫研究室。

形态 虫体呈淡黄色，体表有纵、横纹；体中部最宽，向两端逐渐变尖细，前部向腹面稍弯曲，头端直，有发达的头泡。口领发达，似半截锥体，基部宽 0.156-0.182mm。口领高 0.042-0.078mm，上有 6 个环口乳突，其中亚腹侧和亚背侧的 4 个乳突呈等距正方形排列，较细长，大小为(0.034-0.039)mm × (0.012-0.013)mm，两侧的 2 个较粗大，大小为(0.034-0.039)mm × (0.034-0.036)mm。口孔圆形，直径为 0.034-0.036mm，周围有外叶冠 18-20 叶，叶体呈锥形，叶尖薄而尖呈叶片状，并向内弯曲，侧面观呈鸟头状，其顶端外侧还具有 2 个凹陷，内叶冠 36-40 叶，小刺状，每 2 叶在颈部联结成“凹”字形，长度约为外叶冠的 1/3。口囊很浅，宽度约为深度的 4 倍，大小为(0.016-0.021)mm × (0.052-0.073)mm，口囊壁厚而直。头端宽 0.260-0.312mm，长 0.312-0.385mm (至颈沟处)，呈球形或亚球形，宽度大于颈沟后体宽，因而，虫体前端呈鼓槌状外观。头泡宽 0.037-0.073mm，上有 4 或 5 条环纹。食道漏斗小，食道呈衣棒状，即前段直而呈柱状，后段膨大部稍长于前段，其宽度约为前段的 2 倍，末端有 3 片半月状瓣深入肠腔。颈沟深而明显，上、下缘突出，联合呈孔形，围绕腹面及两侧。排泄孔位于虫体腹面中央颈沟内。神经环位于颈沟稍后方。有侧翼膜，其中颈翼膜不发达，宽度仅 0.010-0.016mm，从颈乳突开始侧翼膜比较发达，一直延伸至雄虫的交合伞前和雌虫的肛门前，侧翼膜最大宽度 0.042-0.062mm。颈乳突长 0.021-0.031mm，伸出侧翼膜，位于食道末端之后较远处，大多在其后 0.083-0.416mm 的两侧，2 乳突不在一平面，均为左侧靠前。有的标本其前后相差达 1/2 距离。

雄虫 体长 10.2-15.8mm，最大宽度 0.458-0.572mm，颈沟后体宽 0.229-0.250mm。食道长 0.863-0.882mm，最大宽度 0.208-0.218mm。颈乳突距头端 1.040-1.243mm。交合伞的形状和肋排列方式与粗纹食道口线虫相似。交合伞基部与体部之间的腹面有深 0.052mm 的凹陷。伞前乳突发达，长 0.034-0.039mm，不伸出翼膜，位于伞前 0.135-0.146mm 处。交合伞长 0.260-0.354mm，宽 0.416-0.624mm，伞膜外表面具纵纹，内表面为花纹与横纹。背叶明显，中间凹陷，宽 0.125-0.138mm。2 腹肋较细长，互相靠近，仅末端稍分开，等长，直达伞缘，长度为 0.128-0.208mm。侧肋起于同一主干，总长度为 0.370-0.388mm。其中前侧肋的分出部位稍偏前，并与中、后侧肋分开较大的距离，末端不达伞缘，长 0.138-0.160mm。中、后侧肋在同一主干发出，总长度为 0.180-0.228mm，2 肋并行直达伞缘，后端稍分开，中侧肋长 0.136-0.170mm，后侧肋长 0.146-0.184mm。外背肋与背肋从同一主干依次发出，主干长 0.068-0.099mm。外背肋呈“八”字形从主干远端向两侧伸展，略呈弧形向后弯曲，较粗长，为(0.174-0.229)mm × (0.022-0.026)mm。背肋从外背肋分出部的中央向后延伸，长 0.195-0.232mm，宽 0.029-0.034mm，为背肋组主干宽度的

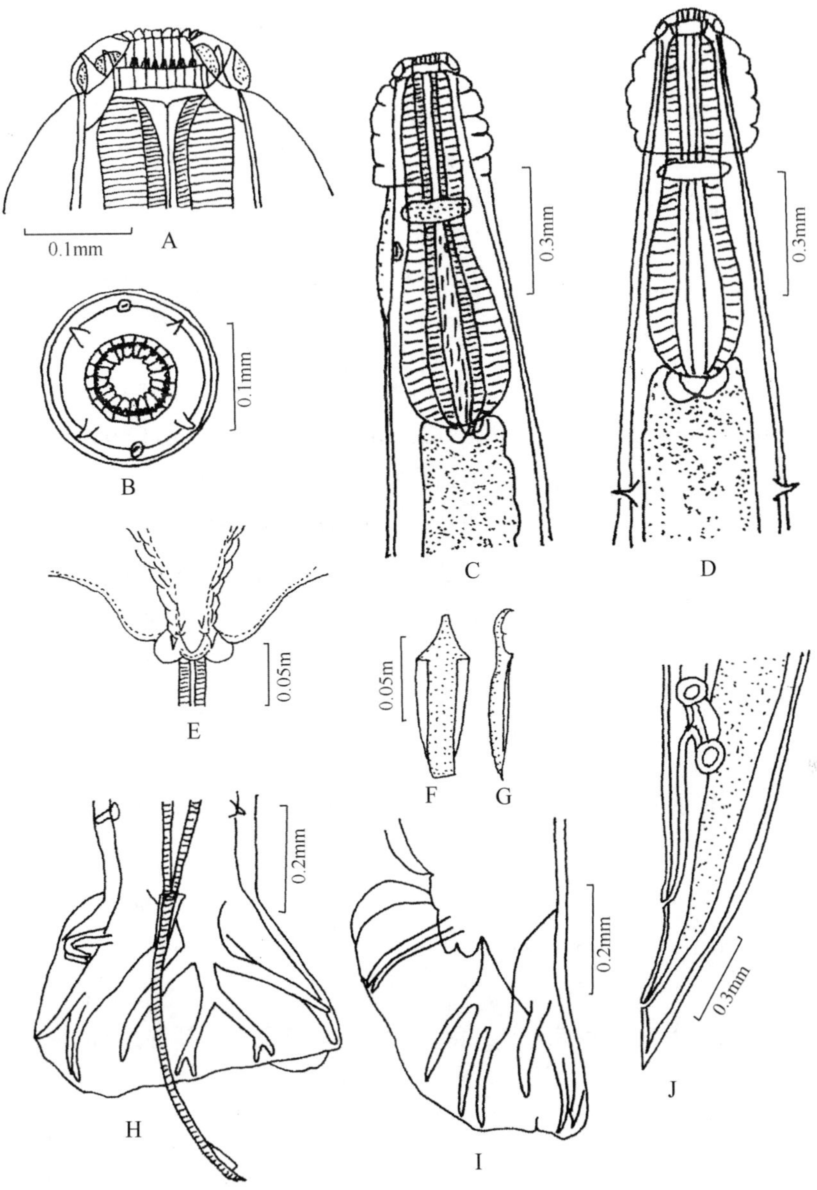

图 93　新疆食道口线虫 *Oesophagostomum* (*Hysteracrum*) *sinkiangensis* Hu
(仿胡建德，1990)

A. 头部腹面观 (cephalic end of body, ventral view)；B. 头部顶面观 (cephalic extremity, en face view)；C. 虫体前部侧面观 (anterior end of body, lateral view)；D. 虫体前部腹面观 (anterior end of body, ventral view)；E. 生殖锥 (genital cone)；F. 引带腹面观 (gubernaculum, ventral view)；G. 引带侧面观 (gubernaculum, lateral view)；H. 交合伞腹面观 (copulatory bursa, ventral view)；I. 交合伞侧面观 (copulatory bursa, lateral view)；J. 雌虫尾部侧面观 (posterior end of female, lateral view)

1/2，于远端 0.067-0.075mm 处分成左右 2 支，每支又于远端 0.155-0.159mm 处各分成内外 2 小支。外支较短 (0.026-0.060)mm，内支较长 (0.036-0.073)mm，伸达伞缘。在内外

2 小支之间还有 1 刺状的第三小支，长仅为 0.003-0.010mm，少数标本第三小支的位置稍有变化。生殖锥后端由背、腹 2 舌形唇片和两侧的背、腹半圆形膨大组织环绕形成泄殖孔，并在背唇片两侧各有 1 个由角皮形成的球形透明泡状附属物 (大小为 0.019mm)，泡状物的后内方各有 1 小的突起，并有 2 个由唇片两侧锥体部发出的矛形齿状物深入泡状附属物中。交合刺等长，呈长管状，有翼膜，长 1.362-1.539mm，宽 0.010-0.016mm，翼膜宽 0.012-0.018mm，末端刺膜膨大部长 0.091mm。引带呈长铲状，全长 0.086-0.099mm，宽 0.026-0.031mm；柄短于体部，长 0.021-0.023mm，柄尖向腹面弯曲；铲部两侧向腹面卷折，末端较窄。

雌虫 体长 17.2-23.1mm，最大宽度 0.499-0.676mm，颈沟后体宽 0.291-0.302mm。食道长 0.863-0.930mm，最大宽度 0.208-0.281mm。颈乳突距头端 1.196-1.331mm。阴唇突出，阴门距肛门 0.250-0.312mm。阴道直行向前至排卵器中部处横行，全长 0.468-0.728mm，阴道中的虫卵大小为(0.086-0.099)mm × (0.039-0.049)mm。排卵器前后直列，长 0.208-0.312mm。直肠长 0.187-0.237mm。肛门距尾端 0.156-0.208mm。尾短而尖，从肛门开始逐渐缩小，呈尖三角形。尾感器在尾部中 1/3 与后 1/3 交界处稍前，距尾端约 0.281mm。

地理分布 新疆。

7) 前突亚属 *Proteracrum* Railliet *et* Henry, 1913

Proteracrum Railliet *et* Henry, 1913: 507; Skrjabin, Shikhobalova, Schulz, Popova, Boev *et* Delyamure, 1952: 260; Popova, 1958: 344; Chabaud *et* Durette-Desste, 1973: 1422, 1423.

特征 颈乳突位于食道末端之前。食道漏斗简单或很小。具有 2 圈叶冠。反刍类的寄生虫。

本亚属线虫共报道 7 种，其中我国报道 2 种。

种 检 索 表

外叶冠 20-24 枚；交合刺长 0.74-0.87mm ························ **哥伦比亚食道口线虫 *O.* (*P.*) *colunbianum***

外叶冠 12 枚；交合刺长 1.65-2.10mm ·· **湖北食道口线虫 *O.* (*P.*) *hupensis***

(84) 哥伦比亚食道口线虫 *Oesophagostomum* (*Proteracrum*) *colunbianum* (Curtice, 1890) (图 94)

Hypostomum colunbiana Curtice, 1890: 16.

Oesophagostomum (*Proteracrum*) *colunbianum*: Stossich, 1899: 96; Skrjabin, Shikhobalova, plate V, figs. 1-5; Popova, 1958: 344-347, fig. 232; Qi, Li *et* Cai, 1984: 221, 222, fig. 131; Li, Li, Zhou, Wang, Han, Wu *et* Huang, 1988: 211, fig. 97; Lu *et* Jin, 2002: 179, 180, fig. 150; Zhang, 2003: 69; Shen *et* Huang, 2004: 83.

宿主　绵羊 *Ovis aries*，山羊 *Capra hircas*，黄牛 *Bos taurus*，水牛 *Bubalus arnee*，牦牛 *Bos mutus*，黇鹿 *Dama dama*。

寄生部位　大肠。

观察标本　8♂♂5♀♀，采自河北，1999.I.20，张路平。标本保存于河北师范大学生命科学学院。

形态　身体前部弯曲如钩状，两旁有侧翼膜。口领的形状如半截圆锥，高度不及宽度的 1/2，底部下垂，盖着头沟。环口乳突如常。外叶冠由 20-24 枚小叶组成；内叶冠由 40-48 枚小叶组成。每个外叶冠基部有 2 个小尖叶。头囊并不膨大，长 0.15-0.18 (0.169)mm；宽 0.14-0.18 (0.16)mm。头囊腹面及两侧的后端下垂，盖着头沟。侧翼膜很发达，从头沟起向后延伸，直到雄虫的交合伞和雌虫阴唇后边少许。颈乳突在颈沟后，呈细长形，尖端突出膜外。神经环在颈沟和颈乳突后面，食道的中部。

雄虫　体长 12.0-13.5 (12.8)mm，体宽 0.300-0.370 (0.330)mm。食道长 0.720-0.920 (0.820)mm；宽 0.140-0.170 (0.150)mm。交合伞比较大，背叶和侧叶的分界不明显。背叶边缘中间有小的缺口。伞前乳突小，不很发达，尖端不到侧翼膜的边缘。侧叶在生殖锥上部结合，从腹面看，两侧叶比较展开。伞肋排列如下：腹肋并列，末端同达伞缘。侧肋起于同一主干，前侧肋先与其他两侧肋间有相当大的距离，前侧肋的末端不达伞缘。中侧肋和后侧肋并行，末端都达伞缘。背肋基部起自同一主干，相当粗；分出外背肋后，主干就缩小为原来的 1/2。外背肋的末端不达伞缘。此后，经过与分出外背肋之前等长的一段距离，再分支为左右 2 背肋；在分支的 1/2 处又分为外短内长 2 小支。内长小支比较细长，大约为外短小支的 2 倍长度，末端达伞缘。外短小支比较粗，末端不达伞缘。生殖锥：腹唇中央锥形，两旁扁平。背唇与腹唇宽度几乎相等，后端两旁有泡囊状乳突，中心有长形实芯，并未见如 Goodey (1924a) 所说的乳突状突起。交合刺长 0.740-0.870 (0.788)mm。

雌虫　体长 16.7-18.6 (17.6)mm，体宽 0.350-0.440 (0.390)mm。食道长 0.820-1.050 (0.920)mm，宽 0.170-0.180 (0.172)mm。尾部长，逐渐变尖。肛门至尾尖的距离为 0.300-0.400 (0.380)mm。肛门至阴门的距离为 0.650-0.800 (0.685)mm。直肠平均长 0.218mm。阴唇中部隆起。阴道短，横行引入直列的排卵器的中部。

地理分布　黑龙江、吉林、辽宁、内蒙古、北京、天津、河北、山西、河南、陕西、宁夏、甘肃、青海、新疆、江苏、上海、安徽、浙江、湖北、湖南、福建、广东、广西、四川、贵州、云南、西藏；世界各地。

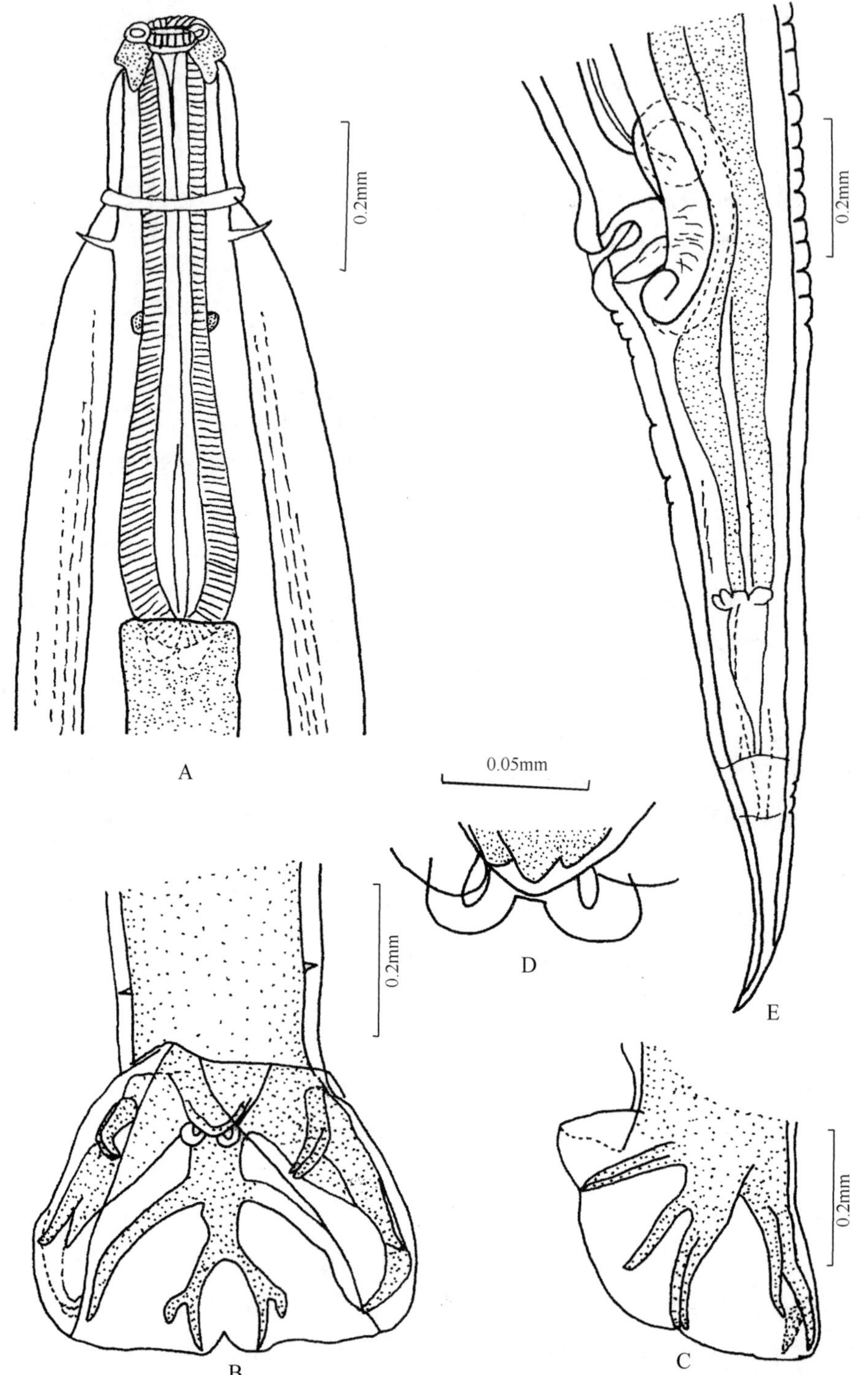

图 94 哥伦比亚食道口线虫 *Oesophagostomum* (*Proteracrum*) *colunbianum* (Curtice)

A. 虫体前部腹面观 (anterior end of body, ventral view)；B. 交合伞腹面观 (copulatory bursa, ventral view)；C. 交合伞侧面观 (copulatory bursa, lateral view)；D. 生殖锥 (genital cone)；E. 雌虫尾部侧面观 (posterior end of female, lateral view)

发育　依据 Veglia (1924) 的研究，虫卵随粪便排出体外 7-20 小时后，第一期幼虫从虫卵中孵化出来。第一期幼虫可以运动，具有杆型食道。在 24 小时内，幼虫变得不再运动，进行第一次蜕皮。蜕皮完成后，第二期幼虫脱掉旧的角皮，变得活跃，并开始取食和生长。这个阶段持续大约 3 天。在进行第二次蜕皮之前，幼虫又变得不运动。第二次蜕皮后，幼虫保留旧的角皮。第三期幼虫具有圆线形食道，它们不取食，但具有移行的倾向，幼虫长 0.800mm，尾长占体长的 1/4。

动物通过口被感染。在感染实验中，感染 12 小时后可在胃和肠中检测到幼虫，但从未在其他器官和血液中检测到幼虫。这些幼虫通常不带有旧的鞘，体长 0.650-0.775mm，口具有 3 片唇。在感染 24 小时后，在大肠黏膜中可发现大量的幼虫。36 小时后开始形成结节，但有些幼虫在 3 天后还没有形成结节。在第 4 天，所有幼虫均能在肠黏膜中检测到。结节长 0.300mm，宽 0.200mm。幼虫形成口囊并准备蜕皮，头部和尾部的角皮开始破裂。第 5 天，含有幼虫的结节肉眼可见。这时第三次退皮已经完成，形成第四期幼虫，体长 1.6mm。第 6 天，第四期幼虫开始从结节中钻出进入肠腔。幼虫体长 1.4-1.7mm，口周围有 6 片唇包围。腹部颈沟对着神经环；颈乳突位于食道中部之前。到第 8 天，幼虫完成从结节到肠腔的移行。第四期幼虫持续 27-28 天。在第 32 天完成第四次蜕皮，进入第五期幼虫，并进一步发育形成成虫。

(85) 湖北食道口线虫 *Oesophagostomum* (*Proteracrum*) *hupensis* Jiang, Zhang *et* K'ung, 1980 (图 95)

Oesophagostomum (*Proteracrum*) *hupensis* Jiang, Zhang *et* K'ung, 1980; Qi, Li *et* Cai, 1984: 222, fig. 132; Zhang, 2003: 69; Shen *et* Huang, 2004: 83.

Oesophagostomum (*Oesophagostomum*) *hupensis*: Lu *et* Jin, 2002: 171, 172, fig. 140.

宿主　绵羊 *Ovis aries*，山羊 *Capra hircas*。

寄生部位　大肠。

观察标本　10♂♂10♀♀，采自河北。标本保存于中国农业大学动物医学院。

形态　虫体呈白色或淡黄色线状，有短而发达的头囊。颈乳突位于食道的后 1/3 范围内的两侧角皮上。头端正直，无侧翼膜。虫体中部最宽，两端逐渐变细；头端则由于头囊而突然膨大，大体呈球形，头囊长 0.170-0.210mm，宽 0.290-0.350mm，头囊上可见 2-4 条环纹。口领发达，基部最宽；头沟明显。环口乳突 6 个，其顶端略露出于角皮之外。口孔圆形，开向直前方。口囊平均深 0.030mm，宽 0.070mm，纵切面大体呈矩形。外叶冠由 12 枚小叶组成，在每一个小叶的内侧基部有 2 个基部相连的内叶冠小叶，共有 24 枚。颈沟明显，环绕虫体全周，但以腹侧较为深陷。颈乳突细小，雌虫的颈乳突距头端 0.650-0.910mm，雄虫的颈乳突距头端 0. 560-0.760mm。食道漏斗较小，食道呈棒状。

神经环在颈沟稍后方，食道中央之前。

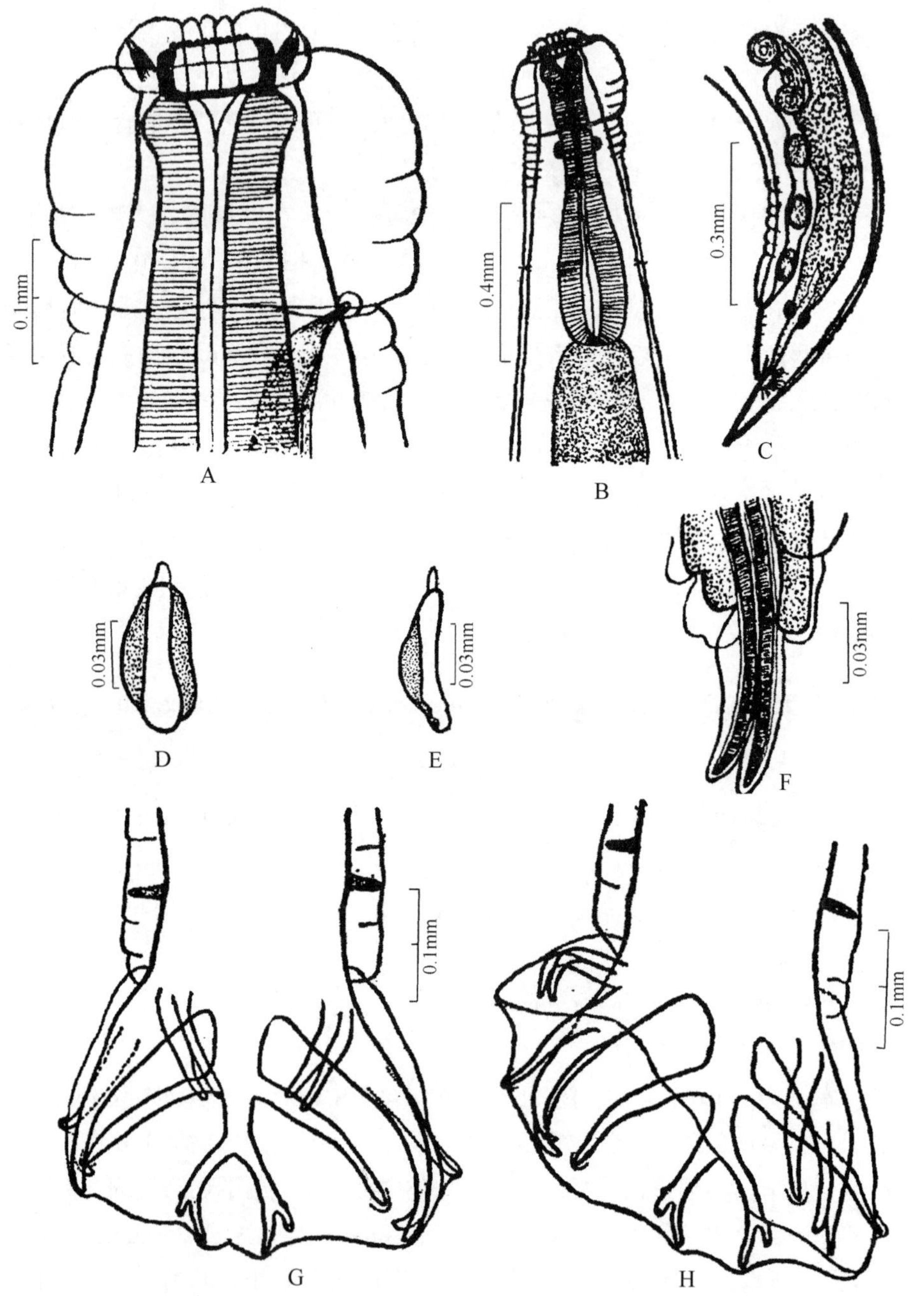

图 95 湖北食道口线虫 *Oesophagostomum* (*Proteracrum*) *hupensis* Jiang, Zhang *et* K'ung

A. 头部侧面观 (cephalic end of body, lateral view)；B. 虫体前部腹面观 (anterior end of body, ventral view)；C. 雌虫尾部侧面观 (posterior end of female, lateral view)；D. 引带腹面观 (gubernaculum, ventral view)；E. 引带侧面观 (gubernaculum, lateral view)；F. 生殖锥和交合刺末端 (genital cone and distal ends of spicule)；G. 交合伞腹面观 (copulatory bursa, ventral view)；H. 交合伞背侧面观 (copulatory bursa, dorso-lateral view)

雄虫　体长 11.2-13.4mm，最大宽度 0.450-0.495mm。食道长 0.640-0.780mm。交合伞的形状和肋的排列方式与粗纹食道口线虫相似。背叶边缘中央有 1 明显的切迹。伞前乳突发达。腹腹肋与侧腹肋并行，至末端 1/3 处略有分离。侧肋起于同一主干，前侧肋的分出部位稍偏上，末端伸达伞的边缘；中、后侧肋并行，约至末端 1/5 处略微分开，中侧肋不达伞的边缘，后侧肋伸达伞的边缘。外背肋从背肋基部后 0.045-0.050mm 处分出，背肋主干再向后经 0.035-0.040mm 分为左右 2 支，每一支又分为 2 支，内支细长，伸达伞的边缘；外支短，不达伞的边缘。生殖锥：腹唇中央呈锥形，末端较尖，两侧有圆形囊泡；背唇较短，后端两旁亦有圆形囊泡。交合刺等长，有翼膜，长 1.650-2.100mm。引带的柄短，体部较宽，长 0.100mm，宽 0.045mm。

雌虫　体长 12.7-18.0mm，最大宽度 0.490-0.700mm。食道长 0.720-0.830mm。阴门至肛门的距离为 0.100-0.140mm。阴道长 0.350-0.530mm。直肠长 0.150-0.170mm。虫体自肛门以后急剧变细，尾端尖细。尾长 0.100-0.150mm。阴道向上通入发达的排卵器。前阴唇角皮稍膨大。排卵器平行于身体的长径。

地理分布　湖北、广西、云南。

29. 鲍吉属 *Bourgelatia* Railliet, Henry *et* Bauche, 1919

Bourgelatia Railliet, Henry *et* Bauche, 1919: 324; Yorke *et* Maplestone, 1926: 82; Skrjabin, Shikhobalova, Schulz, Popova, Boev *et* Delyamure, 1952: 220; Popova, 1958: 43; Yamaguti, 1961: 380; Lichtenfels, 1980: 37.

Wuia K'ung, 1959: 507.

Type species: *Bourgelatia diducta* Railliet, Henry *et* Bauche, 1919.

特征　口孔指向前方，有 2 圈叶冠，外叶冠的宽度是内叶冠的 2 倍。口囊圆柱形，壁厚，具有明显的角质支环。食道长度小于体长的 1/10。雄虫交合伞侧叶有缺刻，看起来似乎由 5 叶组成，交合刺等长，具翼，引带不明显。雌虫尾部直，末端尖。家猪的寄生虫。

本属线虫全世界共报道 2 种，其中我国报道 1 种。

(86) 双管鲍吉线虫 *Bourgelatia diducta* Railliet, Henry *et* Bauche, 1919 (图 96)

Bourgelatia diducta Railliet, Henry *et* Bauche, 1919: 324-332; Yorke *et* Maplestone, 1926: 82, fig. 45; Skrjabin, Shikhobalova, Schulz, Popova, Boev *et* Delyamure, 1952: 224, figs. 105-108; Popova, 1958: 44-46, figs. 20-23; Yamaguti, 1961: 381, plate 69, fig. 620; K'ung *et* Zhang, 1965: 29, 30, fig. 1; Shen *et* Huang, 2004: 82.

Oesophagastomum hsiungi Ling, 1959: 24-27, plate 1, figs. 1-6.

Wuia hsiungi: K’ung, 1959: 507, 508.

宿主 家猪 *Sus scrofa domestica*, *Sus scrofa continentalis*。

寄生部位 盲肠、结肠。

形态 虫体圆柱形，具角质横纹。前端有似口领的特殊角质突起，其上有 4 个突出的乳突。口囊发育良好，壁厚，其上连接发达的角质支环。口孔边缘由叶冠围绕，外叶冠由 20 枚小叶组成，末端尖，内叶冠小叶窄，由 40 枚小叶组成，末端较钝。食道前端稍膨大，在 1/4 处变细，后面又膨大。

雄虫 体长 9.2-10.3mm，最大宽度 0.500-0.520mm。口囊宽 0.090mm，深 0.023-0.026mm。神经环距头端 0.352mm；排泄孔距头端 0.342mm；颈乳突距头端 0.543mm。食道长 0.750-0.800mm，膨大部宽 0.220-0.230mm。交合伞由 1 个小的背叶和 2 个大的侧叶组成，由于侧叶上有 1 个缺刻，使得交合伞看起来像由 5 叶组成。伞前乳突发达。腹腹肋与侧腹肋并行，至末端略有分离。侧肋起于同一主干。外背肋从背肋基部分出，呈弧形伸向侧叶。背肋主干再向延伸至 2/3 处分为左右 2 支，每一支又分为 2 支，外支短，不达伞的边缘；内支长，伸达伞的边缘，末端呈双叉状。交合刺等长，具翼膜，长 1.230-1.300mm。

雌虫 体长 10.2-12.3mm，最大宽度 0.600-0.660mm。口囊宽 0.095-0.107mm，深 0.025mm。食道长 0.830-0.890mm，膨大部宽 0.260-0.270mm。阴门具有明显的突起，阴门至肛门的距离为 0.500-0.600mm。尾长 0.340-0.400mm。

地理分布 河南、江苏、安徽、浙江、湖北、湖南、福建、广东、广西、四川、贵州、云南；苏联，印度。

发育 陈汉忠和张毅强 (1987) 对双管鲍吉线虫的早期发育进行了研究。虫卵短椭圆形，长度为 0.066-0.076mm，宽度为 0.038-0.045mm。卵壳薄，胚细胞暗黄色，胚细胞与卵壳之间有空隙。刚产出的虫卵已为多细胞期，胚细胞数目在 16 个以上。虫卵在培养液中，一般经 5-6 小时开始进入蝌蚪期；经 8-9 小时发育至蝌蚪期；经 10-12 小时后发育为虫样期。虫样期初期，幼虫主要以“8”字形盘曲在卵壳内，后期常呈螺旋形盘曲。

刚形成的幼虫，开始时在卵内做缓慢的不规则的运动，以后活动逐渐加快并较有规则。幼虫用其头部反复地摩擦和冲击虫卵两端近侧周围的卵壳，最后幼虫突然强有力收缩身体冲击这些部位破壳而出。虫卵从产出到孵化出幼虫，共需 16-18 小时。

第一期幼虫刚孵化出时很活泼，不停地在培养液中做蛇形运动。虫体长 0.305-0.332mm，宽 0.018-0.021mm。头部呈圆锥状，前端钝圆；中部圆筒状；尾部逐渐变尖细。口腔壁为 1 层厚的角质层，口腔呈柱状，深 0.010-0.013mm；口腔与食道交接处的角质层稍微增厚。食道为杆状，长 0.100-0.105mm；食道管身从前端至中端逐渐膨大，接着逐渐缩细，形成管腰，管腰后又膨大形成梨形食道球；食道球内有 1 个“Y”形瓣，食道

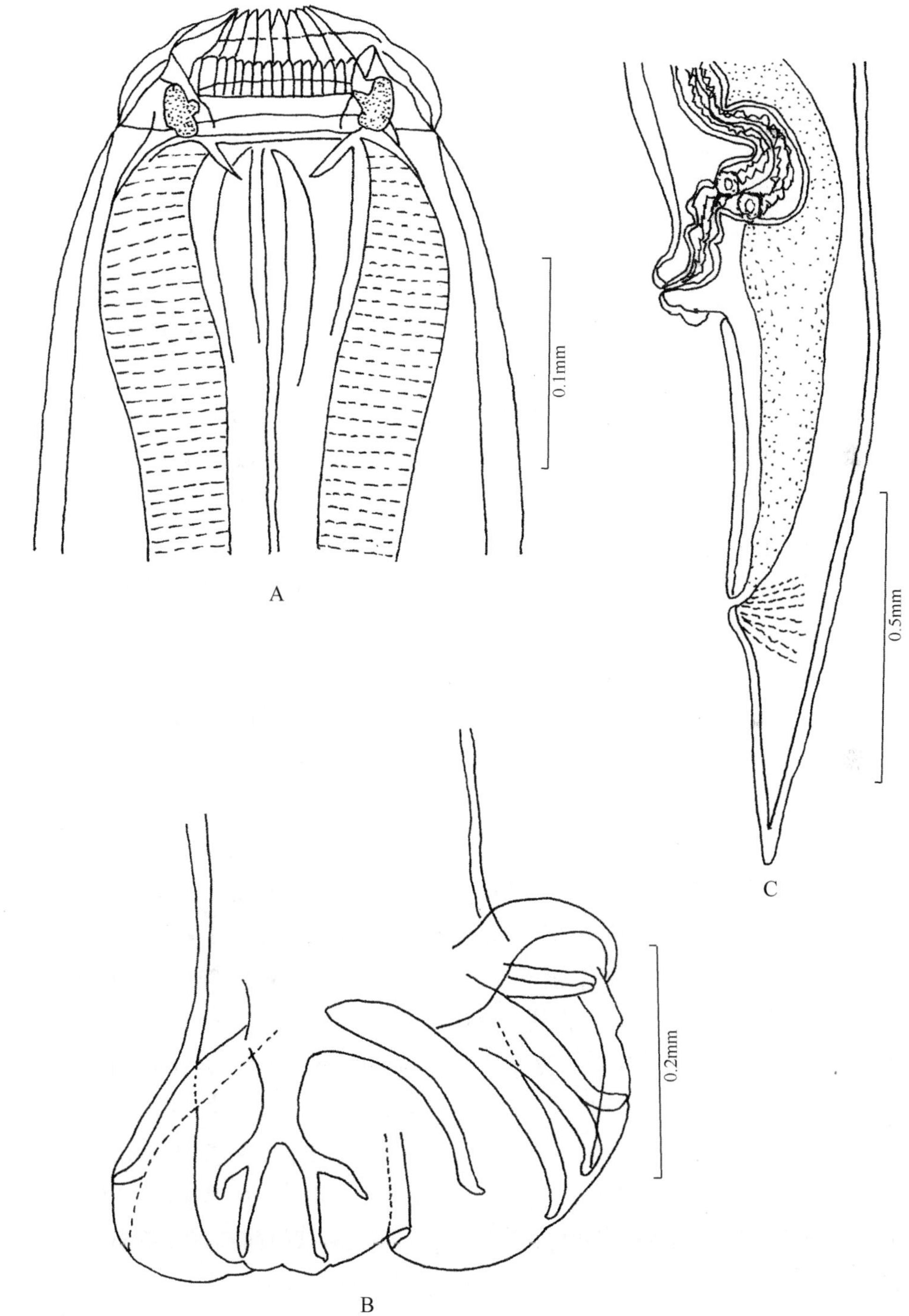

图 96　双管鲍吉线虫 *Bourgelatia diducta* Railliet, Henry *et* Bauche

A. 头部侧面观（cephalic end of body, lateral view）；B. 交合伞背侧面观（copulatory bursa, dorso-lateral view）；C. 雌虫尾部侧面观（posterior end of female, lateral view）

以膜与肠相连。肠管透明，呈波浪状弯曲；肠壁细胞排列成 2 行，每行 9 个，细胞颗粒粗而且不均匀；前一对肠细胞呈长方形，中部细胞呈三角形，后部细胞分界不明显；生殖原基椭圆形，位于虫体中部稍后的腹侧，距尾端 0.137-0.146mm。肛门微突出于体表，尾长 0.063-0.075mm。神经环位于食道膨大部渐趋狭窄处，距头端 0.066-0.078mm。排泄孔位于神经环稍后处，距头端 0.068-0.078mm，开口于虫体的腹面。

幼虫在培养液中培养 23-25 小时后开始蜕皮。蜕皮过程可分为 3 个时期，即准备期、休眠期和恢复期。准备期的特点是幼虫的活动由强逐渐变弱，以后转入休眠期。休眠期的特点是幼虫常保持静止状态，只是身体偶尔向腹面做一阵屈曲，此时幼虫的内部构造也显得有些模糊起来。蜕皮从头端开始，最先是在幼虫头端与皮鞘之间出现细小的月牙状空隙，此后开始转入恢复期。恢复期的特点是幼虫的活动逐渐加强，特别是头部更明显。幼虫表皮与皮鞘的分离进一步扩大。到此时，幼虫的内部构造已恢复清晰。最后幼虫在收缩身体向皮鞘顶端方向冲击时，从头部挣脱一个“弹头状鞘盖”。一旦冲脱这个“弹头状鞘盖”，幼虫的整体运动迅速加强，头、尾部频频地向腹面屈曲，迫使皮鞘逐步从尾部脱落，一般约需 25-40 分钟。整个蜕皮过程共需 11-14 小时。皮鞘的前端截平，末尾呈丝状，全长 0.310-0.321mm。“弹头状鞘盖”长 0.021-0.025mm。

虫卵从产出到发育成为第二期幼虫共需 52-55 小时。第二期幼虫的形态与第一期幼虫相似，相对地显得细长些，活动力也较弱。幼虫长 0.400-0.430mm，宽 0.021-0.025mm。口腔深 0.014-0.017mm。食道杆状，长 0.100-0.120mm。肠管透明很明显，呈波浪状弯曲；肠壁细胞 22 个，每行 11 个，细胞颗粒较第一期幼虫的细，且较均匀，后部肠壁细胞的分界仍不十分清楚。生殖原基椭圆形，所在位置与第一期幼虫的相同，距尾端 0.199-0.209mm。尾长 0.075-0.083mm。神经环距头端 0.072-0.084mm。排泄孔距头端 0.076-0.087mm。

第二期幼虫的蜕皮过程与第一期的基本相同，第二期幼虫蜕下的皮鞘不脱落，第三期幼虫为带鞘的幼虫。从虫卵发育为第三期幼虫共需 73-79 小时，第三期幼虫的活动能力比第一、第二期幼虫弱得多，经常处于静止状态。

幼虫的皮鞘长 0.497-0.529mm。幼虫长 0.452-0.480mm，体宽 0.020-0.024mm。虫体头部顶端有浅的凹陷，口即位于此处，口的周缘有数片唇样物。口内为口腔，口腔周围的角质层明显增厚，中部尤为明显，使口腔呈梭形，口腔长 0.015-0.018mm。食道为丝状，长 0.112-0.126mm。食道与肠的分界清楚。肠管已不明显；肠壁细胞排列为 2 行，每行 13 个，在高倍镜下细胞明显可分；肠壁细胞暗黄色，细胞颗粒细小且均匀。生殖原基椭圆形，位于虫体中部稍后的腹侧，大小为 (0.072-0.084)mm × (0.072-0.084)mm，距尾端 0.218-0.234mm。尾长 0.053-0.062mm。神经环距头端 0.084-0.093mm。排泄孔距头端 0.087-0.094mm。

陈汉忠和张毅强 (1987) 用第三期幼虫对 2 头猪进行了感染实验，其中一头感染 30 条幼虫，另一头感染 90 条幼虫。分别在第 42 天和第 39 天检测到虫卵；解剖后都得到成虫。

30. 库兹圆属 *Kuntzistrongylus* Lichtenfels, 1980

Kuntzistrongylus Lichtenfels, 1980: 13.

Type species: *Kuntzistrongylus selfi* (Schmidt *et* Kuntz, 1975).

简史　Schmidt 和 Kuntz (1975) 从台湾的刺鼠 *Rattus coxinga* 小肠中采集到 1 新种线虫，命名为塞氏食道口线虫 *Oesophagostomum* (*Conoveberia*) *selfi*。该种线虫无颈沟，内外叶冠数目相等，无引带而与食道口属的其他种线虫有明显的区别。因此，Lichtenfels (1980) 为该线虫建立 1 新属，库兹圆属 *Kuntzistrongylus*。

特征　虫体中等大小，粗壮，无颈沟。头部呈垫状膨大。口孔圆形，具有内外叶冠。内叶冠起自近口囊基部。头乳突短，圆锥形。口囊前部较宽。角质支环付缺。无背沟。食道短而粗壮，后部膨大。颈乳突位于食道膨大部的中部附近。交合伞短，具有粗的肋。腹肋并行，末端达伞缘。腹侧肋比其他两侧肋短。外背肋起自背肋主干。伞前乳突存在。生殖锥发育良好，具有 2 个大的背乳突和 1 个腹乳突。交合刺具有宽的翼膜。无引带。阴门位于距肛门前较远的部位。阴道短，排卵器由肾形的前庭部、肌肉质的括约肌部和极短的漏斗部组成。

本属线虫全世界仅记载 1 种。

(87) 塞氏库兹圆线虫 *Kuntzistrongylus selfi* (Schmidt *et* Kuntz, 1975) (图 97)

Oesophagostomum (*Conoweberia*) *selfi* Schmidt *et* Kuntz, 1975.

Kuntzistrongylus selfi: Lichtenfels, 1980: 13, 37.

宿主　刺鼠 *Rattus coxinga coxinga*。

寄生部位　小肠。

观察标本　1♂，holotype (No. 72987)；1♀，allotype (No. 72988)；1♀，paratype (No. 72988)，采自台湾。标本保存于 USNM。

形态　虫体中等大小，粗壮。角皮厚，其上具有细的角质横纹。头端具有 1 个短的环形膨大围绕口部。唇、侧翼、颈沟均不存在。围绕口部有 4 个指状的头乳突和 2 个发达的头感器。外叶冠具有 20 枚叶瓣；内叶冠具有 20 枚小的叶瓣，每个小叶瓣位于 2 个相邻的外叶冠瓣的基部。食道前端具有 3 个大的、钝而弯曲的齿。食道腺延伸至距食道后端较远的部位。颈乳突简单，约位于食道后 1/3 的部位。

雄虫　体长 10.5mm，在虫体中部达到最大宽度，宽 0.360mm。头领高 0.032mm，宽 0.120mm。口囊深 0.035mm，底部宽 0.050mm。食道长 0.440mm，最大宽度 0.165mm。

神经环距头端 0.205mm；排泄孔距头端 0.260mm；颈乳突距头端 0.385mm。交合伞对称，由 2 个圆形的侧叶和 1 个不甚发达的背叶组成。腹肋等长，并行，末端达伞缘。前侧肋比其余两侧肋粗短，稍向前弯曲，与其余两侧肋分离，末端不达伞缘。中侧肋和后侧肋并行，同达伞缘。外背肋在距背肋基部 0.040mm 处伸出，其末端未达伞缘。背肋在距末端 1/3 处分为左右 2 支，每支在近末端处再分为 2 个小的短支。生殖锥发育良好，背唇上具有 2 个大的刀片状的乳突；腹唇上有 1 个无柄的中等大小的乳突。伞前乳突发达。交合刺等长，具有宽的翼膜，翼膜上有显著的横纹，交合刺长 0.430mm。无引带。

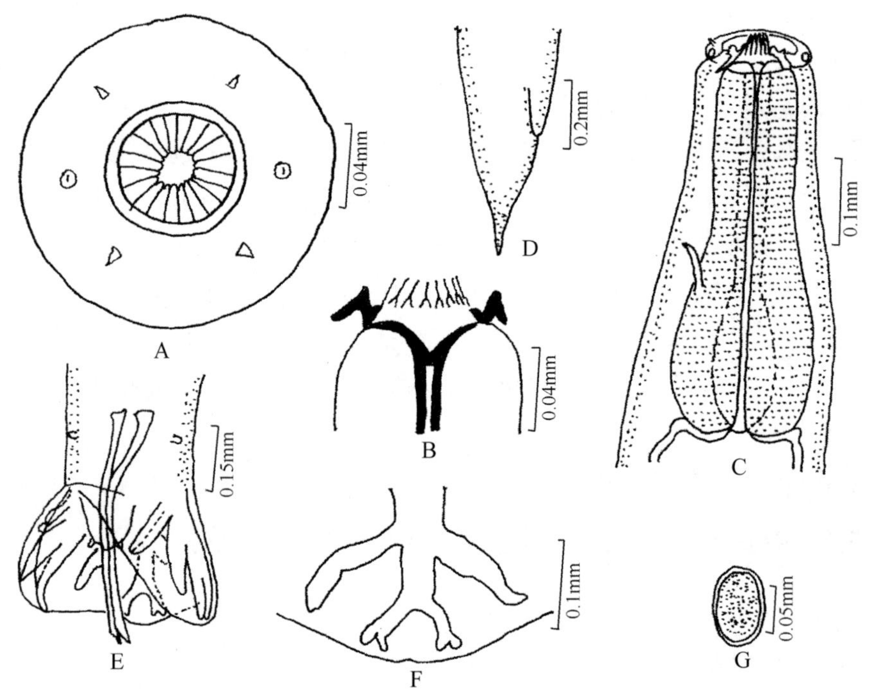

图 97 塞氏库兹圆线虫 *Kuntzistrongylus selfi* (Schmidt *et* Kuntz)
(仿 Schmidt and Kuntz, 1975)

A. 雌虫头部顶面观 (cephalic extremity of female, en face view)；B. 食道前端，示齿和内环叶冠 (anterior end of esophagus, showing teeth and inner circle of petels)；C. 雄虫前部侧面观 (anterior end of male, lateral view)；D. 雌虫尾部侧面观 (posterior end of female, lateral view)；E. 雄虫尾部腹面观 (posterior end of male, ventral view)；F. 交合伞背肋 (dorsal ray of copulatory bursa)；G. 虫卵 (egg)

雌虫 体长 18.0-19.0mm，在虫体中部达到最大宽度，宽 0.545-0.575mm。头领高 0.040mm，宽 0.130-0.140mm。口囊深 0.035mm，底部宽 0.048-0.058mm。食道长 0.520mm，最大宽度 0.225mm。神经环距头端 0.225-0.230mm；排泄孔距头端 0.280-0.290mm；颈乳突距头端 0.400mm。阴门距尾端 1.80-1.84mm。尾长 0.320-0.325mm。尾部有 1 钝尖。虫卵排出时处在桑椹期，长径 0.055-0.063 (0.061)mm，辐径 0.028-0.030 (0.029)mm。

地理分布 中国台湾。

参 考 文 献

Abuladze K I. 1937. New nematode from horse *Caballonema longicapsulatum* (Trichonematinae) nov. sp. *Raboty po Gelminthologii. Izd-vo Vaskhnil*, Moscow: 1-4 (in Russian)

Alicata J E. 1935. *Oesophagostomum longicaudatum* Goodey, 1925, a synonym of *Oesophagostomum quadrispiculatum* (Marcone, 1901). *J. Parasitol.*, 31: 215-216

Anjos D H S and M L A Rodrigues. 2003. Structure of the Strongylidae nematodes in the dorsal colon of *Equus caballus* from Rio de Janeiro state, Brasil. *Vet. Parasitol.*, 112: 109-116

Anjos D H S and M L A Rodrigues. 2006. Diversity of the infrastructure of strongylid nematodes in the ventral colon of *Equus caballus* from Rio de Janeiro state, Brasil. *Vet. Parasitol.*, 136: 251-257

Baird W. 1859. Description of a new species of entozoan (*Sclerostoma sipunculiforme*) from the intestine of the elephant. *Proc. Zool. Soc. London*, 27: 425-427

Baylis H A. 1936. Nematoda I. (Ascaroidea and Strongyloidea). The Fauna of British India. Taylor and Francis, London. 1-408

Beveridge I. 1982. A taxonomic revision of the Pharyngostrongylinea Popova (Nematoda: Strongyloidea) from macropod marsupials. *Aust. J. Zool.*, Suppl., 83: 1-150

Beveridge I. 1987. The systematic status of Australian Strongyloidea (Nematoda). *Bull. Mus. Nat. Hist. Natur.*, 9: 107-126

Boulenger C L. 1916. Sclerostome parasites of the horse in England. I. The genera *Triodontophorus* and *Oesopagodontus*. *Parasitol.*, 8(4): 420-439

Boulenger C L. 1917. Sclerostome parasites of the horse in England. II. New species of the genus *Cylichnostomum*. *Parasitol.*, 9(2): 203-212

Boulenger C L. 1920a. Sclerostomes of the donkey in Zanzibar and East Africa. *Parasitol.*, 12(1): 27-32

Boulenger C L. 1920b. On some nematode parasites of the zebra. *Parasitol.*, 12(2): 98-107

Boulenger C L. 1921. Strongylid parasites of horses in the Punjab. *Parasitol.*, 13(4): 315-326

Chabaud A. 1957. Revue critique des nematodes du genre *Quilonia* Lane, 1914 et du genre *Murshidia* Lane, 1914. *Annls. Parasit. Hum. Comp.*, 32: 98-131

Chabaud A and M C Durrette-Desset. 1973. Description d'un nouveau nematode oesophagostome, parasite d'*Hyemoschus* au Gabon, et remarques sur le genre *Oesophagostomum*. *Bull. Mus. Natn. Hist. Nat., Paris*, 3^{e} ser., No. 184, Zool. 123: 1415-1424

Chabaud A and M Krishnasamy. 1976. Nematodes oesophagostomes parasites de *Tragulus javanicus*. *Bull.*

Mus. Natn. Hist. Nat., Paris*, 3e ser., No. 388, Zool. 270: 721-727

Chang X-F, Zhang M-C, Niu Q-Y, Yu T-S, Guo Y-L, Zhao Z-M and Wu H-B. 2008. Control of diseases of nematodes from digestive tract of cattle. *China Cattle Sci.,* 34(1): 83-84 [常小方, 张买川, 牛青鱼, 于天社, 郭艳丽, 赵忠明, 毋会波, 2008. 牛消化道线虫病的防治. 中国牛业科学, 34 (1): 83-84]

Chaves O. 1930a. Nouveau trichonema du cheval, *Cylicocyclus bulbiferum* n. sp. *C. R. Soc. Biol.*, Paris, 105: 734-735

Chaves O. 1930b. Nouveau trichonema du cheval, *Crycophorus lutzin*. subgen. n. sp. *C. R. Soc. Biol.*, Paris, 105: 736

Chen J-M, Zhang J-P, Chen M-F, Lin L-B, Chen C-P and Yang S. 2005. Diagnosis and treatment of oesophagostomiasis of goat. *Chin. J. Anim. Husb. Vet. Med.*, (1): 29 [陈俊敏, 张教平, 陈茂发, 林利斌, 陈超平, 杨珊, 2005. 山羊食道口线虫病诊治. 畜牧兽医科技信息, (1): 29]

Cobbold T S. 1874. Observations on rare parasites from the horse. *Vet. Lond.*, 47: 81-87

Cobbold T S. 1882. The parasites of the elephants. *Trans. Linn. Soc. London*, 2 s. Zool. 2(2): 223-258

Collobert-Laugier C, H Hoste, C Sevin and P Dorchies. 2002. Prevalence, abundance and site distribution of equine small strongyles in Normandy, France. *Vet. Parasitol.*, 110: 77-83

Craig T M, J M Bowen and K G Ludwig. 1983. Transmission of equine cyathostomes (Strongylidae) in central Texas. *Am. J. Vet. Res.*, 44: 1867-1869

Cram E B. 1924. A new nematode, *Cylindropharyx ornata*, from the zebra, with keys to related nematode parasites of the Equidae. *J. Agric. Res.*, 28(7): 661-673

Cram E B. 1925. A new genus, *Cylicostomias*, and notes on other genera of the cylicostomes of horses. *J. Parasitol.*, 11(4): 229-230

Diesing K M. 1850-1851. Systema Helminthum. Vindebonae. 2, vi + 588 pp

Drudge J H, E T Lyons and J Szanto. 1966. Pathogenesis of migrating stages of helminths with special reference to *Strongylus vulgaris*. In: Soulsby E J L. *Biology of Parasites*. Academic Press, New York. 199-214

Dujardin F. 1845. Histoire Naturelle des Helminthes ou vers Intestinaux. Paris. xvi + 654 + 15 pp

Duncan J L. 1973. The life cycle, pathogenesis and epidemiology of *Strongylus vulgaris* in the horse. *Equine Vet. J.*, 5: 20-25

Dvojnos G M and V A Kharchenko. 1985. A contribution to the fauna and systematics of the helminth genus *Triodontophorus* (Nematoda, Strongylidae). *Vestn. Zool.*, 2: 10-16 (in Russian)

Dvojnos G M and V A Kharchenko. 1986. A new species of nematode (Nematoda, Strongyloidea) parasitising in horse. *Vestn. Zool.*, 4: 13-18 (in Russian)

Dvojnos G M and V A Kharchenko. 1988. New helminth fauna (Nematoda: Strongyloidea) of Equidae of USSR. *Vestn. Zool.*, 6: 22-26 (in Russian)

Dvojnos G M and V A Kharchenko. 1990. Classification of Strongylidae (Nematoda: Strongyloidea) of horses. *Bull. Soc. Fr. Parasitol.* Paris, 8: 215

Dvojnos G M and V A Kharchenko. 1994. Strongylidae in Domestic and Wild Horses. Kiev. Publ. House "Naukova Dumka". 1-234 (in Russian)

Dvojnos G M, V A Kharchenko and J R Lichtenfels. 1994. *Coronocyclus ulambajari* n. sp. (Nematoda: Strongyloidea) from horses of Mongolia. *J. Parasitol.*, 80(2): 312-316

English A W. 1979. The epidemiology of equine strongylosis in southern Queensland. I. The bionomics of the free-living stages in faeces and on pasture. *Aust. Vet. J.*, 55: 299-304

Erschow V S. 1930. *Trichonema skrjabini* n. sp. eine neue Nematodenart bei dem Pferde. *Deutsche Tierarztl. Wochenschrift*, 13: 277-279

Erschow V S. 1933. Quantitative and qualitative studies on the helminth fauna of horses subjected to complete helminthic dissection. *Trudy Sredneaziatskogo* NIVI 1: 37-61 (Russian text)

Erschow V S. 1939. A description of the species of the genus *Poteriostomum*. *Trudy Kirovskogo Zooveterinarnogo Instituta*, 3: 49-56 (in Russian)

Erschow V S. 1943. Differential diagnosis of nematodes of the genus *Trichonema* found in horses. *Trudy Kirovskogo Zoovet. Instituta*, 5: 61-86 (in Russian)

Fu O-Q, Lu X-S, Tao J-P, Wu H-Z, Zhu X-M, Lu Z-H, Pu S-M, Jin Z-W, Shi L-R and Yu Y-R. 1993. Efficacy of oxfendazole against natural infections of gastrointestinal helminthes in sheep. *J. Jiangsu Agr. Col.*, 14(3): 25-27 [符敖齐，鲁杏生，陶建平，吴红专，朱新明，陆志宏，浦少明，金志文，石立人，于钰荣, 1993. 国产砜苯咪唑对湖羊胃肠道寄生蠕虫的驱虫实验. 江苏农学院学报, 14(3): 25-27]

Gasser R B, G C Hung, N B Chilton and I Beveridge. 2004. Advances in developing molecular-diagnostic tools for strongylid nematodes of equids: fundamental and applied implications. *Mol. Cell. Probes*, 18: 3-16

Gawor J J. 1995. The prevalence and abundance of internal parasites in working horse autopsied in Poland. *Vet. Parasitol.*, 58: 99-108

Georgi J R. 1973. The Kikuchi-Enigk model of *Strongylus vulgaris* migrations in the horse. *Cornell Vet.*, 63: 220-263

Gibson T E. 1953. The effect of repeated anthelmintic treatment with phenothiazine on the faecal egg counts of housed horses, with some observations on the life cycle of *Trichonema* spp. in the horse. *J. Helminthol.*, 27: 29-40

Gibbons L M and J R Lichtenfels. 1999. *Strongylus tetracanthus* Mehlis, 1831 (currently *Cyathostomum tetracanthum*) and *C. catinatum* Looss, 1900 (Nematoda): proposed conservation of usage by the designation of a neotype for *C. tetracanthum*. *Bull. Zool. Nomencl.*, 56: 230-234

Goodey T. 1924a. Oesophagostomes of goats, sheep and cattle. *J. Helminthol.*, 2: 97-110

Goodey T. 1924b. Some new members of the genus *Oesophagostomum* from the roon antelope and the wart-hog. *J. Helminthol.*, 2: 135-149

Goodey T. 1925. *Oesophagostomum longicaudatum* n. sp. from the pig in New Guinea. *J. Helminthol.*, 3: 45-50

Goodey T. 1926. Some stages in the development of *Oesophagostomum dentatum* from pig. *J. Helminthol.*, 4: 191-198

Guo Z-H, Li W, Liu W-H and Ma Y-Q. 1997. Helminth parasites of Tibetan wild donkey from Xining Zoo. *Chin. J. Vet. Sci. Tech.*, 27 (1): 11-12 [郭志宏, 李闻, 刘维宏, 马玉琴, 1997. 西宁动物园藏野驴寄生蠕虫调查. 中国兽医科技, 27 (1): 11-12]

Hall M C. 1916. Nematode parasites of mammals of the orders Rodentia, Lagomorpha, and Hyracoidea. *Proc. U. S. Natn. Mus.*, 50(2131): 1-258

Han Y, Liu D-H, Wu X-Z, Zhu M-L, Zhou L, Li F-Y and Liu Q-R. 1991. The deworming experiment of albendazole on strongylid nematodes of horse. *J. Med. Col. PLA*, 1(4): 58-62 [韩宇, 刘德惠, 吴新政, 朱墨林, 周雷, 李凤谊, 刘清任, 1991. 丙硫苯咪唑驱除马圆线虫的实验. 中国人民解放军兽医大学学报, 1 (4): 58-62]

Hartwich G. 1986. Zum *Strongylus tetracanthus*—problem und zur systematik der Cyathostominea (Nematoda: Strongyloidea). *Mitteilungen Zoologischen Museum*, Berlin, 62: 61-102

He S-X, Wang G-Z and Luo Y-X. 2003. Probing the parasitic disease prevention and treatment in Yanan City. *Ecol. Domest. Anim.*, 24(3): 76-77 [何世雄, 王刚正, 罗彦孝, 2003. 陕西省延安市羊寄生虫病防治探讨. 家畜生态, 24(3): 76-77]

Hsiung D-S and Kong F-Y (K'ung F-Y). 1955. The preliminary survey on the genus *Oesophagostomum* Molin, 1861 from sheep and goat in China with description of a new species. *J. Beijing Agr. Univ.*, 1(1): 147-170 [熊大仕, 孔繁瑶, 1955. 中国家畜结节虫的初步调查研究报告及一新种的叙述. 北京农业大学学报, 1 (1): 147-170]

Hsiung D-S and Kong F-Y (K'ung F-Y). 1956. *Chabertia erschowi* n. sp. —A new species of nematode parasites from sheep and goat in China. *J. Beijing Agr. Univ.*, 2(1): 115-122 [熊大仕, 孔繁瑶, 1956. 叶氏夏柏特线虫新种 *Chabertia erschowi* n. sp. ——中国绵羊及山羊的一种新寄生线虫. 北京农业大学学报, 2 (1): 115-122]

Hsiung T-S and Chao H-Y (熊大仕, 赵辉元) 1949. *Sinostrongylus longibursatus* gen. nov. *et* sp. nov., a new nematode from the large inestine of the horse. *Chin. J. Agr.* 1(1): 9-12

Hu H-G, Huang H, Zhao G-L and Wu J. 1993. Name list of parasites in wild animals of Chongqing Zoological Garden. *Journal of Sichuan Teachers College* (Natural Science), 14(4): 315-325 [胡洪光, 黄华, 赵观禄, 邬捷, 1993. 重庆动物园野生动物寄生虫名录及新种新纪录记述. 四川师范学院学报 (自然科学版), 14 (4): 315-325]

Hu J-D. 1990. A new species of the genus *Oesophagostomum* Molin, 1861 from sheep. *Chin. J. Vet. Sci. Tech.*, (8): 47-48 [胡建德, 1990. 绵羊食道口线虫一新种. 中国兽医科技, (8): 47-48]

Huang D-S and Li S-Z. 2002. On the parasitic helminthum from an *Elephas maximus* in Yunnan Province. *Yunnan J. Ani. Sci. Vet. Med.*, (1): 14-15 [黄德生, 李绍珠, 2002. 云南亚洲象 (*Elephas maxinus*) 之寄生蠕虫. 云南畜牧兽医, (1): 14-15]

Hung G C, N B Chilton, I Beveridge and R B Gasser. 2000. A molecular systematic framework for equine strongyles based on ribosomal DNA sequence data. *Inter. J. Parasitol.*, 30: 95-103

Ihle J E W. 1920a. *Hexodontostomum markusi* n. gen., n. sp., eine neue Strongylide des Pferdes. *Centralbl. Bakt.*, l. Abt. Orig., 84(1): 43-46

Ihle J E W. 1920b. Eine neue *Cylicostomum*-Art. (*C. mucronatum*) aus dem Darm des Pferdes. *Centralbl. Bakt.*, l. Abt. Orig., 84 (2): 132-134

Ihle J E W. 1920c. Een nieuwe *Cylicostomum* soort (*C. brevicapsulatum*) uit den darm van het paard. *Tijdschr. v. Diergeneesk*. Dl., 47 (5): 182-183

Ihle J E W. 1920d. *Cylicostomum ultrajectinum*, een nieuwe strongylide uit den darm van het paard. *Tijdschr. v. Diergeneesk*. Dl., 47 (8): 279-280

Ihle J E W. 1920e. *Cylicostomum brevicapsulatum* n. sp., eine neue strongylide aus dem Darm des Pferdes. *Centralbl. Bakt.*, l. Abt. Orig., 84(7/8): 562-565

Ihle J E W. 1920f. Bemerkungen uber die Gattungen *Clicostomum*, *Poteriostomum* und *Craterostomum*. *Centralbl. Bakt.*, l. Abt. Orig., 85: 267-275

Ihle J E W. 1921. On the genus *Cylicostomum*. *Ann. Trop. Med. Parasitol.*, 15: 397-402

Ihle J E W. 1922. The Adult Strongylids Inhabiting the Large Intestine of the Horse. *Rep. Com. Sclerostomiasis onderz*. Nederland, I. Zool. Gedeel., 1. Stuk, 1-118, figs. 1-131

Jian S-C, Chen X-H and Liu S-X. 1984. The parasitic helminthes of wild Cervidae animals. *Chin. J. Zool.*, 19(4): 9-12 [简世才, 陈兴汉, 刘世修, 1984. 野生鹿科动物的寄生蠕虫. 动物学杂志, 19 (4): 9-12]

Jian S-C. 1989. Description of a new species of parasitic nematodes in the muntjac (Strongylata: Trichonematidae). *Acta Zootax. Sin.*, 14(1): 20-24 [简世才, 1989. 麂的结节线虫一新种 (圆线亚目: 毛线科). 动物分类学报, 14 (1): 20-24]

Jiang J-S, Zhang S-X and Kong F-Y (K'ung F-Y). 1980. *Oesophagostomum hupensis* sp. nov. from Hubei Province, China. *J. Beijing Agr. Univ.*, (1): 109-112 [蒋金书, 张顺祥, 孔繁瑶, 1980. 湖北食道口线虫 *Oesophagostomum hupensis*——寄生于湖北绵羊的一种新种线虫. 北京农业大学学报, (1): 109-112]

Kang M, Luo J-Z, Chen G and Bai Z-Y. 2004. A new species of *Ransomus* of *Myospalax baileyi* (Rhabditida: Strongylidae). *Acta Vet. Zootec. Sin.,* 35(1): 119-120 [康明, 罗建中, 陈刚, 白忠玉, 2004. 高原鼢鼠兰塞姆属线虫一新种 (杆形目: 圆线科). 畜牧兽医学报, 35 (1): 119-120]

Khalil M. 1922a. A revision of the nematode parasites of elephants with a description of four new species.

Proc. Zool. Soc. London, 205-279

Khalil M. 1922b. A prelimary notes on some new nematode parasites from the elephant. *Ann. Mag. Nat. Hist.*, 9: 212-216

Khalil M. 1932. Parasites from Liberia and French Guinea. Part I. Nematoda. Zeitsch. Parasit. 4. 431-458

Kharchenko V A, G M Dvojnos, R C Krecek and J R Lichtenfels. 1997. A redescription of *Cylicocyclus triramosus* (Nematoda: Strongyloidea): a parasites of the zebra, *Equus burchelli antiquorum*. *J. Parasitol.*, 83(5): 922-926

Kikuchi K. 1928. Beitrag zur Pathologie der durch Sklerostomum vulgare verursachten Vera nderungen des Pferdes. *Z Infektionskr Parasit Kr Hyg Haustiere*, 34: 193-237

Kong F-Y (K'ung F-Y). 1958a. *Triodontophorus hsiungi* n. sp., a new species of nematode parasite of donkey. *Acta Vet. Zootec. Sin.*, 3(1): 14-18 [孔繁瑶, 1958a. 熊氏三齿线虫新种 *Triodontophorus hsiungi* n. sp. ——驴的寄生线虫中的一个新种. 畜牧兽医学报, 3 (1): 14-18]

Kong F-Y (K'ung F-Y). 1958b. The definition of the genus *Chabertia*, Railliet and Henry, 1909. *Chin. J. Zool.*, 2(1): 47-49 [孔繁瑶, 1958b. 关于夏柏特属的定义问题. 动物学杂志, 2 (1): 47-49]

Kong F-Y (K'ung F-Y). 1959. Discussion of *Oesophagostomum hsiung* Ling with description of a new genus. *Acta Zool. Sin.*, 11(4): 507-508 [孔繁瑶, 1959. 关于熊氏结节虫 (*Oesophagostomum hsiung* Ling) 的讨论和一新属的叙述. 动物学报, 11 (4): 507-508

Kong F-Y (K'ung F-Y). 1964. A revised classification of the nematode genus *Cyathostomum* Molin, 1861, *sensu lato* (Trichonematidae). *Acta Vet. Zootec. Sin.*, 7(3): 215-220 [孔繁瑶, 1964. 盅口属 *Cyathostomum* Molin, 1861 *sensu lato* (线虫纲 Nematoda: 毛线科 Trichonematidae) 的分类修订. 畜牧兽医学报, 7 (3): 215-220]

Kotlan A. 1919a. Sclerostomidae occurring in Hungarian horses with special consideration for the genus *Cylicostomum*. Inaug. Diss. (Budapest). *Kozlem, az O sszehas, Elet-es Kortan Korebol*. 15: 81-97 (Hungarian, German summary)

Kotlan A. 1919b. Beitrage zur Helmintologie Urgarns. I. Neue Sclerostomiden aus dem Pferd. *Zbl. Bact. Parasitenk. I. Abt. Orig.*, 83: 557-560

Kotlan A. 1920. Adatok a lovakban eloskodostrongylidak ismerete hez Nehany uj Cylicostomum -faj lovak vastagbelebol. *Kulonlen. Allat. Lapok.*, 43: 85-86

Kotlan A. 1921. Two new *Cylicostomum* species from the horse. *Ann. Trop. Med. Parasitol.*, 14: 299-307

Kong F-Y (K'ung F-Y) and Chang Y-C. 1965. Some parasitic nematodes from Kuangsi. *Acta Vet. Zootec. Sin.*, 8(1): 29-34 [孔繁瑶, 张毅强, 1965. 广西省的若干种寄生线虫. 畜牧兽医学报, 8 (1): 29-34]

Kong F-Y (K'ung F-Y) and Yang N-H. 1963a. Strongylid parasites of donkeys in Peking. II. *Acta Zool. Sin.*, 15(1): 61-70 [孔繁瑶, 杨年合, 1963a. 寄生于北京地区的驴的圆形线虫报告. II. 包括一新种的叙述. 动物学报, 15 (1): 61-70]

Kong F-Y (K'ung F-Y) and Yang N-H. 1963b. The strongylid nematodes parasitic in the intestinal tract of Chinese equines(I). *Acta Vet. Zootec. Sin.*, 6(1): 75-88 [孔繁瑶, 杨年合, 1963b. 寄生于中国马属动物的圆形线虫 (I). 包括一新变种的叙述. 畜牧兽医学报, 6 (1): 75-88]

Kong F-Y (K'ung F-Y) and Yang N-H. 1964a. Strongylid parasites of donkeys in Peking. III. *Cylicocyclus pekingensis* sp. nov. *Acta Zool. Sin.*, 16(3): 393-397 [孔繁瑶, 杨年合, 1964a. 寄生于北京地区的驴的圆形线虫报告. III. 一新种的叙述. 动物学报, 16 (3): 393-397]

Kong F-Y (K'ung F-Y) and Yang N-H. 1964b. The strongylid nematodes parasitic in the intestinal tract of Chinese equines(II). *Acta Vet. Zootec. Sin.*, 7(1): 33-42 [孔繁瑶, 杨年合, 1964b. 寄生于中国马属动物的圆形线虫 (续). 畜牧兽医学报, 7 (1): 33-42]

Kong F-Y (K'ung F-Y) and Yang Y-C. 1977. The strongylid nematodes parasitic in the intestinal tract of Chinese equines. [II]. 58-62. In: Reports on Veterinary Medicine Research. Department of Veterinary Medicine, North China Agricultural University. [孔繁瑶, 杨雨崇, 1977. 寄生于中国马属动物的圆形线虫. III. 包括一新种和一未定种的叙述. 58-62. 见: 兽医科学研究资料汇编. 华北农业大学兽医系]

Kong F-Y (K'ung F-Y) and Yen P-Y. 1958. Some parasitic nematodes of wild animals from Beijing Zoo. *Acta Vet. Zootec. Sin.*, 3(1): 19-23 [孔繁瑶, 殷佩云, 1958. 北京动物园野生动物的几种寄生线虫. 畜牧兽医学报, 3 (1): 19-23]

Kong F-Y (K'ung F-Y), Yeh C-E and Liu K-Y. 1959. Strongylid parasites of donkeys in Peking. I. *Acta Zool. Sin.*, 11(1): 29-41 [孔繁瑶, 叶其恩, 刘桂英, 1959. 寄生于北京地区的驴的圆形线虫报告. Ⅰ. 动物学报, 11 (1): 29-41]

Krecek R C. 1989. *Habronema malani* sp. n. and *Habronema tomasi* sp. n. (Nematoda: Habronematidae) from the Burchell's zebra and Hartmann's mountain zebra in Southern Africa. *Proc. Helminthol. Soc. Wash.*, 56(2): 183-191

Krecek R C, R K Reinecke and I G Horak. 1989 Internal parasites of horses on mixed grassveld and bushveld in Transvaal, Republic of South Africa. *Vet. Parasitol.*, 34: 135-143

Krecek R C, V A Kharchenko, G M Dvojnos, F S Malan and R C Krecek. 1997. *Triodontophorus burchelli* sp. n. and *Triodontophorus hartmannae* sp. n. (Nematoda: Strongylidae) from the Burchell's, Hartmann's, and Cape mountain zebra in Southern Africa. *J. Helminthol. Soc. Wash.*, 64(1): 113-119

Lai C-L, Sha G-R, Zhang T-F, Yang M-L, Tian H-J, Zhang A-J, He G-X and Zhang Y-F. 1982. Investigation on the parasites of wild animals in Chengdu Zoo. *Sichuan J, Zool.*, 1(4): 18-23 [赖从龙, 沙国润, 张同富, 杨明琅, 田华剑, 张安居, 何光昕, 张银富, 1982. 成都动物园野生动物寄生虫调查报告. 四川动物, 1 (4): 18-23]

Lane C. 1914. Bursate nematodes from the Indian elephants. *Ind. J. Med. Res.*, 2(1): 380-398

Lane C. 1921. Some bursate nematodes from the Indian and African elephants. *Ind. J. Med. Res.*, 9(1):

163-173

Leiper R T. 1911. Some new parasitic nematodes from Tropical Africa. *Proc. Zool. Soc. London*, Jena, 549-555

LeRoux P L. 1924. Helminths collected from equines in Edingburg and in London. *J. Helminthol.*, 2(3): 111-134

Li C-X, Xie Q-P and Zhang L-P. 1994. Description of two species of nematodes from Asian elephants. *Chin. J. Vet. Sci. Tech.*, 24(1): 48 [李创新, 谢庆平, 张路平, 1994. 亚洲象体内二种线虫的形态观察. 中国兽医科技, 24 (1): 48]

Li J-B, An R-Y, Zhang L-P, Liu S-G and Guo J-H. 1999. SEM observation on *Oesophagostomum* (*Proteracrum*) *columbianum* (Curtice, 1890). *J. Chin. Electr. Microsc. Soc.*, 18(supp.): 217-218 [李纪标, 安瑞永, 张路平, 刘书广, 郭继红, 1999. 哥伦比亚结节线虫的扫描电镜观察. 电子显微学报, 18(增刊): 217-218]

Li Q-R, Cai H and Qi P-S. 1983a. The common helminthes of domestic animals in Xinjiang. II. *Xinjiang Agr. Sci.*, (5): 41-44 [李靓如, 蔡宏, 齐普生, 1983a. 新疆常见家畜蠕虫简介 (二). 新疆农业科学, (5): 41-44]

Li Q-R, Cai H and Qi P-S. 1983b. The common helminthes of domestic animals in Xinjiang. III. *Xinjiang Agr. Sci.*, (6): 40-43 [李靓如, 蔡宏, 齐普生, 1983b. 新疆常见家畜蠕虫简介 (三). 新疆农业科学, (6): 40-43]

Li Q-R, Cai H and Qi P-S. 1984a. The common helminthes of domestic animals in Xinjiang. IV. *Xinjiang Agr. Sci.*, (1): 42-44 [李靓如, 蔡宏, 齐普生, 1984a. 新疆常见家畜蠕虫简介 (四). 新疆农业科学, (1): 42-44]

Li Q-R, Cai H and Qi P-S. 1984b. The common helminthes of domestic animals in Xinjiang. V. *Xinjiang Agr. Sci.*, (2): 42-43 [李靓如, 蔡宏, 齐普生, 1984b. 新疆常见家畜蠕虫简介 (五). 新疆农业科学, (2): 42-43]

Li Q-R, Cai H and Qi P-S. 1984c. The common helminthes of domestic animals in Xinjiang. VI. *Xinjiang Agr. Sci.*, (3): 43-45 [李靓如, 蔡宏, 齐普生, 1984c. 新疆常见家畜蠕虫简介 (六). 新疆农业科学, (3): 43-45]

Li S-R, Ge C-R, Zeng X-W, Wang M, Ye R-Q and Fu A-G. 2001. The deworming effects of two new drugs on parasites of goats. *Chin. J. Vet. Sci. Tech.*, 31(12): 45-46[李树荣, 葛长荣, 曾学文, 汪明, 叶瑞清, 付爱国, 2001. 2 种新药对山羊寄生虫驱虫试验效果观察. 中国兽医科技, 31 (12): 45-46]

Li W, Guo Z-H, Liu W-H and Ma Y-Q. 1996. Characters and variation-type *Cylicocyclus nassatus* in Tibetan wild donkey. *Chin. Qinghai J. Anim. Vet. Sci.*, 26(5): 21-24 [李闻, 郭志宏, 刘维宏, 马玉琴, 1996. 藏野驴鼻形杯环线虫的形态及其变异类型. 青海畜牧兽医杂志, 26 (5): 21-24]

Li W, Guo Z-H, Ma S-L, Liu W-H and Ma Y-Q. 2000. Parasitic helminth name list in rare wild animal of

Xining Zoo. *Chin. Qinghai J. Anim. Vet. Sci.*, 30(4): 9-10 [李闻, 郭志宏, 马少丽, 刘维宏, 马玉琴, 2000. 西宁动物园珍稀野生动物寄生蠕虫名录. 青海畜牧兽医杂志, 30 (4): 9-10]

Li X-W and Li X-Q. 1993. A new species of *Cylicodontophorus* (Strongylidea: Cyathostomidae). *Acta Zootax. Sin.*, 18(1): 10-13 [李学文, 李秀群, 1993. 双冠属线虫一新种(圆形目: 盅口科). 动物分类学报, 18 (1): 10-13]

Li X-W, Li X-Q, Zhou W-X, Wang X-Y, Han M-Y, Wu F-D and Huang J-F. 1988. Investigation on the Helminth Parasites from Domestic Animals in Zhongwei County, Ningxia Hui Autonomous Region. Veterinary Workstation of Zhongwei County, NingXia. 144-217 [李学文, 李秀群, 周望兴, 王秀英, 韩梅英, 吴风德, 黄金芳, 1988. 宁夏回族自治区中卫县畜禽寄生蠕虫调查研究录. 宁夏: 中卫县兽医工作站. 144-217]

Liao D-J, Li L, Dai Z-J and Yang G-Y. 2003. A checklist of parasites from domestic animals in Southwest China. *Chin. J. Vet. Parasitol.*, 11(1): 12-31 [廖党金, 李力, 代卓见, 杨光友, 毛光琼, 2003. 中国西南地区畜禽线虫寄生虫名录 (五). 中国兽医寄生虫病, 11 (3): 12-31]

Lichtenfels J R. 1975 Helminthes of domestic equids. *Proc. Helminthol. Soc. Wash.*, 42 (special issue): 1-92

Lichtenfels J R. 1979. A conventional approach to a new classification of the Strongyloidea, nematode parasites of mammals. *Am. Zool.*, 19: 1185-1194

Lichtenfels J R. 1980. Key to Genera of the Superfamily Strongyloidea. In: Anderson R C, A G Chabaud, S Willmott. CIH Keys to the Nematode Parasites of Vertebrated. No. 7. Commonwealth Agricultural Bureaux, Farnham Royal, UK.

Lichtenfels J R. 1987. Phylogenetic inference from adult morphology in the Nematoda; with emphasis on the bursate nematodes, the Strongylida; advancements (1982-1985) and recommendations for further work. 269-279. In: Proceedings of the Sixth International Congress of Parasitology.

Lichtenfels J R, L M Gibbons and R C Krecek. 2002. Recommended terminology and advances in the Systematics of the Cyathostominea (Nematoda: Strongyloidea) of horses. *Vet. Parasitol.*, 107, 337-342

Lichtenfels J R, V A Kharchenko and G M Dvojnos. 2008. Illustrated identification keys to strongylid parasites (Strongylidae: Nematoda) of horses, zebras and asses (Equidae). *Vet. Parasitol.*, 156: 4-161

Lichtenfels J R, V A Kharchenko, R C Krecek and L M Gibbons. 1998a. An annotated checklist by genus and species of 93 specieslevel names for 51 recognized species of small strongyles (Nematoda: Strongyloidea: Cyathostominea) of horses, asses and zebras of the World. *Vet. Parasitol.*, 79: 65-79

Lichtenfels J R, V A Kharchenko, T A Kuzmina and R C Krecek. 2005. Differentiation of *Cylicocyclus gyalocephaloides* of *Equus burchelli* from *Cylicocyclus insigne* of *Equus caballus* (Strongyloidea: Nematoda). *Comp. Parasitol.*, 72: 108-115

Lichtenfels J R, V A Kharchenko, C Sommer and M Ito. 1997. Key characters for the microscopical identification of *Cylicocyclus nassatus* and *Cylicocyclus ashworthi* (Nematoda: Cythostominae) of the horse, *Equus caballus*. *J. Helminthol. Soc. Wash.*, 64: 120-127

Lichtenfels J R and T R Klei. 1988. *Cylicostephanus torbertae* sp. n. (Nematoda: Strongyloidea) from *Equus caballus* with a discussion of the genera *Cylicostephanus*, *Petrovinema* and *Skrjabinodentus*. *Proc. Helminthol. Soc. Wash.*, 55: 165-170

Lichtenfels J R, P A Pilitt, G M Dvojnos, V A Kharchenko and R C Krecek. 1998b. A redescription of *Cylicocyclus radiatus* (Nematoda: Cythostominae) a parasite of the ass, *Equss asinus* and a horse, *Equus caballus*. *J. Helminthol. Soc. Wash.*, 65: 56-61

Ling M-T. 1959. One new species of *Oesophagostomum* (Nematoda: Trichonematidae) from swine of Chekiang. *Acta Zool. Sin.*, 11(1): 24-27 [林孟初, 1959. 浙江猪体内节结虫一新种的报道. 动物学报, 11 (1): 24-27]

Liu J-Y, Li C-C, Pang S-X and Wang Z-H. 1999. A list of parasites of domestic animals from Meihekou, Jilin Province. *Chin. J. Vet. Parasitol.*, 7(3): 28-34 [刘家彦, 李长春, 庞素贤, 王忠海, 1999. 吉林省梅河口市畜禽寄生虫名录. 中国兽医寄生虫病, 7 (3): 288-33]

Liu W-D and Li W. 1986. A preliminary observation on the life cycle of *Chabertia erschovi* (Nematoda: Strongylidae). *Acta Vet. Zootec. Sin.*, 17(3): 199-204 [刘文道, 李闻, 1986. 叶氏夏柏特线虫的生活史初步研究. 畜牧兽医学报, 17 (3): 199-204]

Looss A. 1902. The Sclerostomidae of Horses and Donkeys in Egypt. Rec. Egypt Govt. School Med. : 25-139

Love S and J L Duncan. 1992. The development of narurally acquired cyathostome infection in ponies. *Vet. Parasitol.*, 44: 127-142

McIntosh A. 1933. Equine parasites from Puerto Rico. *J. Parasitol.*, 20: 110

McIntosh A. 1951. The generic and trivial names of the species of nematodes parasitic in the large intestine of equines, commonly known from 1831 to 1900 as *Strongylus tetracanthus* Mehlis, 1831. *Proc. Helminthol. Soc. Wash.*, 18(1): 29-35

Neveu-Lemaire M. 1924a. Les strongylides du Rhinoceros africain (*Rhinoceros bicornis*). *Ann. Parasit.*, 2: 121-154

Neveu-Lemaire M. 1924b. La femelle de *Khalilia rhinocerotis* Neveu-Lemaire, parasite de Rhinoceros africain. *Ann. Parasit.*, 2: 223-225

Neveu-Lemaire M. 1925. Description d'un strongyle nouvea u du Rhinoceros africain *Quilonia parva* n. sp. *Ann. Parasit.*, 3: 290-291

Neveu-Lemaire M. 1926. La femelle de *Buissonia longibursa* Neveu-Lemaire parasite du Rhinoceros africain (*Rhinoceros bicornis*). *Ann. Parasit.*, 4: 85-86

Neveu-Lemaire M. 1928. Strongylidae nouvelles des genres Murshidia *et* Memphisia chez l'elephant d'Afrique. *Ann. Parasit.*, 6: 291-302

Neveu-Lemaire M. 1935. Une nouvelle note d'*Oesophagostomum* (*Conoweberia*) *bifurcum* (Creplin). *Ann.*

Parasit., 13: 203-206

Ogbourne C P. 1976. The prevalence, relative abundance and site distribution of nematodes of the subfamily Cyathostominae in horses killed in Britain. *J. Helminthol.*, 50: 203-14

Ogden C G. 1966. A revision of the genus *Khalilia* Neveu-Lemaire, 1924 (Nematoda: Strongyloidea). *Parasitology*, 56: 471-480

Ortlepp R J. 1938. South African helminths. Part V. Some avian and mammalian helminths. *Ondersrepoort J. Vet. Sci. Anim. Ind.*, 11: 63-104

Ortlepp R J. 1962. *Trichomema* (*Cylicodontophorus*) *shuermanni* sp. n. from a zebra (*Equus burchelli* Gray, 1924). *Ondersrepoort J. Vet. Res.*, 29: 169-172

Parasitology Division, Institute of Zoology, Academia Sinica. 1979. Parasitic Nematodes from Domestic Animals. Science Press, Beijing. 1-302 [中国科学院动物研究所寄生虫研究组, 1979. 家畜家禽的寄生线虫. 北京: 科学出版社. 1-302]

Peng H-L, Ding C-S, Li S-R and Li S-Z. 1992. An investigation on the parasitic helminthes of wild monkey from Yunnan Province. *Yunnan Anim. Husb. Vet. Med.*, (1): 25 [彭和禄, 丁灿生, 李树荣, 李世宗, 1992. 云南野生成年猴体内寄生蠕虫调查. 云南畜牧兽医, (1): 25]

Pinna J P and P Stazzi. 1900. Elmint intestinale di une elephantissa. *Arch. Parasit*. Paris, 3: 509-529

Popova T I. 1955. Strongyloids of Animals and Man. Osnovy Nematodologii. Vol. V. Akad. Nauk, SSSR, Moscow. 1-241 (in Russian; English Translation, 1964)

Popova T I. 1958. Strongyloids of Animals and Man. Trichonematidae. Osnovy Nematodologii. Vol. VII. Akad. Nauk, SSSR, Moscow. 1-419 (in Russian; English Translation, 1965)

Poynter D. 1954. Second ecdysis of infective nematode larvae parasitic in the horse. *Nature*, 173: 781

Prokopic J, D Hulinska and Z Zahor. 1983. *Choniagnium algericum* sp. n. (Nematoda: Strongylidae) from the intestine of African elephant, *Loxodonta africana* (Blumenbach, 1779). *Folia Parasitol.*, 30(4): 309-311

Qi P-S, Li Q-R and Cai H. 1984. Diagram of Common Parasitic Helminth in Herbivorous Animals in China. *Xinjiang Anim. Sci. Tech.*, (1): 78-223 [齐普生, 李靓如, 蔡宏, 1984 . 中国草食家畜寄生蠕虫图鉴. 新疆牧业科技, (1): 78-223]

Qin Y-F and Yin A-P. 2007. Diagnosis and treatment of disease caused by *Chabertia ovina*. *Chin. J. Vet. Med.*, 43(7): 78 [秦永福, 严爱萍, 2007. 绵羊夏伯特线虫病的诊治. 中国兽医杂志, 43 (7): 78]

Quiel G. 1919. Poteriostomum n. g. eine neue beim Pferde parasitierende Nematodengattung. *Zbl. Bact. Parasitenk. I. Abt. Orig.*, 83: 466-472

Rai P. 1960. On Craterostomum tenuicauda Boulenger from an Indian pony and remarks on its validity. *Indian J. Vet. Sci. Anim. Husb.*, 30: 200-202

Railliet A. 1901. Lettre au sujet de la prétendu occurence de l'Ankylostome duodénal chez le cheval. *Echo Vétérin. Liége*, 30: 38-40

Railliet A. 1919. Trichonema tetracanthum (Mehlis, 1831). In abstract of Hall, M. C., Wilson, R. H. and Wigdor, M., 1918. *Rec. Med. Vet.*, 95: 229-232.

Railliet A. 1923a. Les strongles (anciens scle'rostomes) et les strongyloses proprement dites. *Rec. Med. Vet.*, 99: 377-396

Railliet A. 1923b. Le ve'ritable Strongylus tetracanthus Mehlis et son role pathogene. *Ann. Parasitol.*, 1: 5-15

Railliet A and A Henry. 1902. Sur les sclerostomiens des equides. *C. R. Soc. Biol.*, 54: 110-112.

Railliet A and A Henry. 1909. Sur la classification des Strongylidae: II. —Ankylostominae. *C. R. Soc. Biol. Paris*, 46: 168-171

Railliet A, A Henry and J Bauche. 1914. Sur les Helminthes de l'elephant d'Asie. *Bull. Soc. Path. Exot.*, 7: 129-132

Railliet A, A Henry and J Bauche. 1915. Sur les Helminthes de l'elephant d'Asie. Note complementaire. *Bull. Soc. Path. Exot.*, 8: 117-119

Railliet A, A Henry and C Joyeux. 1913. Un nouveu Strongylidae des Singes. *Bull. Soc. Path. Exot.*, 7: 264-267

Ransom B H and S Hadween. 1918. Horse strongyles in Canada. *J. Am. Vet. Med. Assoc. N. S.*, 6: 202-214

Reinemeyer C R, S A Smith, A A Gabel and R P Herd. 1984. The prevalence and intensity of internal parasites of horses in the U. S. A. *Vet. Parasitol.*, 15: 75-83

Rudolphi C A. 1801-1802. Beobachtungen uber die Eingeweidewu rmer. *Arch. Zool. u. Zoot.*, 2 (1): 1-65, 2 (2): 1-67

Sandground J H. 1929. Some new parasitic nematodes from Jucatan (Mixico) including a new genus of strongyle from cattle. *Bull. Mus. Comp. Zool.*, 69: 515-524

Schwartz B. 1928. Two new nematodes of the family Strongylidae parasitic in the intestines of mammals. *Proc. U. S. Nat. Mus.*, 73(2723): 1-5

Schwartz B and J E Alicata. 1930. Two new species of nodular worms (*Oesophagostomum*) parasitic in the intestine of domestic swine. *J. Agr. Res.*, 40: 517-522

Scialdo-Krecek R C. 1983. Studies on the parasites of zebra. II. *Cylicostephanus longiconus* n. sp. (Nematoda: Strongylidae) from the mountain zebra, *Equus zebra hartmannae* (Matschie, 1898). *Onderstepoort J. Vet. Res.*, 50: 169-172

Scialdo-Krecek R C and F S Malan. 1984. Studies on the parasites of zebras. IV. *Cylicodontophorus reineckei* n. sp. (Nematoda: Strongylidae) from the Burchell's zebra, *Equus burchelli antiquorum* H. Smith, 1984 and the mountain zebra, *Equus zebra hartmannae* Matschie, 1898. *Onderstepoort J. Vet. Res.*, 51: 257-262

Sha G-R, Zhang H-X, Cai Y-H and Wang H-Y. 1995. The new species of *Oesophagostomum* from *Moschus berezovskii* (Strongylida: Trichonematidae). *Sichuan J. Zool.*, 14(3): 93-95 [沙国润, 张化贤, 蔡永华,

王洪永, 1995. 林麝寄生食道口线虫属一新种 (圆线亚目: 毛线科). 四川动物, 14 (3): 93-95]

Shanghai Zoo and Jiangsu Agricultural College. 1985. A check-list of parasites of wild animals in Shanghai Zoo (I). *J. Jiangsu Agr. Col.*, 6(3): 37-40 [上海动物园, 江苏农学院, 1985. 上海动物园野生动物寄生虫名录 (I). 江苏农学院学报, 6 (3): 37-40]

Shen Y-P and Liu W-Z. 1990. The survey of parasitic nematodes from the intestine of zebra. *Chin. J. Vet. Sci. Tech.*, (8): 14-15 [沈玉平, 刘维忠, 1990. 斑马肠道线虫调查. 中国兽医科技, (8): 14-15]

Shi X-Q, Zhou Z-Y, Fu A-Q and Lin M-C. 1990. The check-list of parasites of wild animals in Shanghai Zoo (III). *J. Jiangsu Agr. Col.*, 11(1): 71-76 [施新泉, 周忠勇, 符熬齐, 林孟初, 1990. 上海动物园野生动物寄生虫名录 (III). 江苏农学院学报, 11 (1): 71-76]

Skrjabin K I and V S Erschow. 1933. Heiminthoses of Horses. Selkhozgiz, Moscow-Leningrad. 1-408 (in Russian)

Skrjabin K I, N P Shikhobalova, R S Shultz, T I Popova, S N Boev and S L Delamure. 1952. Key of Parasitic Nematodes. Vol. 3. Strongylata. Izdatelstvo Akademii nauk SSSR, Moscow. 1-800 (in Russian)

Song Q-C, Hu J-S, Xu Y-X, Zhou S-R and Wang X-Z. 2006. The deworming experiment of avermectins and Fenbendazole controlling released pill on parasites. *Chin. J. Anim. Husb. Vet. Med.*, (6): 20-21 [宋春青, 胡金森, 许玉霞, 周世荣, 王秀针, 2006. 1% 阿维菌素和丙硫苯咪唑缓解药弹驱虫试验. 畜牧兽医科技信息, (6): 20-21]

Sun Q-L. 2006. Report on the control of oesophagostomumiasis from sheep. *Chin. J. Vet. Parasitol.*, 14(2): 10 [孙清莲, 2006. 羊食道口线虫病的诊治报告. 中国兽医寄生虫病, 14 (2): 10]

Sweet G. 1909. The endoparasites of Australian stock and native fauna. Part 2, new and unrecorded species. *Proc. Roy. Soc. Victoria*, 21, new ser: 503-527

Vaz Z. 1930. *Trichonema* (*Cylicostephanus*) *parvibursatum* n. sp. *Rev. Biol. Hyg. S. Paulo*, 2: 150

Vaz Z. 1934. *Trichonema* (*Cylicostephanus*) *parvibursatum* n. sp. *Rev. Biol. Hyg. S. Paulo*, 5: 71-74

Vidya T N C and R Sukumar. 2002. The effect of some ecological factors on the intestinal parasite loads of the Asian elephant (*Elephas maximus*) in southern India. *J. Biosci.*, 27: 251-258.

Vuylsteke C. 1935. Etude de quelques nematodes parasites de l'elephant. *Rev. Zool. Bot. Afr.*, 27: 319-325

Vuylsteke C. 1953. Notes sur les nematodes parasites de l'elephant d'Afrique. *Rev. Zool. Bot. Afr.*, 48: 213-239

Wang C-R, Qiu J-H, Song C-F, Xu L-M and Yu W-C. 2000. A list of parasitic helminthes from livestock and poultry in Qiqihar. Part I. *Chin. J. Vet. Parasitol.*, 8(2): 31-33 [王春仁, 仇建华, 宋春风, 许腊梅, 于万才, 2000. 齐齐哈尔市畜禽寄生蠕虫名录 (一). 中国兽医寄生虫病, 8 (2): 31-33]

Wang C-R, Qiu J-H, Song C-F, Xu L-M and Yu W-C. 2000. A list of parasitic helminthes from livestock and poultry in Qiqihar. Part II. *Chin. J. Vet. Parasitol.*, 8(3): 21-23 [王春仁, 仇建华, 宋春风, 许腊梅, 于万才, 2000. 齐齐哈尔市畜禽寄生蠕虫名录 (二). 中国兽医寄生虫病, 8 (2): 21-23]

Wang J-X. 1999. A list of parasites from animals in Xiji County, Ningxia. *Chin. J. Vet. Parasitol.*, 7(1): 22-31 [王进香, 1999. 宁夏西吉县动物寄生虫名录. 中国兽医寄生虫病, 7 (1): 22-31]

Ware P. 1924. Two bursate nematodes from the Indian elephant. *J. Path. Therap.*, 37: 278-286

Witenberg H. 1925. Notes on Strongylidae of elephants. *Parasitology*, 17: 284-294

Wu J, He G-Z, Zhao G-L and Huang H. 1986. Study on the parasites of Indian elephants. *Sichuan J. Zool.*, 5(2): 28 [邬捷, 何高志, 赵观禄, 黄华, 1986. 亚洲象寄生虫的研究. 四川动物, 5 (2): 28]

Wu S-C, Yen W-C, Shen S-S, Tung Y-Y and Chow T-T. 1965. A preliminary survey of parasitic helminthes from domestic animals in China. I. East China. *Acta Zool. Sin.*, 17(1): 69-79 [吴淑卿, 尹文真, 沈守训, 佟永永, 周彩琼, 1965. 中国家畜寄生蠕虫初步调查. I. 华东区. 动物学报, 17 (1): 69-79]

Xiao B-N. 1988. Supplementary observations of the morphological features of *Oesophagostomum gansuensis* and a study of it's life history of free-living stage. *Acta Vet. Zootec. Sin.,* 19(2): 128-133 [肖兵南, 1988 . 甘肃结节虫体外发育史的研究及其成虫形态学的补充实验. 畜牧兽医学报, 19 (2): 128-133]

Xu W-N. 1975. Animal Parasitic Nematodes. Science Press, Beijing. 1-320 [徐炭南, 1975. 动物寄生线虫学. 北京: 科学出版社. 1-380]

Xu X-Z, Huang Y, Hu J-H and Qi C-Y. 1995. Parasites and vermifuge effect of przewalskii horse in Xinjiang. *Chin. J. Vet. Med.*, (7): 16 [徐显曾, 黄燕, 胡景辉, 齐翠云, 1995. 新疆普氏野马的寄生虫及其驱虫. 中国兽医杂志, (7): 16]

Yamaguti S. 1961a. Systema Helminthum. Vol. III. The Nematodes of Vertebrates. Interscience Pub., New York. Part I. 1-679; Part II. 680-1261.

Yamaguti S. 1961b. *Oesophagostomum watanabei* n. sp. (Nematoda: Strongylidae) from Japanese wild boar. *J. Helminthol.*, 35: 203-206

Yang N-H and Kong F-Y (K'ung F-Y). 1965. Annual Report of Research in Beijing Agricultural University. Corpus of Research on Parasites of Domestic Animals (1961-1965). 73-96 [杨年合, 孔繁瑶, 1965. 北京农业大学科学研究年报——家畜寄生虫学研究资料汇编 (1961-1965). 73-96]

Yang Z-Y and Wang Z-Y. 1983. An investigation of parasites from horses in Baoding, Hebei Province. *J. Hebei Agr. Univ.,* 6(3): 105-107 [杨芷云, 王宗仪, 1983. 河北省保定地区马属动物寄生虫的调查. 河北农业大学学报, 6 (3): 105-107]

Ye M-Z, Shen J, Chen Y-J, He G-S and Xu H-B. 1993. The deworming effects of fenbendazole on nematodes of digestive tract of sheep. *Chin. J. Vet. Parasitol.*, 1(3): 14 [叶明忠, 沈杰, 陈永军, 何国声, 徐慧斌, 1993. 芬苯哒唑驱除羊消化道线虫试验. 中国兽医寄生虫病, 1 (1): 14]

Yen W-C. 1963. A preliminary report on the helminthes of sheep and goats from Peking, with description of a new species. *Acta Zool. Sin.*, 15(2): 217-225 [尹文真, 1963. 北京地区山羊与绵羊寄生蠕虫初步调查报告. 动物学报, 15 (2): 217-215]

Yen W-C. 1973. Helminthes of birds and wild animals from Lin-Tsan Prefecture, Yunnan Province, China. II.

Parasitic nematodes of mammals. *Acta Zool. Sin.*, 19(4): 354-364 [尹文真 (Yen Wen-chen) 1973. 云南省临沧专区鸟兽寄生蠕虫的研究. II. 兽类寄生线虫. 动物学报, 19 (4): 354-364]

Yorke W and J W S Macfie. 1918a. Strongylidae in horses. I. *Cylicostomum longibursatum* sp. n. *Ann. Trop. Med. Parasitol.*, 11: 399-404

Yorke W and J W S Macfie. 1918b. Strongylidae in horses. II. *Cylicostomum minutum* sp. n. *Ann. Trop. Med. Parasitol.*, 11: 405-409

Yorke W and J W S Macfie. 1918c. Strongylidae in horses. III. *Cylicostomum nassatum* Looss var. *parvum*. *Ann. Trop. Med. Parasitol.*, 11: 411-416

Yorke W and J W S Macfie. 1918d. Strongylidae in horses. IV. *Cyalocephalus capitatus* Looss. *Ann. Trop. Med. Parasitol.*, 12: 79-90

Yorke W and J W S Macfie. 1918e. Strongylidae in horses. V. *Cyalocephalus equi* sp. n. *Ann. Trop. Med. Parasitol.*, 12: 91-92

Yorke W and J W S Macfie. 1918f. Strongylidae in horses. VI. *Cylicostomum pseudo-catinatum* sp. n. *Ann. Trop. Med. Parasitol.*, 12: 273-278

Yorke W and J W S Macfie. 1919a. Strongylidae in horses. VII. *Cylicostomum pateratum* sp. n. *Ann. Trop. Med. Parasitol.*, 13: 57-62

Yorke W and J W S Macfie. 1919b. Strongylidae in horses. VIII. Species found in American horses. *Ann. Trop. Med. Parasitol.*, 13: 137-148

Yorke W and J W S Macfie. 1920a. Strongylidae in horses. IX. *Cylicostomum tridentatum* sp. n. *Ann. Trop. Med. Parasitol.*, 14: 153-157

Yorke W and J W S Macfie. 1920b. Strongylidae in horses. X. On the genus *Poteriostomum* Quiel. *Ann. Trop. Med. Parasitol.*, 14: 159-163

Yorke W and J W S Macfie. 1920c. Strongylidae in horses. XI. Species found in Africa and Jamaica. *Ann. Trop. Med. Parasitol.*, 14: 165-167

Yorke W and J W S Macfie. 1920d. Strongylidae in horses. XII. *Cylindropharynx rhodesiensis* sp. n. *Ann. Trop. Med. Parasitol.*, 14: 169-174

Yorke W and J W S Macfie. 1920e. Strongylidae in horses. XIII. *Cylicostomum triramosum* sp. n. *Ann. Trop. Med. Parasitol.*, 14: 175-179

Yorke W and P A Maplestone. 1926. The Nematode Parasites of Vertebrates. London. 1-536

Yu L-S, Yang Y-H, Qin S-Q, Han Y-K and Wang D-F. 1988. The deworming experiment of albendazole on the nematodes of digestive tract of horse and mule. *Chin. J. Vet. Med.*, 14(8): 19[余炉善, 杨衍华, 秦水强, 韩永魁, 王大峰, 1988. 丙硫苯咪唑驱除马骡消化道线虫的试验. 中国兽医杂志, 14 (8): 19]

Yuan G-A, Shi A, Jin Y-Y and Fang Y-Y. 1999. The dworming experiment of Closantel sodium on the nematodes of digestive tract of foal. *China Herbivores*, 6: 43 [袁国爱, 史傲, 靳燕婴, 方友谊, 1999.

佳灵三特驱除马驹肠道线虫. 中国草食动物, 6: 43]

Zhang B-X. 1979. Notes on some species of Trichonematinae nematodes from horses. *Anim. Husb. Vet. Med. Bul.*, 2: 50-58 [张宝祥, 1979. 马的毛线亚科几种线虫的记述. 牧医通讯, 2: 50-58]

Zhang B-X and Li G. 1981. A new species of parasitic nematode (*Cylicocyclus* Ihle, 1922) of horses and donkeys. *Acta Vet. Zootec. Sin.*, 12(3): 193-198 [张宝祥, 李贵, 1981. 马、驴寄生线虫一新种. 畜牧兽医学报, 12 (3): 193-198]

Zhang J-L. 1985. *Chabertia shanxiensis* sp. nov. (Nematoda: Strongylidae) from the cattle. *Acta Vet. Zootec. Sin.*, 16(2): 137-140 [张继亮, 1985. 夏柏特线虫属 (*Chabertia*) 一新种的记述. 畜牧兽医学报 16 (2): 137-140]

Zhang L, Lu J-J and Jin Z-Q. 1998. A new species of the genus *Chabertia* from sheep. *Chin. J. Vet. Sci. Tech.*, 28(4): 43-45 [张林, 卢俊杰, 金兆庆, 1998. 羊夏柏特线虫一新种的记述。中国兽医科技, 28(4): 43-45]

Zhang L-P and Kong F-Y (K'ung F-Y). 2002a. Parasitic Nematodes from *Equus* spp. China Agricultural Press, Beijing. 1-175 [张路平, 孔繁瑶, 2002a. 马属动物的寄生线虫. 北京: 中国农业出版社. 1-175]

Zhang L-P and Kong F-Y (K'ung F-Y). 2002b. Review of the systematic of Cyathostominea (Nematoda: Strongyloidea). *Acta Zootax. Sin.*, 27(4): 435-446 [张路平, 孔繁瑶, 2002b. 盅口族线虫分类系统评述 (线虫纲: 圆线科). 动物分类学报, 27(4): 435-446]

Zhang L-P and Xie Q-P. 1992. A new species of parasitic nematodes from Indian elephant (Strongylata: Trichonematidae). *Acta Zootax. Sin.*, 17(2): 151-155 [张路平, 谢庆平, 1992. 亚洲象无齿奎隆线虫一新种 (圆线亚目: 毛线科). 动物分类学报, 17(2): 151-155]

Zhang L-P, Li J-B and Shao S-X. 1994. Observation on *Oesophagostomum* (*Bosicola*) *radiatum*. *Acta Zool. Sin.*, 40(4): 430-431 [张路平, 李纪标, 邵素霞, 1994. 辐射结节线虫的扫描电镜观察. 动物学报, 40(4): 430-431]

Zhang L-P, Li J-B, Liu S-G and An R-Y. 1998. Comparison of head structure on two species of genus *Chabertia* by SEM. *J. Chin. Electr. Microsc. Soc.*, 17(4): 345-346 [张路平, 李纪标, 刘书广, 安瑞永, 1998. 两种夏柏特线虫头部扫描电镜结构的比较. 电子显微学报, 17 (4): 345-346]

Zhang L-P, Shao S-X and Li J-B. 1995a. SEM observation on *Oesophagostomum* (*O.*) *longicaudum* Goodey, 1925. *Acta Parasitol. Med. Entomol. Sin.*, 2 (2): 127-128 [张路平, 邵素霞, 李纪标, 1995a. 长尾结节线虫的扫描电镜观察. 寄生虫与医学昆虫学报, 2 (2): 127-128]

Zhang L-P, Tu H-S and Wang E-D. 1995b. A preliminary survey of the helminthes of domestic animal from Hebei Province. 60-64. In: China Parasitology Society. Proceedings of the Tenth Anniversary of the Founding of China Parasitological Society. China Science and Technology Press, Beijing. [张路平, 屠黑锁, 王恩多, 1995b. 河北省家畜寄生蠕虫的初步调查. 60-64. 见: 中国动物学会寄生虫学专业学会. 中国动物学会寄生虫专业学会成立十周年纪念论文集. 北京: 中国科学技术出版社.]

Zhang L-P, Xie Q-P, Li C-X and Lan J-G. 1991. A preliminary survey of the parasites of Indian elephants from Shijiazhuang Zoo. *J. Hebei Normal Univ.*, (4): 93-95 [张路平, 谢庆平, 李创新, 兰敬国, 1991. 石家庄动物园亚洲象寄生虫的调查. 河北师大学报(4): 93-95]

Zhang S-X and Zhang Y-Q. 1991. A new species of the genus *Cylicocyclus* from Guangxi, China (Strongylidea: Cyathostomidae). *J. Guangxi Agr. Col.*, 10(2): 57-60 [张顺祥, 张毅强, 1991. 杯环属一新种——南宁杯环线虫的描述 (圆线虫目: 盅口科). 广西农学院学报, 10 (2): 57-60]

Zheng X-C. 1990. Control of oesophagostomumiasis from *Pseudois nayaur* and *Naemorhedus goral*. *Sichuan J. Zool.*, 9 (2): 43 [郑先春, 1990. 岩羊和斑羚粗纹结节线虫病的防治. 四川动物, 9 (2): 43]

Zhang Y-Q. 2003. A List of Parasites for Livestock and Poultry in South Region of China. China Cultutal Press, Hongkong. 1-231 [张毅强, 2003. 中国南方地区家畜家禽寄生虫名录. 香港: 中国文化出版社. 1-231]

Zhou Z-Y and Shi X-Q. 1990. A preliminary survey of parasites from Formosan macaque. *Chin. Journal of Zoonoses*, 6(1): 48 [周忠勇, 施新泉, 1990. 猕猴寄生虫的初步调查. 中国人畜共患病杂志, 6 (1): 48]

英 文 摘 要

Abstract

The book about Strongylata is divided into two volumes. The first volume was published in 2001. This volume deals with the remaining two families, Stongylidae and Chabertiidae. Most of the species of this group are parasites of domestic and rare wild animals. It is obviously important in studying nematodes of these two families not only in the faunistic sense but also in the control of parasitic diseases.

A total of 62 species (including one new species), 24 genera, 2 subfamilies of Strongylidae, and 25 species, 6 genera, 2 subfamilies of Chabertiidae is dealt with in this volume.

This volume consists of two parts:

I. General account

Historical view of researches

Morphological characteristics

Taxonomic classification

Chorology

Development

Ecology

Economic importance

II. Systematic account

For each species including in this volume, the following topics are treated: scientific nomenclature; description and illustration of male, female or both; the hosts, and the geographical distribution, with emphasis on the distributional localities in China. In addition, 19 species of Strongylidae are observed by SEM; development of some species are also given.

Keys to subfamilies, tribes, genera, subgenera and species are given as follows.

Strongylidae Baird, 1853

Key to subfamilies

Buccal capsule globular or subglobular ························ **Strongylinae**

Buccal capsule cylindrical ························ **Cyathostominae**

Strongylinae Railliet, 1885

Key to genera

1. Stem of dorsal ray not divided ························ ***Parastrongylus***

   Stem of dorsal ray divided into two main branches ························ 2

2. Buccal capsule more than twice as deep as wide; oral opening directed somewhat dorsally; single leaf-crown surrounding oral opening; parasites of Indian elephant ························ ***Choniangium***

   Buccal capsule less than twice as deep as wide; oral opening directed anteriorly or nearly so ············ 3

3. Cervical and cephalic region swollen; external leaf-crown consisting of 2 different length elements; externodorsal ray triramous; parasites of Indian elephant ························ ***Equinurbia***

   Cervical and cephalic region not swollen; elements of external leaf-crown of uniform length; externodorsal ray monoramous ························ 4

4. Buccal capsule cup-shaped with short external leaf-crown and 2 large subventral teeth; dorsal ray with very short branches; gubernaculum absent ························ ***Decrusia***

   Buccal capsule globular, subglobular or cup-shaped with few large elements or many long slender elements in external leaf-crown; dorsal ray with long slender branches; gubernaculum present ············ 5

5. External leaf-crown consisting of few large, broad elements ························ 6

   External leaf-crown consisting of numerous slender elements ························ 7

6. Buccal capsule without teeth; dorsal gutter well developed ························ ***Craterostomum***

   Buccal capsule with 3 long oesophageal teeth extending to edge of oral opening; dorsal gutter absent ························ ***Bidentostomum***

7. Buccal capsule funnel-shaped, with thickened posterior ring; dorsal gutter absent; submedian cephalic papillae bifid ························ ***Oesophagodontus***

   Buccal capsule globular or subglobular, without posterior ring; dorsal gutter present; submedian cephalic papillae not bifid ························ 8

8. Buccal capsule deeper than wide; collar of oral opening high; buccal teeth, if present, with rounded points; spicule tips straight ························ ***Strongylus***

   Buccal capsule as wide as or wider than deep; collar of oral opening inflated or like flattened ring; 3 teeth in buccal capsule, each with 3 main sharp points; spicule tips pick-like ························ ***Triodontophorus***

Strongylus Mueller, 1780

Key to species

1. Buccal capsule with teeth ······ 2
   Buccal capsule without teeth ······ ***S. edentatus***
2. Buccal capsule with two subventral teeth and two subdorsal teeth ······ ***S. equinus***
   Buccal capsule with two ear-shaped subdorsal teeth ······ ***S. vulgaris***

Bidentostomum Tshoijo, 1957

Only one species: ***B. ivaschkini***

Choniangium Railliet, Henry *et* Bauche, 1914

Only one species was found in China: ***C. epistomum***

Craterostomum Boulenger, 1920

Only one species: ***C. acuticaudatum***

Decrusia Lane, 1914

Only one species: ***D. additicta***

Equinurbia Lane, 1914

Only one species was found in China: ***E. sipunculiformis***

Oesophagodontus Railliet *et* Henry, 1902

Only one species: ***O. robustus***

Parastrongylus Yin, Jiang *et* K'ung, 1986

Only one species: ***P. paradoxus***

Triodontophorus Looss, 1902

Key to species

1. Mouth collar appears in optical section as inflated round tube in ring around mouth; female tail long; vulva separated from anus by 1.5-3.0mm; spicule more than 3.0mm ······ ***T. serratus***
   Mouth collar somewhat flattened with acute edge around outside perimeter; female tail short; vulva

separated from anus by less than 1.0mm; spicule less than 2.0mm ········ 2

2. Cuticle strongly serrated in cervical region; dorsal lobe of bursa short; teeth finely denticulated ········ ***T. tenuicollis***

Cuticle striated but relatively smooth; dorsal lobe of bursa long; teeth smooth or strongly denticulated ·· 3

3. Submedian papillae short, broad, conical; teeth usually smooth; dorsal lobe of bursa more than 600μm in length; female tail very short; vulva very close to anus ········ ***T. brevicauda***

Submedian papillae long, narrow, pointed; teeth usually with many denticulations; dorsal lobe of bursa less than 600μm in length; female tail short; vulva separated from anus by more than twice tail length··· 4

4. Leaf crowns consist of 56-69 elements; usually three large denticulations on each lateral part of each tooth; spicule 0.85-0.95mm long ········ ***T. nipponicus***

Leaf crowns consist of 44-50 elements; many serrations on upper edge of teeth; spicule 1.2-1.8mm long***T. minor***

Cyathostominae Nicoll, 1927
Key to tribes

1. Both external and internal leaf-crown present ········ 2

Leaf-crown usually single ········ **Mushidiinea**

2. Cylindrical buccal capsule elongated ········ **Cylindropharyngea**

Cylindrical buccal capsule not very elongated ········ 3

3. Anterior end of oesophagus markedly dilated to surround 3 large sickle-shaped teeth ····· **Gyalocephalea**

Anterior end of oesophagus not greatly dilated, or if dilated without large sickle-shaped teeth ········ **Cyathostominea**

Cyathostominea Nicoll, 1927
Key to genera

1. Dorsal ray of bursa divided into 2 main branches, each giving off only one lateral branch; distal end of lateral branch sometimes bifid ········ ***Skrjabinodentus***

Dorsal ray of bursa divided into 2 main branches, each giving off 2 lateral branch ········ 2

2. Internal leaf-crown elements as long as, or longer than, broader and usually fewer than elements of external leaf-crown ········ 3

Internal leaf-crown elements shorter, usually narrower and more numerous than elements of external leaf-crown ········ 5

3. Buccal capsule walls thicker posteriorly than anteriorly ········ ***Poteriostomum***

Buccal capsule walls of uniform thickness ········ 4

4. Buccal capsule funnel-shaped, wider anteriorly than posteriorly; internal leaf-crown elements as same as elements of external leaf-crown in number············ ***Cylicodontophorus***

   Buccal capsule almost cylindrical, slightly narrower anteriorly than posteriorly; internal leaf-crown elements fewer than elements of external leaf-crown············ ***Parapoteriostomum***

5. Buccal capsule with ring-like thickening posteriorly; amphids usually promints············ 6

   Buccal capsule without ring-like thickening posteriorly; amphids not promints············ 7

6. Vagina very short············ ***Hsiungia***

   Vagina relatively long ············ ***Cylicocyclus***

7. Internal leaf-crown inserted on internal wall of buccal capsule; collar of oral opening high ············ 8

   Internal leaf-crown inserted at or near anterior to buccal capsule; collar of oral opening depressed············ 9

8. Extra chitinous supports separated from walls of buccal capsule ············ ***Coronocyclus***

   Extra chitinous supports jointed with walls of buccal capsule············ ***Cyathostomum***

9. Buccal capsule walls thickened at posterior third, and gradually narrowing anteriorly; elements of external leaf-crown more than 25············ ***Petrovinema***

   Buccal capsule not as mentioned above; elements of external leaf-crown fewer than 25 ············ ············ ***Cylicostephanus***

Cyathostomum Molin, 1861 emend Hartwich, 1986

Key to species

1. Extra chitinous support nearly as large as wall of buccal capsule············ ***C. tetracanthum***

   Extra chitinous support much smaller than wall of buccal capsule ············ 2

2. Internal leaf-crown inserted on medial wall of buccal capsule in sinuous line············ 3

   Internal leaf-crown inserted not in sinuous line, but in convex line in ventro-dorsal view and in concave line in lateral view ············ ***C. catinatum***

3. Body relatively small; buccal capsule shallow; internal leaf-crown inserted in convex line in ventro-dorsal view, and in one or two sinuous curve in ventral view············ ***C. pateratum pateratum***

   Body relatively large; buccal capsule relatively large, wide bigger than length; internal leaf-crown inserted in one sinuous curve of each side of buccal capsule wall in ventro-dorsal view, and in two sinuous curve in lateral view ············ ***C. pateratum hsiungi***

Coronocyclus Hartwich, 1986

Key to species

1. Buccal capsule about as wide as deep; buccal capsule wall bent internally between one third and middle· ············ ***C. coronatus***

Buccal capsule wider than deep; buccal capsule wall straight……2

2. Extra chitinous support spindle-shaped; elements of internal leaf-crown about half length of elements of external leaf-crown……3

Extra chitinous support pear-shaped; elements of internal leaf-crown more than half length of elements of external leaf-crown……***C. labratus***

3. Mouth collar depressions form four lip-like protrusions; buccal capsule rectangle, deeper than wide……***C. labiatus***

Mouth collar depressions not prominent; buccal capsule wider anteriorly than posteriorly……***C. sagittatus***

Cylicodontophorus Ihle, 1922

Only one species: ***C. bicoronatus***

Cylicocyclus Ihle, 1922

Key to species

1. Buccal capsule extremely shallow, 0.012mm in depth……***C. brevicapsulatus***

Buccal capsule not extremely shallow, more than 0.02mm in depth……2

2. Elements of internal leaf-crown with different length, 2 or 3 short elements presented between two long elements……***C. ultrajectinus***

Elements of internal leaf-crown with uniform length……3

3. Dorsal gutter present……4

Dorsal gutter absent……9

4. Dorsal gutter long, protruded to buccal capsule……5

Dorsal gutter short, not protruded or just protruded to buccal capsule; cuticular lining of buccal capsule without internal projection……7

5. Dorsal gutter extends for 1/2 of depth of buccal cavity; cuticular lining of buccal capsule with internal, shelf-like projection……6

Dorsal gutter extends less than 1/3 of depth of buccal cavity; cuticular lining of buccal capsule without internal projection……***C. ashworthi***

6. Internal leaf-crown consists about 60 elements……***C. nassatus***

Internal leaf-crown consists about 160-200 elements……***C. nanningensis***

7. Dorsal gutter short, not protruded to buccal capsule; appendages of genital cone thin plates with numerous finger-like projections……***C. adersi***

Dorsal gutter short, protruded to buccal capsule; genital cone without the structures mentioned about……8

8. External leaf-crown consists of 20-24 elements; buccal capsule lateral diameter wider slightly than

ventro-dorsal diameter; oesophageal-intestinal valve very developed ························ *C. leptostomum*

External leaf-crown consists of 24-28 elements; buccal capsule lateral diameter as four times as ventro-dorsal diameter ··· *C. tianshangensis*

9. Amphids extremely long, projected transversely to lateral sides, earlike ······················ *C. auriculatus*

Amphids not projected to lateral, not earlike ··· 10

10. Oesophageal funnel small; external leaf-crown consists of 26-28 elements ······················ *C. radiatus*

Oesophageal funnel large; external leaf-crown more than 38 elements ···································· 11

11. Mouth collar concave-shaped in ventro-dorsal view, and convex-shaped in lateral view; dorsal ray of bursa long and slender, more than 1.45-1.82mm ·· *C. elongatus*

Mouth collar not prominent as above; dorsal ray of bursa short and wide, less than 1.0mm ······ *C. insigne*

Cylicostephanus Ihle, 1922

Key to species

1. Buccal capsule deeper than wide ··· 2

Buccal capsule as wide as deep, or wider than deep ·· 3

2. External leaf-crown triangular, consisting of 8 elements ·· *C. minutus*

External leaf-crown finger-like, consisting of 12-18 elements ······································ *C. calicatus*

3. Buccal capsule wall thicker anteriorly than posteriorly; elements of external leaf-crown as long as wide; dorsal gutter extends to base of internal leaf-crown ·· *C. asymetricus*

Buccal capsule uniform; elements of external leaf-crown length as twice as width; dorsal gutter extends to half distance or near to base of internal leaf-crown ·· 4

4. Buccal capsule wall straight in dorsal view, slightly thick posteriorly; dorsal gutter extends slightly more than half of depth of buccal capsule ·· *C. hybridus*

Buccal capsule wall bent in dorsal view, slightly thick anteriorly; dorsal gutter button-like ················· 5

5. Ratio of elements of internal leaf-crown to that of external leaf-crown 1：1; dorsal ray of bursa long; female tail straight; teeth of oesophageal funnel not prominent ······························· *C. longibursatus*

Elements of internal leaf-crown as twice as that of external leaf-crown; dorsal ray of bursa relatively short; female tail bent dorsally with a ventral projection; teeth of oesophageal funnel prominent ·· *C. goldi*

Skrjabinodentus Tshoijo, 1957

Only one species was found in China: ***S. tshoijoi***

Petrovinema Erschow, 1943

Key to species

Cuticular lining of buccal capsule without shelf-like projection; oesophageal funnel shallow; dorsal lobe of male bursa long; female tail short, digitiform ······ ***P. skrjabini***

Cuticular lining of buccal capsule with shelf-like projection at half of buccal capsule depth; oesophageal funnel well-developed; dorsal lobe of male bursa medium sized; female tail long, conical·· ***P. poculatum***

Poteriostomum Quiel, 1919

Key to species

1. Six elements of internal leaf-crown obviously longer than others ······ ***P. imparidentatum***

   All elements of internal leaf-crown in same length ······ 2

2. Internal leaf-crown consists of 42-48 elements; female tail 0.848-1.139mm long······ ***P. ratzii***

   Internal leaf-crown consists of 36-38 elements; female tail 0.233-0.307mm long······ ***P. skrjabini***

Parapoteriostomum Hartwich, 1986

Key to species

Elements of internal leaf-crown less than twice as long as elements of external leaf-crown; internal leaf-crown inserted at similar level below the anterior end of buccal capsule ······ ***P. mettami***

Elements of internal leaf-crown twice as long as elements of external leaf-crown; internal leaf-crown inserted at different level on buccal capsule······ ***P. euproctus***

Hsiungia K'ung *et* Yang, 1964

Only one species: ***H. pekingensis***

Cylindropharyngea Popova, 1952

Only one genus was reported in China: ***Caballonema* Abuladze, 1937**

Caballonema Abuladze, 1937

Only one species: ***C. longicapsulatum***

Gyalocephalea Popova, 1952

Only one genus: ***Gyalocephalus* Looss, 1900**

Gyalocephalus Looss, 1900

Only one species: ***G. capitatus***

Murshidiinea Popova, 1952

Key to genera

1. Ovejectors small, completely opposed ········· ***Quilonia***
   Ovejectors Y-shaped, parallel from origin ········· 2
2. Leaf-crown inserted at anterior edge of buccal capsule ········· ***Khalilia***
   Leaf-crown inserted on inside wall of buccal capsule ········· ***Murshidia***

Murshidia Lane, 1914

Key to subgenera

Elements of leaf-crown usually fewer than 40 in number; buccal capsule round or oval in cross section; dorsal ray of bursa elongate ········· ***Pteridopharynx***

Elements of leaf-crown usually more than 40 in number; buccal capsule compressed laterally; dorsal ray of bursa short ········· ***Murshidia***

Murshidia Lane, 1914

Key to species

1. Leaf-crown consists of 41-43 elements ········· ***M.* (*M.*) *neveu-lemairei***
   Leaf-crown consists of more than 50 elements ········· 2
2. Leaf-crown consists of 53-60 elements ········· ***M.* (*M.*) *murshida***
   Leaf-crown consists of 80-85 elements ········· ***M.* (*M.*) *falcifera***

Pteridopharynx Lane, 1921

Key to species

Buccal collar not separated from body; anterior portion of oesophagus with peculiar thick plates, the plates without oblique striations ········· ***M.* (*P.*) *wui* sp. nov.**

Buccal collar separated from body; anterior portion of oesophagus with three peculiar thick plates, the plates with oblique striations ········· ***M.* (*P.*) *indica***

***Murshidia* (*Pteridopharynx*) *wui* Zhang *et* K'ung sp. nov.** (Fig. 68)

Type host: *Elephas maximus.*

Site of infection: intestine.

Type locality: Shijiazhuang Zoo, Shijiazhuang, Hebei, China (38°7′N, 114°30′E), the host was introduced from Yunnan Province.

Type specimens: Holotype: 1 male, paratype: 1 male, deposited at College of Life Sciences, Hebei Normal University.

Etymology: The new species is named after Professor Xianwen Wu, Institute of Hydrobiology, Chinese Academy of Science, for his significant contributions to the knowledge of the nematode parasites of elephants in China.

General: Body cylindrical. Buccal collar not well-developed, continues with body. No constriction present between buccal collar and body. Two lateral and four submedial papillae projected above buccal collar. Oral opening almost round, surrounded by 18-20 elements of leaf-crown. Leaf-crown inserted at anterior third of buccal capsule, each element with a rounded distal end. The longest elements located on medial part of lateral sides of buccal capsule, and gradually become short to ventral and dorsal sides of buccal capsule. Buccal capsule cylindrical, wall of buccal capsule thick. Oesophagus claviform, dilated slightly posteriorly. Anterior end of oesophagus with thickened cuticular plates, but the plates have no oblique striations. Nerve ring located anterior part of oesophagus. Cervical papillae and excretory pore located at posterior end of oesophagus.

Male: Body 17.2-17.5mm long, and 0.505-0.592mm wide. Buccal capsule 0.048-0.053mm in depth, 0.063-0.065mm in diameter. Oesophagus 0.515-0.539mm long, and 0.162-0.172mm wide. Nerve ring 0.221-0.245mm from anterior end; excretory pore 0.529-0.539mm from anterior end; and cervical papillae 0.456-0.466mm from anterior end. Copulatory bursa unfolded. Dorsal lobe obviously longer than lateral lobes. Two ventral rays adjoined and parallel. Antero-lateral ray separated from mediolateral and posterolateral ray at their base; medio-lateral ray and posterolateral ray parallel, diverging at distal end. At base of posterolateral ray, a rounded projection arised dorsally. Externodorsal ray originated from the base of dorsal ray, extending to lateral lobes, a small branch protruded from middle of externodorsal ray. Dorsal ray well-developed, a pair of lateral branches extended at its anterior third. Dorsal ray divided into two main branches at its medial part, each branch with one or two projections near its base. Spicule similar and equal in length, approximal end thickened and gradually tapering toward distal end. Each spicule with one oblique striated ala. Gubernaculum 0.089-0.108mm long and 0.084mm wide.

Female: unknown.

Discussion: The present species belongs to subgenus *Pteridopharynx* by having rounded mouth opening with 18-20 elements of leaf-crown, and having longer dorsal ray. Up to now, 11 species of this subgenus have been reported. Among them, *M.* (*P.*) *aziza*, *M.* (*P.*) *brevicapsulatus*, *M.* (*P.*) *bozasi*, *M.* (*P.*) *indica*, *M.* (*P.*) *memphisia* , *M.* (*P.*) *omoensis*, *M.* (*P.*) *soundanensis*, *M.* (*P.*) *vuystekae*, *M.* (*P.*) *witenbergi* can be distinguished from the new species by having more than 29 elements of leaf-crown. The new species resembles *M.* (*P.*) *anisa* and *M.* (*P.*) *africana* in having similar numbers of leaf-crown, however, *M.* (*P.*) *wui* differs from the latter two species in the positions of excretory pore and cervical papillae (excretory pore and cervical papillae located at posterior end of oesophagus in the former *vs.* excretory pore and cervical papillae located at anterior end of intestine in the latters), and in the externodorsal ray with a small branch. *M.* (*P.*) *anisa* also differs from the new species in the spicule without alae. *M.* (*P.*) *africana* is also different from the new species in having oblique cuticular plates at the anterior end of oesophagus.

Khalilia **Neveu-Lemaire, 1924**

Only one species was found in China: ***K. pileata***

Quilonia **Lane, 1914**

Key to species

1. Leaf-crown consists of 10 elements ································· *Q. travancra*

   Leaf-crown elements more than 17 in number ································· 2

2. Leaf-crown consists of 17 or 18 elements; two oesophageal teeth protruded into buccal cavity ································· *Q. renniei*

   Leaf-crown consists of 20 elements; oesophageal teeth absent ································· *Q. edentata*

Chabertiidae Lichtenfels, 1980

Key to subfamilies

Buccal capsule large, thick-walled, globular, or subglobular ································· **Chabertiinae**

Buccal capsule small, relatively thin-walled, cylindrical, funnel-shaped or ring-shaped ································· **Oesophagostomatinae**

Chabertiinae Popova, 1952

Key to genera

1. Internal and external leaf-crown present ································· *Chabertia*

   Just one leaf-crown or hook-like teeth present ································· 2

2. Oral opening with paired hook-like teeth ························ ***Agriostomum***

Internal leaf-crown absent, external leaf-crown consists of numerous small elements ·········· ***Ransomus***

Chabertia Railliet *et* Henry, 1909

Key to species

1. Elements of external leaf-crown triangular-shaped ························ ***C. ovina***

Elements of external leaf-crown coniform ························ 2

2. Cervical groove absent ························ ***C. ercshowi***

Cervical groove present ························ 3

3. Two ventro-ray with equal length; parasites of cattle ························ ***C. shaanxiensis***

Ventral ventro-ray relatively short, lateral ventro-ray long; parasites of sheep and goat···· ***C. gaohanensis***

Agriostomum Railliet, 1902

Only one species was found in China: ***A. vryburgi***

Ransomus Hall, 1916

Only one species was found in China: ***R. qinghaiensis***

Oesophagostomatinae Railliet, 1916

Key to genera

1. Cervical region swollen, transverse cervical groove present at excretory pore ·········***Oesophagostomum***

Cervical region not swollen or slightly swollen, transverse cervical groove absent ························ 2

2. Extra chitinous supports absent, elements of internal and external leaf-crown with equal length, dorsal gutter absent ························ ***Kuntzistrongylus***

Extra chitinous supports present, elements of external leaf-crown twice as wide as that of internal leaf-crown, dorsal gutter present ························ ***Bourgelatia***

Oesophagostomum Molin, 1861

Key to subgenera

1. Oesophageal funnel without teeth and protuberances ························ 2

Oesophageal funnel with teeth and protuberances ························ ***Conoveberia***

2. Two leaf-crown present ························ 3

Only one leaf-crown present ························ ***Bosicola***

3. Oesophageal funnel well developed; buccal capsule shallow, usually cylindrical; parasites of Suidae

·· ***Oesophagostomum***

Oesophageal funnel simple or small; parasites of ruminants ························ 4

4. Cervical papillae anterior to oesophageal expansion ························ ***Proteracrum***

Cervical papillae posterior to oesophageal expansion ························ ***Hysteracrum***

Oesophagostomum **Molin, 1861**

Key to species

1. External leaf-crown consists of 28-31 elements ························ ***O.*** **(*O.*)** ***watanabei***

Elements of external leaf-crown less than 16 ························ 2

2. External leaf-crown consists of 14-16 elements; female tail relatively short ········ ***O.*** **(*O.*)** ***brevicaudatum***

External leaf-crown consists of 9 elements; female tail relatively long ························ 3

3. Gubernaculum spade-shaped, handle part as long as spade part ························ ***O.*** **(*O.*)** ***dentatum***

Gubernaculum spade-shaped, handle part as half long as spade part ·············· ***O.*** **(*O.*)** ***quadrispinulatum***

Bosicola **Sandground, 1929**

Key to species

Gubernaculum absent; Oesophageal funnel with three spear-shaped teeth ························ ***O.*** **(*B.*)** ***sikae***

Gubernaculum present; Oesophageal funnel without teeth ························ ***O.*** **(*B.*)** ***radiatum***

Conoveberia **Ihle, 1922**

Key to species

1. Spicule 0.843-1.140mm long; cervical groove 0.16mm from anterior end ·················· ***O.*** **(*C.*)** ***bifurcum***

Spicule longer than 1.3mm; cervical groove over 0.20mm from anterior end ························ 2

2. External branch of dorsal ray with a small protuberance at its meddle part ··············· ***O.*** **(*C.*)** ***aculeatum***

External branch of dorsal ray without protuberance ························ ***O.*** **(*C.*)** ***blanchardi***

Hysteracrum **Railliet *et* Henry, 1913**

Key to species

1. Internal leaf-crown absent ························ ***O.*** **(*H.*)** ***muntiacum***

Internal leaf-crown present ························ 2

2. External leaf-crown consists of 10-12 elements ························ 3

External leaf-crown consists of 16-20 elements ························ 4

3. External leaf-crown consists of 10-12 elements; spicule 1.41-1.70mm long ················ ***O.*** **(*H.*)** ***asperum***

External leaf-crown consists of 11-12 elements; spicule 0.94-1.08mm long ············· ***O.*** **(*H.*)** ***kansuensis***

4. Spicule 0.79-0.88mm long ··························· ***O. (H.) pavula***

Spicule more than 1mm in length ··························· 5

5. Spicule 1.1-1.2mm long ··························· ***O. (H.) venulosum***

Spicule 1.362-1.539mm long ··························· ***O. (H.) sinkiangensis***

Proteracrum Railliet *et* Henry, 1913

Key to species

External leaf-crown consists of 20-24 elements; spicule 0.74-0.87mm long ·········· ***O. (P.) colunbianum***

External leaf-crown consists of 12 elements; spicule 1.65-2.10mm long ·········· ***O. (P.) hupensis***

Bourgelatia Railliet, Henry *et* Bauche, 1919

Only one species was found in China: ***B. diducta***

Kuntzistrongylus Lichtenfels, 1980

Only one species was found in China: ***K. selfi***

中 名 索 引

D

E

F

G

H

J

K

L

M

Z

学名索引

D

E

F

G

H

I

K

L

M

Q

R

S

T

U

V

W

Z

《中国动物志》已出版书目

《中国动物志》

兽纲　第六卷　啮齿目(下)　仓鼠科　罗泽珣等　2000，514 页，140 图，4 图版。

兽纲　第八卷　食肉目　高耀亭等　1987，377 页，66 图，10 图版。

兽纲　第九卷　鲸目　食肉目 海豹总科　海牛目　周开亚　2004，326 页，117 图，8 图版。

鸟纲　第一卷　第一部　中国鸟纲绪论　第二部　潜鸟目　鹳形目　郑作新等　1997，199 页，39 图，4 图版。

鸟纲　第二卷　雁形目　郑作新等　1979，143 页，65 图，10 图版。

鸟纲　第四卷　鸡形目　郑作新等　1978，203 页，53 图，10 图版。

鸟纲　第五卷　鹤形目　鸻形目　鸥形目　王岐山、马鸣、高育仁　2006，644 页，263 图，4 图版。

鸟纲　第六卷　鸽形目　鹦形目　鹃形目　鸮形目　郑作新、冼耀华、关贯勋　1991，240 页，64 图，5 图版。

鸟纲　第七卷　夜鹰目　雨燕目　咬鹃目　佛法僧目　鴷形目　谭耀匡、关贯勋　2003，241 页，36 图，4 图版。

鸟纲　第八卷　雀形目　阔嘴鸟科　和平鸟科　郑宝赉等　1985，333 页，103 图，8 图版。

鸟纲　第九卷　雀形目　太平鸟科　岩鹨科　陈服官等　1998，284 页，143 图，4 图版。

鸟纲　第十卷　雀形目　鹟科(一)　鸫亚科　郑作新、龙泽虞、卢汰春　1995，239 页，67 图，4 图版。

鸟纲　第十一卷　雀形目　鹟科(二)　画眉亚科　郑作新、龙泽虞、郑宝赉　1987，307 页，110 图，8 图版。

鸟纲　第十二卷　雀形目　鹟科(三)　莺亚科　鹟亚科　郑作新、卢汰春、杨岚、雷富民等　2010，439 页，121 图，4 图版。

鸟纲　第十三卷　雀形目　山雀科　绣眼鸟科　李桂垣、郑宝赉、刘光佐　1982，170 页，68 图，4 图版。

鸟纲　第十四卷　雀形目　文鸟科 雀科　傅桐生、宋榆钧、高玮等　1998，322 页，115 图，8 图版。

爬行纲　第一卷　总论　龟鳖目　鳄形目　张孟闻等　1998，208 页，44 图，4 图版。

爬行纲　第二卷　有鳞目　蜥蜴亚目　赵尔宓、赵肯堂、周开亚等　1999，394 页，54 图，8 图版。

爬行纲　第三卷　有鳞目　蛇亚目　赵尔宓等　1998，522 页，100 图，12 图版。

两栖纲　上卷　总论　蚓螈目　有尾目　费梁、胡淑琴、叶昌媛、黄永昭等　2006，471 页，120 图，16 图版。

两栖纲　中卷　无尾目　费梁、胡淑琴、叶昌媛、黄永昭等　2009，957 页，549 图，16 图版。

两栖纲　下卷　无尾目　蛙科　费梁、胡淑琴、叶昌媛、黄永昭等　2009，888 页，337 图，16 图版。
硬骨鱼纲　鲽形目　李思忠、王惠民　1995，433 页，170 图。
硬骨鱼纲　鲇形目　褚新洛、郑葆珊、戴定远等　1999，230 页，124 图。
硬骨鱼纲　鲤形目(中)　陈宜瑜等　1998，531 页，257 图。
硬骨鱼纲　鲤形目(下)　乐佩绮等　2000，661 页，340 图。
硬骨鱼纲　鲟形目　海鲢目　鲱形目　鼠鱚目　张世义　2001，209 页，88 图。
硬骨鱼纲　灯笼鱼目　鲸口鱼目　骨舌鱼目　陈素芝　2002，349 页，135 图。
硬骨鱼纲　鲀形目　海蛾鱼目　喉盘鱼目　鮟鱇目　苏锦祥、李春生　2002，495 页，194 图。
硬骨鱼纲　鲉形目　金鑫波　2006，739 页，287 图。
硬骨鱼纲　鲈形目(五)　虾虎鱼亚目　伍汉霖、钟俊生等　2008，951 页，575 图，32 图版。
硬骨鱼纲　鳗鲡目　背棘鱼目　张春光等　2010，453 页，225 图，3 图版。
硬骨鱼纲　银汉鱼目　鳉形目　颌针鱼目　蛇鳚目　鳕形目　李思忠、张春光等　2011，946 页，345 图。
圆口纲　软骨鱼纲　朱元鼎、孟庆闻等　2001，552 页，247 图。
昆虫纲　第一卷　蚤目　柳支英等　1986，1334 页，1948 图。
昆虫纲　第二卷　鞘翅目　铁甲科　陈世骧等　1986，653 页，327 图，15 图版。
昆虫纲　第三卷　鳞翅目　圆钩蛾科　钩蛾科　朱弘复、王林瑶　1991，269 页，204 图，10 图版。
昆虫纲　第四卷　直翅目　蝗总科　癞蝗科　瘤锥蝗科　锥头蝗科　夏凯龄等　1994,340 页,168 图。
昆虫纲　第五卷　鳞翅目　蚕蛾科　大蚕蛾科　网蛾科　朱弘复、王林瑶　1996，302 页，234 图，18 图版。
昆虫纲　第六卷　双翅目　丽蝇科　范滋德等　1997，707 页，229 图。
昆虫纲　第七卷　鳞翅目　祝蛾科　武春生　1997，306 页，74 图，38 图版。
昆虫纲　第八卷　双翅目　蚊科(上)　陆宝麟等　1997，593 页，285 图。
昆虫纲　第九卷　双翅目　蚊科(下)　陆宝麟等　1997，126 页，57 图。
昆虫纲　第十卷　直翅目　蝗总科　斑翅蝗科　网翅蝗科　郑哲民、夏凯龄　1998，610 页，323 图。
昆虫纲　第十一卷　鳞翅目　天蛾科　朱弘复、王林瑶　1997，410 页，325 图，8 图版。
昆虫纲　第十二卷　直翅目　蚱总科　梁络球、郑哲民　1998，278 页，166 图。
昆虫纲　第十三卷　半翅目　姬蝽科　任树芝　1998，251 页，508 图，12 图版。
昆虫纲　第十四卷　同翅目　纩蚜科　瘿棉蚜科　张广学、乔格侠、钟铁森、张万玉　1999，380 页，121 图，17+8 图版。
昆虫纲　第十五卷　鳞翅目　尺蛾科　花尺蛾亚科　薛大勇、朱弘复　1999，1090 页，1197 图，25 图版。
昆虫纲　第十六卷　鳞翅目　夜蛾科　陈一心　1999，1596 页，701 图，68 图版。
昆虫纲　第十七卷　等翅目　黄复生等　2000，961 页，564 图。
昆虫纲　第十八卷　膜翅目　茧蜂科(一)　何俊华、陈学新、马云　2000，757 页，1783 图。
昆虫纲　第十九卷　鳞翅目　灯蛾科　方承莱　2000，589 页，338 图，20 图版。
昆虫纲　第二十卷　膜翅目　准蜂科　蜜蜂科　吴燕如　2000，442 页，218 图，9 图版。

昆虫纲 第二十一卷 鞘翅目 天牛科 花天牛亚科 蒋书楠、陈力 2001，296页，17图，18图版。

昆虫纲 第二十二卷 同翅目 蚧总科 粉蚧科 绒蚧科 蜡蚧科 链蚧科 盘蚧科 壶蚧科 仁蚧科 王子清 2001，611页，188图。

昆虫纲 第二十三卷 双翅目 寄蝇科(一) 赵建铭、梁恩义、史永善、周士秀 2001，305页，183图，11图版。

昆虫纲 第二十四卷 半翅目 毛唇花蝽科 细角花蝽科 花蝽科 卜文俊、郑乐怡 2001，267页，362图。

昆虫纲 第二十五卷 鳞翅目 凤蝶科 凤蝶亚科 锯凤蝶亚科 绢蝶亚科 武春生 2001，367页，163图，8图版。

昆虫纲 第二十六卷 双翅目 蝇科(二) 棘蝇亚科(一) 马忠余、薛万琦、冯炎 2002，421页，614图。

昆虫纲 第二十七卷 鳞翅目 卷蛾科 刘友樵、李广武 2002，601页，16图，136+2图版。

昆虫纲 第二十八卷 同翅目 角蝉总科 犁胸蝉科 角蝉科 袁锋、周尧 2002，590页，295图，4图版。

昆虫纲 第二十九卷 膜翅目 螯蜂科 何俊华、许再福 2002，464页，397图。

昆虫纲 第三十卷 鳞翅目 毒蛾科 赵仲苓 2003，484页，270图，10图版。

昆虫纲 第三十一卷 鳞翅目 舟蛾科 武春生、方承莱 2003，952页，530图，8图版。

昆虫纲 第三十二卷 直翅目 蝗总科 槌角蝗科 剑角蝗科 印象初、夏凯龄 2003，280页，144图。

昆虫纲 第三十三卷 半翅目 盲蝽科 盲蝽亚科 郑乐怡、吕楠、刘国卿、许兵红 2004，797页，228图，8图版。

昆虫纲 第三十四卷 双翅目 舞虻总科 舞虻科 螳舞虻亚科 驼舞虻亚科 杨定、杨集昆 2004，334页，474图，1图版。

昆虫纲 第三十五卷 革翅目 陈一心、马文珍 2004，420页，199图，8图版。

昆虫纲 第三十六卷 鳞翅目 波纹蛾科 赵仲苓 2004，291页，153图，5图版。

昆虫纲 第三十七卷 膜翅目 茧蜂科(二) 陈学新、何俊华、马云 2004，581页，1183图，103图版。

昆虫纲 第三十八卷 鳞翅目 蝙蝠蛾科 蛱蛾科 朱弘复、王林瑶、韩红香 2004，291页，179图，8图版。

昆虫纲 第三十九卷 脉翅目 草蛉科 杨星科、杨集昆、李文柱 2005，398页，240图，4图版。

昆虫纲 第四十卷 鞘翅目 肖叶甲科 肖叶甲亚科 谭娟杰、王书永、周红章 2005，415页，95图，8图版。

昆虫纲 第四十一卷 同翅目 斑蚜科 乔格侠、张广学、钟铁森 2005，476页，226图，8图版。

昆虫纲 第四十二卷 膜翅目 金小蜂科 黄大卫、肖晖 2005，388页，432图，5图版。

昆虫纲 第四十三卷 直翅目 蝗总科 斑腿蝗科 李鸿昌、夏凯龄 2006，736页，325图。

昆虫纲 第四十四卷 膜翅目 切叶蜂科 吴燕如 2006，474页，180图，4图版。

昆虫纲 第四十五卷 同翅目 飞虱科 丁锦华 2006，776页，351图，20图版。

昆虫纲 第四十六卷 膜翅目 茧蜂科 窄径茧蜂亚科 陈家骅、杨建全 2006，301 页，81 图，32 图版。
昆虫纲 第四十七卷 鳞翅目 枯叶蛾科 刘有樵、武春生 2006，385 页，248 图，8 图版。
昆虫纲 蚤目(第二版，上下卷) 吴厚永等 2007，2174 页，2475 图。
昆虫纲 第四十九卷 双翅目 蝇科(一) 范滋德、邓耀华 2008，1186 页，276 图，4 图版。
昆虫纲 第五十卷 双翅目 食蚜蝇科 黄春梅、成新月 2012，852 页，418 图，8 图版。
昆虫纲 第五十一卷 广翅目 杨定、刘星月 2010，457 页，176 图，14 图版。
昆虫纲 第五十二卷 鳞翅目 粉蝶科 武春生 2010，416 页，174 图，16 图版。
昆虫纲 第五十三卷 双翅目 长足虻科(上下卷) 杨定、张莉莉、王孟卿、朱雅君 2011，1912 页，1017 图，7 图版。
昆虫纲 第五十四卷 鳞翅目 尺蛾科 尺蛾亚科 韩红香、薛大勇 2011，787 页，929 图，20 图版。
昆虫纲 第五十七卷 直翅目 螽斯科 露螽亚科 康乐、刘春香、刘宪伟 2013，574 页，291 图，31 图版。
昆虫纲 第五十九卷 双翅目 虻科 许荣满、孙毅 2013，870 页，495 图，17 图版。
昆虫纲 第六十二卷 半翅目 盲蝽科(二) 合垫盲蝽亚科 刘国卿、郑乐怡 2014，297 页，134 图，13 图版。
无脊椎动物 第一卷 甲壳纲 淡水枝角类 蒋燮治、堵南山 1979，297 页，192 图。
无脊椎动物 第二卷 甲壳纲 淡水桡足类 沈嘉瑞等 1979，450 页，255 图。
无脊椎动物 第三卷 吸虫纲 复殖目(一) 陈心陶等 1985，697 页，469 图，10 图版。
无脊椎动物 第四卷 头足纲 董正之 1988，201 页，124 图，4 图版。
无脊椎动物 第五卷 蛭纲 杨潼 1996，259 页，141 图。
无脊椎动物 第六卷 海参纲 廖玉麟 1997，334 页，170 图，2 图版。
无脊椎动物 第七卷 腹足纲 中腹足目 宝贝总科 马绣同 1997，283 页，96 图，12 图版。
无脊椎动物 第八卷 蛛形纲 蜘蛛目 蟹蛛科 逍遥蛛科 宋大祥、朱明生 1997，259 页，154 图。
无脊椎动物 第九卷 多毛纲(一) 叶须虫目 吴宝铃、吴启泉、丘建文、陆华 1997，323 页，180 图。
无脊椎动物 第十卷 蛛形纲 蜘蛛目 圆蛛科 尹长民等 1997，460 页，292 图。
无脊椎动物 第十一卷 腹足纲 后鳃亚纲 头楯目 林光宇 1997，246 页，35 图，24 图版。
无脊椎动物 第十二卷 双壳纲 贻贝目 王祯瑞 1997，268 页，126 图，4 图版。
无脊椎动物 第十三卷 蛛形纲 蜘蛛目 球蛛科 朱明生 1998，436 页，233 图，1 图版。
无脊椎动物 第十四卷 肉足虫纲 等辐骨虫目 泡沫虫目 谭智源 1998，315 页，273 图，25 图版。
无脊椎动物 第十五卷 粘孢子纲 陈启鎏、马成伦 1998，805 页，30 图，180 图版。
无脊椎动物 第十六卷 珊瑚虫纲 海葵目 角海葵目 群体海葵目 裴祖南 1998，286 页，149 图，20 图版。
无脊椎动物 第十七卷 甲壳动物亚门 十足目 束腹蟹科 溪蟹科 戴爱云 1999，501 页，238 图，31 图版。
无脊椎动物 第十八卷 原尾纲 尹文英 1999，510 页，275 图，8 图版。

无脊椎动物 第十九卷 腹足纲 柄眼目 烟管螺科 陈德牛、张国庆 1999，210 页，128 图，5 图版。
无脊椎动物 第二十卷 双壳纲 原鳃亚纲 异韧带亚纲 徐凤山 1999，244 页，156 图。
无脊椎动物 第二十一卷 甲壳动物亚门 糠虾目 刘瑞玉、王绍武 2000，326 页，110 图。
无脊椎动物 第二十二卷 单殖吸虫纲 吴宝华、郎所、王伟俊等 2000，756 页，598 图，2 图版。
无脊椎动物 第二十三卷 珊瑚虫纲 石珊瑚目 造礁石珊瑚 邹仁林 2001,289 页,9 图,55 图版。
无脊椎动物 第二十四卷 双壳纲 帘蛤科 庄启谦 2001，278 页，145 图。
无脊椎动物 第二十五卷 线虫纲 杆形目 圆线亚目(一) 吴淑卿等 2001，489 页，201 图。
无脊椎动物 第二十六卷 有孔虫纲 胶结有孔虫 郑守仪、傅钊先 2001，788 页，130 图，122 图版。
无脊椎动物 第二十七卷 水螅虫纲 钵水母纲 高尚武、洪惠馨、张士美 2002，275 页，136 图。
无脊椎动物 第二十八卷 甲壳动物亚门 端足目 蛾亚目 陈清潮、石长泰 2002，249 页，178 图。
无脊椎动物 第二十九卷 腹足纲 原始腹足目 马蹄螺总科 董正之 2002，210 页，176 图，2 图版。
无脊椎动物 第三十卷 甲壳动物亚门 短尾次目 海洋低等蟹类 陈惠莲、孙海宝 2002，597 页，237 图，4 彩色图版，12 黑白图版。
无脊椎动物 第三十一卷 双壳纲 珍珠贝亚目 王祯瑞 2002，374 页，152 图，7 图版。
无脊椎动物 第三十二卷 多孔虫纲 罩笼虫目 稀孔虫纲 稀孔虫目 谭智源、宿星慧 2003，295 页，193 图，25 图版。
无脊椎动物 第三十三卷 多毛纲(二) 沙蚕目 孙瑞平、杨德渐 2004，520 页，267 图，1 图版。
无脊椎动物 第三十四卷 腹足纲 鹑螺总科 张素萍、马绣同 2004，243 页，123 图，5 图版。
无脊椎动物 第三十五卷 蛛形纲 蜘蛛目 肖蛸科 朱明生、宋大祥、张俊霞 2003，402 页，174 图，5 彩色图版，11 黑白图版。
无脊椎动物 第三十六卷 甲壳动物亚门 十足目 匙指虾科 梁象秋 2004，375 页，156 图。
无脊椎动物 第三十七卷 软体动物门 腹足纲 巴锅牛科 陈德牛、张国庆 2004，482 页，409 图，8 图版。
无脊椎动物 第三十八卷 毛颚动物门 箭虫纲 萧贻昌 2004，201 页，89 图。
无脊椎动物 第三十九卷 蛛形纲 蜘蛛目 平腹蛛科 宋大祥、朱明生、张锋 2004，362 页，175 图。
无脊椎动物 第四十卷 棘皮动物门 蛇尾纲 廖玉麟 2004，505 页，244 图，6 图版。
无脊椎动物 第四十一卷 甲壳动物亚门 端足目 钩虾亚目(一) 任先秋 2006，588 页，194 图。
无脊椎动物 第四十二卷 甲壳动物亚门 蔓足下纲 围胸总目 刘瑞玉、任先秋 2007，632 页，239 图。
无脊椎动物 第四十三卷 甲壳动物亚门 端足目 钩虾亚目(二) 任先秋 2012，651 页，197 图。
无脊椎动物 第四十四卷 甲壳动物亚门 十足目 长臂虾总科 李新正、刘瑞玉、梁象秋等 2007，381 页，157 图。
无脊椎动物 第四十六卷 星虫动物门 螠虫动物门 周红、李凤鲁、王玮 2007，206 页，95 图。
无脊椎动物 第四十七卷 蛛形纲 蜱螨亚纲 植绥螨科 吴伟南、欧剑峰、黄静玲 2009，511 页，

287 图，9 图版。

无脊椎动物 第四十八卷 软体动物门 双壳纲 满月蛤总科 心蛤总科 厚壳蛤总科 鸟蛤总科 徐凤山 2012，239 页，133 图。

无脊椎动物 第四十九卷 甲壳动物亚门 十足目 梭子蟹科 杨思谅、陈惠莲、戴爱云 2012，417 页，138 图，14 图版。

无脊椎动物 第五十一卷 线虫纲 杆形目 圆线亚目(二) 张路平、孔繁瑶 2014，316 页，97 图，19 图版。

《中国经济动物志》

兽类 寿振黄等 1962，554 页，153 图，72 图版。

鸟类 郑作新等 1963，694 页，10 图，64 图版。

鸟类(第二版) 郑作新等 1993，619 页，64 图版。

海产鱼类 成庆泰等 1962，174 页，25 图，32 图版。

淡水鱼类 伍献文等 1963，159 页，122 图，30 图版。

淡水鱼类寄生甲壳动物 匡溥人、钱金会 1991，203 页，110 图。

环节(多毛纲) 棘皮 原索动物 吴宝铃等 1963，141 页，65 图，16 图版。

海产软体动物 张玺、齐钟彦 1962，246 页，148 图。

淡水软体动物 刘月英等 1979，134 页，110 图。

陆生软体动物 陈德牛、高家祥 1987，186 页，224 图。

寄生蠕虫 吴淑卿、尹文真、沈守训 1960，368 页，158 图。

《中国经济昆虫志》

第一册 鞘翅目 天牛科 陈世骧等 1959，120 页，21 图，40 图版。

第二册 半翅目 蝽科 杨惟义 1962，138 页，11 图，10 图版。

第三册 鳞翅目 夜蛾科(一) 朱弘复、陈一心 1963，172 页，22 图，10 图版。

第四册 鞘翅目 拟步行虫科 赵养昌 1963，63 页，27 图，7 图版。

第五册 鞘翅目 瓢虫科 刘崇乐 1963，101 页，27 图，11 图版。

第六册 鳞翅目 夜蛾科(二) 朱弘复等 1964，183 页，11 图版。

第七册 鳞翅目 夜蛾科(三) 朱弘复、方承莱、王林瑶 1963，120 页，28 图，31 图版。

第八册 等翅目 白蚁 蔡邦华、陈宁生，1964，141 页，79 图，8 图版。

第九册 膜翅目 蜜蜂总科 吴燕如 1965，83 页，40 图，7 图版。

第十册 同翅目 叶蝉科 葛钟麟 1966，170 页，150 图。

第十一册 鳞翅目 卷蛾科(一) 刘友樵、白九维 1977，93 页，23 图，24 图版。

第十二册 鳞翅目 毒蛾科 赵仲苓 1978，121 页，45 图，18 图版。

第十三册 双翅目 蠓科 李铁生 1978，124 页，104 图。

第十四册 鞘翅目 瓢虫科(二) 庞雄飞、毛金龙 1979，170 页，164 图，16 图版。

第十五册　蜱螨目　蜱总科　邓国藩　1978，174 页，707 图。
第十六册　鳞翅目　舟蛾科　蔡荣权　1979，166 页，126 图，19 图版。
第十七册　蜱螨目　革螨股　潘锭文、邓国藩　1980，155 页，168 图。
第十八册　鞘翅目　叶甲总科(一)　谭娟杰、虞佩玉　1980，213 页，194 图，18 图版。
第十九册　鞘翅目　天牛科　蒲富基　1980，146 页，42 图，12 图版。
第二十册　鞘翅目　象虫科　赵养昌、陈元清　1980，184 页，73 图，14 图版。
第二十一册　鳞翅目　螟蛾科　王平远　1980，229 页，40 图，32 图版。
第二十二册　鳞翅目　天蛾科　朱弘复、王林瑶　1980，84 页，17 图，34 图版。
第二十三册　螨　目　叶螨总科　王慧芙　1981，150 页，121 图，4 图版。
第二十四册　同翅目　粉蚧科　王子清　1982，119 页，75 图。
第二十五册　同翅目　蚜虫类(一)　张广学、钟铁森　1983，387 页，207 图，32 图版。
第二十六册　双翅目　虻科　王遵明　1983，128 页，243 图，8 图版。
第二十七册　同翅目　飞虱科　葛钟麟等　1984，166 页，132 图，13 图版。
第二十八册　鞘翅目　金龟总科幼虫　张芝利　1984，107 页，17 图，21 图版。
第二十九册　鞘翅目　小蠹科　殷惠芬、黄复生、李兆麟　1984，205 页，132 图，19 图版。
第三十册　膜翅目　胡蜂总科　李铁生　1985，159 页，21 图，12 图版。
第三十一册　半翅目(一)　章士美等　1985，242 页，196 图，59 图版。
第三十二册　鳞翅目　夜蛾科(四)　陈一心　1985，167 页，61 图，15 图版。
第三十三册　鳞翅目　灯蛾科　方承莱　1985，100 页，69 图，10 图版。
第三十四册　膜翅目　小蜂总科(一)　廖定熹等　1987，241 页，113 图，24 图版。
第三十五册　鞘翅目　天牛科(三)　蒋书楠、蒲富基、华立中　1985，189 页，2 图，13 图版。
第三十六册　同翅目　蜡蝉总科　周尧等　1985，152 页，125 图，2 图版。
第三十七册　双翅目　花蝇科　范滋德等　1988，396 页，1215 图，10 图版。
第三十八册　双翅目　蠓科(二)　李铁生　1988，127 页，107 图。
第三十九册　蜱螨亚纲　硬蜱科　邓国藩、姜在阶　1991，359 页，354 图。
第四十册　蜱螨亚纲　皮刺螨总科　邓国藩等　1993，391 页，318 图。
第四十一册　膜翅目　金小蜂科　黄大卫　1993，196 页，252 图。
第四十二册　鳞翅目　毒蛾科(二)　赵仲苓　1994，165 页，103 图，10 图版。
第四十三册　同翅目　蚧总科　王子清　1994，302 页，107 图。
第四十四册　蜱螨亚纲　瘿螨总科(一)　匡海源　1995，198 页，163 图，7 图版。
第四十五册　双翅目　虻科(二)　王遵明　1994，196 页，182 图，8 图版。
第四十六册　鞘翅目　金花龟科　斑金龟科　弯腿金龟科　马文珍　1995，210 页，171 图，5 图版。
第四十七册　膜翅目　蚁科(一)　唐觉等　1995，134 页，135 图。
第四十八册　蜉蝣目　尤大寿等　1995，152 页，154 图。
第四十九册　毛翅目(一)　小石蛾科　角石蛾科　纹石蛾科　长角石蛾科　田立新等　1996，195 页 271 图，2 图版。
第五十册　半翅目(二)　章士美等　1995，169 页，46 图，24 图版。

第五十一册 膜翅目 姬蜂科 何俊华、陈学新、马云 1996，697 页，434 图。

第五十二册 膜翅目 泥蜂科 吴燕如、周勤 1996，197 页，167 图，14 图版。

第五十三册 蜱螨亚纲 植绥螨科 吴伟南等 1997，223 页，169 图，3 图版。

第五十四册 鞘翅目 叶甲总科(二) 虞佩玉等 1996，324 页，203 图，12 图版。

第五十五册 缨翅目 韩运发 1997，513 页，220 图，4 图版。

Serial Faunal Monographs Already Published

FAUNA SINICA

Mammalia vol. 6 Rodentia III: Cricetidae. Luo Zexun *et al.*, 2000. 514 pp., 140 figs., 4 pls.

Mammalia vol. 8 Carnivora. Gao Yaoting *et al.*, 1987. 377 pp., 44 figs., 10 pls.

Mammalia vol. 9 Cetacea, Carnivora: Phocoidea, Sirenia. Zhou Kaiya, 2004. 326 pp., 117 figs., 8 pls.

Aves vol. 1 part 1. Introductory Account of the Class Aves in China; part 2. Account of Orders listed in this Volume. Zheng Zuoxin (Cheng Tsohsin) *et al.*, 1997. 199 pp., 39 figs., 4 pls.

Aves vol. 2 Anseriformes. Zheng Zuoxin (Cheng Tsohsin) *et al.*, 1979. 143 pp., 65 figs., 10 pls.

Aves vol. 4 Galliformes. Zheng Zuoxin (Cheng Tsohsin) *et al.*, 1978. 203 pp., 53 figs., 10 pls.

Aves vol. 5 Gruiformes, Charadriiformes, Lariformes. Wang Qishan, Ma Ming and Gao Yuren, 2006. 644 pp., 263 figs., 4 pls.

Aves vol. 6 Columbiformes, Psittaciformes, Cuculiformes, Strigiformes. Zheng Zuoxin (Cheng Tsohsin), Xian Yaohua and Guan Guanxun, 1991. 240 pp., 64 figs., 5 pls.

Aves vol. 7 Caprimulgiformes, Apodiformes, Trogoniformes, Coraciiformes, Piciformes. Tan Yaokuang and Guan Guanxun, 2003. 241 pp., 36 figs., 4 pls.

Aves vol. 8 Passeriformes: Eurylaimidae-Irenidae. Zheng Baolai *et al.*, 1985. 333 pp., 103 figs., 8 pls.

Aves vol. 9 Passeriformes: Bombycillidae, Prunellidae. Chen Fuguan *et al.*, 1998. 284 pp., 143 figs., 4 pls.

Aves vol. 10 Passeriformes: Muscicapidae I: Turdinae. Zheng Zuoxin (Cheng Tsohsin), Long Zeyu and Lu Taichun, 1995. 239 pp., 67 figs., 4 pls.

Aves vol. 11 Passeriformes: Muscicapidae II: Timaliinae. Zheng Zuoxin (Cheng Tsohsin), Long Zeyu and Zheng Baolai, 1987. 307 pp., 110 figs., 8 pls.

Aves vol. 12 Passeriformes: Muscicapidae III Sylviinae Muscicapinae. Zheng Zuoxin, Lu Taichun, Yang Lan and Lei Fumin *et al.*, 2010. 439 pp., 121 figs., 4 pls.

Aves vol. 13 Passeriformes: Paridae, Zosteropidae. Li Guiyuan, Zheng Baolai and Liu Guangzuo, 1982. 170 pp., 68 figs., 4 pls.

Aves vol. 14 Passeriformes: Ploceidae and Fringillidae. Fu Tongsheng, Song Yujun and Gao Wei *et al.*, 1998. 322 pp., 115 figs., 8 pls.

Reptilia vol. 1 General Accounts of Reptilia. Testudoformes and Crocodiliformes. Zhang Mengwen *et al.*, 1998. 208 pp., 44 figs., 4 pls.

Reptilia vol. 2 Squamata: Lacertilia. Zhao Ermi, Zhao Kentang and Zhou Kaiya *et al.*, 1999. 394 pp., 54 figs., 8 pls.

Reptilia vol. 3 Squamata: Serpentes. Zhao Ermi *et al.*, 1998. 522 pp., 100 figs., 12 pls.

Amphibia vol. 1 General accounts of Amphibia, Gymnophiona, Urodela. Fei Liang, Hu Shuqin, Ye Changyuan and Huang Yongzhao *et al.*, 2006. 471 pp., 120 figs., 16 pls.

Amphibia vol. 2 Anura. Fei Liang, Hu Shuqin, Ye Changyuan and Huang Yongzhao *et al.*, 2009. 957 pp., 549 figs., 16 pls.

Amphibia vol. 3 Anura: Ranidae. Fei Liang, Hu Shuqin, Ye Changyuan and Huang Yongzhao *et al.*, 2009. 888 pp., 337 figs., 16 pls.

Osteichthyes: Pleuronectiformes. Li Sizhong and Wang Huimin, 1995. 433 pp., 170 figs.

Osteichthyes: Siluriformes. Chu Xinluo, Zheng Baoshan and Dai Dingyuan *et al.*, 1999. 230 pp., 124 figs.

Osteichthyes: Cypriniformes II. Chen Yiyu *et al.*, 1998. 531 pp., 257 figs.

Osteichthyes: Cypriniformes III. Yue Peiqi *et al.*, 2000. 661 pp., 340 figs.

Osteichthyes: Acipenseriformes, Elopiformes, Clupeiformes, Gonorhynchiformes. Zhang Shiyi, 2001. 209 pp., 88 figs.

Osteichthyes: Myctophiformes, Cetomimiformes, Osteoglossiformes. Chen Suzhi, 2002. 349 pp., 135 figs.

Osteichthyes: Tetraodontiformes, Pegasiformes, Gobiesociformes, Lophiiformes. Su Jinxiang and Li Chunsheng, 2002. 495 pp., 194 figs.

Ostichthyes: Scorpaeniformes. Jin Xinbo, 2006. 739 pp., 287 figs.

Ostichthyes: Perciformes V: Gobioidei. Wu Hanlin and Zhong Junsheng *et al.*, 2008. 951 pp., 575 figs., 32 pls.

Ostichthyes: Anguilliformes Notacanthiformes. Zhang Chunguang *et al.*, 2010. 453 pp., 225 figs., 3 pls.

Ostichthyes: Atheriniformes, Cyprinodontiformes, Beloniformes, Ophidiiformes, Gadiformes. Li Sizhong and Zhang Chunguang *et al.*, 2011. 946 pp., 345 figs.

Cyclostomata and Chondrichthyes. Zhu Yuanding and Meng Qingwen *et al.*, 2001. 552 pp., 247 figs.

Insecta vol. 1 Siphonaptera. Liu Zhiying *et al.*, 1986. 1334 pp., 1948 figs.

Insecta vol. 2 Coleoptera: Hispidae. Chen Sicien *et al.*, 1986. 653 pp., 327 figs., 15 pls.

Insecta vol. 3 Lepidoptera: Cyclidiidae, Drepanidae. Chu Hungfu and Wang Linyao, 1991. 269 pp., 204 figs., 10 pls.

Insecta vol. 4 Orthoptera: Acrioidea: Pamphagidae, Chrotogonidae, Pyrgomorphidae. Xia Kailing *et al.*, 1994. 340 pp., 168 figs.

Insecta vol. 5 Lepidoptera: Bombycidae, Saturniidae, Thyrididae. Zhu Hongfu and Wang Linyao, 1996. 302 pp., 234 figs., 18 pls.

Insecta vol. 6 Diptera: Calliphoridae. Fan Zide *et al.*, 1997. 707 pp., 229 figs.

Insecta vol. 7 Lepidoptera: Lecithoceridae. Wu Chunsheng, 1997. 306 pp., 74 figs., 38 pls.

Insecta vol. 8 Diptera: Culicidae I. Lu Baolin *et al.*, 1997. 593 pp., 285 pls.

Insecta vol. 9 Diptera: Culicidae II. Lu Baolin *et al.*, 1997. 126 pp., 57 pls.

Insecta vol. 10 Orthoptera: Oedipodidae, Arcypteridae III. Zheng Zhemin and Xia Kailing, 1998. 610 pp., 323 figs.

Insecta vol. 11 Lepidoptera: Sphingidae. Zhu Hongfu and Wang Linyao, 1997. 410 pp., 325 figs., 8 pls.

Insecta vol. 12 Orthoptera: Tetrigoidea. Liang Geqiu and Zheng Zhemin, 1998. 278 pp., 166 figs.

Insecta vol. 13 Hemiptera: Nabidae. Ren Shuzhi, 1998. 251 pp., 508 figs., 12 pls.

Insecta vol. 14 Homoptera: Mindaridae, Pemphigidae. Zhang Guangxue, Qiao Gexia, Zhong Tiesen and Zhang Wanfang, 1999. 380 pp., 121 figs., 17+8 pls.

Insecta vol. 15 Lepidoptera: Geometridae: Larentiinae. Xue Dayong and Zhu Hongfu (Chu Hungfu), 1999. 1090 pp., 1197 figs., 25 pls.

Insecta vol. 16 Lepidoptera: Noctuidae. Chen Yixin, 1999. 1596 pp., 701 figs., 68 pls.

Insecta vol. 17 Isoptera. Huang Fusheng *et al.*, 2000. 961 pp., 564 figs.

Insecta vol. 18 Hymenoptera: Braconidae I. He Junhua, Chen Xuexin and Ma Yun, 2000. 757 pp., 1783 figs.

Insecta vol. 19 Lepidoptera: Arctiidae. Fang Chenglai, 2000. 589 pp., 338 figs., 20 pls.

Insecta vol. 20 Hymenoptera: Melittidae and Apidae. Wu Yanru, 2000. 442 pp., 218 figs., 9 pls.

Insecta vol. 21 Coleoptera: Cerambycidae: Lepturinae. Jiang Shunan and Chen Li, 2001. 296 pp., 17 figs., 18 pls.

Insecta vol. 22 Homoptera: Coccoidea: Pseudococcidae, Eriococcidae, Asterolecaniidae, Coccidae, Lecanodiaspididae, Cerococcidae, Aclerdidae. Wang Tzeching, 2001. 611 pp., 188 figs.

Insecta vol. 23 Diptera: Tachinidae I. Chao Cheiming, Liang Enyi, Shi Yongshan and Zhou Shixiu, 2001. 305 pp., 183 figs., 11 pls.

Insecta vol. 24 Hemiptera: Lasiochilidae, Lyctocoridae, Anthocoridae. Bu Wenjun and Zheng Leyi (Cheng Loyi), 2001. 267 pp., 362 figs.

Insecta vol. 25 Lepidoptera: Papilionidae: Papilioninae, Zerynthiinae, Parnassiinae. Wu Chunsheng, 2001. 367 pp., 163 figs., 8 pls.

Insecta vol. 26 Diptera: Muscidae II: Phaoniinae I. Ma Zhongyu, Xue Wanqi and Feng Yan, 2002. 421 pp., 614 figs.

Insecta vol. 27 Lepidoptera: Tortricidae. Liu Youqiao and Li Guangwu, 2002. 601 pp., 16 figs., 2+136 pls.

Insecta vol. 28 Homoptera: Membracoidea: Aetalionidae and Membracidae. Yuan Feng and Chou Io, 2002. 590 pp., 295 figs., 4 pls.

Insecta vol. 29 Hymenoptera: Dyrinidae. He Junhua and Xu Zaifu, 2002. 464 pp., 397 figs.

Insecta vol. 30 Lepidoptera: Lymantriidae. Zhao Zhongling (Chao Chungling), 2003. 484 pp., 270 figs., 10 pls.

Insecta vol. 31 Lepidoptera: Notodontidae. Wu Chunsheng and Fang Chenglai, 2003. 952 pp., 530 figs., 8 pls.

Insecta vol. 32 Orthoptera: Acridoidea: Gomphoceridae, Acrididae. Yin Xiangchu, Xia Kailing *et al.*, 2003. 280 pp., 144 figs.

Insecta vol. 33 Hemiptera: Miridae, Mirinae. Zheng Leyi, Lü Nan, Liu Guoqing and Xu Binghong, 2004. 797 pp., 228 figs., 8 pls.

Insecta vol. 34 Diptera: Empididae, Hemerodromiinae and Hybotinae. Yang Ding and Yang Chikun, 2004. 334 pp., 474 figs., 1 pls.

Insecta vol. 35 Dermaptera. Chen Yixin and Ma Wenzhen, 2004. 420 pp., 199 figs., 8 pls.

Insecta vol. 36 Lepidoptera: Thyatiridae. Zhao Zhongling, 2004. 291 pp., 153 figs., 5 pls.

Insecta vol. 37 Hymenoptera: Braconidae II. Chen Xuexin, He Junhua and Ma Yun, 2004. 518 pp., 1183 figs., 103 pls.

Insecta vol. 38 Lepidoptera: Hepialidae, Epiplemidae. Zhu Hongfu, Wang Linyao and Han Hongxiang, 2004. 291 pp., 179 figs., 8 pls.

Insecta vol. 39 Neuroptera: Chrysopidae. Yang Xingke, Yang Jikun and Li Wenzhu, 2005. 398 pp., 240 figs., 4 pls.

Insecta vol. 40 Coleoptera: Eumolpidae: Eumolpinae. Tan Juanjie, Wang Shuyong and Zhou Hongzhang, 2005. 415 pp., 95 figs., 8 pls.

Insecta vol. 41 Diptera: Muscidae I. Fan Zide *et al.*, 2005. 476 pp., 226 figs., 8 pls.

Insecta vol. 42 Hymenoptera: Pteromalidae. Huang Dawei and Xiao Hui, 2005. 388 pp., 432 figs., 5 pls.

Insecta vol. 43 Orthoptera: Acridoidea: Catantopidae. Li Hongchang and Xia Kailing, 2006. 736pp., 325 figs.

Insecta vol. 44 Hymenoptera: Megachilidae. Wu Yanru, 2006. 474 pp., 180 figs., 4 pls.

Insecta vol. 45 Diptera: Homoptera: Delphacidae. Ding Jinhua, 2006. 776 pp., 351 figs., 20 pls.

Insecta vol. 46 Hymenoptera: Braconidae: Agathidinae. Chen Jiahua and Yang Jianquan, 2006. 301 pp., 81 figs., 32 pls.

Insecta vol. 47 Lepidoptera: Lasiocampidae. Liu Youqiao and Wu Chunsheng, 2006. 385 pp., 248 figs., 8 pls.

Insecta Saiphonaptera(2 volumes). Wu Houyong *et al.*, 2007. 2174 pp., 2475 figs.

Insecta vol. 49 Diptera: Muscidae. Fan Zide *et al.*, 2008. 1186 pp., 276 figs., 4 pls.

Insecta vol. 50 Diptera: Syrphidae. Huang Chunmei and Cheng Xinyue, 2012. 852 pp., 418 figs., 8 pls.

Insecta vol. 51 Megaloptera. Yang Ding and Liu Xingyue, 2010. 457 pp., 176 figs., 14 pls.

Insecta vol. 52 Lepidoptera: Pieridae. Wu Chunsheng, 2010. 416 pp., 174 figs., 16 pls.

Insecta vol. 53 Diptera Dolichopodidae(2 volumes). Yang Ding *et al.*, 2011. 1912 pp., 1017 figs., 7 pls.

Insecta vol. 54 Lepidoptera: Geometridae: Geometrinae. Han Hongxiang and Xue Dayong, 2011. 787 pp., 929 figs., 20 pls.

Insecta vol. 57 Orthoptera: Tettigoniidae: Phaneropterinae. Kang Le *et al.*, 2013. 574 pp., 291 figs., 31 pls.

Insecta vol. 59 Diptera: Tabanidae. Xu Rongman and Sun Yi, 2013. 870 pp., 495 figs., 17 pls.

Insecta vol. 62 Hemiptera: Miridae(II): Orthotylinae. Liu Guoqing and Zheng Leyi, 2014. 297 pp. 134 figs., 13 pls.

Invertebrata vol. 1 Crustacea: Freshwater Cladocera. Chiang Siehchih and Du Nanshang, 1979. 297 pp., 192 figs.

Invertebrata vol. 2 Crustacea: Freshwater Copepoda. Shen Jiarui *et al.*, 1979. 450 pp., 255 figs.

Invertebrata vol. 3 Trematoda: Digenea I. Chen Xintao *et al.*, 1985. 697 pp., 469 figs., 12 pls.

Invertebrata vol. 4 Cephalopode. Dong Zhengzhi, 1988. 201 pp., 124 figs., 4 pls.

Invertebrata vol. 5 Hirudinea: Euhirudinea and Branchiobdellidea. Yang Tong, 1996. 259 pp., 141 figs.

Invertebrata vol. 6 Holothuroidea. Liao Yulin, 1997. 334 pp., 170 figs., 2 pls.

Invertebrata vol. 7 Gastropoda: Mesogastropoda: Cypraeacea. Ma Xiutong, 1997. 283 pp., 96 figs., 12 pls.

Invertebrata vol. 8 Arachnida: Araneae: Thomisidae and Philodromidae. Song Daxiang and Zhu Mingsheng, 1997. 259 pp., 154 figs.

Invertebrata vol. 9 Polychaeta: Phyllodocimorpha. Wu Baoling, Wu Qiquan, Qiu Jianwen and Lu Hua, 1997. 323pp., 180 figs.

Invertebrata vol. 10 Arachnida: Araneae: Araneidae. Yin Changmin *et al.*, 1997. 460 pp., 292 figs.

Invertebrata vol. 11 Gastropoda: Opisthobranchia: Cephalaspidea. Lin Guangyu, 1997. 246 pp., 35 figs., 28 pls.

Invertebrata vol. 12 Bivalvia: Mytiloida. Wang Zhenrui, 1997. 268 pp., 126 figs., 4 pls.

Invertebrata vol. 13 Arachnida: Araneae: Theridiidae. Zhu Mingsheng, 1998. 436 pp., 233 figs., 1 pl.

Invertebrata vol. 14 Sacodina: Acantharia and Spumellaria. Tan Zhiyuan, 1998. 315 pp., 273 figs., 25 pls.

Invertebrata vol. 15 Myxosporea. Chen Chihleu and Ma Chenglun, 1998. 805 pp., 30 figs., 180 pls.

Invertebrata vol. 16 Anthozoa: Actiniaria, Ceriantharis and Zoanthidea. Pei Zunan, 1998. 286 pp., 149 figs., 22 pls.

Invertebrata vol. 17 Crustacea: Decapoda: Parathelphusidae and Potamidae. Dai Aiyun, 1999. 501 pp., 238 figs., 31 pls.

Invertebrata vol. 18 Protura. Yin Wenying, 1999. 510 pp., 275 figs., 8 pls.

Invertebrata vol. 19 Gastropoda: Pulmonata: Stylommatophora: Clausiliidae. Chen Deniu and Zhang Guoqing, 1999. 210 pp., 128 figs., 5 pls.

Invertebrata vol. 20 Bivalvia: Protobranchia and Anomalodesmata. Xu Fengshan, 1999. 244 pp., 156 figs.

Invertebrata vol. 21 Crustacea: Mysidacea. Liu Ruiyu (J. Y. Liu) and Wang Shaowu, 2000. 326 pp., 110 figs.

Invertebrata vol. 22 Monogenea. Wu Baohua, Lang Suo and Wang Weijun, 2000. 756 pp., 598 figs., 2 pls.

Invertebrata vol. 23 Anthozoa: Scleractinia: Hermatypic coral. Zou Renlin, 2001. 289 pp., 9 figs., 47+8 pls.

Invertebrata vol. 24 Bivalvia: Veneridae. Zhuang Qiqian, 2001. 278 pp., 145 figs.

Invertebrata vol. 25 Nematoda: Rhabditida: Strongylata I. Wu Shuqing *et al.*, 2001. 489 pp., 201 figs.

Invertebrata vol. 26 Foraminiferea: Agglutinated Foraminifera. Zheng Shouyi and Fu Zhaoxian, 2001. 788 pp., 130 figs., 122 pls.

Invertebrata vol. 27 Hydrozoa and Scyphomedusae. Gao Shangwu, Hong Hueshin and Zhang Shimei, 2002. 275 pp., 136 figs.

Invertebrata vol. 28 Crustacea: Amphipoda: Hyperiidae. Chen Qingchao and Shi Changtai, 2002. 249 pp., 178 figs.

Invertebrata vol. 29 Gastropoda: Archaeogastropoda: Trochacea. Dong Zhengzhi, 2002. 210 pp., 176 figs., 2 pls.

Invertebrata vol. 30 Crustacea: Brachyura: Marine primitive crabs. Chen Huilian and Sun Haibao, 2002. 597 pp., 237 figs., 16 pls.

Invertebrata vol. 31 Bivalvia: Pteriina. Wang Zhenrui, 2002. 374 pp., 152 figs., 7 pls.

Invertebrata vol. 32 Polycystinea: Nasellaria; Phaeodarea: Phaeodaria. Tan Zhiyuan and Su Xinghui, 2003.

295 pp., 193 figs., 25 pls.

Invertebrata vol. 33 Annelida: Polychaeta II Nereidida. Sun Ruiping and Yang Derjian, 2004. 520 pp., 267 figs., 193 pls.

Invertebrata vol. 34 Mollusca: Gastropoda Tonnacea, Zhang Suping and Ma Xiutong, 2004. 243 pp., 123 figs., 1 pl.

Invertebrata vol. 35 Arachnida: Araneae: Tetragnathidae. Zhu Mingsheng, Song Daxiang and Zhang Junxia, 2003. 402 pp., 174 figs., 5+11 pls.

Invertebrata vol. 36 Crustacea: Decapoda, Atyidae. Liang Xiangqiu, 2004. 375 pp., 156 figs.

Invertebrata vol. 37 Mollusca: Gastropoda: Stylommatophora: Bradybaenidae. Chen Deniu and Zhang Guoqing, 2004. 482 pp., 409 figs., 8 pls.

Invertebrata vol. 38 Chaetognatha: Sagittoidea. Xiao Yichang, 2004. 201 pp., 89 figs.

Invertebrata vol. 39 Arachnida: Araneae: Gnaphosidae. Song Daxiang, Zhu Mingsheng and Zhang Feng, 2004. 362 pp., 175 figs.

Invertebrata vol. 40 Echinodermata: Ophiuroidea. Liao Yulin, 2004. 505 pp., 244 figs., 6 pls.

Invertebrata vol. 41 Crustacea: Amphipoda: Gammaridea I. Ren Xianqiu, 2006. 588 pp., 194 figs.

Invertebrata vol. 42 Crustacea: Cirripedia: Thoracica. Liu Ruiyu and Ren Xianqiu, 2007. 632 pp., 239 figs.

Invertebrata vol. 43 Crustacea: Amphipoda: Gammaridea II. Ren Xianqiu, 2012. 651 pp., 197 figs.

Invertebrata vol. 44 Crustacea: Decapoda: Palaemonoidea. Li Xinzheng, Liu Ruiyu, Liang Xingqiu and Chen Guoxiao 2007. 381 pp., 157 figs.

Invertebrata vol. 46 Sipuncula, Echiura. Zhou Hong, Li Fenglu and Wang Wei, 2007. 206 pp., 95 figs.

Invertebrata vol. 47 Arachnida: Acari: Phytoseiidae. Wu weinan, Ou Jianfeng and Huang Jingling. 2009. 511 pp., 287 figs., 9 pls.

Invertebrata vol. 48 Mollusca: Bivalvia: Lucinacea, Carditacea, Crassatellacea and Cardiacea. Xu Fengshan. 2012. 239 pp., 133 figs.

Invertebrata vol. 49 Crustacea: Decapoda: Portunidae. Yang Siliang, Chen Huilian and Dai Aiyun. 2012. 417 pp., 138 figs., 14 pls.

Invertebrata vol. 51 Nematoda: Rhabditida: Strongylata (II). Zhang Luping and Kong Fanyao. 2014. 316pp., 97 figs., 19 pls.

ECONOMIC FAUNA OF CHINA

Mammals. Shou Zhenhuang *et al.*, 1962. 554 pp., 153 figs., 72 pls.

Aves. Cheng Tsohsin *et al.*, 1963. 694 pp., 10 figs., 64 pls.

Marine fishes. Chen Qingtai *et al.*, 1962. 174 pp., 25 figs., 32 pls.

Freshwater fishes. Wu Xianwen *et al.*, 1963. 159 pp., 122 figs., 30 pls.

Parasitic Crustacea of Freshwater Fishes. Kuang Puren and Qian Jinhui, 1991. 203 pp., 110 figs.

Annelida. Echinodermata. Prorochordata. Wu Baoling *et al.*, 1963. 141 pp., 65 figs., 16 pls.

Marine mollusca. Zhang Xi and Qi Zhougyan, 1962. 246 pp., 148 figs.

Freshwater molluscs. Liu Yueyin *et al.*, 1979.134 pp., 110 figs.

Terrestrial molluscs. Chen Deniu and Gao Jiaxiang, 1987. 186 pp., 224 figs.

Parasitic worms. Wu Shuqing, Yin Wenzhen and Shen Shouxun, 1960. 368 pp., 158 figs.

Economic birds of China (Second edition). Cheng Tsohsin, 1993. 619 pp., 64 pls.

ECONOMIC INSECT FAUNA OF CHINA

Fasc. 1 Coleoptera: Cerambycidae. Chen Sicien *et al.*, 1959. 120 pp., 21 figs., 40 pls.

Fasc. 2 Hemiptera: Pentatomidae. Yang Weiyi, 1962. 138 pp., 11 figs., 10 pls.

Fasc. 3 Lepidoptera: Noctuidae I. Chu Hongfu and Chen Yixin, 1963. 172 pp., 22 figs., 10 pls.

Fasc. 4 Coleoptera: Tenebrionidae. Zhao Yangchang, 1963. 63 pp., 27 figs., 7 pls.

Fasc. 5 Coleoptera: Coccinellidae. Liu Chongle, 1963. 101 pp., 27 figs., 11pls.

Fasc. 6 Lepidoptera: Noctuidae II. Chu Hongfu *et al.*, 1964. 183 pp., 11 pls.

Fasc. 7 Lepidoptera: Noctuidae III. Chu Hongfu, Fang Chenglai and Wang Lingyao, 1963. 120 pp., 28 figs., 31 pls.

Fasc. 8 Isoptera: Termitidae. Cai Bonghua and Chen Ningsheng, 1964. 141 pp., 79 figs., 8 pls.

Fasc. 9 Hymenoptera: Apoidea. Wu Yanru, 1965. 83 pp., 40 figs., 7 pls.

Fasc. 10 Homoptera: Cicadellidae. Ge Zhongling, 1966. 170 pp., 150 figs.

Fasc. 11 Lepidoptera: Tortricidae I. Liu Youqiao and Bai Jiuwei, 1977. 93 pp., 23 figs., 24 pls.

Fasc. 12 Lepidoptera: Lymantriidae I. Chao Chungling, 1978. 121 pp., 45 figs., 18 pls.

Fasc. 13 Diptera: Ceratopogonidae. Li Tiesheng, 1978. 124 pp., 104 figs.

Fasc. 14 Coleoptera: Coccinellidae II. Pang Xiongfei and Mao Jinlong, 1979. 170 pp., 164 figs., 16 pls.

Fasc. 15 Acarina: Lxodoidea. Teng Kuofan, 1978. 174 pp., 707 figs.

Fasc. 16 Lepidoptera: Notodontidae. Cai Rongquan, 1979. 166 pp., 126 figs., 19 pls.

Fasc. 17 Acarina: Camasina. Pan Zungwen and Teng Kuofan, 1980. 155 pp., 168 figs.

Fasc. 18 Coleoptera: Chrysomeloidea I. Tang Juanjie *et al.*, 1980. 213 pp., 194 figs., 18 pls.

Fasc. 19 Coleoptera: Cerambycidae II. Pu Fuji, 1980. 146 pp., 42 figs., 12 pls.

Fasc. 20 Coleoptera: Curculionidae I. Chao Yungchang and Chen Yuanqing, 1980. 184 pp., 73 figs., 14 pls.

Fasc. 21 Lepidoptera: Pyralidae. Wang Pingyuan, 1980. 229 pp., 40 figs., 32 pls.

Fasc. 22 Lepidoptera: Sphingidae. Zhu Hongfu and Wang Lingyao, 1980. 84 pp., 17 figs., 34 pls.

Fasc. 23 Acariformes: Tetranychoidea. Wang Huifu, 1981. 150 pp., 121 figs., 4 pls.

Fasc. 24 Homoptera: Pseudococcidae. Wang Tzeching, 1982. 119 pp., 75 figs.

Fasc. 25 Homoptera: Aphidinea I. Zhang Guangxue and Zhong Tiesen, 1983. 387 pp., 207 figs., 32 pls.

Fasc. 26 Diptera: Tabanidae. Wang Zunming, 1983. 128 pp., 243 figs., 8 pls.

Fasc. 27 Homoptera: Delphacidae. Kuoh Changlin *et al.*, 1983. 166 pp., 132 figs., 13 pls.

Fasc. 28 Coleoptera: Larvae of Scarabaeoidae. Zhang Zhili, 1984. 107 pp., 17. figs., 21 pls.

Fasc. 29 Coleoptera: Scolytidae. Yin Huifen, Huang Fusheng and Li Zhaoling, 1984. 205 pp., 132 figs., 19 pls.

Fasc. 30 Hymenoptera: Vespoidea. Li Tiesheng, 1985. 159pp., 21 figs., 12pls.

Fasc. 31 Hemiptera I. Zhang Shimei, 1985. 242 pp., 196 figs., 59 pls.

Fasc. 32 Lepidoptera: Noctuidae IV. Chen Yixin, 1985. 167 pp., 61 figs., 15 pls.

Fasc. 33 Lepidoptera: Arctiidae. Fang Chenglai, 1985. 100 pp., 69 figs., 10 pls.

Fasc. 34 Hymenoptera: Chalcidoidea I. Liao Dingxi *et al.*, 1987. 241 pp., 113 figs., 24 pls.

Fasc. 35 Coleoptera: Cerambycidae III. Chiang Shunan. Pu Fuji and Hua Lizhong, 1985. 189 pp., 2 figs., 13 pls.

Fasc. 36 Homoptera: Fulgoroidea. Chou Io *et al.*, 1985. 152 pp., 125 figs., 2 pls.

Fasc. 37 Diptera: Anthomyiidae. Fan Zide *et al.*, 1988. 396 pp., 1215 figs., 10 pls.

Fasc. 38 Diptera: Ceratopogonidae II. Lee Tiesheng, 1988. 127 pp., 107 figs.

Fasc. 39 Acari: Ixodidae. Teng Kuofan and Jiang Zaijie, 1991. 359 pp., 354 figs.

Fasc. 40 Acari: Dermanyssoideae, Teng Kuofan *et al.*, 1993. 391 pp., 318 figs.

Fasc. 41 Hymenoptera: Pteromalidae I. Huang Dawei, 1993. 196 pp., 252 figs.

Fasc. 42 Lepidoptera: Lymantriidae II. Chao Chungling, 1994. 165 pp., 103 figs., 10 pls.

Fasc. 43 Homoptera: Coccidea. Wang Tzeching, 1994. 302 pp., 107 figs.

Fasc. 44 Acari: Eriophyoidea I. Kuang Haiyuan, 1995. 198 pp., 163 figs., 7 pls.

Fasc. 45 Diptera: Tabanidae II. Wang Zunming, 1994. 196 pp., 182 figs., 8 pls.

Fasc. 46 Coleoptera: Cetoniidae, Trichiidae, Valgidae. Ma Wenzhen, 1995. 210 pp., 171 figs., 5 pls.

Fasc. 47 Hymenoptera: Formicidae I. Tang Jub, 1995. 134 pp., 135 figs.

Fasc. 48 Ephemeroptera. You Dashou *et al.*, 1995. 152 pp., 154 figs.

Fasc. 49 Trichoptera I: Hydroptilidae, Stenopsychidae, Hydropsychidae, Leptoceridae. Tian Lixin *et al.*, 1996. 195 pp., 271 figs., 2 pls.

Fasc. 50 Hemiptera II: Zhang Shimei *et al.*, 1995. 169 pp., 46 figs., 24 pls.

Fasc. 51 Hymenoptera: Ichneumonidae. He Junhua, Chen Xuexin and Ma Yun, 1996. 697 pp., 434 figs.

Fasc. 52 Hymenoptera: Sphecidae. Wu Yanru and Zhou Qin, 1996. 197 pp., 167 figs., 14 pls.

Fasc. 53 Acari: Phytoseiidae. Wu Weinan *et al.*, 1997. 223 pp., 169 figs., 3 pls.

Fasc. 54 Coleoptera: Chrysomeloidea II. Yu Peiyu *et al.*, 1996. 324 pp., 203 figs., 12 pls.

Fasc. 55 Thysanoptera. Han Yunfa, 1997. 513 pp., 220 figs., 4 pls.

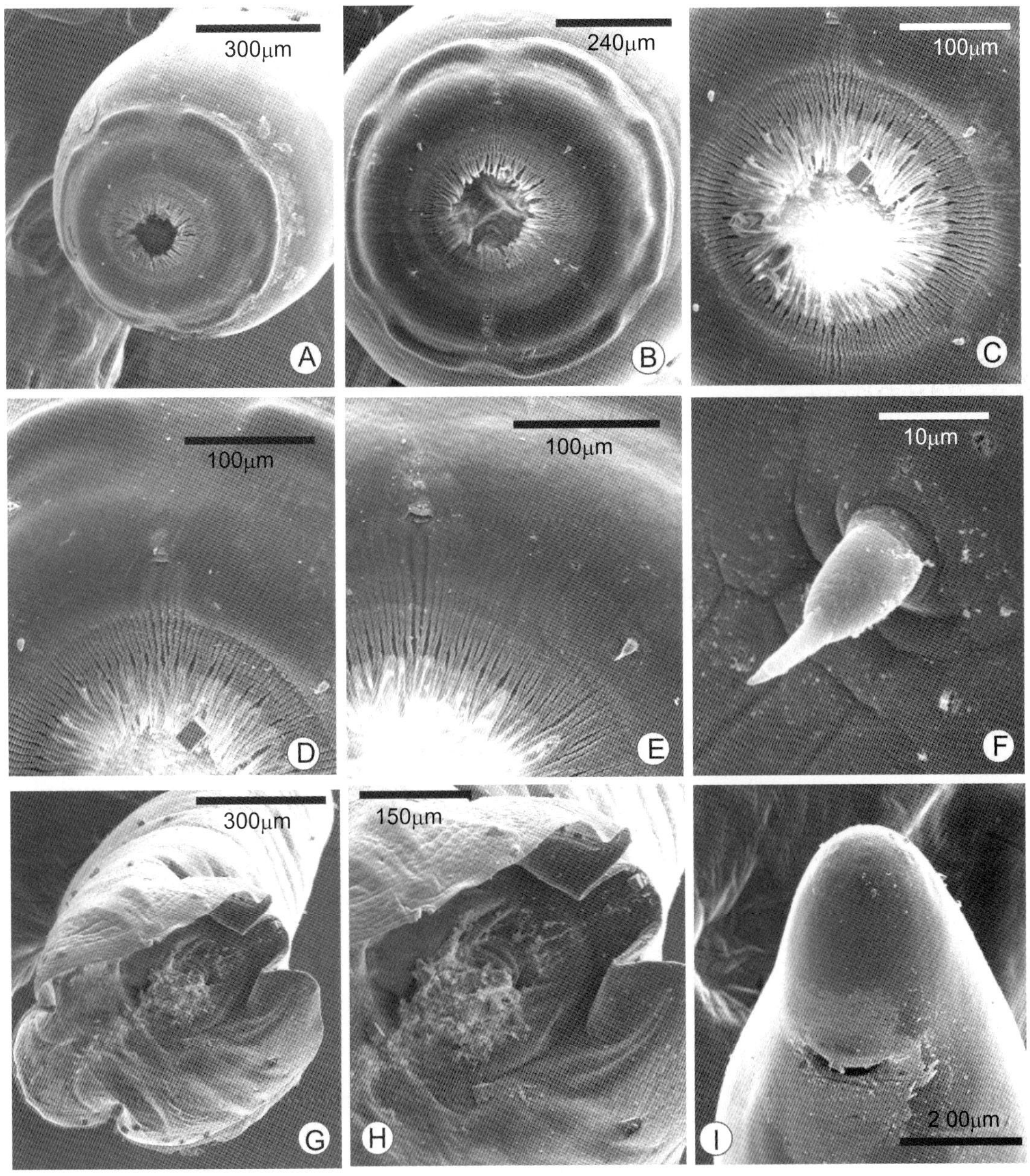

马圆形线虫*Strongylus equinus* Mueller扫描电镜图谱

A-C. 头部顶面观；D, E. 头部顶面部分放大；F. 亚中乳突；G, H. 交合伞；I. 雌虫尾部

Scanning electron micrographs of *Strongylus equinus* Mueller

A-C. cephalic extremity, en face view; D, E. part of cephalic extremity, en face view; F. subcentral papillae; G, H. copulatory bursa; I. posterior end of female

图版II

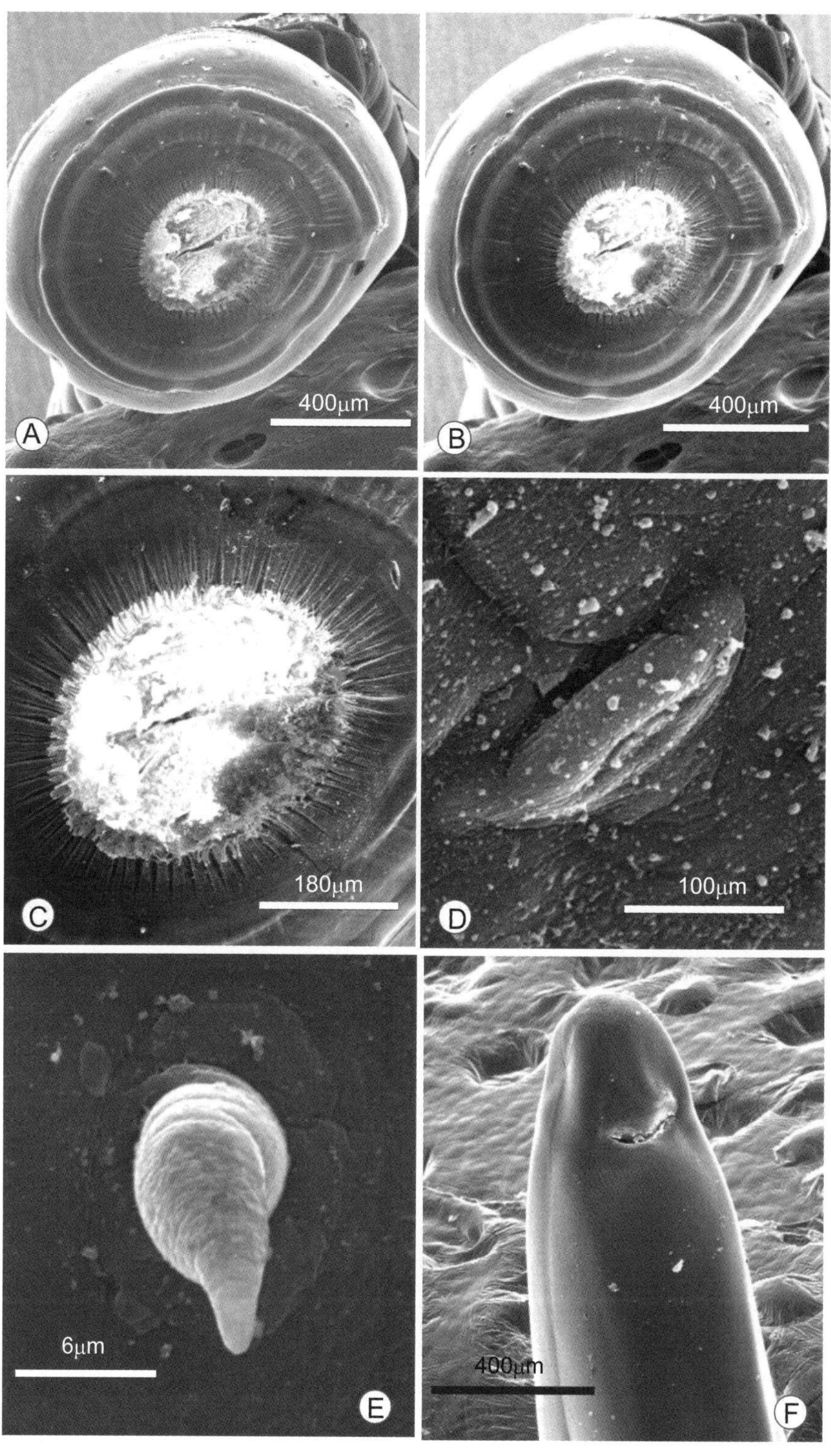

无齿圆形线虫*Strongylus edentatus* (Looss) 扫描电镜图谱

A-C. 头部顶面观；D. 头感器；E. 亚中乳突；F. 雌虫尾部

Scanning electron micrographs of *Strongylus edentatus* (Looss)

A-C. cephalic extremity, en face view; D. amphid; E. subcentral papillae; F. posterior end of female

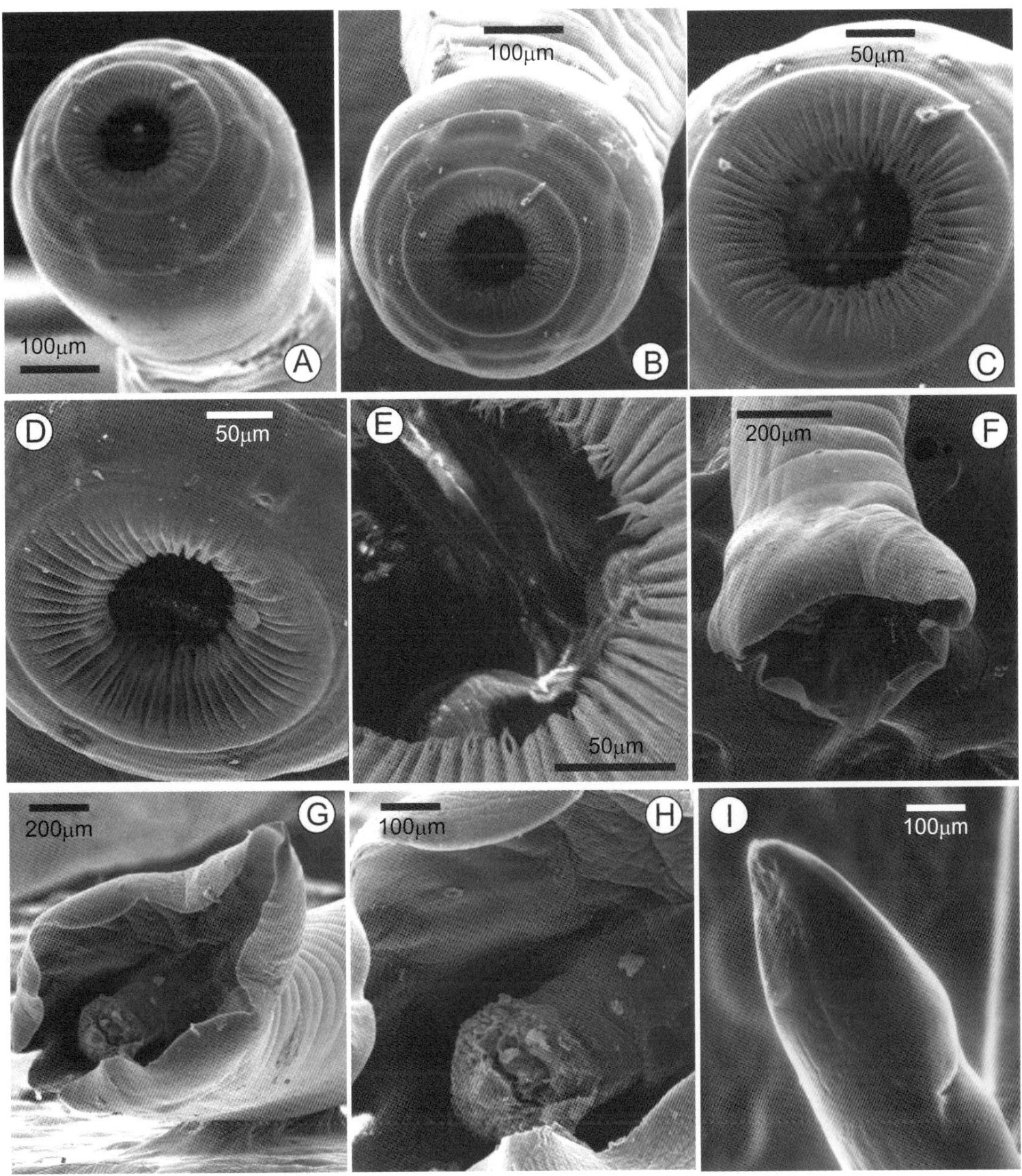

普通圆形线虫*Strongylus vulgaris* (Looss) 扫描电镜图谱

A-D. 头部顶面观；E. 外叶冠部分放大；F, J. 交合伞；H. 生殖锥；I. 雌虫尾部

Scanning electron micrographs of *Strongylus vulgaris* (Looss)

A-D. cephalic extremity, en face view; E. part of external leaf-crown, enlarged; F, G. copulatory bursa；H. genital cone; I. posterior end of female

图版IV

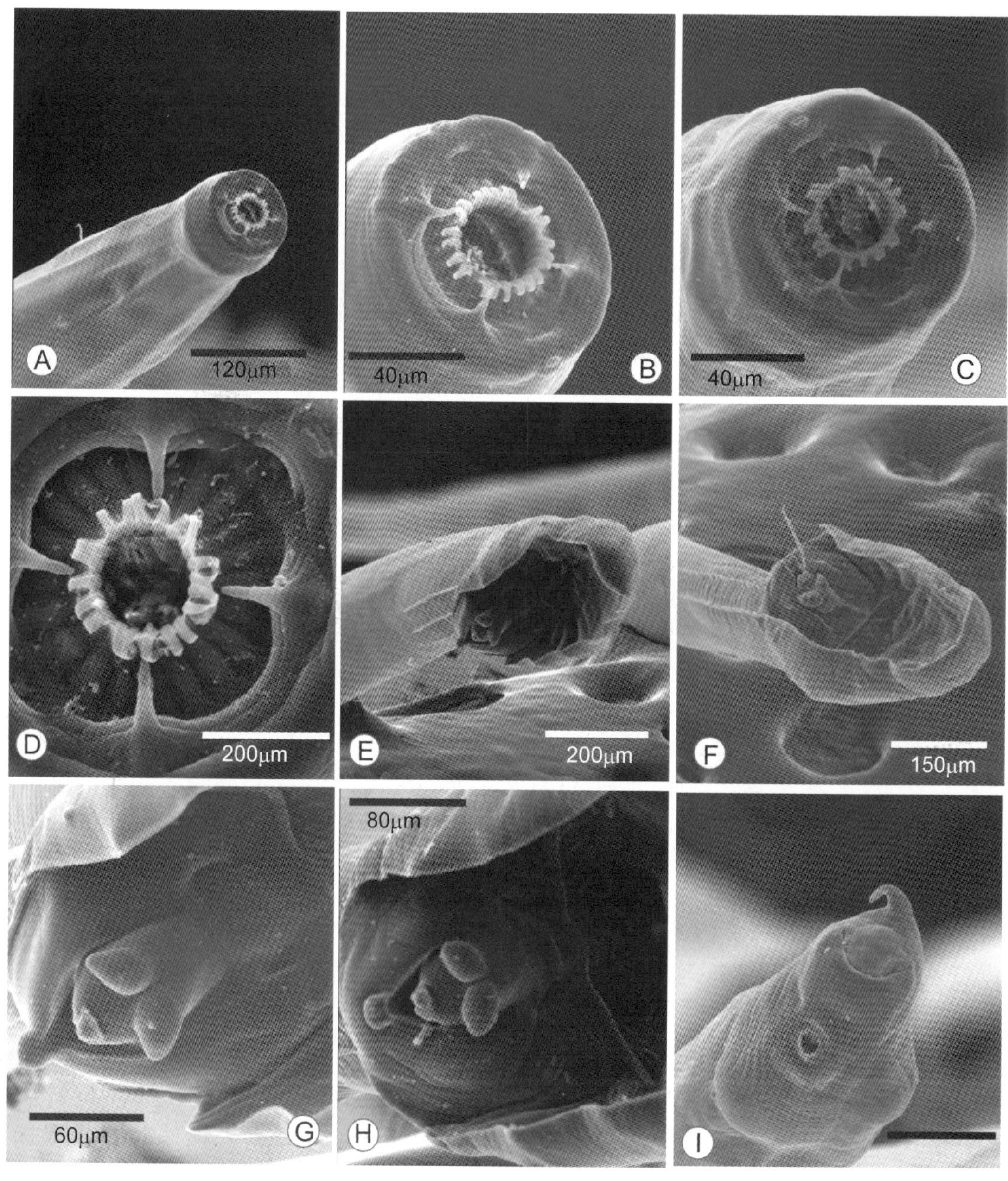

四刺盅口线虫*Cyathostomum tetracanthum* (Mehlis) 扫描电镜图谱

A. 虫体前部；B-D. 头部顶面观；E, F. 交合伞；G, H. 生殖锥；I. 雌虫尾部

Scanning electron micrographs of *Cyathostomum tetracanthum* (Mehlis)

A. anterior end of body; B-D. cephalic extremity, en face view; E, F. copulatory bursa; G, H. genital cone; I. posterior end of female

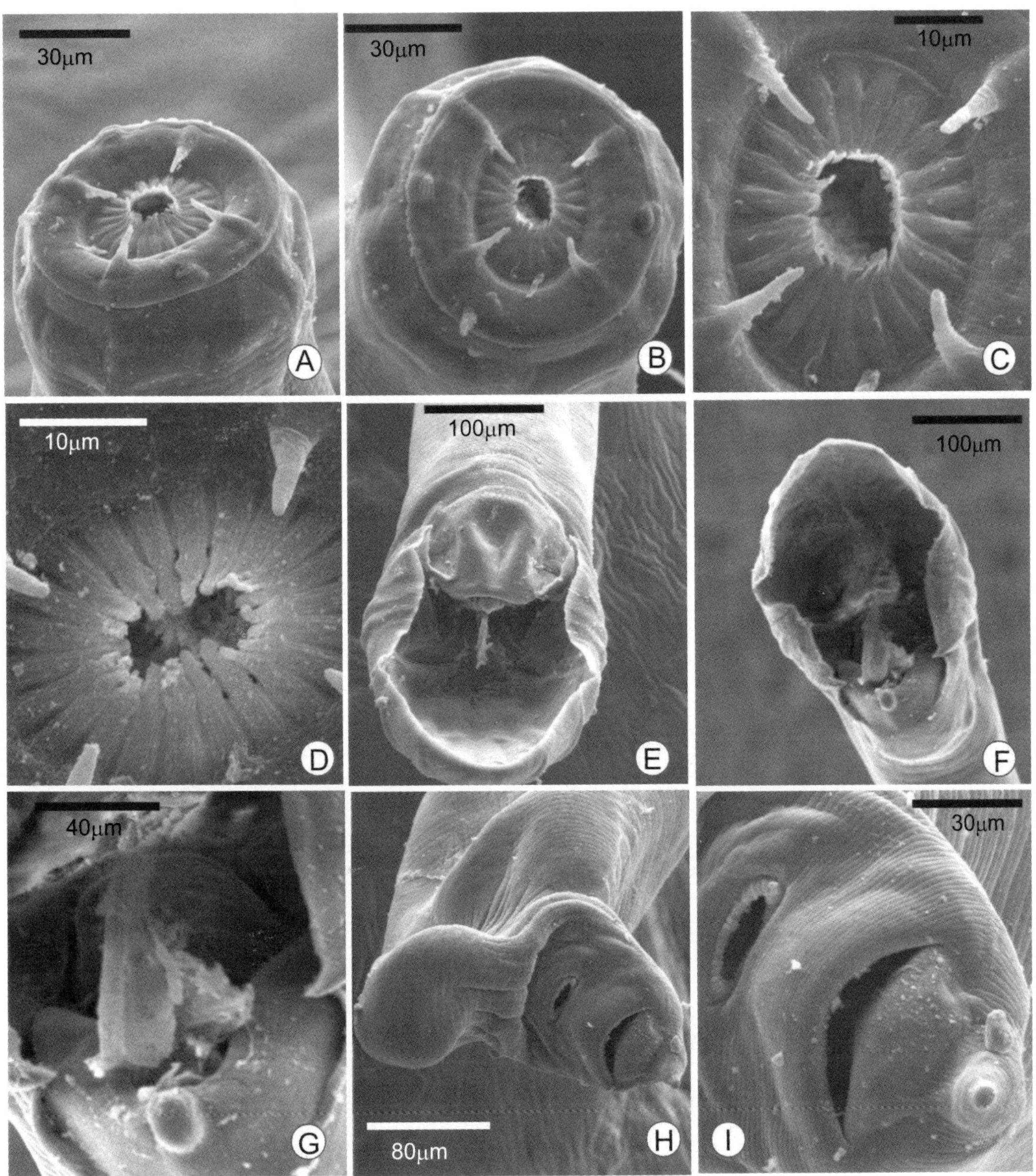

硫形盅口线虫*Cyathostomum catinatum* Looss扫描电镜图谱

A-D. 头部顶面观；E, F. 交合伞；G. 生殖锥；H, I. 雌虫尾部

Scanning electron micrographs of *Cyathostomum catinatum* Looss

A-D. cephalic extremity, en face view; E, F. copulatory bursa; G. genital cone; H, I. posterior end of female

图版VI

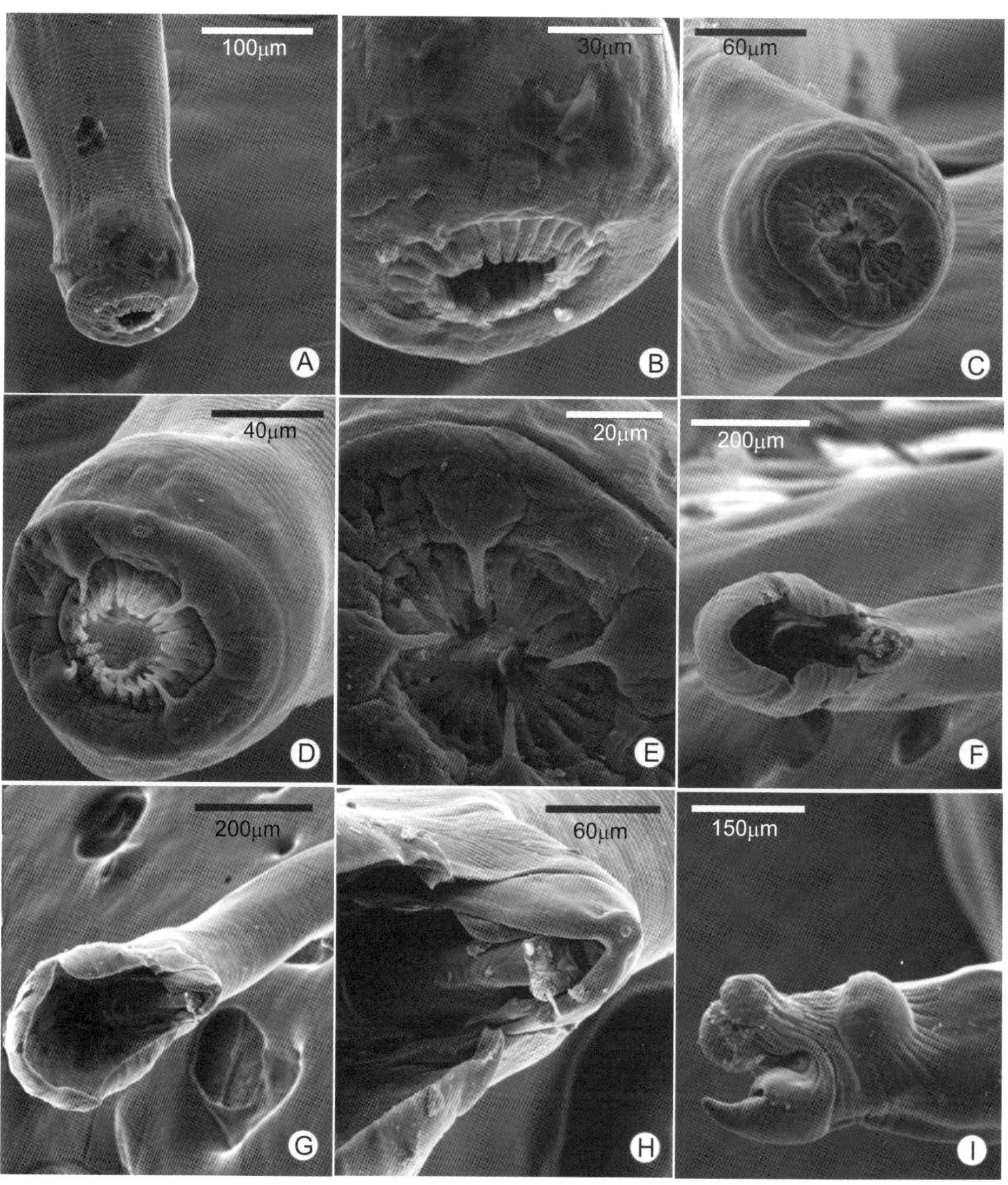

碟状盅口线虫指名亚种*Cyathostomum pateratum pateratum* (Yorke *et* Macfie) 扫描电镜图谱

A, B. 头部侧面观；C-E. 头部顶面观；F, G. 交合伞；H. 生殖锥；I. 雌虫尾部

Scanning electron micrographs of *Cyathostomum pateratum pateratum* (Yorke *et* Macfie)

A, B. cephalic end of body, lateral view; C-E. cephalic extremity, en face view; F, G. copulatory bursa; H. genital cone; I. posterior end of female

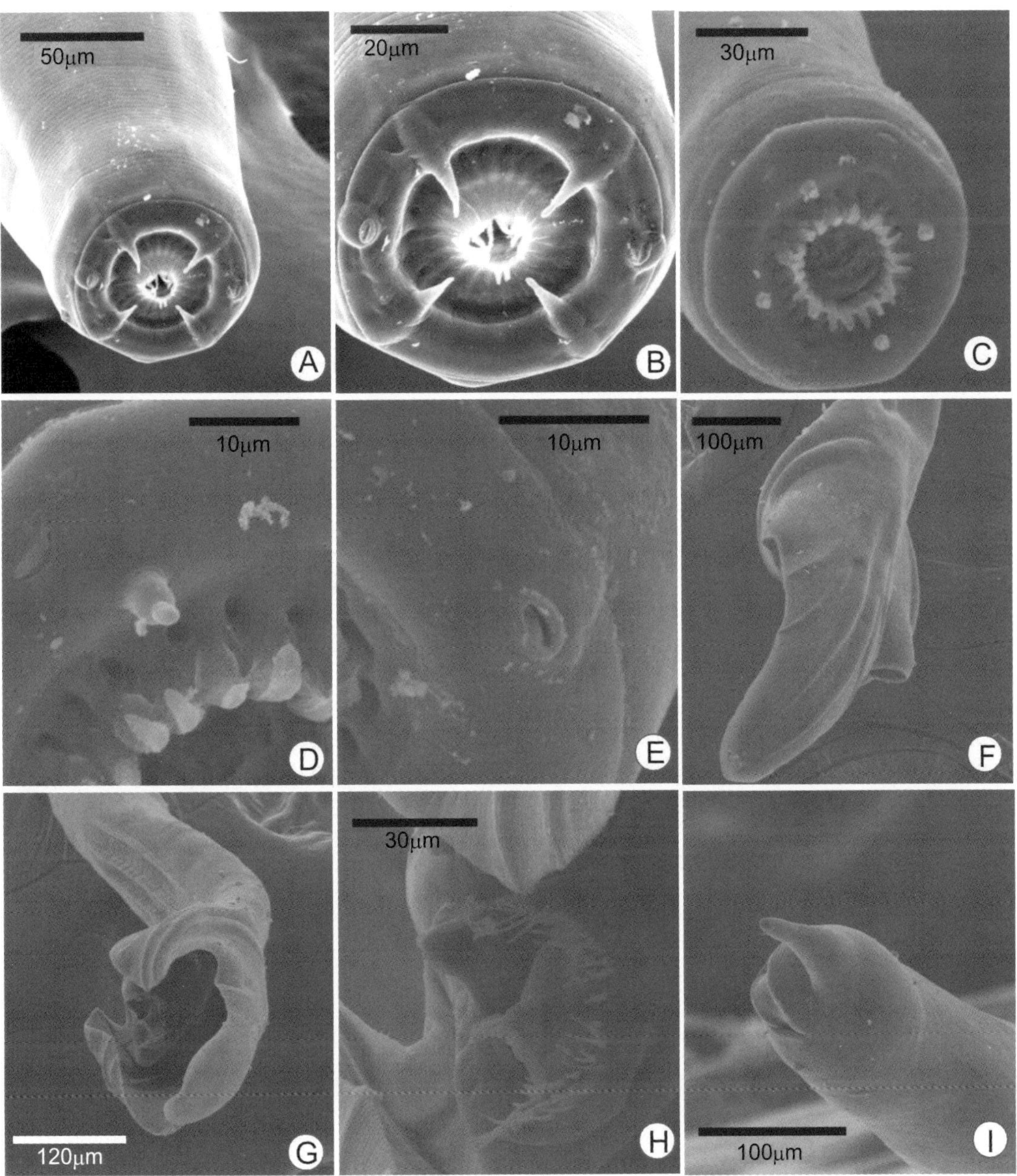

冠状冠环线虫*Coronocyclus coronatus* (Looss) 扫描电镜图谱

A-C. 头部顶面观；D, E. 头部顶面部分放大，示外叶冠和头乳突；F, G. 交合伞；H. 生殖锥；I. 雌虫尾部

Scanning electron micrographs of *Coronocyclus coronatus* (Looss)

A-C. cephalic extremity, en face view; D, E. part of cephalic extremity, en face view, showing the external leaf-crown and cephalic papillae; F, G. copulatory bursa; H. genital cone; I. posterior end of female

图版VIII

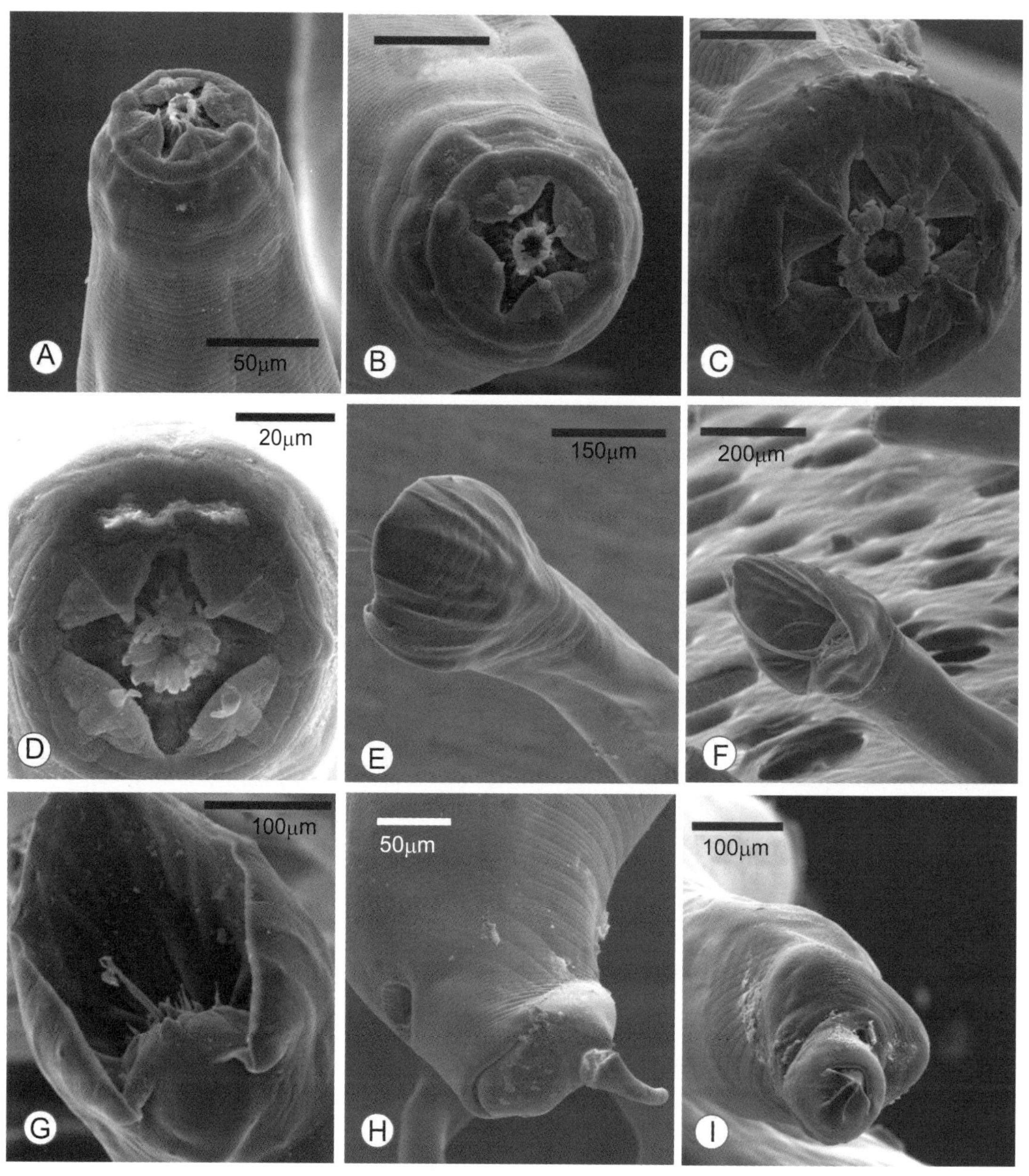

大唇片冠环线虫*Coronocyclus labiatus* (Looss) 扫描电镜图谱

A-D. 头部顶面观；E, F. 交合伞；G. 生殖锥；H, I. 雌虫尾部

Scanning electron micrographs of *Coronocyclus labiatus* (Looss)

A-D. cephalic extremity, en face view; E, F. copulatory bursa; G. genital cone; H, I. posterior end of female

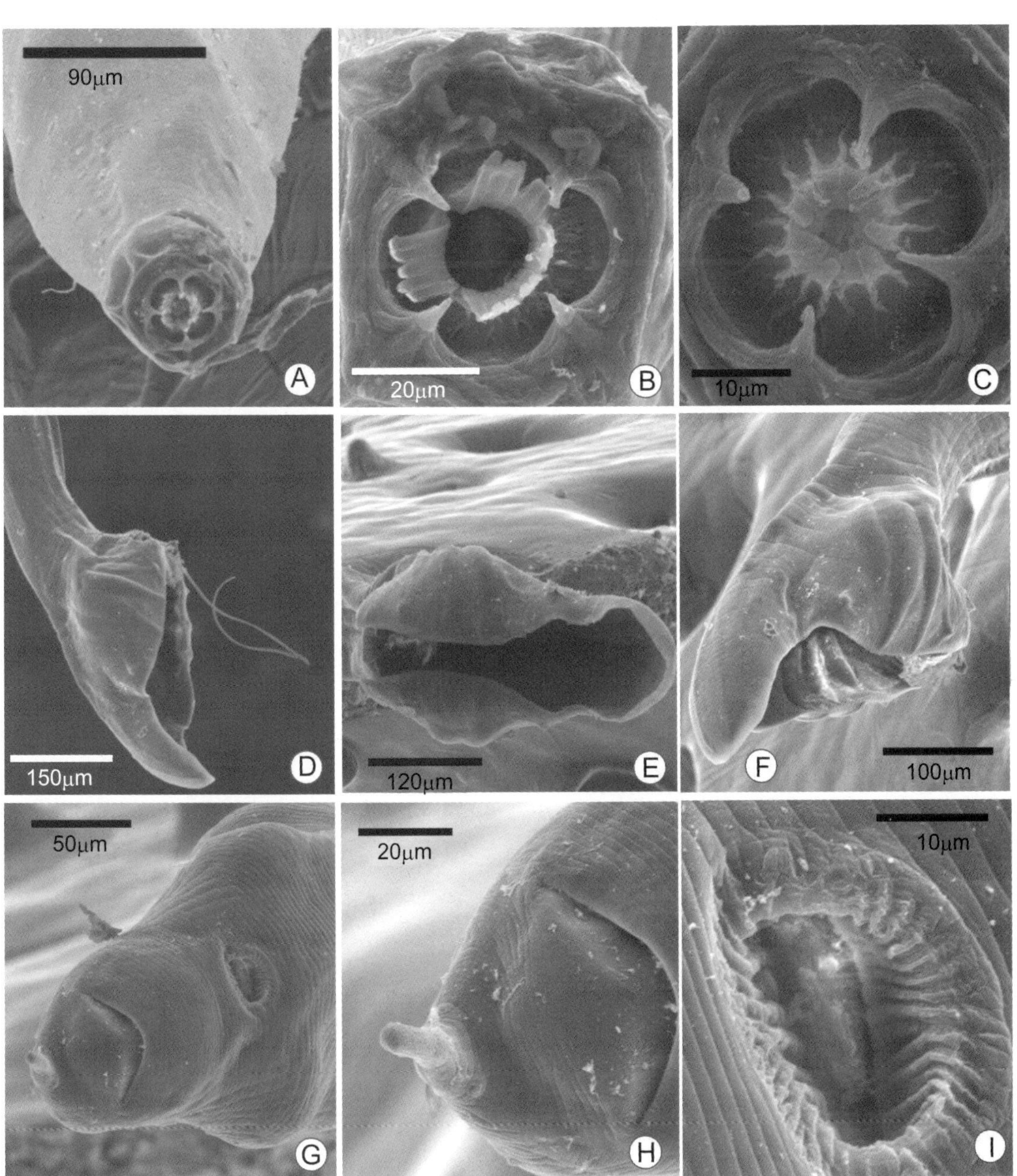

小唇片冠环线虫*Coronocyclus labratus* (Looss) 扫描电镜图谱

A-C. 头部顶面观；D-F. 交合伞；G, H. 雌虫尾部；I. 阴门

Scanning electron micrographs of *Coronocyclus labratus* (Looss)

A-C. cephalic extremity, en face view; D-F. copulatory bursa; G, H. posterior end of female; I. vulva

图版X

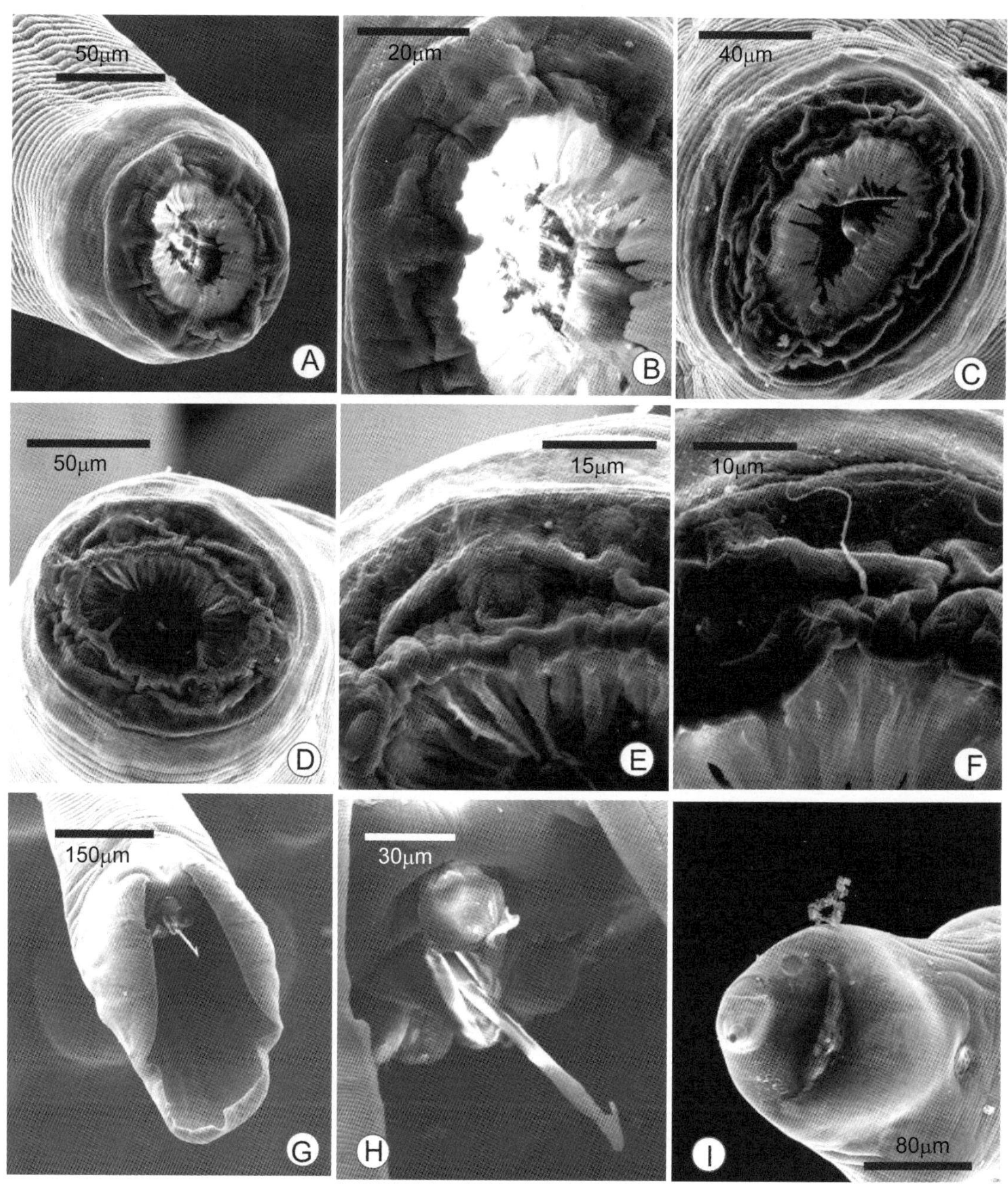

辐射杯环线虫*Cylicocyclus radiatus* (Looss) 扫描电镜图谱

A-D. 头部顶面观；E, F. 头部部分放大，示外叶冠；G. 交合伞；H. 生殖锥；I. 雌虫尾部

Scanning electron micrographs of *Cylicocyclus radiatus* (Looss)

A-D. cephalic extremity, en face view; E, F. part of cephalic end, enlarged, showing the external leaf-crown; G. copulatory bursa; H. genital cone; I. posterior end of female

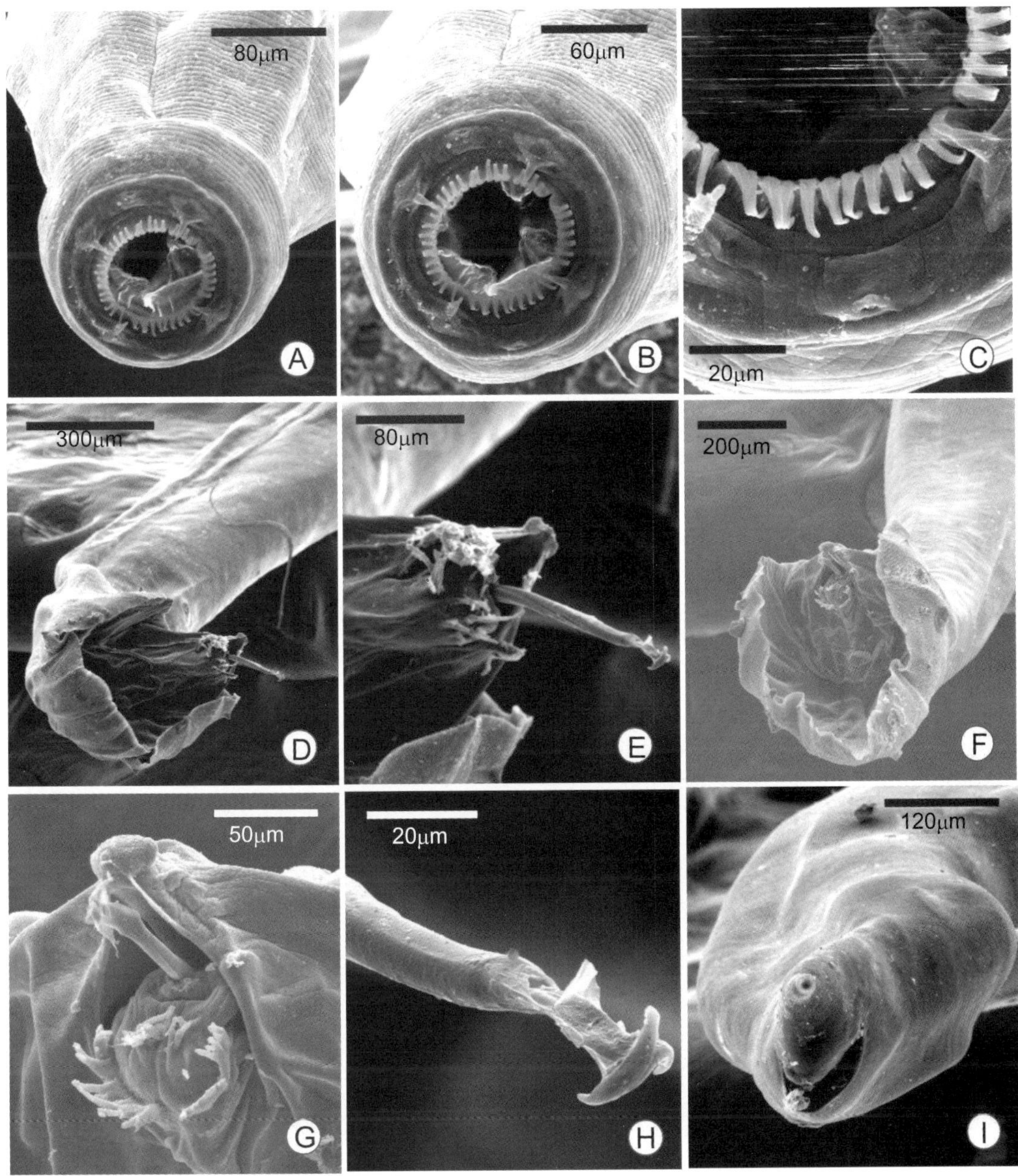

安地斯杯环线虫*Cylicocyclus adersi* (Boulenger) 扫描电镜图谱

A, B. 头部顶面观；C. 头部部分放大，示外叶冠；D, F. 交合伞；E, G. 生殖锥；H. 交合刺末端；I. 雌虫尾部

Scanning electron micrographs of *Cylicocyclus adersi* (Boulenger)

A, B. cephalic extremity, en face view; C. part of cephalic end, enlarged, showing the external leaf-crown; D, F. copulatory bursa; E, G. genital cone; H. distal end of spicule; I. posterior end of female

图版XII

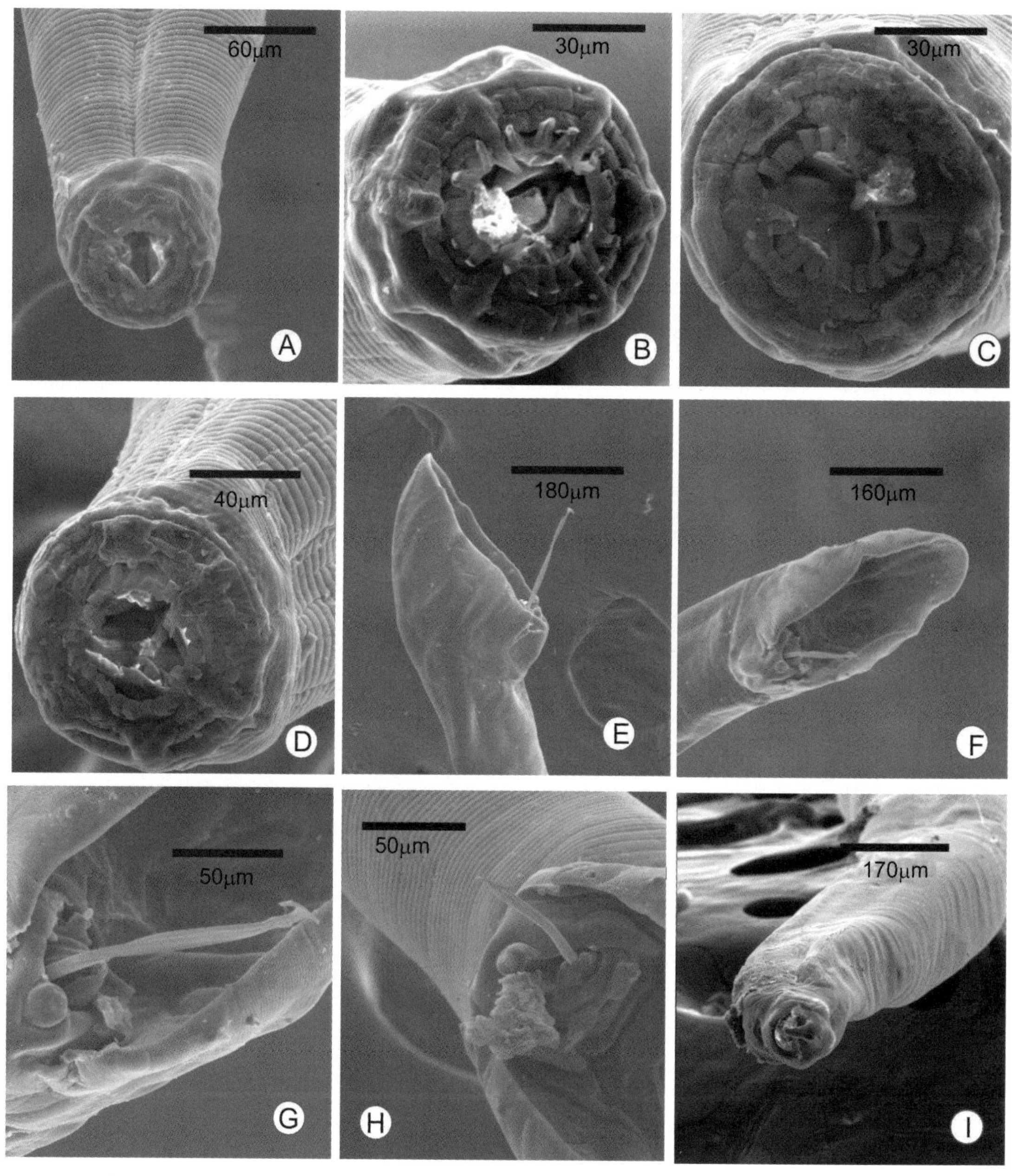

阿氏杯环线虫*Cylicocyclus ashworthi* (LeRoux) 扫描电镜图谱

A-D. 头部顶面观；E, F. 交合伞；G, H. 生殖锥；I. 雌虫尾部

Scanning electron micrographs of *Cylicocyclus ashworthi* (LeRoux)

A, B. cephalic extremity, en face view; E, F. copulatory bursa; G, H. genital cone; I. posterior end of female

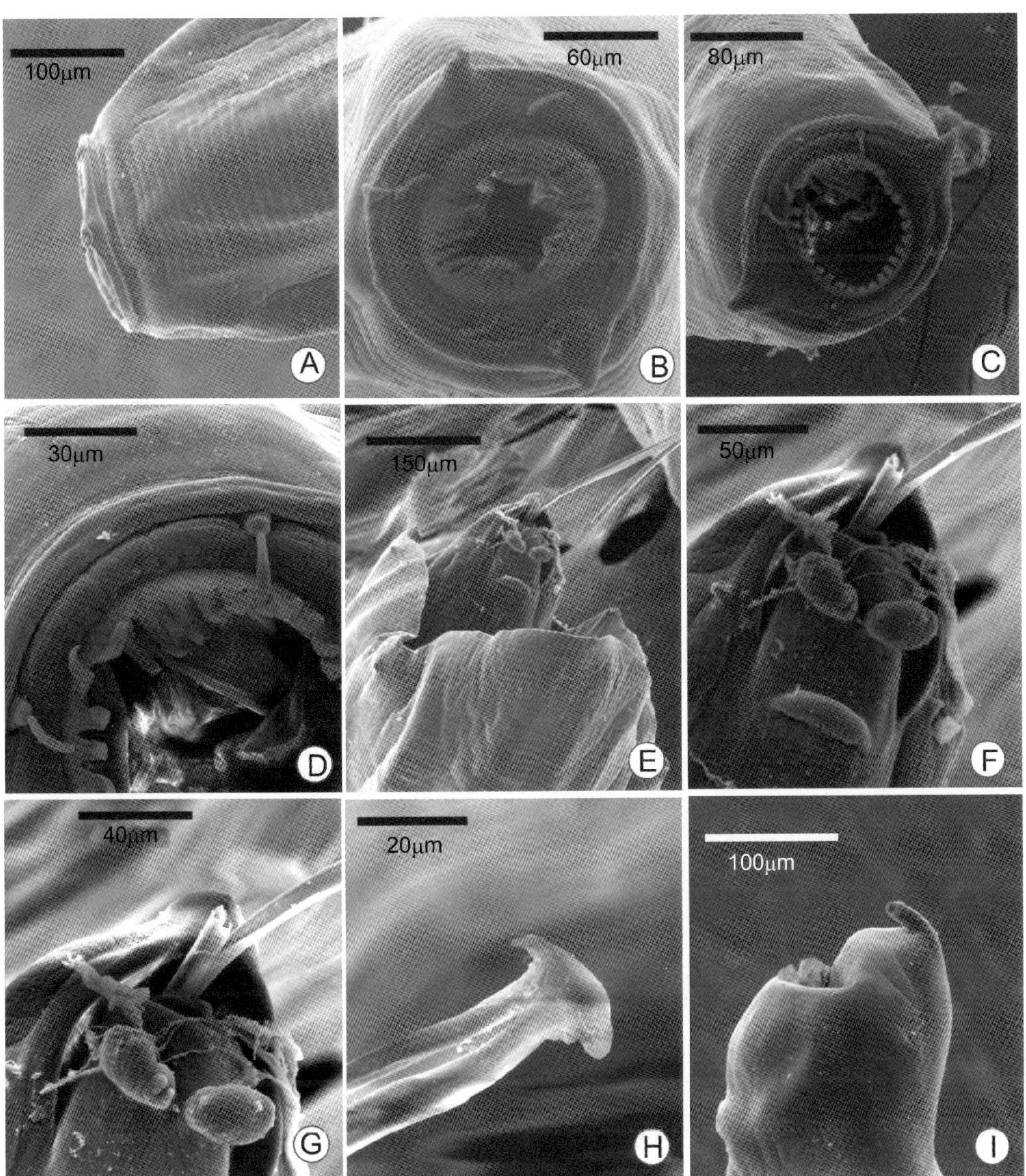

耳状杯环线虫*Cylicocyclus auriculatus* (Looss) 扫描电镜图谱

A. 头部侧面观；B, C. 头部顶面观；D. 头部部分放大；E. 交合伞；F, G. 生殖锥；H. 交合刺末端；I. 雌虫尾部

Scanning electron micrographs of *Cylicocyclus auriculatus* (Looss)

A. cephalic end of body, lateral view; B, C. cephalic extremity, en face view; D. part of cephalic end, enlarged; E. copulatory bursa; F, G. genital cone; H. distal end of spicule; I. posterior end of female

图版XIV

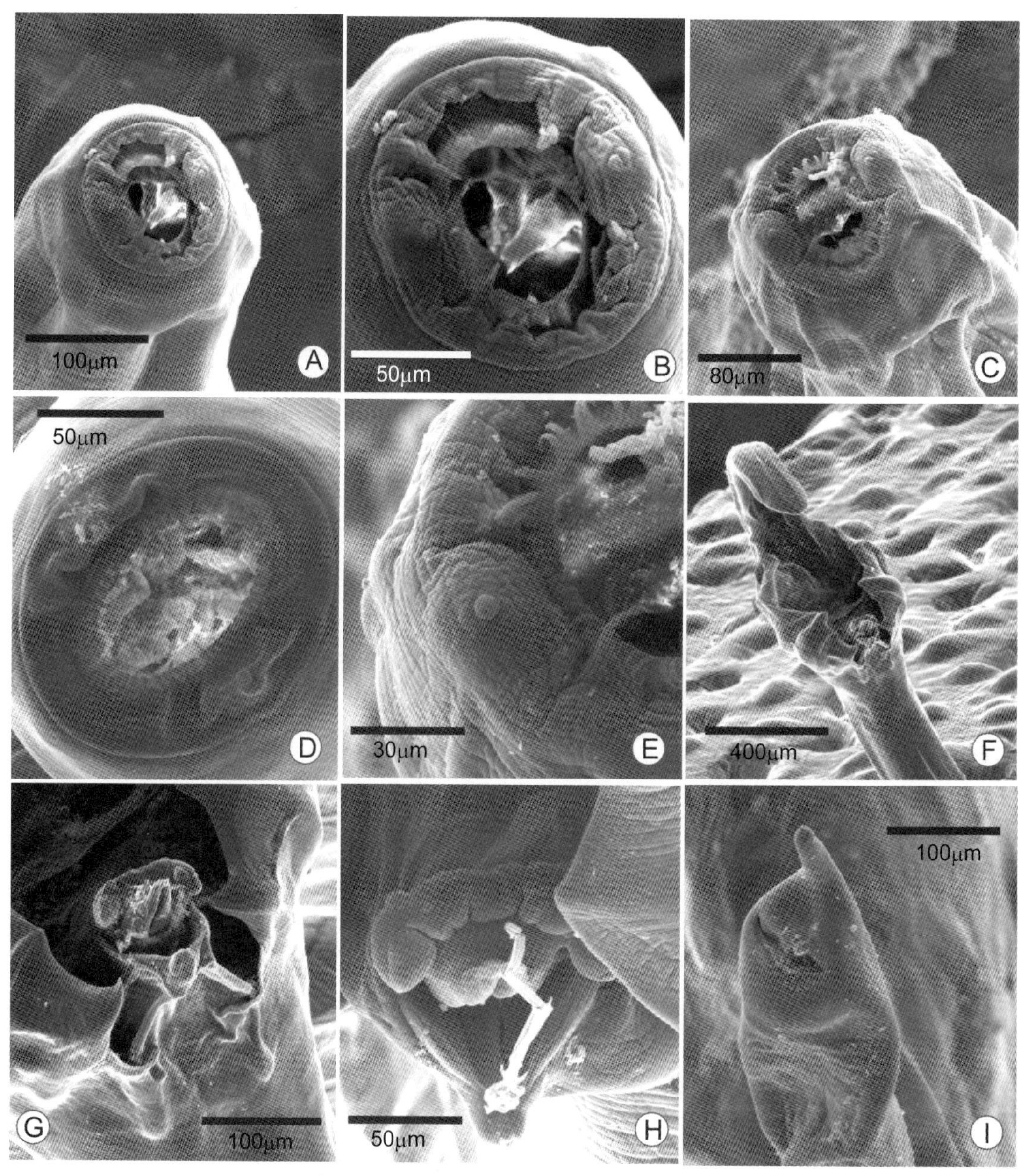

长形杯环线虫*Cylicocyclus elongatus* (Ihle) 扫描电镜图谱

A-D. 头部顶面观；E. 头部部分放大；F. 交合伞；G, H. 生殖锥；I. 雌虫尾部

Scanning electron micrographs of *Cylicocyclus elongatus* (Ihle)

A-D. cephalic extremity, en face view; E. part of cephalic end, enlarged; F. copulatory bursa; G, H. genital cone; I. posterior end of female

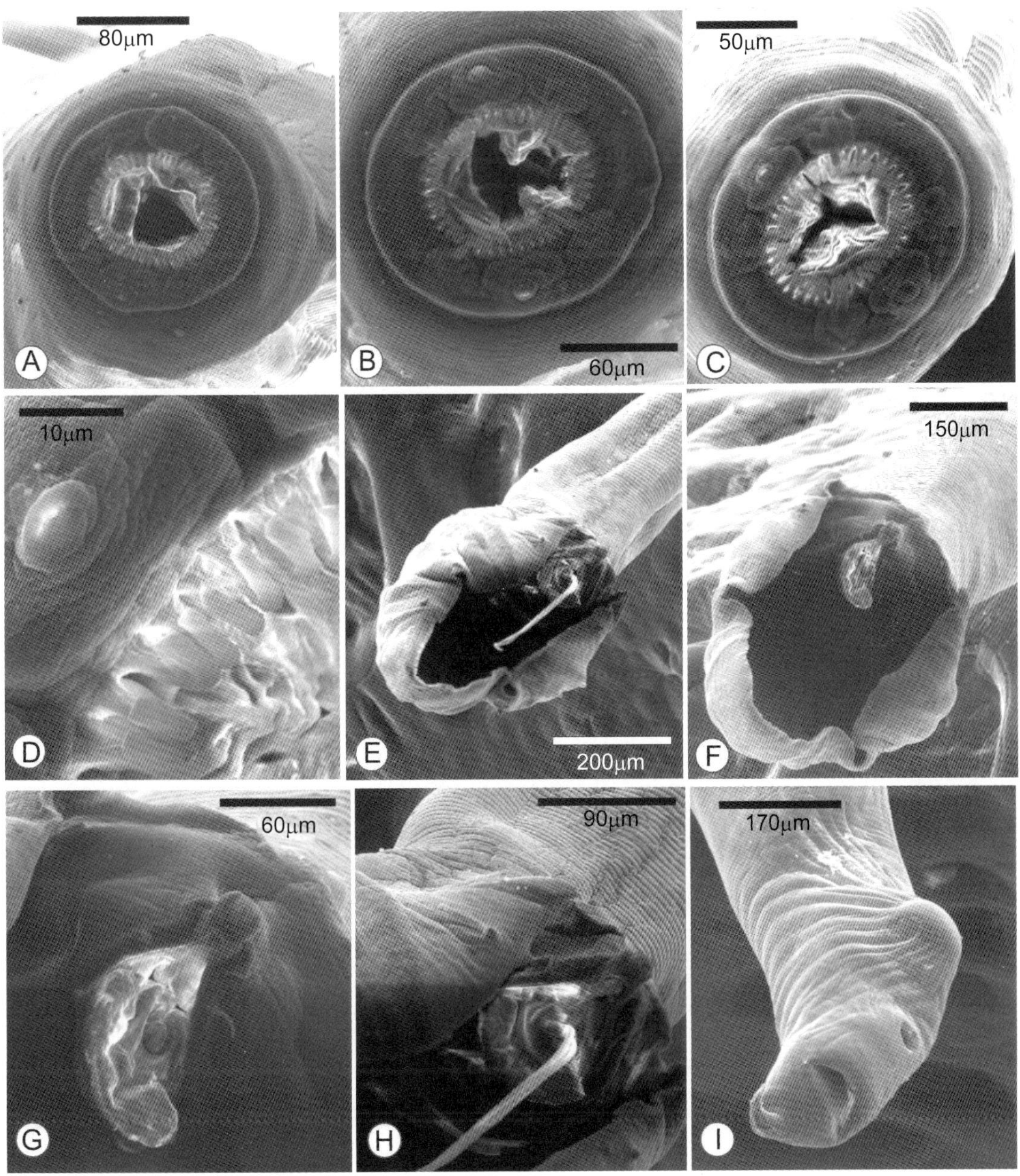

显形杯环线虫*Cylicocyclus insigne* (Boulenger) 扫描电镜图谱

A-C. 头部顶面观；D. 头部部分放大；E, F. 交合伞；G, H. 生殖锥；I. 雌虫尾部

Scanning electron micrographs of *Cylicocyclus insigne* (Boulenger)

A-C. cephalic extremity, en face view; D. part of cephalic end, enlarged; E, F. copulatory bursa; G, H. genital cone; I. posterior end of female

图版XVI

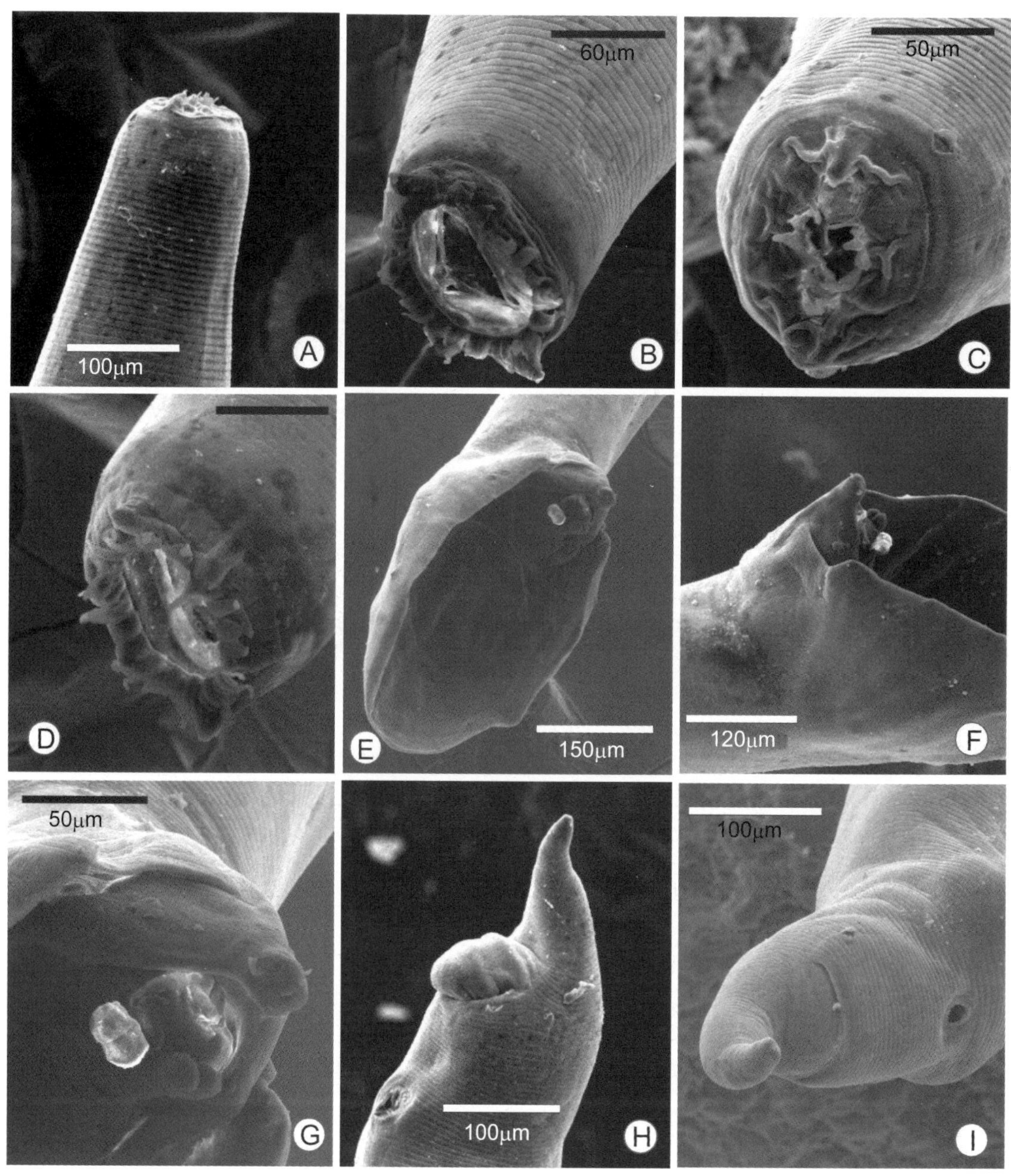

鼻状杯环线虫*Cylicocyclus nassatus* (Looss) 扫描电镜图谱

A. 头部侧面观；B-D. 头部顶面观；E, F. 交合伞; G. 生殖锥；H, I. 雌虫尾部

Scanning electron micrographs of *Cylicocyclus nassatus* (Looss)

A. cephalic end, lateral view; B-D. cephalic extremity, en face view; E, F. copulatory bursa; G. genital cone; H, I. posterior end of female

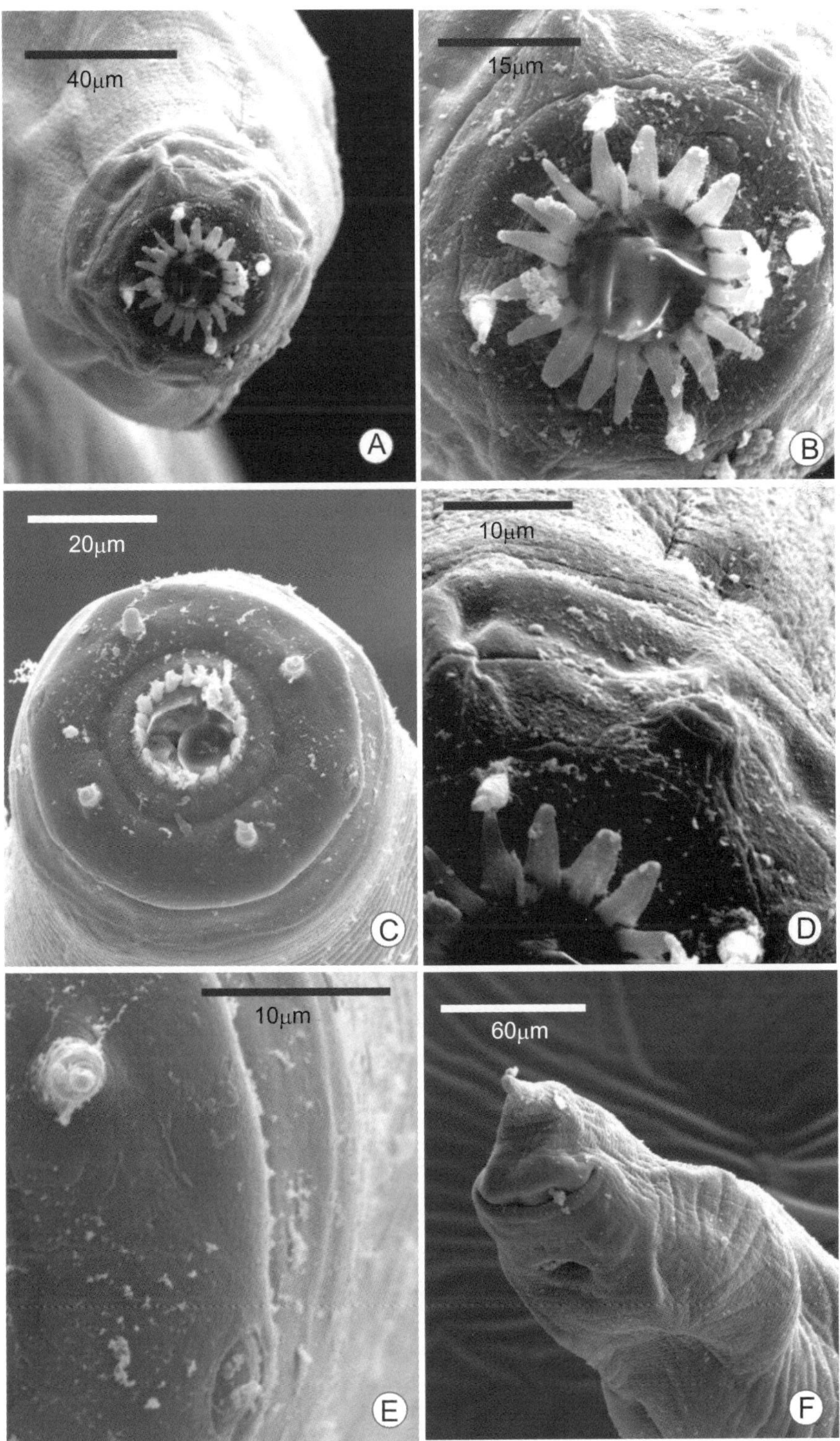

小杯杯冠线虫*Cylicostephanus calicatus* (Looss) 扫描电镜图谱

A-C. 头部顶面观；D. 头部部分放大，示外叶冠；E. 头部部分放大，示头乳突；F. 雌虫尾部

Scanning electron micrographs of *Cylicostephanus calicatus* (Looss)

A-C. cephalic extremity, en face view; D. part of cephalic end, enlarged, showing the leaf-crown; E. part of cephalic end, enlarged, showing the cephalic papillae; F. posterior end of female

图版XVIII

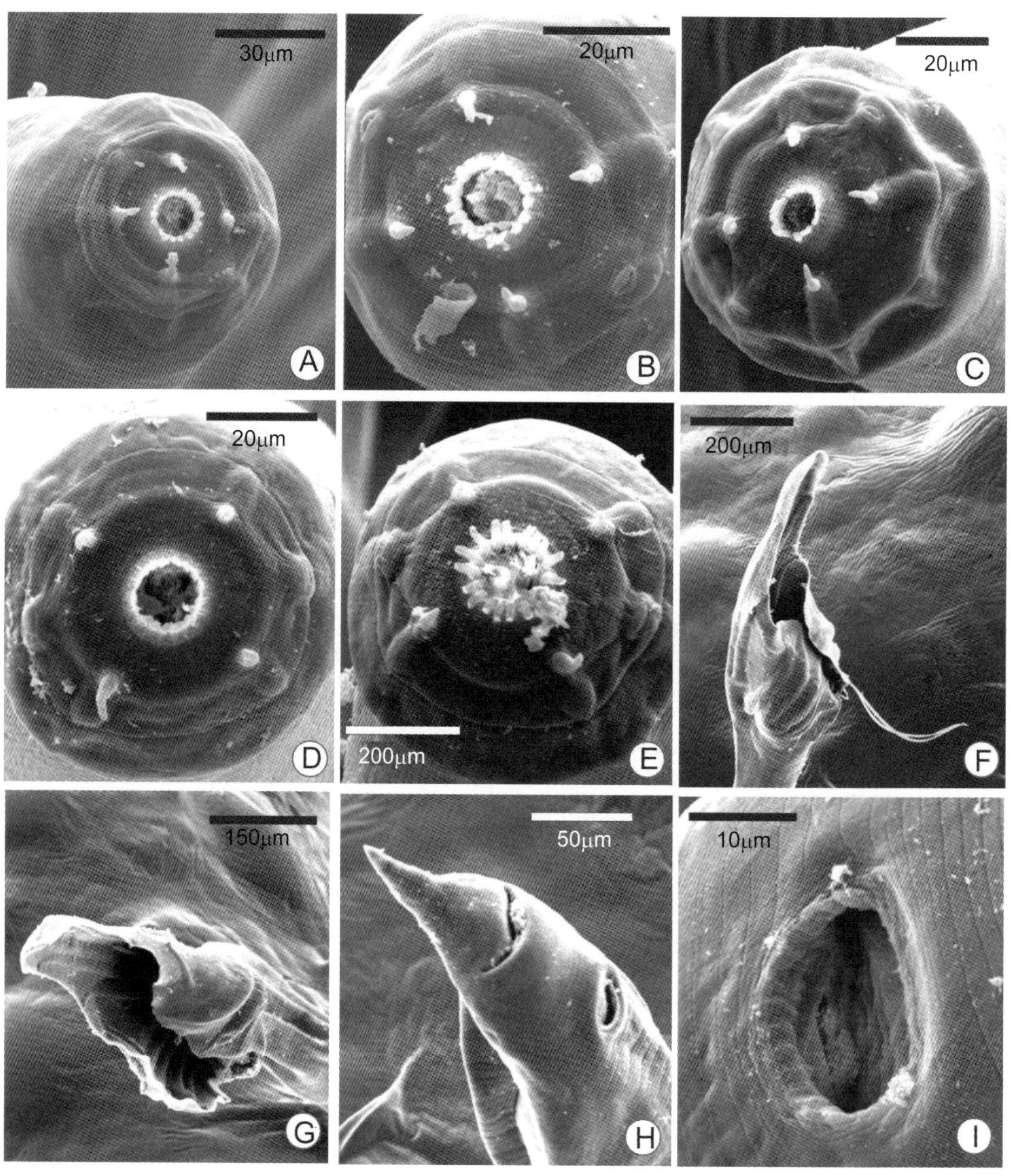

长伞杯冠线虫*Cylicostephanus longibursatus* (Yorke *et* Macfie) 扫描电镜图谱

A-E. 头部顶面观；F, G. 交合伞；H. 雌虫尾部；I. 阴门

Scanning electron micrographs of *Cylicostephanus longibursatus* (Yorke *et* Macfie)

A-E. cephalic extremity, en face view; F, G. copulatory bursa; H. posterior end of female; I. vulva

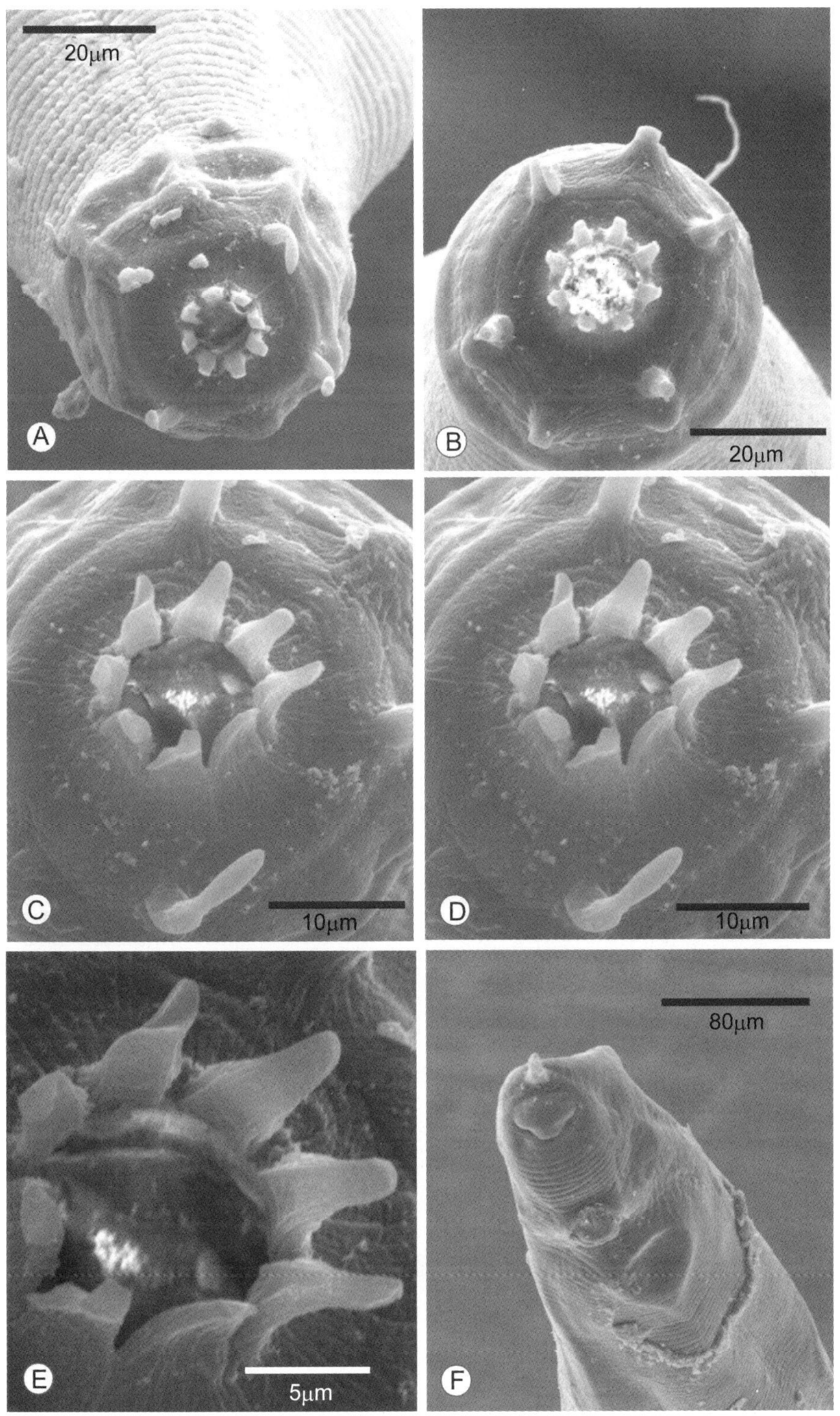

微小杯冠线虫*Cylicostephanus minutus* (Yorke *et* Macfie) 扫描电镜图谱

A-D. 头部顶面观；E. 头部部分放大，示外叶冠；F. 雌虫尾部

Scanning electron micrographs of *Cylicostephanus minutus* (Yorke *et* Macfie)

A-D. cephalic extremity, en face view; E. part of cephalic end, enlarged, showing the leaf-crown; F. posterior end of female

(Q-3328.01)

ISBN 978-7-03-040865-5
9 787030 408655 >